应用型本科规划教材

建筑物理

（第二版）

主　编　邢双军

副主编　靳慧霞　齐海元

闫清生　杨秀芹

ZHEJIANG UNIVERSITY PRESS
浙江大学出版社

内容简介

本教材是“应用型本科建筑学专业规划教材”。针对应用型本科院校的建筑学专业特点和教学要求而编写。编写内容强调“三本”特色，本着“因材施教”的原则，概念清楚，突出应用，尽量减少计算，追求易教易学的效果。写作形式上力求活泼新颖，增加了许多来自现场的照片，趣味生动，吸引学生。

本书以建筑声学、建筑光学、建筑热工学为核心，包括物理环境概论、建筑声学基本知识、吸声与隔声、室内声学与音质设计、噪声控制、建筑光学基本知识、天然采光、建筑照明、建筑热工学基础知识、建筑围护结构的传热、建筑保温、建筑防热、建筑日照、建筑节能等14部分内容。

本教材可作为建筑学、城市规划、园林景观等专业建筑物理课程的教材，也可供从事建筑设计与建筑施工的技术人员和土建专业成人高等教育师生参考。

图书在版编目（CIP）数据

建筑物理／邢双军主编．—杭州：浙江大学出版社，2008.1（2025.7重印）

应用型本科规划教材

ISBN 978-7-308- 05685-4

Ⅰ．建… Ⅱ．邢… Ⅲ．建筑学：物理学—高等学校—教材 Ⅳ．TU11

中国版本图书馆CIP数据核字（2007）第196813号

建筑物理（第二版）

主　编　邢双军

责任编辑　王　波

封面设计　刘依群

出版发行　浙江大学出版社

（杭州市天目山路148号　邮政编码310007）

（网址：http://www.zjupress.com）

排　　版　杭州好友排版工作室

印　　刷　浙江新华数码印务有限公司

开　　本　787mm×1092mm　1/16

印　　张　21.25

字　　数　517千

版 印 次　2013年8月第2版　2025年7月第10次印刷

书　　号　ISBN 978-7-308-05685-4

定　　价　59.00元

应用型本科院校建筑学专业规划教材

编 委 会

总　序

近年来我国高等教育事业得到了空前的发展，高等院校的招生规模有了很大的扩展，在全国范围内发展了一大批以独立学院为代表的应用型本科院校，这对我国高等教育的持续、健康发展具有重要的意义。

应用型本科院校以培养应用型人才为主要目标，目前，应用型本科院校开设的大多是一些针对性较强、应用特色明确的本科专业，但与此不相适应的是，当前，对于应用型本科院校来说作为知识传承载体的教材建设远远滞后于应用型人才培养的步伐。应用型本科院校所采用的教材大多是直接选用普通高校的那些适用研究型人才培养的教材。这些教材往往过分强调系统性和完整性，偏重基础理论知识，而对应用知识的传授却不足，难以充分体现应用类本科人才的培养特点，无法直接有效地满足应用型本科院校的实际教学需要。对于正在迅速发展的应用型本科院校来说，抓住教材建设这一重要环节，是实现其长期稳步发展的基本保证，也是体现其办学特色的基本措施。

浙江大学出版社认识到，高校教育层次化与多样化的发展趋势对出版社提出了更高的要求，即无论在选题策划，还是在出版模式上都要进一步细化，以满足不同层次的高校的教学需求。应用型本科院校是介于普通本科与高职之间的一个新兴办学群体，它有别于普通的本科教育，但又不能偏离本科生教学的基本要求，因此，教材编写必须围绕本科生所要掌握的基本知识与概念展开。但是，培养应用型与技术型人才又是应用型本科院校的教学宗旨，这就要求教材改革必须淡化学术研究成分，在章节的编排上先易后难，既要低起点，又要有坡度、上水平，更要进一步强化应用能力的培养。

为了满足当今社会对建筑学专业应用型人才的需要，许多应用型本科院校都设置了相关的专业。建筑学专业是以培养注册建筑师为目标，国家建筑学专业教育评估委员会对建筑学专业教育有具体的指导意见。针对这些情况，浙江大学出版社组织了十几所应用型本科院校建筑学类专业的教师共同开展了“应用型本科建筑学专业教材建设”项目的研究，探讨如何编写既能满足注册建筑师知识结构要求、又能真正做到应用型本科院校“因材施教”、适合应用型本科层次建筑学类专业人才培养的系列教材。在此基础上，组建了编委会，确定共同编写“应用型本科院校建筑学专业规划教材”系列。

本套规划教材具有以下特色：

在编写的指导思想上，以“应用型本科”学生为主要授课对象，以培养应用型人才为基本目的，以“实用、适用、够用”为基本原则。“实用”是对本课程涉及的基本原理、基本性质、基本方法要讲全、讲透，概念准确清晰。“适用”是适用于授课对象，即应用型本科层次的学生。“够用”就是以注册建筑师知识结构为导向，以应用型人才为培养目的，达到理论够用，不追求理论深度和内容的广度。

在教材的编写上重在基本概念、基本方法和基本原理的表述。编写内容在保证教材结构体系完整的前提下，追求过程简明、清晰和准确，做到重点突出、叙述简洁、易教易学。

在作者的遴选上强调作者应具有应用型本科教学的丰富教学经验，有较高的学术水平并具有教材编写经验。为了既实现“因材施教”的目的，又保证教材的编写质量，我们组织了两支队伍，一支是了解应用型本科层次的教学特点、就业方向的一线教师队伍，由他们通过研讨决定教材的整体框架、内容选取与案例设计，并完成编写；另一支是由本专业的资深教授组成的专家队伍，负责教材的审稿和把关，以确保教材质量。

相信这套精心策划、认真组织、精心编写和出版的系列教材会得到相关院校的认可，对于应用型本科院校建筑学类专业的教学改革和教材建设起到积极的推动作用。

系列教材编委会主任

浙江大学建筑工程学院常务副院长

教育部长江学者特聘教授

陈云敏

2007年3月

前　言

本教材针对应用型本科院校的建筑学专业特点和教学要求进行编写。在内容上，本着“因材施教”的原则，概念清楚，突出应用，尽量减少计算，追求易教易学的效果。写作形式上力求活泼新颖，增加了许多来自施工现场的照片，趣味生动，吸引学生。

本书以建筑声学、建筑光学、建筑热工学为核心，包括物理环境概论、建筑声学基本知识、吸声与隔声、室内声学与音质设计、噪声控制、建筑光学基本知识、天然采光、建筑照明、建筑热工学基础知识、建筑维护结构的传热、建筑保温、建筑防热、建筑日照等13部分内容。

本教材可作为建筑学、城市规划、园林景观等专业建筑物理课程的教材，也可供从事建筑设计与建筑施工的技术人员和土建专业成人高等教育师生参考。

本书由邢双军任主编。编写成员有邢双军、靳慧霞、齐海元、闫清生、杨秀芹、毛万红、王跃强。具体编写分工如下。

第0章物理环境概论，由平顶山工学院杨秀芹编写；

第1章建筑声学基本知识，由浙大宁波理工学院靳慧霞编写；

第2章吸声与隔声，由浙大宁波理工学院靳慧霞编写；

第3章室内声学与音质设计，由浙江理工大学毛万红编写；

第4章噪声控制，由浙大宁波理工学院靳慧霞编写；

第5章建筑光学基本知识，由浙大宁波理工学院齐海元编写；

第6章天然采光，由浙大宁波理工学院齐海元编写；

第7章建筑照明，由浙江万里学院邢双军编写；

第8章建筑热工学基础知识，由浙大宁波理工学院闫清生编写；

第9章建筑维护结构的传热，由浙大宁波理工学院闫清生编写；

第10章建筑保温，由平顶山工学院杨秀芹编写。

第11章建筑防热，由浙江万里学院王跃强编写；

第12章建筑日照，由浙江万里学院王跃强编写；

全书由浙江大学张三明副教授主审。他对全书进行了认真仔细的审阅，并在前期提出了建设性的意见，对本书的编写给予了大力支持，在此表示感谢。

本书在编写过程中参考借鉴了一些国内外著名学者主编的著作，在此，对他们一并表示衷心的感谢。

编　者

2013 年 7 月

目　录

第二篇 建筑光学

第三篇 建筑热工学

第0章 物理环境概论

学习目标：了解自然环境与建筑环境的关系，建筑环境与人的行为模式的关系，建筑环境对人的交流行为的影响，建筑环境对人的健康行为的影响，建筑物理学的研究与发展等。掌握建筑环境对人的感觉、知觉的影响。

0.1 自然环境与建筑环境

环境是人类赖以生存和发展的基础。环境是指人类赖以生存并以人为中心围绕着人的物质世界。环境是一个极其复杂的、互相影响、互相制约的辩证的自然综合体。

“环境”有两层含义(图0-1 建筑室内—环境系列的关系)。一层含义是，室内环境是指包括室内空间环境、视觉环境、空气质量环境、声光热等物理环境、心理环境等许多方面。另一层含义是，把室内设计看成自然环境—城乡环境(包括历史文脉)—社区街坊、建筑室外环境—室内环境，这一环境系列的有机组成部分，是“链中一环”，它们相互影响相互制约。

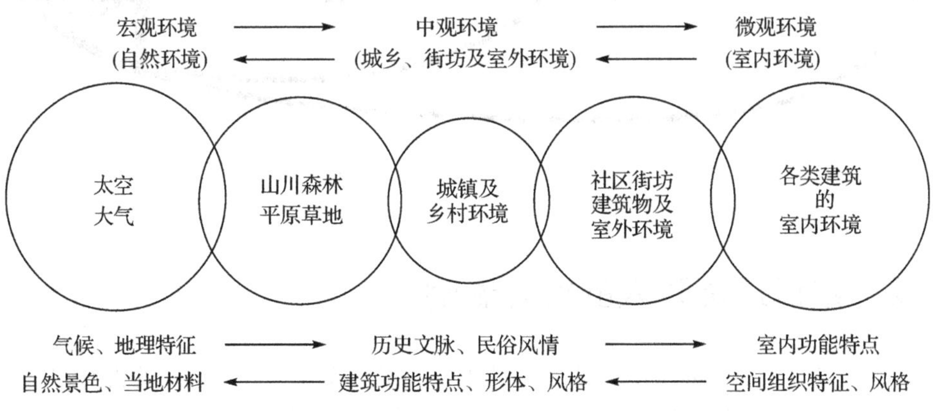

图0-1 建筑室内—环境系列的关系

环境一般可分为自然环境和社会环境，随着科学技术的高度发展，人工环境也应运而生。自然环境就是指环绕于我们周围各种自然因素的总和，它是由生物圈所构成并保持平衡的物质世界。社会环境是指人类的社会制度、经济状况、职业分工、文化艺术、卫生等上层建筑和生产关系。人工环境是指人类为了满足生产及生活需要，采用人工方式创造的物理环境。

人类自古以来，最初为了保护自己，创造洞穴以抵御降雨、大风、寒冷、炎热、及敌人。这些洞穴与当初动物的巢穴相同，仅防身而已，以后开始利用窗户自然采光，利用开口通风换气，巧妙地利用自然获得舒适的生活环境。现代社会的发展，人民生活水平的提高和科学技术的进步，人们对高质量居住条件包括对室内各种舒适环境的要求越来越高。室内环境以及与它共存的建筑，被人们不断地研究和改善，并采用建筑设备提供给室内自然所不能给予的舒适环境，由此产生了人工环境学。

城市环境是自然环境的一部分，除了构成城市的物理环境外，它还包括人类活动所形成的社会环境。在城市物理环境中建筑是城市环境的重要组成部分。直接影响人类生活工作的主要是建筑中的室内环境，它受建筑物室外气温、风速及日照等的影响。因此建筑环境包含了室内环境以及环绕建筑的室外环境。图 0-2 展示了自然环境、城市环境、建筑环境、室内环境之间的关联。

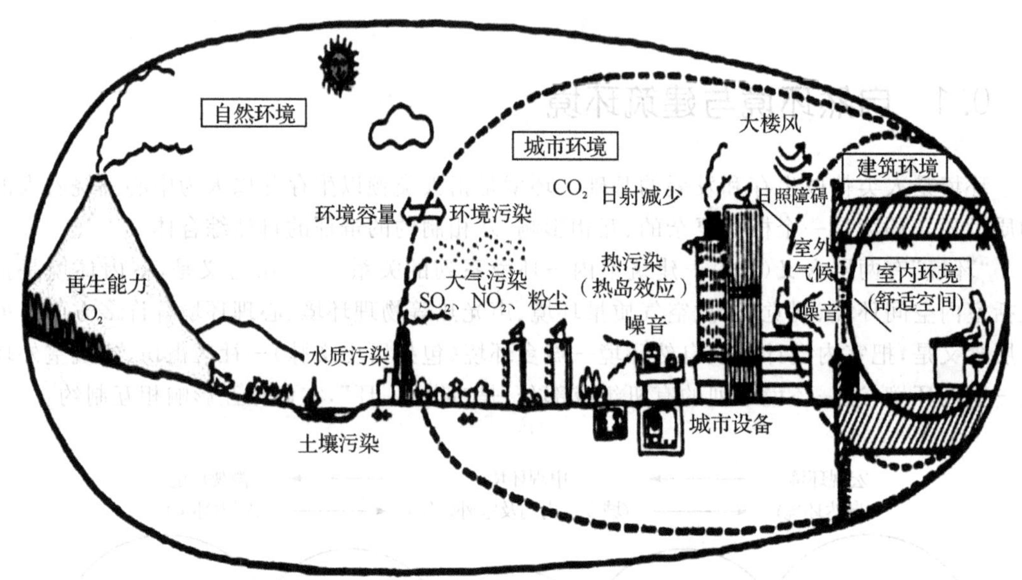

图 0-2 自然环境与建筑环境

0.2 建筑环境对人的行为影响

人类的一切建筑活动都是为了满足人的生存和发展需要。人对空间的占有和支配是生命的渴望和本能，作为人类聚居需要的建筑及其环境首先要满足人的生理需要及安全需要，使住者有其房，这体现了建筑的物质功能。

由于人是环境的人，环境是人的环境，也就是说人是环境不可分割的一部分，所以建筑环境的形成过程应以满足人们生活和生产的需要为目的。同时，人又是环境的核心、主体，建筑室内外环境都应以人为本，为人服务，为人创造舒适宜人的环境，为此人们较多地研究人与环境的内在关联，即人与环境的交互作用。

0.2.1　建筑环境与人的行为模式

人和环境的交互作用表现为刺激和效应，效应必须满足人的需要。需要反映为人在刺激后的心理活动的外在表现和活动空间状态的推移，也就是人的行为。这是新的建筑设计理论"建筑行为论"的研究内容。

刺激是环境对人体的作用和影响，分为外感官刺激、内感官刺激和内外感官综合刺激（即心理刺激）。效应是人对感官刺激做出的相应反应，有外感官生理效应、内感官生理效应和心理效应。如当人们突然听到很响的声音时，会自觉地捂起耳朵，以适应环境的刺激。同样，当闻到强烈的异味刺激时，也会捂起鼻子，闭紧嘴巴。无论是个体或群体，都受到环境各种因素的作用，人和环境是相互作用的，如图 0-3 所示。

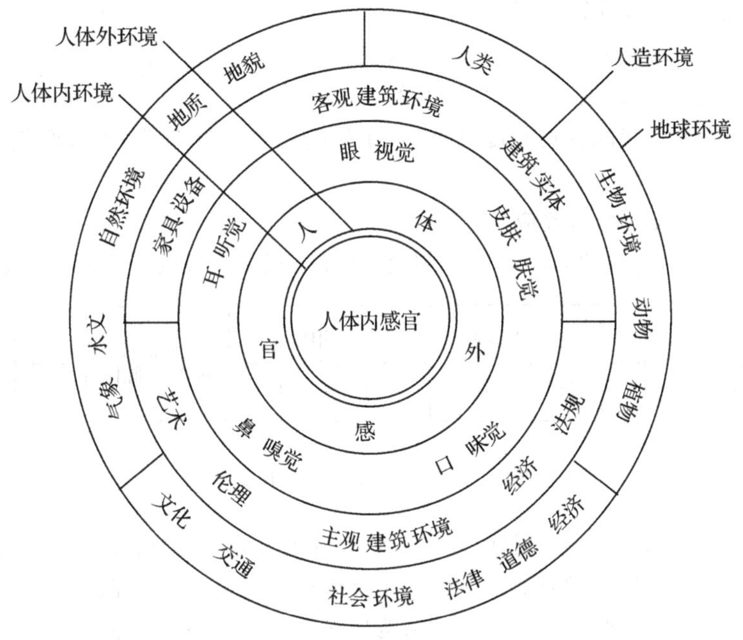

图 0-3　人与环境之间的关系

1. 人的行为模式

人的行为模式就是人在建筑环境中的行为特性、规律的概括总结和模式化。按行为内容分类，有静态模式和动态模式，静态模式有秩序模式、分布模式；动态模式有流动模式、状态模式。下面各举一例说明。

（1）秩序模式

秩序模式是用图表来记述人在环境中的行为秩序。如图 0-4 所示的人在厨房的炊事行为。

图中捡切、清洗、配菜、烧煮这四种行为是有一定秩序的，不可颠倒。这就要求厨房设计时，其中的洗槽、台板、灶台等设备布置，应遵照炊事行为的秩序，以满足使用功能要求。

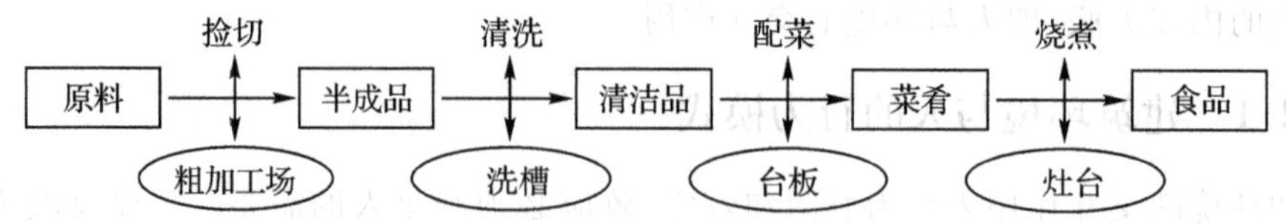

图 0-4 人在厨房的炊事行为

(2) 流动模式

流动模式是将人的流动行为的空间轨迹模式化。这种轨迹不仅表现出人的空间状态的移动,还反映了行为过程中的时间变化。如图 0-5 所示的人在户内的流动行为。

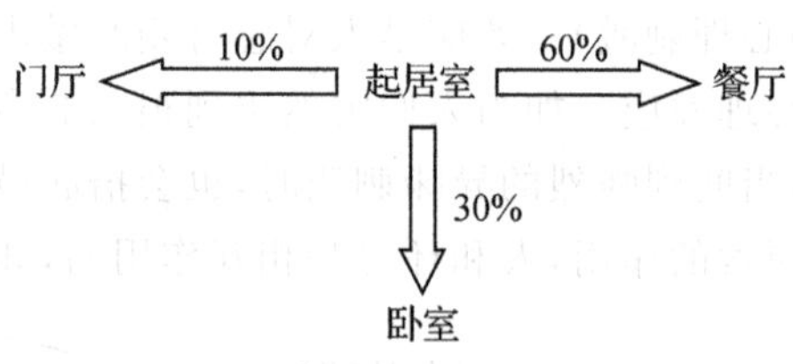

图 0-5 人在户内的流动行为

从图 0-5 可以看出,身处起居室的人,去餐厅的次数最多,即空间选择概率占 60%。这就要求户内设计时必须考虑人在这两个空间的流动规律,也即这两个空间的密切程度,应将餐厅与起居室靠近布置,为人们创造更适宜的居住环境。

2. 环境刺激与人的行为效应

建筑环境对人的行为的影响是通过刺激产生的,刺激与人的行为的关系如图 0-6 所示。

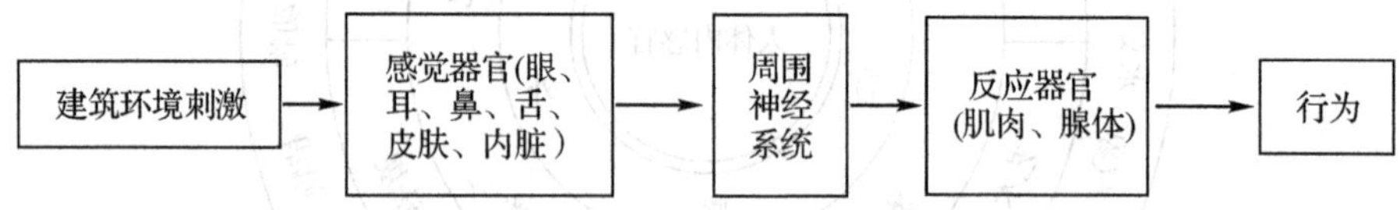

图 0-6 刺激与行为关系示意图

图 0-6 表示了环境刺激所引起的效应。刺激量中等时,人会能动地做出自我调节;刺激量过大时,人们会主动地调整或改变环境,甚至创造新的环境。刺激效应是人类发展的基础,也是人类建筑活动的原动力。如原始人为躲避风雨等大自然侵害,就躲进洞穴。不能容身时,则筑棚而栖。进入文明社会,为满足生理和心理的需要,适应环境的变化,人们则开始大量的建筑活动,创造新的环境。当室内黑暗时,人们安装照明设备改善黑暗环境。当室内过冷过热时,人们会装上空调设备;为了美观,人们会绿化美化室内环境等。

环境是人类赖以生存的物质基础,建筑环境是其中的一部分。构成自然环境的物质条件包括物理环境、化学环境、生物环境和社会环境,这些环境都会作用于人,对人的行为产生影响。表 0-1 给出环境的构成以及各种条件刺激下人的行为效应表现。

表 0-1 环境构成与人的行为效应

环境条件	构成因子	行为表现
物理环境	温度、湿度、气流、气压、声、光、放射线等	生理反应(感觉:视觉、听觉、皮肤感觉等)
化学环境	空气、各种气体、水、粉尘、化学物质等	生物化学反应(感觉、知觉、情绪活动)
生物环境	动物、植物、微生物等	生理反应、精神反应
社会环境	家庭、工作场所、学校、近邻等	知觉、情绪反应

0.2.2　建筑环境对人的感觉、知觉的影响

客观事物具有一定的属性，如颜色、声音、味道、气味、温度、软硬等。当事物的这些个别属性作用于人的感觉器官，大脑就产生对它的反应。这种由脑对直接作用于感觉器官的客观事物个别属性的反应就是感觉。感觉可以分为外部感觉和内部感觉，视觉、听觉、味觉、嗅觉、触觉等为外部感觉，而运动觉、平衡觉、机体觉等属于内部感觉。

人们是依靠感觉与知觉了解周围世界的。从感觉到知觉的连续过程当中，人类能认识世界，改造环境，首先是依靠人的感觉系统，由此才能实现人和环境的交互作用。人与建筑环境直接作用的主要器官是眼、耳、鼻、口、皮肤及由此产生的视觉、听觉、嗅觉、味觉和触觉，另外还有平衡觉和运动觉。如依靠嗅觉可以辨别有害气体（如燃气），也可以辨别植物的芬芳，创造良好的室内环境。再如皮肤对环境的反应，如皮下脂肪组织，可缓冲人体受到的碰撞，可防止内脏和骨骼受到外界的直接侵害。皮肤有散热和保温作用，具有"呼吸"功能，当外界温度升高时，皮肤的血管就扩张、充血，血液所带的体热就通过皮肤向空气发散；同时汗腺也大量分泌汗液，通过排汗带走体内多余的热量。当外界寒冷时，皮肤的血管就收缩，血量减少，皮肤温度降低，散热减慢，从而使体温保持恒定。

建筑室内环境质量直接影响人的感觉和知觉。感觉是人的大脑两半球对于客观事物的个别特性的反应，也有人定义为人对现象环境的意象就是他对环境的感觉。当室内环境不能满足内在分析器的生理和心理要求时，则会出现"建筑病综合症"。知觉是我们大脑两个半球对于一个具有某些统一特征的对象或现象所发生的反应。

室内环境的质量，包括空气的温度和湿度的高低、分布及流动情况，家具、设备等各个界面的分布状况，物体的大小、形状、冷暖度、质感强度等，直接刺激人的感觉器官，造成一定的知觉。如家具尺度是否科学，室内界面材料是否合理，室内气流组织好坏，都会影响人体血液循环。又如座椅面离地太高，人坐久了，就会影响下肢的血液循环，感觉很累，甚至造成腿脚麻木。再如人在水泥、石材等蓄热系数太小的室内地面，生活久了，就会感觉不舒服，冬天感到室内冷，夏天感觉室内热。

0.2.3　建筑环境对人的交流行为的影响

人们对居住环境的追求是希望有一所大而舒适的住宅，然而由于我国人口多、土地少、经济和物质技术条件等因素限制，人的需要不一定都能满足。但应该尽可能适应人的居住行为要求，因为人类既需要私密性也需要相互接触交流，环境可支持也可阻止这些需要的实现。

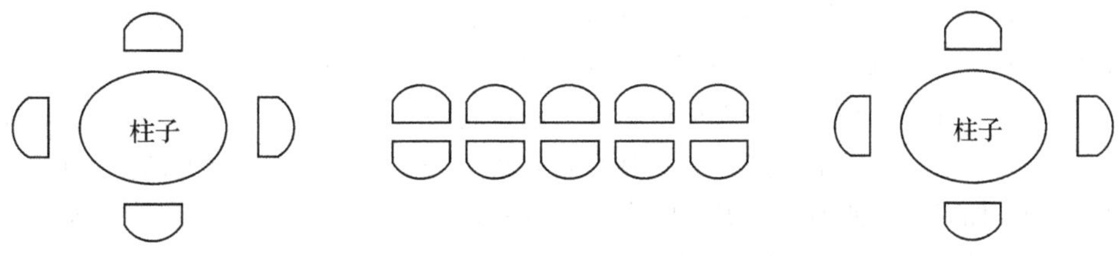

图 0-7　老年疾病治疗中心休息室座椅布置（一）

户内空间的大小、位置及其组合是否合理，会直接影响居住质量和人的交流行为。比如我国传统的四合院、大杂院，邻里关系密切，人们交流频繁；现在城市住宅，高楼林立，同住一楼的住户很少交流，甚至互不相识。又如某老年疾病治疗中心的休息室，管理人员将座椅沿墙面布置，中间几行背靠背地排列，每一圆柱的四面摆上四把椅子，如图 0-7 所示。病人成天坐在那里看墙、看天花板、看地面，很少聊天。过了一段时间，病人就很少到休息室来。后来管理人员将椅子改为一小组、一小组地相向排放，如图 0-8 所示，休息室的气氛就改变了，老年人之间的谈话交流增加，立即活跃起来。

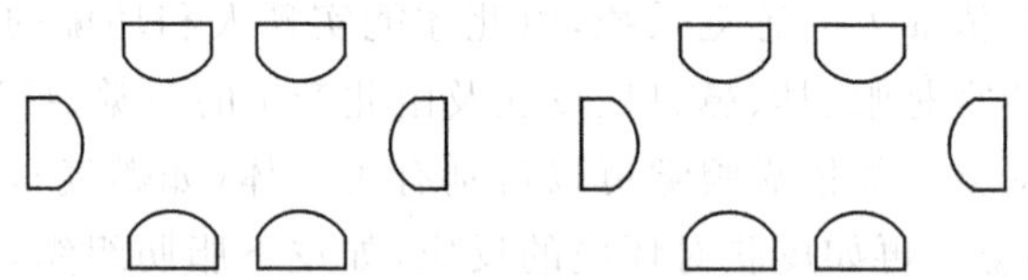

图 0-8　老年疾病治疗中心休息室座椅布置(二)

0.2.4　建筑环境对人的健康行为的影响

户内外环境对人的健康影响很大，建筑外环境幽雅，绿树成荫，鲜花似锦，湖水荡漾，居住者就会心情愉悦，增加户外活动。室内空气环境的好坏会对人的健康造成的影响，如室内污染包括化学、物理、生物、放射性物质，会引起人头痛、头晕、乏力、睡眠不好；有皮肤性黏膜刺激症状；有胸闷、喉部问题、鼻炎等。尤其是现代室内装修可能会污染室内环境，需引起人们的重视。

建筑外小气候的好坏、水土的好坏对人类健康影响也较大，如在缺乏某种人体所需元素的地方，就往往流行地方性疾病。流行病资料表明，地方性甲状腺病与病区缺碘有关，克山病与病区缺硒有关，氟斑牙病是由于饮用含氟量过高的水引起的；又如某些微生物、寄生虫在某些特殊的环境条件下易于繁殖和传播疾病，故在某些地区可以流行某些疾病，如流行出血热大多分布于湖泊、河湾、沼泽和易受淹涝的丰垦区，血吸虫病则流行于江南的湿热地区；而居住在陡崖和低洼之处，则会有滑坡岩崩和洪涝之害的威胁。反之，自然条件好的地方，则会促进人的发育以及改善生活生产条件，“子孙昌盛”自合情理之中。

良好的居住环境不仅有利于人类的身体健康，而且还为人们的大脑智力发育提供了条件。现代科学研究表明，良好的环境可使脑效率提高 15%～35%。譬如明代时的江南地区，继承和发展了宋代的经济繁荣，山明水秀的自然景观，丰厚湿润的水土气候条件等，孕育了众多的文人志士。明代的两百多名状元、榜眼、探花三鼎甲，江南竟占 50%以上，出现了“东南财赋地，江浙人文薮”的繁荣景象。这除了政治经济和文化等社会因素外，还与江南清秀的自然环境有关，用确切的俗语来说，那就是“物华天宝，人杰地灵”了。

随着现代文明的飞速发展，在人类得其极大利益的同时，也带来了一些新的环境破坏和污染问题，使人类居住环境质量下降。对森林绿地过度开发，导致了水土流失；对土地的不断蚕食滥用以及人口的失控，使不少发展中国家面临饥荒；大量的工厂夜以继日地向河流与空气中排放大量的化学性污染物，城市“公害”日益加剧等等，对人类环境素质的不良影响正在深化。因此，我们不得不重视环境问题，不得不总结历史的经验和教训，以借鉴和发展科学的环境工程学，同时也要纠正人与自然关系的非正确观念，确保人类能有优良的居住环境。

0.3　建筑物理学的研究与发展

建筑物理学是研究建筑中声、光、热的物理现象和运动规律的一门科学，是建筑学的组成部分。其任务在于增强建筑功能，创造适宜的生活和工作环境。

20 世纪以前，尽管建筑上已应用声学、光学和热工学创造出许多奇观，但仍然处于经验阶段。进入 20 世纪后，新的光源、声源和蒸汽供暖设备的出现，建筑材料种类的增多，现代建筑和某些精密工业的发展都对建筑功能提出更高要求，促进了建筑声学、建筑光学和建筑热工学的发展。

20 世纪初，美国学者赛宾首先提出吸声系数概念，并建立了以实验为基础的混响理论，为室内声学奠定了理论基础。此后，建筑声学逐渐形成。同期一些学者进行太阳的直射光、天空的扩散光和天空亮度等光气候的研究，提出简单的室外照度与室内照度的百分比关系，研究出近似的采光计算方法。有些国家据此制定出天然采光标准，逐渐建立起天然采光的理论。在这个时期，白炽灯逐渐成为一种广泛使用的照明光源，促进了照明技术的发展。在天然采光和照明技术的研究成果的基础上，形成了建筑光学。

蒸汽供暖设备发明于 18 世纪初。到了 19 世纪末叶，开始研究建筑围护结构和环境相互作用的传热机理，以及房屋保暖措施。20 世纪以来，为了解决采暖房屋的热平衡问题，经过传热计算的研究，提出稳定传热计算方法、准稳定传热计算方法和非稳定传热计算方法。为了确切了解材料的导热性能，研究出了材料导热性能的测定方法。在上述研究的基础上，逐渐形成了建筑热工学。

20 世纪 30 年代，在建筑声学、建筑光学和建筑热工学的基础上，形成建筑物理学。

建筑物理学研究人在建筑环境中的声、光、热因素作用下，通过听觉、视觉、触觉和平衡感觉所产生的反应，采取技术措施、调整建筑的物理环境的设计，从而使建筑物达到特定的使用效果。建筑物理研究的环境领域则主要是建筑环境和与城市建设有关的环境；研究各种物理因素对人的作用和对建筑环境的影响。

建筑物理特别重视从建筑观点研究物理功能和建筑艺术的统一，例如室内灯具，它不仅是照明设备，还起装饰作用。这种作用不仅通过灯具本身的造型和装饰表现出来，在一些艺术性要求较高的建筑里，还要同建筑物的整体装饰效果和构造处理有机地结合起来，利用灯具的不同光分布和构图，形成特有的艺术效果。

近年来建筑节能的研究发展很快，建筑热工学中能量分析和冷热负荷的动态计算方法研究有很大的进展，如提出了反应系数法、传递函数法等，用以计算分析空调建筑的冷热负荷和能量。但目前计算采暖房屋的热负荷和能量分析方法，仍使用稳态理论计算方法，而动态理论计算方法还有待完善。

混响是对室内音质起重要作用的现象，是当前评价音质的一个重要方面，但经典的混响时间公式仍不完善。

在建筑光学中，如何充分利用天然光照明，以节省电能，也是建筑物理研究的一项内容。近年来已出现应用反射镜和透镜系统或用光导纤维将日光远距离输送到建筑物的设备中，使建筑物深处获得天然光照明。

化学建筑材料的发展，出现了轻质墙板，从而给建筑声学和建筑热工学提出新的课题。

目前隔声研究仍遵循质量定律，即物质材料的面密度越大，隔声性能越好。因此，提高轻质墙板隔声性能的技术问题，需要深入研究。轻质墙板的导热系数小，保温性能好，但它的热惰性指标小，热稳定性差，用它作房屋的外围护结构，会引起室内温度波动，影响人的舒适感。

在测量技术方面，有些仪器设备本身装有程序控制的微处理机，减轻了繁重的测量和统计工作，还可以得到过去测量不到的数据，如现在用一种新的太阳辐射强度测量仪可以直接测出围护结构外表面的垂直太阳辐射强度。

此外红外技术和遥感技术的应用，对测量整个城市地面上的温度分布情况，为研究城市规划、群体建筑和单体建筑之间的热状况创造了条件。

第一篇　建筑声学

建筑声学是研究建筑中声学环境问题的科学。它主要研究室内音质和建筑环境的噪声控制。

有关建筑声学的记载最早见于公元前一世纪，罗马建筑师维特鲁威所写的《建筑十书》。书中记述了古希腊剧场中的音响调节方法，如利用共鸣缸和反射面以增加演出的音量等。在中世纪，欧洲教堂采用大的内部空间和吸声系数低的墙面，以产生长混响声，造成神秘的宗教气氛。当时也曾使用吸收低频声的共振器，用以改善剧场的声音效果。

建筑声学的基本任务是研究室内声波传输的物理条件和声学处理方法，以保证室内具有良好的听闻条件；研究控制建筑物内部和外部一定空间内的噪声干扰和危害。

室内声学的研究方法有几何声学方法、统计声学方法和波动声学方法。

当室内几何尺寸比声波波长大得多时，可用几何声学方法研究早期反射声分布以加强直达声，提高声场的均匀性，避免音质缺陷；统计声学方法是从能量的角度，研究在连续声源激发下声能密度的增长、稳定和衰减过程（即混响过程），并给混响时间以确切的定义，使主观评价标准和声学客观量结合起来，为室内声学设计提供科学依据；当室内几何尺寸与声波波长可比时，易出现共振现象，可用波动声学方法研究室内声的简正振动方式和产生条件，以提高小空间内声场的均匀性和频谱特性。

室内声学设计内容包括体型和容积的选择，最佳混响时间及其频率特性的选择和确定，吸声材料的组合布置和设计适当的反射面，以合理地组织近次反射声等。

声学设计要考虑到两个方面，一方面要加强声音传播途径中有效的声反射，使声能在建筑空间内均匀分布和扩散，如在厅堂音质设计中应保证各处观众席都有适当的响度。另一方面要采用各种吸声材料和吸声结构，以控制混响时间和规定的频率特性，防止回声和声能集中等现象发生。设计阶段要进行声学模型试验，预测所采取的声学措施的效果。

处理室内音质一方面要了解室内空间体型、所选用的材料对声场的影响。还要考虑室内声场声学参数与主观听闻效果的关系，即音质的主观评价。可以说确定室内音质的好坏，最终还在于听众的主观感受。由于听众的个人感受和鉴赏力的不同，在主观评价方面的非一致性是这门学科的特点之一。因此，建筑声学测量作为研究、探索声学参数与听众主观感觉的相关性，以及室内声信号主观感觉与室内音质标准相互关系的手段，也是室内声学的一个重要内容。

在大型厅堂建筑中，往往采用电声设备以增强自然声和提高直达声的均匀程度，还可以在电路中采用人工延迟、人工混响等措施以提高音质效果。室内扩声是大型厅堂音质设计必不可少的一个方面，因此，现代扩声技术已成为室内声学的一个组成部分。

即使有良好的室内音质设计，如果受到噪声的严重干扰，也将难以获得良好的室内听闻条件。为了保证建筑物的使用功能，保证人们正常生活和工作条件，也必须减弱噪声的影响。因此,控制建筑环境噪声,保证建筑物内部达到一定的安静标准,是建筑声学的另一个重要方面。

噪声干扰,除与噪声强度有关外,还与噪声的频谱持续时间、重复出现次数以及人的听觉特性、心理、生理等因素有关。控制噪声就是按照实际需要和可能,将噪声控制在某一适当范围内,其所容许的最高噪声标准称为容许噪声级,即噪声容许标准。对于不同用途的建筑物,有不同建筑噪声容许标准:如对工业建筑主要是为保护人体健康而制定相应的卫生标准;而对学习和生活环境则要保证达到一定的安静标准。

在噪声控制中,首先要降低噪声源的声辐射强度,其次是控制噪声的传播,再次是采取个人防护措施。噪声按传播途径可分为两种:一是由空气传播的噪声,即空气声;一是由建筑结构传播的机械振动所辐射的噪声,即固体声。空气声会因传播过程的衰减和设置隔墙而大大减弱;固体声由于建筑材料对声能的衰减作用很小,可传播得较远,通常采用分离式构件或弹性联接等措施来减弱其传播。

建筑物空气声隔声的能力取决于墙或间壁(隔断)的隔声量。基本定律是质量定律,即墙或间壁的隔声量与它的面密度的对数成正比。现代建筑由于广泛采用轻质材料和轻型结构,减弱了对空气声隔声的能力,因此又发展出双层墙体结构和多层复合墙板,以满足隔声的要求。

在建筑物中实现固体声隔声,相对地说要困难些。采用一般的隔振方法,如采用不连续结构,施工比较复杂,对于要求有高度整体性的现代建筑尤其是这样。人在楼板上走动或移动物件时产生撞击声,直接对楼板房间造成噪声干扰。可用标准打击器撞击楼板,在楼下测定声压级值。声压级值越大,表示楼板隔绝撞击声的性能越差。

控制楼板撞击声的主要方法是在楼板面层上或地面板与承重楼板之间设置弹性层,特别是在楼板上铺设弹性面层,是隔绝撞击声的简便有效的措施。在工业建筑物中,隔声间或隔声罩已成为广泛采用的降低设备噪声的手段。

在机械设备下面设置隔振器,以减弱振动,是建筑设备隔振的主要措施。目前,隔振器已由逐个设计发展成为定型产品。

由于室内声学同建筑空间的体积、形状和室内表面处理都有密切关系,因此室内声学设计必须从建筑的观点确定方案。取得良好的声学功能和建筑艺术的高度统一的效果,这是科学家和建筑师进行合作的共同目标。

改善建筑物的声环境,必须加强基础研究、技术措施和组织管理措施,虽然重点应放在声源上,但是改变声源往往较为困难甚至不可能,因此要更多地注意传播途径和接收条件。各种控制技术都涉及经济问题,因此必须同有关的各种专业合作进行综合研究,以获得最佳的技术效果和经济效益。

第1章　建筑声学基本知识

学习目标：了解声音的产生传播、描述声波的物理量等基本性质；基本掌握人的听觉特性；掌握声音的功率、声压、声强及其“级”的概念，能进行简单的计算。

建筑声学是研究建筑中声学环境问题的科学，其基本任务是研究室内声波传输的物理条件和声学处理方法，以保证室内具有良好听闻条件；研究控制建筑物内部和外部一定空间内的噪声干扰和危害。

人类的伟大祖先，凭着他们的勤劳和智慧，为后代子孙留下了灿烂辉煌的文化，留下了宏伟壮丽的建筑。像北京的故宫、罗马的教堂、希腊的剧场，这些流芳千古的名胜古迹，长期以来，不仅以其巍峨瑰丽的外观内景吸引着千千万万的游人，而且它们那神奇的音响效果也给人们留下了深刻的印象和万千的感慨。

有关建筑声学的记载最早见于公元前一世纪，罗马建筑师维特鲁威所写的《建筑十书》。书中记述了古希腊剧场中的音响调节方法，如利用共鸣缸和反射面以增加演出的音量等。15～17世纪，欧洲修建的一些剧院，大多有环形包厢和排列至接近顶棚的台阶式座位，同时由于听众和衣着对声能的吸收，以及建筑物内部繁复的凹凸装饰对声音的散射作用，使混响时间适中，声场分布也比较均匀。16世纪，中国建成著名的北京天坛皇穹宇的回音壁，可使微弱的声音沿壁传播一二百米。18～19世纪，自然科学的发展推动了理论声学的发展。

但是，在19世纪以前，始终没有找到一个切实可行的计算方法，更想不出一个简明的公式以预测声响效果的标准区限。由于声波传播速度远比光波低，在室内传播时会发生多次反射而互相干涉，室内任何一点的声强度都是一个相当复杂的量，所以，光凭建筑经验而无声学理论指导的古代大型建筑在处理声响效果上，虽然不乏成功之例，但是也确有不少耗资巨额的建筑由于声响“混沌”而无法投入正常使用。

19世纪，生产力飞速发展，社会生活发生了巨大变革，古典理论声学发展也达到最高峰。演讲厅、音乐厅、舞厅、礼堂等大型建筑，如雨后春笋，拔地而起。建筑事业的空前规模，促进了建筑声学的研究。20世纪初，美国赛宾提出了著名的混响理论，赛宾认为：厅堂音响效果的好坏主要决定于混响时间，因此控制混响时间的适度是建筑声学的主要任务。经过仔细研究，赛宾于1900年提出了著名的赛宾公式，使礼堂、剧院的设计有规律可循。赛宾的混响理论奠定了厅堂声学乃至整个建筑声学的科学基础，使建筑声学进入科学范畴，建筑声学内容逐渐充实，应用广泛，成绩斐然。

在赛宾等建筑声学理论的指导下，人们终于开始认识混响规律，并建立起室内音质设计理论。对于房间的音响质量，也有了客观评价的标准，如声压级、混响时间、反射声的时间与空间分布。目前在世界上比较通用的主观评价标准则主要是以下五项：

(1)合适的响度。

(2)较高的清晰度(语言)和明晰度(音乐)。

(3)足够的丰满度。要达到余音悠扬、坚实饱满、音色浑厚。

(4)良好的空间感。如方向感、距离感(亲切感)、环绕感。

(5)无声缺陷(失真、回声、声影等)和噪音干扰。

从20世纪初期开始，高质量的录音和重现在科学、教育、文化、社会活动、娱乐中开始起到极大的作用。同时，由于电子管的出现和放大器的应用，使非常微小的声学量的测量得以实现，这就为现代建筑声学的进一步发展开辟了道路。

无线广播的飞速发展，给现代建筑声学提出了一系列新问题，同时也为人们提供了更多更高级的音乐欣赏技术。声学材料的大量生产和实验室实验，给建筑师控制建筑内的声学问题提供了必要的工具。世界各国修建了相当大规模的厅堂。隔声隔噪、吸声降噪、噪声源控制等噪声处理问题在现代社会中越来越得到人们的重视。噪声与建筑密不可分，噪声污染的防治与治理已经成为建筑声学重要的组成部分。噪声规划、噪声控制等理论也逐渐演化卅来。

近几年来，在新建或扩建的现代建筑中对声学要求变得更加严格与规范，诸如音乐厅、剧场、影院、KTV、演艺厅、录音室、会议室，甚至在一些条件允许的家庭也都对声学问题格外重视。

1.1 声音的基本性质

1.1.1 声音的产生和传播

1. 振动与声波

物体振动是产生声音的根源。弦乐是弦振动发声，管乐是空气振动发声，打击乐是打击对象表面振动发声。如果仔细观察日常生活所接触到的各种发声物体，就会发现声音来源于物体的振动。工厂中铁锤敲打钢板，引起钢板振动发声，织布机飞梭不断撞击打板的振动发声等，都是由振动的物体发出来的。

通常把受到外力作用而产生振动的物体称为声源，当然声源不一定非固体振动不可，液体、气体振动同样会发声，化工厂中输液管道阀门的噪声就是液体振动发声，高压容器排气放空时的排气吼声就是高速气流与周围静止空气相互作用引起的空气振动的结果。

那么声音又是怎样通过空气把振动传播出去的呢？以鼓面振动为例(如图1-1所示)，用力敲一下鼓面，鼓面则一来一回地运动，就会扰动鼓面邻近空气质点随之来回运动，这时鼓面一侧的空气质点被挤压而密集起来，另一侧则变得稀疏，当鼓面向反方向运动时，原来质点密集的地方变得稀疏，原来稀疏地方则变得密集起来，由于空气是弹性介质，振动的鼓面使空气质点时而密集，时而稀疏，带动邻近的空气质点，由近及远地依次振动起来，这样就形成了一疏一密的“空气层”。“空气层”的振动传播到人耳，引起人耳鼓膜的振动，带动听骨振动，由耳蜗、听神经等形成神经脉冲信号，通过听觉传导神经传至大脑听觉中枢，形成听觉。

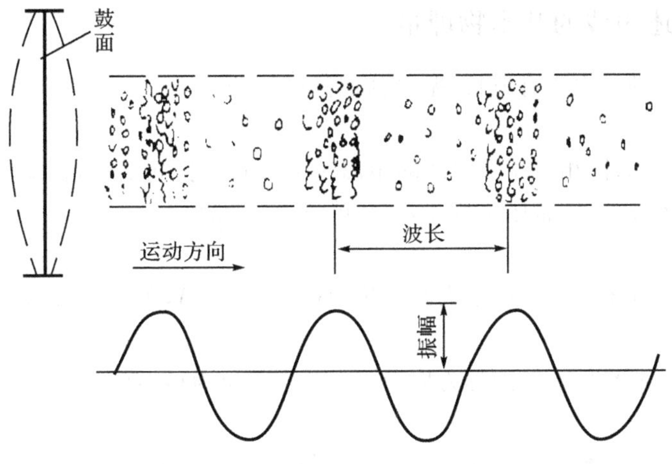

图 1-1　振动与声波

因此，在空气中，声源振动迫使其周围紧邻的空气质点产生往复振动，该振动迅速在空气中传播开来，这种振动的传播称为声波。声波为纵波，介质（空气等）的质点振动方向平行于声波传播方向（疏密变化）。

传播声音的物质称为传声介质。人耳平时听到的声音大部分是通过空气传播的。空气能传播声音，液体、固体同样也能传播声音，比如潜水员潜入水中仍可清楚地听到轮船上的机器声，把耳朵贴在钢轨上就可以听到远处驶来的列车声等。

2. 波阵面与声线

声波从声源发出，在同一介质中按一定方向传播，在某一时刻，波动所到达的各点的包迹面称为波面或波阵面。波阵面上的各点具有相同的振动相位。

根据波阵面的形状把声波分为平面波、球面波（如图 1-2(a)）等各种类型。波阵面为平面的称为平面波，波阵面为球面的称为球面波。波面中最前面的那个波面称为波前，波的传播方向称为波线或波射线。

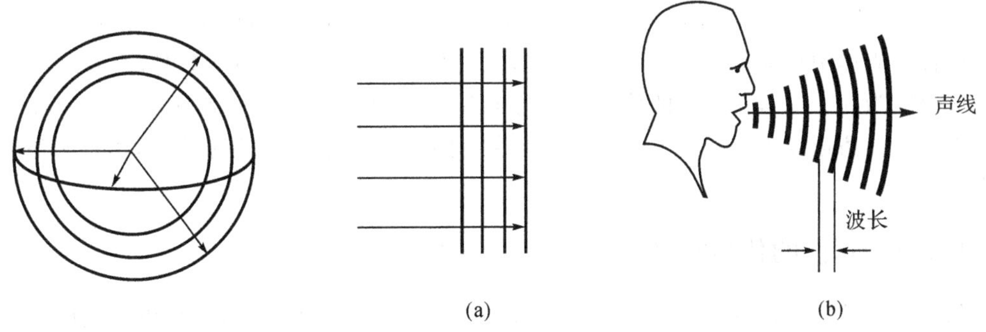

图 1-2　波阵面与声波

声线是假想的垂直于波阵面的直线（如图 1-2(b)），主要用于几何声学中对声传播的跟踪。

1.1.2 描述声波的基本物理量

有关声波的物理量主要有波长、振幅、周期与频率等。

(1)波长

在声波中,两相邻同相位质点之间的距离称为波长。换句话说,振动经过一个周期,声波传播的距离称为波长,用希腊字母 λ 表示,单位为米(m)。

(2)振幅

物体振动时离开平衡位置的最大距离称为振幅,记作 A,单位为米(m)。

(3)周期

完成一次振动所经历的时间称为周期,记作 T,单位为秒(s)。

(4)频率

一秒钟内振动的次数称为频率,记作 f,单位为赫兹(Hz)。频率是声波一个重要的基本物理量。我们的耳朵能够听到的声音的频率范围是在 20～20000Hz 内,称为可闻声。在这个频率范围以外的声波不能引起听觉,是"不可闻的"。频率超过 20000Hz 的称为超声波;频率低于 20Hz 的称为次声波。在建筑声学中,一般把 125～250Hz 以下的频率称为低频,500～1000Hz 的频率称为中频,2000～4000Hz 以上的频率称为高频。

建筑声学测量的频率范围主要为 100～4000Hz,其波长范围在 3.4m～8.5cm 之间,与建筑物内部的一些部件的尺度很相近。所谓物体的大小、长短等,都是而且必须是与波长的比较相对而言的。这对厅堂音质设计中确定反射面、扩散体的尺度是非常重要的依据。比如,建筑物内界面的起伏、挑台、梁、柱及其他建筑装修的尺度比声波的波长大或与声波波长接近时,它们对处于上述频率范围的声音才能起有效的反射作用。

(5)声速

声速是表示声波在某一介质中传播的速度。显然,频率和波长的乘积就是声速,波长、频率和声速之间关系是 $c=f\lambda$。在空气中,声速与温度的关系如下:

$$c=331.4\sqrt{1+\frac{t}{273}} \tag{1-1}$$

式中:t——空气温度,℃。在常温范围内,声音在空气中传播的速度约为 340m/s。

声音在固体中传播最快,在流体中次之,在气体中最慢。例如在 0℃时,声音在空气中的传播速度为 332m/s,在水中的传播速度为 1450m/s,在钢材中的传播速度为 5000m/s,在混凝土中的传播速度为 3100m/s。同一列波在不同介质中传播时,频率不变,声速和波长却发生变化。

1.1.3 声波的传播特性

除传入人耳引起声音大小、音调高低的感觉外,声波作为机械波,具有机械波的所有特征。声波在传播过程中遇到障碍物如墙、孔洞等还将产生声波的反射、绕射、吸收、透射以及在室内由于多次反射所引起的混响等现象。这些现象在建筑声学设计中有着重要的作用。

1. 声绕射与声反射

当声波在向前传播的路程中,遇到障碍物时就会发生绕射、反射和透射,其影响取决于障碍物的大小。

(1)声绕射

声波在传播过程中遇到障碍或孔洞时,在一定条件下,能绕到障板的背后改变原来的传播方向,在它的背后继续传播,这种现象称为绕射。

绕射的情况与声波的波长和障碍物(或孔)的尺寸有关。在通常条件下,有的声波会发生明显的绕射,有的表现为直线传播。如图 1-3 所示,障碍物或孔洞的大小比声波波长小得多时,则声波不是沿直线传播,而是改变前进的方向绕过障碍物或孔洞,到达按直线传播时要成为"阴影"的地方,这种现象称为声波的绕射或衍射。如图 1-3(d)所示,小孔处的质点可近似地看作一个集中的新声源,产生新的球面波,它与原来的波形无关。

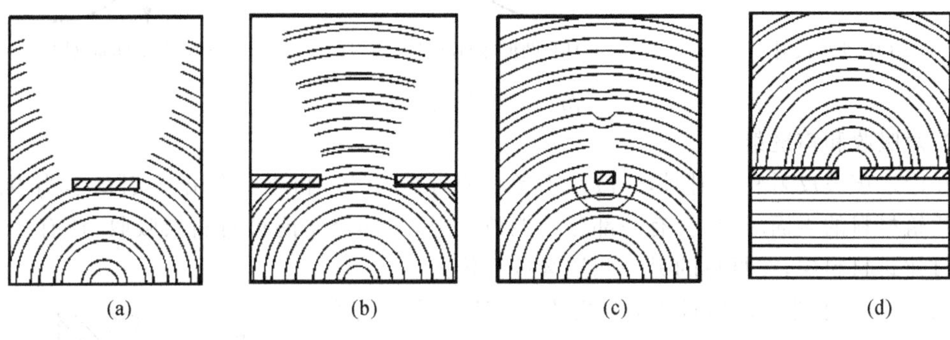

图 1-3　声波的绕射

我们能听到的声波,波长在 17cm～17m 的范围内,是可以绕过一般障碍物,使我们听到障碍物另一侧的声音。声源的频率越低,绕射现象越明显。例如声源处于人的背后时,由于人耳壳的遮蔽作用,声源中低频音会绕过耳廓使人听到,而声源中的高频音则在人耳处形成声影区使其减弱。

又如音乐会时,后排座的听众听到的低频强、高频弱,即是因为低频可绕射,而高频音散射的原因。

(2)声反射

当声波遇到一块尺寸比波长大得多的障碍时,声波将被反射。类似于光在镜子上的反射,声反射满足反射规律,如图 1-4 所示:

1)入射声线、反射声线和反射面的法线在同一平面。

2)入射线和反射线分别在法线两侧。

3)入射角等于反射角,即 $\theta_i=\theta_r$。

在混凝土、砖、石块、或玻璃等刚性平面上,几乎能把所有的入射声都反射出去。在中型和大型的厅堂中的适当位置安装大型的声音反射板,可改善听觉条件。

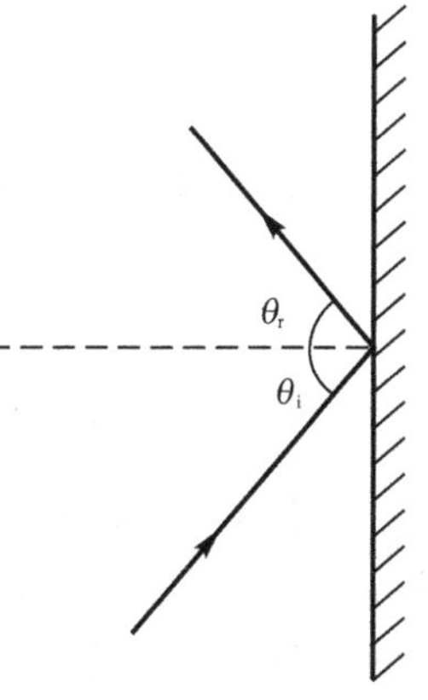

图 1-4　声波的反射规律

如图 1-5(a)所示,球面声波从平坦的表面反射时,它的反射波仍为球面波。有一点声源 S 在一个尺度大于声波波长的平的反射面之一侧发声时,则可近似于光源在一镜面上成像那样,在沿着声源到平面的垂线延长线上,在平面的另一侧等距处,也有一"声像"S'或虚声源在同时发声。因此,声波在平面上某一点的反射声线,也就是由虚声源与反射点连线的延长线。图 1-5(b)所示为声波在凹形曲面上的反射情况,很明显凹面反射使声波集中,使声音会聚于某一区域或出现声焦点，从而造成声场分布的不均匀，在音质设计中应注意防止。图 1-5(c)所示为声波在凸形曲面上的反射情况，凸面反射使声波扩散，正确地使用凸形界面，将有助于声场的均匀扩散和防止一些声学缺陷的出现。

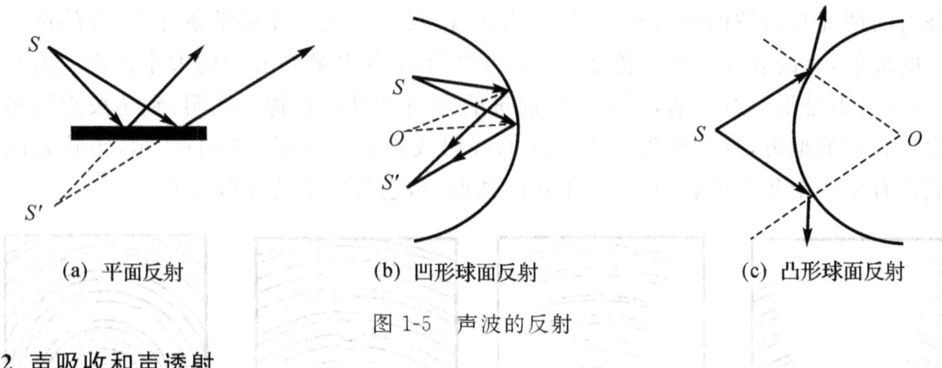

图 1-5 声波的反射

2. 声吸收和声透射

在论述声波反射和衍射时，一般是不考虑障碍物的吸声和透声作用。实际上，当声波入射到建筑材料的表面时，总会有一部分声能被反射，一部分声能被材料层吸收，还有一部分会透过建筑材料层，在材料的另一侧继续进行传播。

当声波入射到建筑构件时，声能 E_0 一般分为三部分(如图 1-6 所示)：反射声能、透射声能和吸收声能，根据能量守恒定律，入射声能 E_0 和反射声能 E_γ、吸声声能 E_α 以及透射声能 E_τ 之间的关系为

$$E_0 = E_\gamma + E_\alpha + E_\tau \tag{1-2}$$

下面引入反射系数、透射系数和吸收系数的概念，用以说明。

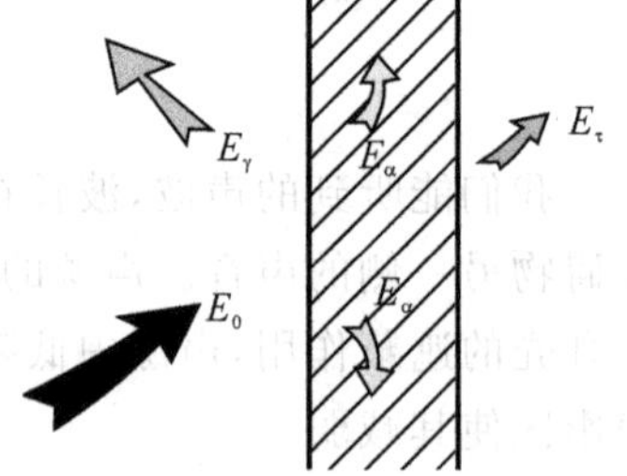

图 1-6 声能的反射、透射与吸收

反射系数是声波的能量被反射的百分比，即反射声能与入射声能之比，用 γ 表示，则

$$\gamma = \frac{E_\gamma}{E_0} \tag{1-3}$$

透射系数是声波的能量被透射的百分比，即透射声能与入射声能之比用 τ 表示，则

$$\tau = \frac{E_\tau}{E_0} \tag{1-4}$$

$$\alpha = 1-\gamma = 1-\frac{E_\gamma}{E_0} = \frac{E_\alpha + E_\gamma}{E_0} \tag{1-5}$$

吸收系数是声波的能量被吸收的百分比，即吸收声能及透射声能与入射声能之比，用 α 表示。反射系数越大，吸收系数越小；反射系数越小，吸收系数越大。不同材料，不同的构造对声音具有不同的性能。同样，反射系数越大，透射系数越小，材料的隔声性能就越好。而吸声材料则要求反射系数越小越好，两者正好相反。

3. 声干涉与驻波

当几列波同时在一种介质中传播时，每列波的特征量如振幅、频率、波长、振动方向等，都不会因为有其他波的存在而改变。但在相交区域的质点同时参与各个波的振动，质点的振动是各波振动的合成(波的叠加原理)。

一般地说，振幅、频率、相位等都不同的几列波在某一点叠加时，情形是很复杂的。如果两列波满足相干条件，即当两列波频率相同，振动方向一致，波源之间有恒定的相位差时，称之为相干波。在相干波的重叠区域内，介质中某些地方的振动很强，而在另一些地方的振动很弱或完全不动。这种现象称为波的干涉。

图1-7所示为具有相同频率的两个波源所发出的波相遇时产生的波的干涉情况。具有相同相位的两个波源相遇叠加时，某些点振动始终彼此加强，而在另一些位置，振动始终互相削弱或抵消（图1-7(a)）；具有相反相位的两个波源相遇叠加时，振动始终互相抵消（图1-7(b)）；而具有不同相位的两个波源相遇叠加时既有加强又有减弱（图1-7(c)）。

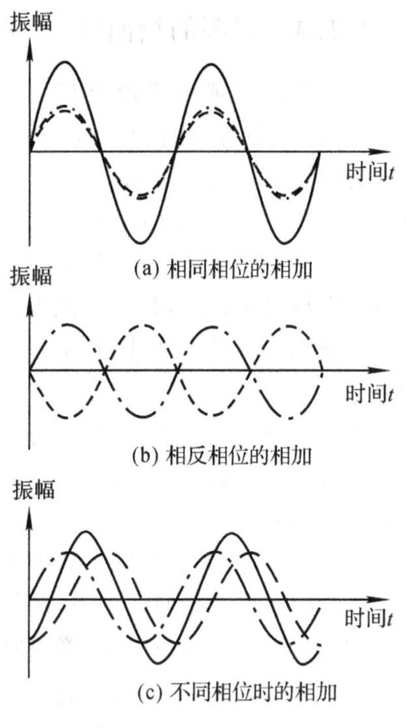

图1-7 波的干涉

驻波是波的干涉现象中的特例。它是两列以相反方向传播的相干波叠加而成的。如果波在一个有限大小的物体内传播，遇到界面就会反射，入射波和反射波叠加的结果，就会产生驻波。驻波是一种常见的重要干涉现象。驻波使空间声场出现固定的分布，形成波腹和波节，即出现静止的声波。

驻波在声学中有重要的应用价值（如房间共振问题）。驻波有以下两个特点：①各处大小不等，出现了波腹（振幅最大处）和波节（振幅最小处）。相邻波节间距$\lambda/2$，则由波节间距可得行波波长。②没有相位的传播。驻波是分段的振动。相邻段振动相位相反。

图1-8表示了声音在封闭空间内所表现出来的各种特性，在进行室内音质设计或噪声控制时，必须了解声音的这些特性，从而合理地选择吸声和隔声材料。

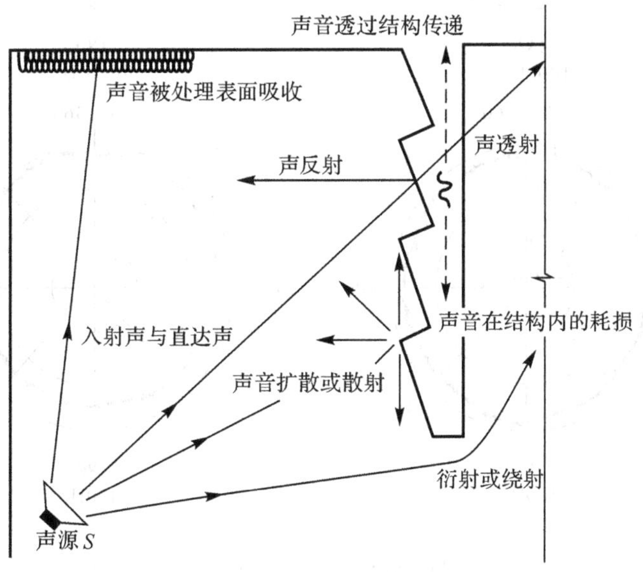

图1-8 在封闭空间的声音特性

1.1.4　声源的指向性

声波在没有或近乎没有反射作用存在时(声源在自由空间)所形成的声场称为自由声场。图1-9所示为在一定距离处环绕喷气式飞机的声压级分布场。声源在自由声场中辐射声音时,其声音强度分布情况的一个重要特性就是它的指向性。

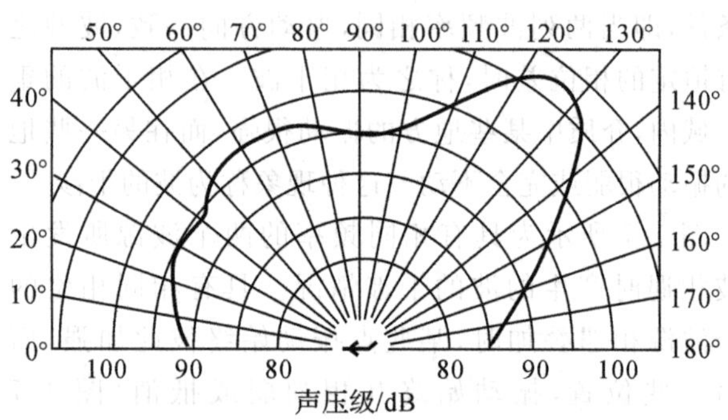

图 1-9　在一定距离处环绕喷气式飞机的声压级分布

通常把可听声按倍频关系分为 3 份来确定低、中、高音频段。即:低音频段 20～160Hz、中音频段 160～2500Hz、高音频段 2500Hz～20kHz。低、中、高音频段的指向性具有很大的差异:

(1)高频:声音指向性很强,覆盖角度窄小、射程远、穿透力强。

(2)中频:有一定指向性,覆盖面积比较容易控制。

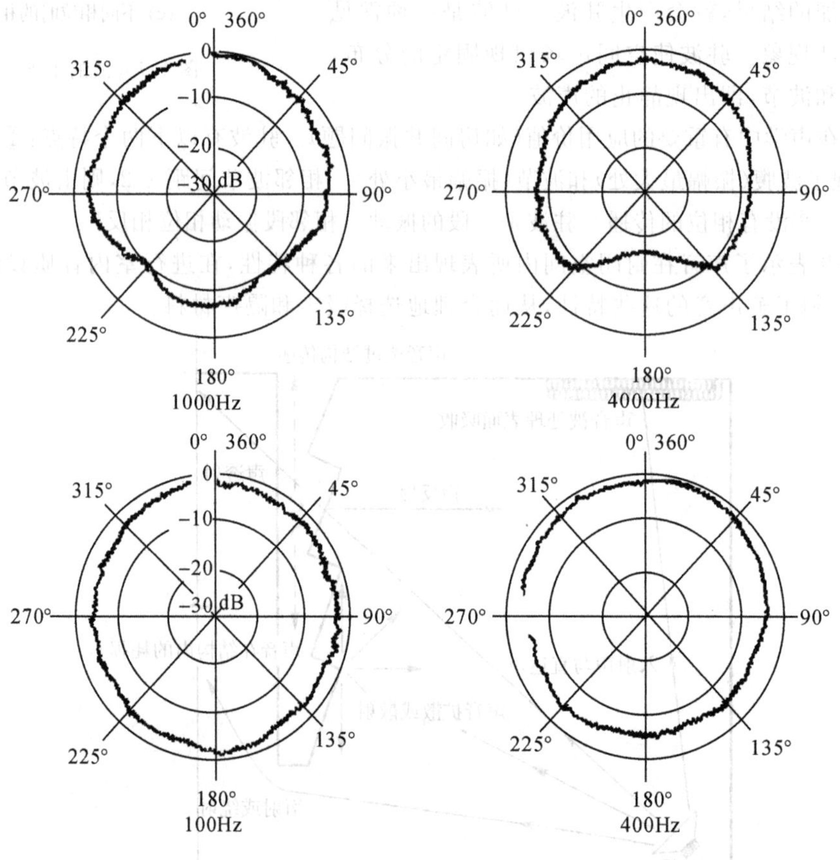

图 1-10　演员讲话时 4 个频率的水平面指向性图案

(3)低频：指向性不明显，向四面辐射、声功能损失大、传播距离近。

人的头和扬声器与低频声的波长相比是很小的，这种情况下可视为无指向性点声源，但对高频声，就具有明显的指向性。人在讲话时，并不是均匀地向四周辐射声音的，而是正面最响，背后最轻，也即沿着嘴唇前面有一定的方向性。如果声音频率高，波长短，声源下面的声压比背面和侧面大得多，直达声声能就集中于辐射轴线附近，指向性强；而低频声，声源前后的声压变化不大。因此与发声者相同距离的前、后位置，对于较高频率的语言声，其响度的差别可达 1 倍以上。

因此，站在讲话者后面或侧面的人，由于直射声中缺少很重要的高频成分，很难听清听懂。如果适当地在讲话者的周围加设反射面，可以提高讲话者后面的清晰度，但高频声比低频声更容易被墙面材料和空气所吸收，所以当位于讲话者身后听闻时声音的清晰度总是差些。所以，厅堂形状的设计、扬声器位置的布置，都要考虑声源的指向性。图 1-10 所示即为演员发声时嘴的水平面指向性图案。演员在舞台上的对白或演唱，随频率的高低都带有方向性。

当一个点声源在一矩形房间内不同位置时，声源的指向性用指向因数 Q 表示。由图 1-11可以看到：声源在房间中间，$Q=1$；在一面墙的中心，$Q=2$；在两墙交角处，$Q=4$；在三面墙的交角处，$Q=8$。

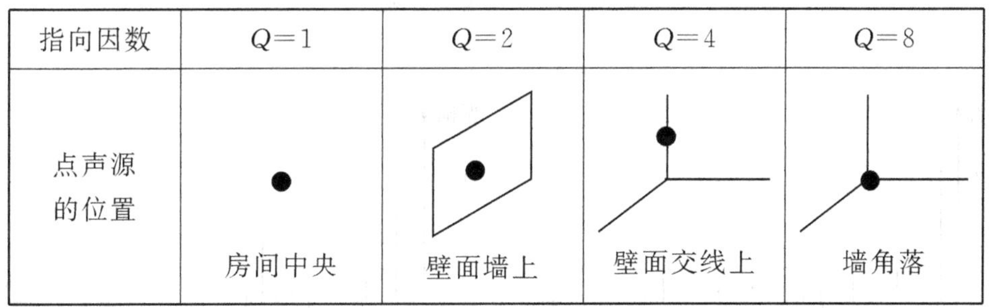

指向因数
Q=1
Q=2
Q=4
Q=8
点声源的位置
房间中央
壁面墙上
壁面交线上
墙角落

图 1-11　点声源在室内不同位置时的指向因数值

1.1.5　频谱和频程

1. 频谱

人们听到的各种声音是由不同频率、不同强度的纯音组合成的复复音。日常生活中遇到的音乐、语言或噪声大多数是复音。对于复音，有时不仅需要知道其总声级的大小，而且必须分析其频率成分。不同的复音含有的频率成分及各个频率上的分布是不同的，这种频率成分与能量分布的关系称为频谱。

通常人们听到的声音可以由频谱图来表示，频谱图是组成复合音的各个成分的强度与频率关系图。频谱图通常以频率(或频带)为横坐标，以反映相应频率(或频带)处声音信号强弱的量(如声压、声强、声压级、声功率级等)为纵坐标。可听声频率范围宽广，各种声音波形复杂，因而频谱的形状多种多样。图 1-12 所示是几种典型噪声源的频谱。

(1)线状谱

线状谱是由频率离散的单音组成的线状谱(如图 1-12(a))。一般波形呈周期性声音的频谱为线状谱，一些乐器所发出声音的频谱也是线状谱，图 1-13 所示是钢琴和黑管两种乐

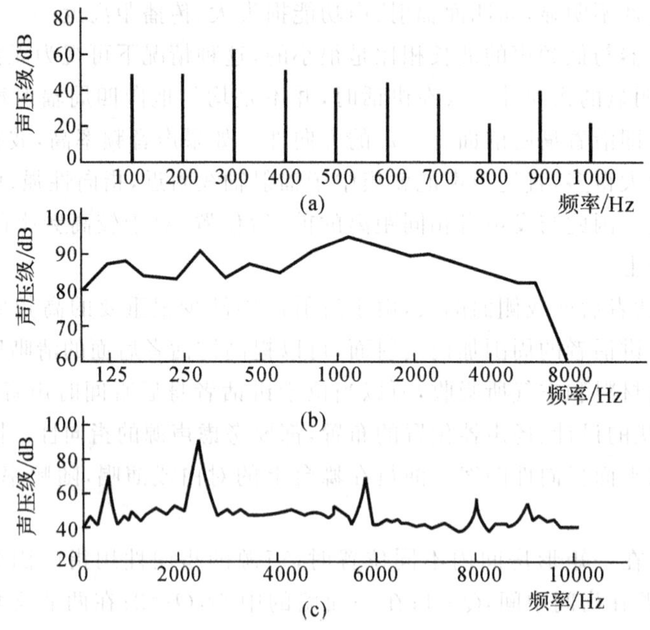

图 1-12 噪声频谱图

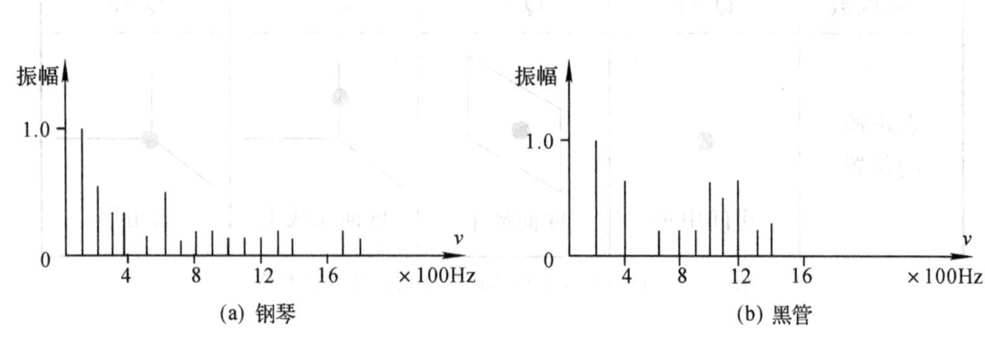

图 1-13 钢琴与黑管的声音频谱

器的频谱。在频谱图中,频率最低的纯音决定了复音的音调,称为基音。其他纯音的频率都是基音频率的整数倍,称为泛音,泛音的多少决定声音的音色。人们能够区别不同人、不同乐器或不同物体发出的音调、强度一样的声音,靠的就是这些声音的泛音不同。

(2)连续谱

连续谱是由频率在一定范围内连续的分音组成的连续谱(如图 1-12(b))。在这样的频谱中,声能连续地分布在频率很广的一个范围内,成一条连续的曲线。组成连续谱的各成分之间,其频率没有简单的整数比关系,其频率和声强都随机变化。环境噪声的频谱一般多为连续谱。比如,圆锯噪声在高频部分的能量较多,由此可以预计到这类噪声的刺耳特性。

(3)复合谱

复合谱是由线状谱和连续谱叠加而成的复合谱(如图 1-12(c)所示)。组成这种谱的声音听起来有明显的音调。风机噪声的频谱是复合谱,是叶片通过频率与宽带空气动力性噪声成分的叠加。主要分布在 125~2000Hz 范围内,峰值多在 125Hz 和 250Hz 两个频段,呈现出中、低频为主的噪声特征。机械噪声的频谱一般多为连续谱或复合谱。

2. 倍频程与频带

倍频程频谱分析是通过对声音频谱的研究，了解声音的能量在不同频率上分布的情况，从而了解声源的特性及深入研究声波的产生、传播、接收和对听者的影响等方面的问题，为噪声控制和治理提供依据。但是，对声音的连续谱或复合谱中的每个频率成分都进行分析是不容易的，也是没有必要的。为了研究方便，常把整个音频范围按一定规律划分为若干个相连的频段，每一频段称为一个频带。频带上限频率和下限频率之差称为频带宽度，它与中心频率的比值称为频带相对宽度。根据相邻两个频带之间的关系，划分的方法有等带宽、等比带宽等。

对声信号进行频谱分析的设备称频谱分析仪或频率分析仪，其核心部分是滤波器。声学测量的频谱分析经常使用带通滤波器，只允许一定频率范围（通带）内的信号通过，高于或低于这一频率的信号不能通过。图 1-14 所示为一个典型带通滤波器的频率响应。带宽 $\Delta f=f_2-f_1$，f_1 称下限截止频率，f_2 称上限截止频率。

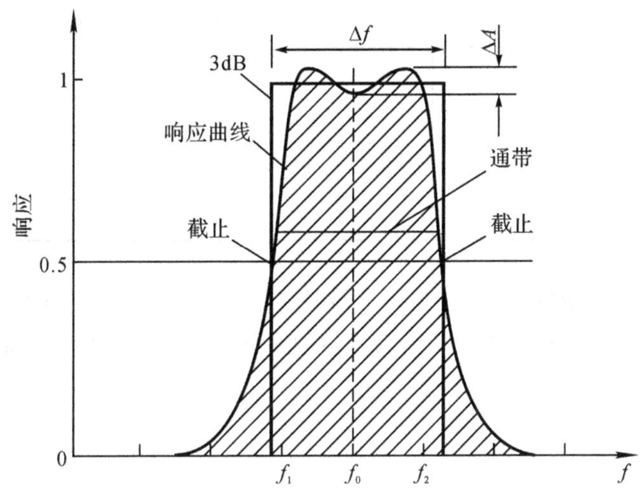

图 1-14　滤波器的频率响应

$$\frac{f_2}{f_1}=2^n$$

式中：f_1、f_2 为频带的上下限频率（Hz），n 为正实数。当 $n=1$ 时，称为倍频程；$n=2$ 时，称为 2 倍频程；$n=1/3$ 时，称为 1/3 倍频程。其中倍频程和 1/3 倍频程较常用。

为了简便起见，常用中心频率 f_0 来代表某一频段范围。中心频率是截止频率的几何平均：

$$f_0=\sqrt{f_1\cdot f_2}$$

表 1-1 列出了倍频程和 1/3 倍频程的频率范围和中心频率。

表 1-1 倍频程的频率范围和中心频率

通带号	中心频率	1/3 倍频程带宽	倍频程带宽
14	25	22.4～28.2	
15	31.5	28.2～35.5	22.4～44.7
16	40	35.5～44.7	
17	50	44.7～56.2	
18	63	56.2～70.8	44.7～89.1
19	80	70.8～89.1	
20	100	89.1～112	
21	125	112～141	89.1～178
22	160	141～178	
23	200	178～224	
24	250	224～282	178～355
25	315	282～355	
26	400	355～447	
27	500	447～562	355～708
28	630	562～708	
29	800	708～891	
30	1000	891～1120	708～1410
31	1250	1120～1410	
32	1600	1410～1780	
33	2000	1780～2240	1410～2820
34	2500	2240～2820	

倍频带和 1/3 倍频带的关系是，把一个倍频带再分为 3 段，在一个频带内，能量分布被认为是均匀的。若倍频带声压级为 L_p，则该倍频带内的 3 个 1/3 倍频带的声压级从低至高依次为：

$L_{p1}=L_p-5.85(\mathrm{dB})$

$L_{p2}=L_p-4.85(\mathrm{dB})$

$L_{p3}=L_p-3.85(\mathrm{dB})$

注意，一个声音的倍频带频谱图和 1/3 倍频带频谱图是不一样的。主要表现在 1/3 倍频带的频带声压级一般都比倍频带声压级低，这是因为 1/3 倍频带的频带宽度比倍频带的频带宽度窄，所包含的能量少。经过计算可知，其总声压级是一样的。

可听频率范围随人和年龄不同而异。年龄越大，可听频率上限越低。高于 10000Hz 的频率对语言的可懂度和欣赏音乐无重大影响。因此在建筑声学设计中，常以具有代表性的下述频率为标准，即：125Hz，250Hz，500Hz，1000Hz，2000Hz，4000Hz。对于音乐厅和音乐录音棚建筑，则需在上述标准频率的上限和下限各延伸一个倍频程（八度音），即增加 63Hz 和 8000Hz。

声音的频谱分析有助于我们了解声源的特性，为进行声学设计提供依据。例如在噪声控制中，就要知道噪声的哪些频率成分比较突出，从而首先设法降低或消除这些突出的频率成分，才能有效地降低噪声；在音质设计中，则应当尽量减少声源频谱成分的畸变，从而保证获得良好的音质。

1.2　声音的计量

声音是能量的一种传播形式。人们常谈到声音的大小或强弱，或一个声音比另一个声音响或不响，这就提出了声音强弱的计量问题。声音计量主要有响度和频率两种方法，响度或者叫分贝水平，以分贝(dB)为单位；频率或者叫音调，以赫兹(Hz)为单位。我们在前面已经介绍过频率的计量，本节重点介绍响度的计量方法。

1.2.1　声功率、声强、声压

1. 声功率

声功率是指单位时间内，声波通过垂直于传播方向某指定面积的声能量，记作 W，单位为瓦(W)或微瓦(μW)。$1W=10^6\mu W$。

在噪声监测中，声功率是指声源总声功率，声功率是声源本身的一种重要属性。在声环境设计中，声源的声功率大都认为不因环境条件的不同而改变，把它看作是属于声源本身的一种固有特性。在厅堂设计中如何充分利用有限的声功率是很重要的问题。

声源的声功率只是声源总功率中以声波形式辐射出去的很小一部分功率。通常声源的平均声功率都是很微小的，如一辆汽车在行驶中，当其速度为 70km/h 时，发出的汽车噪声的声功率只有 0.1W 数量级。一个人在室内讲话，自己感到比较合适时，其声功率大致是 10～50μW，演员的声功率为 100～300μW；即使 100 万人同时大声讲话时也只相当于一只 50W 灯泡的电功率；独唱或一件乐器辐射的声功率为几百至几千微瓦。表 1-2 列出了几种声源的声功率范围，可作为实测的参考。如果把这些声源的声功率与一些常用的小型设备的消耗功率做比较，例如，日光灯 40W，烘炉 500W，台式电风扇 200W，小搅拌器 100W，小手电筒 1W 等等。显然，人的耳朵是一种灵敏度特别高的声音探测器。表 1-3 列出了通用语言与若干乐器输出声功率值的近似值。

表 1-2　几种不同声源的声功率

声源种类	声功率	声源种类	声功率
喷气飞机	10kW	钢琴	2mW
气锤	1W	女高音	1000～7200μW
汽车	0.1W	对话	20μW

表 1-3　通用语言与若干乐器输出声功率值的近似值

声源	峰值功率(W)	声源	峰值功率(W)
男生会话	2×10^{-3}	钢琴	27×10^{-2}
女生会话	4×10^{-3}	管乐器	31×10^{-2}
单簧管	5×10^{-2}	37×36 英寸的低音鼓	25.0
低音提琴	16×10^{-2}	75 件乐器的交响乐	70～100

2. 声能量与声强

声波是能量的携带者，声波的传播伴随声能的传播。为了反映声能的传播情况，常用能流密度来描述声波在媒质中传播时各点的强弱。能流密度又叫声强，它是单位时间内在垂直于声波传播方向的单位面积上所通过的声能量。声强记作 I,单位是 W/m^2。

设在媒质中垂直于波速 c 处取面积 S,则在 1 个周期(T)内,通过 S 的能量等于体积 cTS 中的能量 Q,如图 1-15 所示。能流密度即声强为

$$I=\frac{Q}{TS}=\frac{W}{S}$$

式中 W 为声源声功率,声强与声源的振幅有关。振幅越大,声强也越大;振幅越小,声强也越小。当声源发出的声波向各个方向传播时,其声强一般会随着距离的增大而逐渐减弱。这是由于声源单位时间内发出的能量是一定的,离开声源越远,能量的分布面也越大。人们常常利用传声筒讲话,它可以减少声能的分散,使声能向一个比较集中的方向传播,因而可以传到比较远的地方。

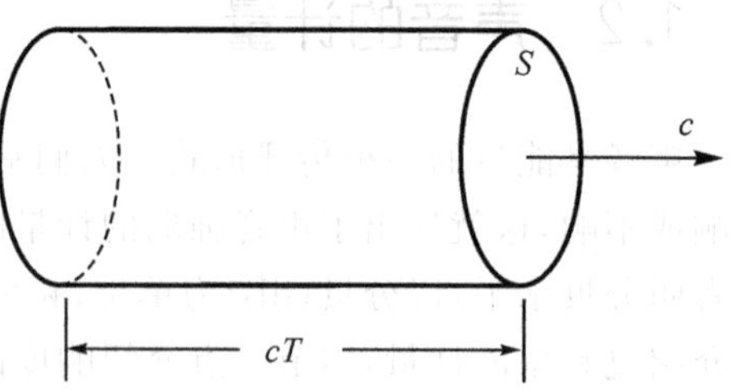

图 1-15 能流密度

在无反射的自由声场中,点声源发出的球面波,均匀地向四周辐射声能(称为球面辐射)。因此,距声源中心为 r 的球面上的声强为

$$I=\frac{W}{4\pi r^2} \tag{1-6}$$

因此,球面声源的声强 I 与声源的声功率 W 成正比,而与离开声源的距离 r 的平方成反比(见图 1-16(a))。对于平面波,声线互相平行,同一束声能通过与声源距离不同的波阵面时,声能没有聚集或离散,所以声强不变,与距离无关(见图 1-16(b))。

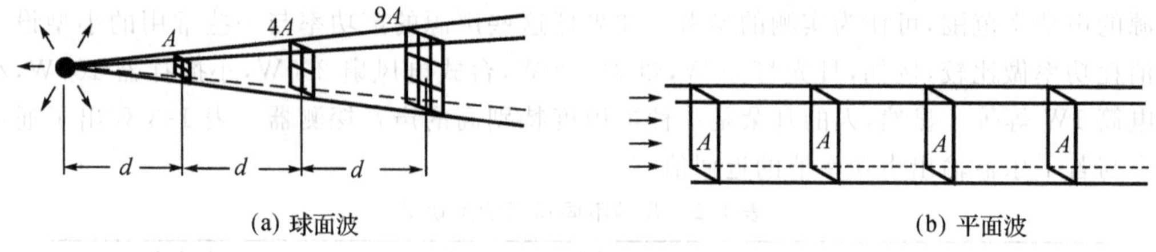

图 1-16 声能通过的面积与距离的关系

以上考虑的都是假设声音在无损耗、无衰减的介质中的传播。实际上,声波在一般介质中传播时,声能总是有损耗的。声音的频率越高,损耗也越大。在实际工程中,指定方向的声强,难以直接测量,通常是测出声压,通过计算求得声强和声功率。在自由声场中,测得声压和已知测点到声源的距离,即可算出该测点的声强和声源的声功率。

3. 声压

声压是由于声波的存在而引起的压力增值,单位:牛顿/平方米(N/m^2,Pa),符号为 p。声波在空气中传播时形成压缩和稀疏交替变化,所以压力增值是正负交替的。但通常取的声压是均方根值,叫有效声压,故实际上总是正值,对于球面波和平面波,声压与声强的关系是:

$$I=\frac{p^2}{\rho_0 c} \tag{1-7}$$

式中:p——有效声压;

ρ——空气密度；

c——空气中的声速；

$\rho_0 c$——介质的特性阻抗，在常温下取 $\rho_0 c=415\text{N}\cdot\text{s/m}^3$（或 Pa·s/m）。

1.2.2 分贝、声压级、声强级、声功率级

1. 分贝

人耳的听阈（人耳刚刚能感受的声音）为 $p_0=2\times10^{-5}\text{Pa}$，$I_0=1\times10^{-12}\text{W/m}^2$，而人耳的痛阈（闻之则痛的声音）为 $p=20\text{Pa}$，$I=1\text{W/m}^2$。可见人们日常生活中遇到的声音，若以声压值表示，由于变化范围非常大，可以达六个数量级以上，若以声强值表示，则可以达 12 个数量级以上。同时由于人体听觉对声信号强弱刺激反应不是线性的，而是成对数比例关系。实验证明，当人耳已接受了 10μW 的声音刺激时，输出功率再提高 1 倍（20μW），人耳感觉到的声音只增强了约 0.3 倍，如果要听到增强 1 倍的声音，则音响的输出功率须增大到原来的 10 倍，即 100μW。可见，人耳对声强感觉的这种关系是符合对数规律的。

由于以上两个原因，实际应用中，表示声音强弱的单位并不采用声压或声功率的绝对值，而采用相对单位——级（类似于风级、地震级），并以分贝作为“级”的单位。

所谓分贝是指两个相同的物理量（例 A 和 A_0）之比取以 10 为底的对数并乘以 10（或 20）。

$$N=10\lg\frac{A}{A_0}\quad 或\quad N=20\lg\frac{A}{A_0} \tag{1-8}$$

分贝符号为“dB”，它是无量纲的。式中 A_0 是基准量（或参考量），A 是被量度量。被量度量和基准量之比取对数，这对数值称为被量度量的“级”。亦即用对数标度时，所得到的是比值，它代表被量度量比基准量高出多少“级”。

分贝是自然学科中常用的对数单位，被广泛应用于声学中，在声学中有声压级、声强级、声功率级等，分别是将声压、声强、声功率与各自的参考值相比再取对数。由以下声压级、声强级、声功率级的定义式可知，级的分贝数的运算不能按算术法则进行，而应按对数运算的法则进行。

2. 声压级

声压级是声压与基准参考声压的相对量度，定义为

$$L_p=10\lg\frac{p^2}{{p_0}^2}=20\lg\frac{p}{p_0} \tag{1-9}$$

式中：p_0——基准参考声压，即频率为 1000Hz 时的听阈声压。

在空气中参考声压 p_0 一般取为 2×10^{-5} 帕，这个数值是正常人耳对 1 千赫声音刚刚能觉察其存在的声压值，也就是 1 千赫声音的可听阈声压。一般讲，低于这一声压值，人耳就再也不能觉察出这个声音的存在了。显然该可听阈声压的声压级即为零分贝。人耳听阈和痛阈通常用声压级表示：

听觉下限：$p=2\times10^{-5}\text{Pa}$；$L_p=0\text{dB}$

声压提高 2 倍，$p=4\times10^{-4}\text{Pa}$，$L_p=6\text{dB}$

声压提高 10 倍，$p=2\times10^{-4}\text{Pa}$；$L_p=20\text{dB}$

声压提高 100 倍，$p=2\times10^{-3}\text{Pa}$；$L_p=40\text{dB}$

声压提高 1000 倍，$p=2\times10^{-2}$ Pa；$L_p=60$dB

声压提高 10000 倍，$p=2\times10^{-1}$ Pa；$L_p=80$dB

声压提高 100000 倍，$p=2$Pa；$L_p=100$dB

听觉上限：$p=20$Pa；$L_p=120$dB

3. 声强级

声强级(L_I)是用声音的强度 I 和基准声强 I_0 之比的常用对数来表示，单位为分贝(dB)，定义为

$$L_I=10\lg\frac{I}{I_0} \tag{1-10}$$

式中：I_0——基准声强，$I_0=10^{-12}\,\mathrm{W/m^2}$，即人耳对频率为 1000Hz 的声音的可听下限。

表 1-4 列举了声强、声压值和它们所对应的声强级、声压级，以及相应的声环境。

表 1-4 几种声音的声强、声压、声压级及其相应的声环境

声强($\mathrm{W/m^2}$)	声压($\mathrm{N/m^2}$)或 Pa	声强级或声压级(dB)	相应的环境
10^2	200	140	喷气飞机起飞时
10^0	20	120	锅炉车间、钢铁厂(疼痛阈)
10^{-1}	$2\times\sqrt{10}$	110	风动铆钉机旁
10^{-2}	2	100	织布机旁
10^{-4}	2×10^{-1}	80	城市干道旁、公共汽车内
10^{-6}	2×10^{-2}	60	相距 1m 处交谈
10^{-8}	2×10^{-3}	40	安静的室内
10^{-10}	2×10^{-4}	20	轻声耳语
10^{-12}	2×10^{-5}	0	人耳最低可闻阈

4. 声功率级

声功率级(L_W)是声功率(W)和参考功率(W_0)的相对量度，定义为

$$L_W=10\lg\frac{W}{W_0} \tag{1-11}$$

式中：W_0——基准声功率，$W_0=1\times10^{-12}\,\mathrm{N/m^2}$，声功率级仅表示声源发声能力的大小。

1.2.3 声音的叠加和相减

1. 声音的叠加

在实际生活中，声源往往不止一个，它们发出声波的频率、相位以及传播方向没有固定的联系，带有随机的特性，称为不相干声波。不相干声波的叠加应按照能量叠加的法则进行。两个以上独立声源作用于某一点，产生噪声的叠加。声能量是可以代数相加的，那么叠加后的总声功率为

$$W=\sum W_i$$

声强可以叠加，叠加后的总声强为

$$I=\sum I_i$$

声压的叠加不能简单地进行算术相加，而要按对数运算规律进行。总声压是各声压的均方根：

$$p=\sqrt{p_1^2+p_2^2+\cdots+p_n^2} \tag{1-12}$$

n 个相同声源 L_{p_1} 叠加：

$$L=L_{p_1}+10\lg n \tag{1-13}$$

两个声源叠加后的总声压级为(设 $L_{p_1} \geqslant L_{p_2}$)：

$$L_p=L_{p1}+10\lg(1+10^{-\frac{L_{p1}-L_{p2}}{10}}) \tag{1-14}$$

如 $L_{p_1}=L_{p_2}$，即两个声源的声压级相等，则总声压级：

$$L_p = L_{p_1} + 10\lg 2 \approx L_{p_1} + 3(\text{dB})$$

也就是说，作用于某一点的两个声源声压级相等，其合成的总声压级比一个声源的声压级增加 3dB。例如两个 0dB 的声音合成的总声压级为 3dB，两个 10dB 的声音合成的总声压级为 13dB。同样，10 个相同的声压级相加时，也仅增加了 10dB(10lg10)，而不是 10 倍。

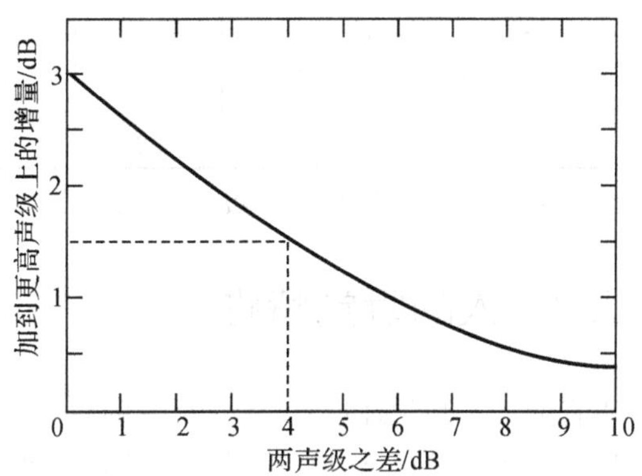

图 1-17　声压级的差值与增值的关系

此外，可以证明，当声压级不相等时两个声压级分别为 L_{p_1} 和 L_{p_2}(设 $L_{p_1} > L_{p_2}$)，其总声压级(dB)按式 1-14 计算较麻烦。可以利用图 1-17 查曲线值来计算。方法是：设 $L_{p_1} > L_{p_2}$，以 $L_{p_1}-L_{p_2}$ 值按图查得加到更高声级上的增量 ΔL_p，则总声压级 $L_{p总}=L_{p_1}+\Delta L_p$。两个不同声源叠加，差别超过 10～15dB，可以忽略不计。

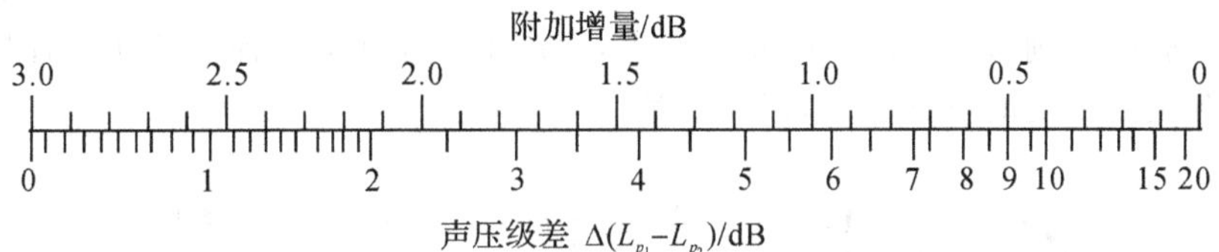

图 1-18　声压级叠加对线图

利用图 1-18 的声压级叠加对线图也可以用来进行声音的叠加，图 1-12 中横线下方为两个声源的差值 $L_{p_1}-L_{p_2}$。横线上方为对应的两个声音叠加后的附加增量。

多个声压级叠加时，先按声压级大小排序，然后从最大的两个声压级开始叠加，其值再与第三个叠加，依次类推，直至相差超过 10dB。

【例 1-1】 某通风机房中设有三台通风机，它们的声压级分别为 98dB，97dB，96dB，求该机房的总声压级是多少？

【解】 利用声压级叠加对线图逐个叠加：

98dB 与 97dB 的声压级差为 1dB，附加增量为 2.5dB，则 98dB 与 97dB 两个声音叠加后为 98dB＋2.2dB＝102.5dB

102.5dB 再与 96dB 进行叠加，从图 1-10 中可得，其附加增量为 2.3dB，即三个声音叠加后的声音大小为 102.5dB＋2.3dB＝105.8dB

【例 1-2】 有 7 台机器工作时，每台在某测点处的声压级都是 92dB，求该点的总声压级。

【解】 根据式(1-13)得：$L_p=92+10\lg7=100.4$(dB)

【例 1-3】 用查表法计算例 2-2。

【解】 列下表进行计算 7 台机器工作时的声压级：

声源声压级 (dB)	增值 ΔL (dB)	叠加值 (dB)	增值 ΔL (dB)	叠加值 (dB)	增值 ΔL (dB)	叠加值 (dB)
92	3	95	3	98	2.4	100.4
92						
92	3	95				
92						
92	3	95	1.8	96.8		
92						
92		92				

即 7 台机器工作时的声压级是 100.4dB。

1.3 人的听觉特性

声音的产生是物理现象，人对声音的感觉是生理和心理活动。听觉是人们对声音的主观反应。由于厅堂声学设计的最终目的是满足人们听闻良好的要求，因此，有必要了解听觉特性。

1.3.1 人耳听觉的形成

如图 1-19 所示，外界的声波经过外耳道传到鼓膜，引起鼓膜振动。鼓膜的振动通过三块听小骨传到内耳，刺激耳蜗内的听觉感受器，而产生神经冲动。神经冲动沿着与听觉有关的神经，传到大脑皮层的听觉中枢，形成听觉。

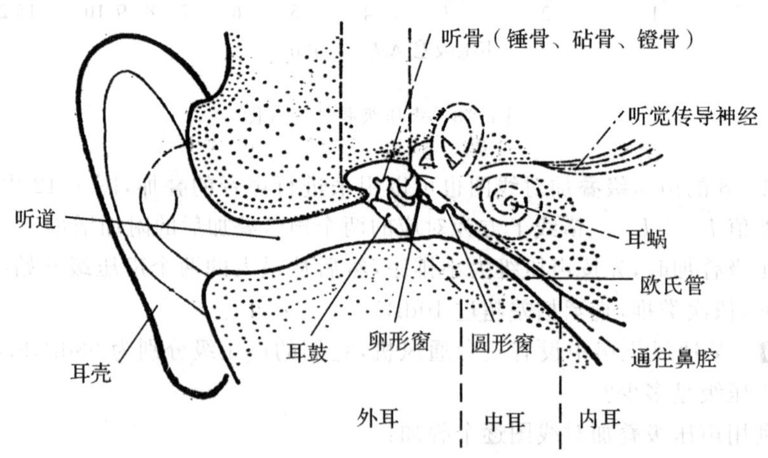

图 1-19 人耳剖面示意图

构成声音产生与存在的客观因素主要是振幅、频率、谐波，构成人耳对声音的听觉特性的要素主要是响度、音调、音色。响度、音调、音色也是声音的三个主要的主观属性。表 1-5 列出了声音三种主观属性的含义和区别。

由于人耳听觉系统非常复杂，迄今为止人类对它的生理结构和听觉特性还不能从生理解剖角度完全解释清楚。所以，对人耳听觉特性的研究目前仅限于在心理声学和语言声学。在人耳的听阈域范围内，声音听觉心理的主观感受主要有响度、音调、音色等特征和哈斯效应、掩蔽效应等特性。其中响度、音调、音色被称为声音主观属性，而在多种音源场合，人耳的哈斯效应、掩蔽效应等特性更重要，它是心理声学的基础。

1.3.2 听觉的主观属性

响度、音调、音色之所以被被称为声音主观属性，是因为三者在主观上可以用来描述具有振幅、频率和相位三个物理量的任何复杂的声音，故又称为声音“三要素”。表1-5列出了响度、音调、音色的含义和区别。

表1-5 声音主观属性

	含义	决定因素	相关问题
响度	声音的大小	发声体振动的振幅	振幅：物体振动的幅度。
音调	声音的高低	发声体振动的频率	频率：物体每秒内振动的次数，单位：赫兹(Hz)；人的听觉频率范围：20～20000Hz；超声波与次声波
音色	声音的特色	发声体本身的材料、结构	音色是辨别不同发声体的依据

1. 响度

为了定量地确定某一声音使人的听觉器官产生多响的感觉，最简单的办法是把它和另外一个标准声音比较测定。

响度是人耳对声音强弱的感觉程度，即声音入射到耳鼓膜使听者获得的感觉量。根据它可以把声音排成由轻到响的序列。响度首先取决于声音的振幅，其次是频率。一般用单位宋(Sone)来度量，并定义1kHz、40dB的纯音的响度为1宋。

对于2000赫兹的声音，其声强为2×10^{-12}瓦/米^{2}就可以听到，但对于50赫兹的声音，需5×10^{-6}瓦/米^{2}才能听到，感觉这两个声音的响度相同，但它们的声强差2.5×10^6倍。

对于同一频率的声音，响度随声强的增加不是呈线性关系，声强增大到10倍，响度才增大为2倍，声强增大到100倍，响度才增大为3倍。

人耳的声压级范围是0dB至120dB，声压级越高，人耳感觉声音响度越大。因为外耳道与4000～5000Hz附近的声音产生共鸣，人耳感觉此频率范围的声音最响，低声压时，低频区的音响度大于高频音的响度。

听觉的一般规律是：在安静环境中(如图书馆)，即使声级仅有1dB的变化也可以察觉出来。在普通的室内环境中，多数人需要声级变化达到3dB以上才能够觉察出来，如果达到5dB的改变则能够明显察觉。另一方面，声级改变达到10dB才能使主观上感觉音量增加一倍(或是减半)，因此，在同样的声源和听者位置上，70dB的声音响度是60dB的两倍，80dB是60dB响度的4倍。反之，声压级降低10dB，响度减弱为50%；声压级降低20dB，响度减弱75%。

如果某一声音与已选定的1000Hz的纯音听起来同样响，这个1000Hz的纯音的声压级值就定义为待测声音的“响度级”。响度级的单位是方(phon)。它反映了人耳对不同频率声音的敏感度变化。

等响曲线是声学中描述响度、振幅、频率之间的关系的曲线。如图 1-20 所示，用 1000Hz 纯音对应的声压级数值，作为该曲线的响度级。从图 1-20 中可以看出：低频部分声压级高，高频部分对应的声压级低，说明人耳对高频声较为敏感。随着声压级的提高，对频率的相对敏感度也不同，声压级高，相对变化感觉小（平坦）；声压级低，相对变化感觉大（倾斜）。

人耳对不同频率的声音闻阈和痛阈不一样，灵敏度也不一样。人耳的痛阈受频率的影响不大，而闻阈随频率变化相当剧烈。人耳对 3kHz～5kHz 声音最敏感，幅度很小的声音信号都能被人耳听到，而在低频区（如小于 800Hz）和高频区（如大于 5kHz）人耳对声音的灵敏度要低得多。响度级较小时，高、低频声音灵敏度降低较明显，而低频段比高频段灵敏度降低更加剧烈，一般应特别重视加强低频音量。通常 200Hz～3kHz 语音声压级以 60～70dB 为宜，频率范围较宽的音乐声压以 80～90dB 最佳。

通常认为，对于 1kHz 纯音，0～20dB 为宁静声，30～40dB 为微弱声，50～70dB 为正常声，80～100dB 为响音声，110～130dB 为极响声。而对于 1kHz 以外的可听声，在同一级等响度曲线上有无数个等效的声压—频率值，这就是所谓的“等响”。小于 0dB 闻阈和大于 140dB 痛阈时为不可听声，即使是人耳最敏感频率范围的声音，人耳也觉察不到。

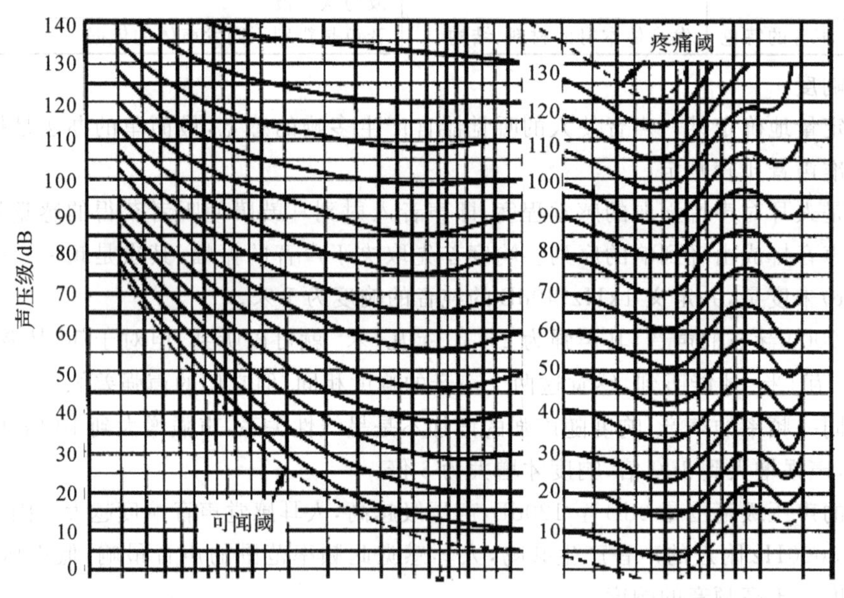

图 1-20 等响曲线

对于复合声，不能直接用纯音等响曲线，其响度级需要通过计算求得。

声级计是最基本的测量声学的电子仪器。在声级计中，设有一种能够模拟人耳的听觉特性，对不同频率的客观声压级人为地给予适当的增减，把电信号修正为与听感近似值的网络，实现这种频率计权的网络称为计权网络。通过计权网络测得的声压级，已不再是客观物理量的声压级，而叫计权声压级或计权声级，简称声级，单位是分贝（dB）。

在声级计中设有 A、B、C、D 四个计权网络，这四种计权网络是大致参考某几条等响曲线而设计的，模拟人耳对不同频率声音的反应。当含有各种频率通过时，它对不同频率成分的衰减是不一样的。A、B、C、D 计权的特性曲线见图 1-21，从图中可知，A、B、C 计权网络的主要差别是在于对低频成分的衰减程度，A 衰减最多，B 其次，C 最少。

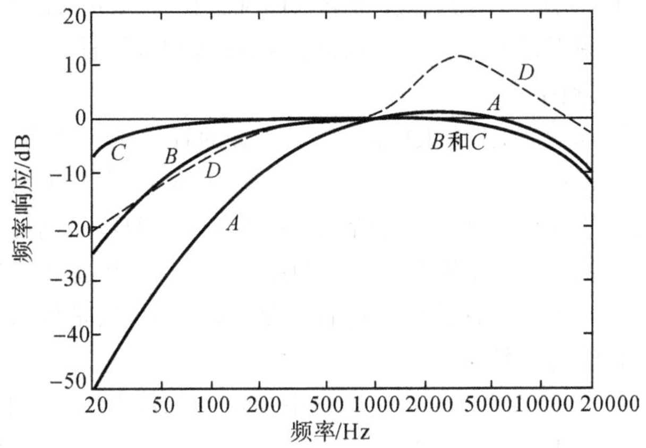

图 1-21　声级计计权网络的频率特性

计权声级是对声音响度的主观量度。人们发现，在噪声的监测中用 A 计权声级测出的声级更接近人耳对噪声总的评价，因此 A 声级现已被国际标准化组织（ISO）和大多数国家所采用，作为环境噪声评价的主要评价量，目前已被广泛地应用于各种噪声的测量和评价。A 计权声级是模拟人耳对 55dB 以下低强度噪声的频率特性。A 计权网络参考 40 方等响曲线，对 500Hz 以下的声音有较大的衰减，以模拟人耳对低频不敏感的特性。A 声级反映了人耳对不同频率声音响度的计权，将低频声音有较大的衰减，中频次之，高频不衰减甚至放大，测得的噪声值较接近人耳的听觉。不论噪声强度是高还是低，A 声级都能较好地反映人的主观感觉，A 声级越大，人感觉越吵。A 声级不适用于频带很窄或具有可辨别纯音的噪声。

B 计权声级是模拟 55dB 到 85dB 的中等强度噪声的频率特性，B 计权网络介于 A、C 计权网络之间，对低频有一定的衰减，模拟人耳 70 方纯音的响应。B 声级目前已经基本不使用了。

C 计权声级是模拟高强度噪声的频率特性。C 计权网络具有接近线性的较平坦的特性，在整个可听范围内几乎不衰减，以模拟人耳 100 方纯音的响应。故可作为总声级来使用。也可以根据 A 声级、C 声级对同一噪声读数的不同，粗略地分析噪声中主要的频率成分。如 A 声级读数大于 C 声级读数时，可以认为所测噪声中高频占主要成分；反之，则是低频占主要成分；若两读数相近，则是中频占主要成分。

D 计权声级是对噪声参量的模拟，专用于飞机噪声的测量。

目前世界各国声学界公认以 A 声级来作为保护听力和健康，以及环境噪声的评价量，这是目前使用最广泛的噪声评价方法。因此在测定中大都采用 A 声级来衡量噪声的强弱。对于稳态的噪声，可以直接测量 A 声级进行评价。

2. 音调

音调（音高）是人耳对声音高低的感觉，其变化主要取决于声音频率的对数值，其次是取决于声音的振幅。音调是主观生理上的等效频率，即人对声音客观存在的主观评价。频率越高，音调越高，频率增加一倍，声学中称之为增加一个“倍频程”，音乐上叫“提高一个八度”。

在20～20000Hz的声频范围内，强度足够大的纯音信号均可以诱发出音调的感觉。当我们感觉某个声音的音调很低时，表示该声音的频率比较低，同样，当我们感觉某个声音的音调高时，表明该声音的频率高。

一般说来，儿童说话的音调比成人的高，女子声音的音调比男子高。在小提琴的四根弦中，最细的弦，音调最高；最粗的弦，音调最低。在键盘乐器中，靠左边的音调低，靠右边的音调高。一般男低音最低的音调低到E2音阶，它的频率是82Hz，男高音能唱到C5音阶，频率为523Hz；女低音最低音调的音阶为G3，其频率为196Hz，女高音的最高音调可达到C6音阶，其频率为1047Hz。用音调评价声音的特点是比较粗的，只是概括了某种声音的特色，不如用频率来评价声音的特点精确。

度量音调的单位是美，符号为“mel”。当频率为1000Hz，声压为听阈以上40dB的声音听起来的主观音调标量是1000美，由此推算，若某个声音产生比1000美高1倍的音调，则这个声音的音调是2000美。

总之，频率和音调都是对声音属性的一种描述，只不过描述的角度、方式有所不同。频率从物理特性来描述声音的属性，是一种客观描述，而音调从主观感觉来描述声音的属性，是一种主观描述。

3. 音色

音色表示人耳对声音音质的感觉，又称音品或音质，即某种人声（如男高音、女高音）或某种乐器特有的声音种类。具有某种音调的声音称为音。纯音（或单音）是单频的声音，它的特点是只有单一音调。很多音乐的声音不会只产生一些纯音，而是包括某些附加的频率，称为复音。在复音中的最低频率称为基音，比基音音调高的成分称为泛音。当我们在钢琴上弹奏基音G时，除了听到基音外，即使不弹奏其他键板，仍能听到其他几个键板的泛音。泛音的数目、突出高峰、音调和强度，汇合成钢琴声的音色。不同的乐器有不同的泛音。泛音给音调增加了有特色的音质，即为音色。乐音中泛音越多，听起来就越好听。低音丰富，给人们以深沉有力的感觉；高音丰富，给人们以活泼愉快的感觉。

音色是在听觉上区别具有同样响度和音调的两个声音所不同的特征。不同乐器奏同样的曲子，即使响度和音调相同，听起来还是不一样。胡琴的声音柔韧，笛子的声音清脆，小提琴的声音优美，小号的声音激昂，就是由于它们的音色不同。人的声带发声，其音色也各不相同，这是我们辨别不同人和乐器的听觉依据。女高音嘹亮柔美，男高音挺拔高亢，女中音比较暗一些，浑厚而温暖，男中、男低音则是庄重厚实，给人一种坚定的感觉。

1.3.3 人耳听觉的几个效应

1. 哈斯效应与回声感觉

人耳具有这样一种特性：虽然声音消失了，但声音作用在人耳上的效果并不会立即消除，感觉会持续一个短暂的时间。大量测量统计结果表明：当两个强度相等而其中一个经过延迟的声音同时到聆听者耳中时，如果延迟在30ms以内，听觉上将感到声音好像只来自未延迟的声源，并不感到经延迟的声源存在。当延迟时间超过30ms而未达到50ms时，则听觉上可以识别出已延迟的声源存在，但仍感到声音来自未经延迟的声源。只有当延迟时间超过 50ms 以后，听觉上才感到延迟声成为一个清晰的回声。当然这也要延时声有足够的强度才会发生，这种现象称为哈斯效应(Hass Effet)，有时也称为优先效应。

简单地说，哈斯效应是指 50ms 内的延迟声不会起干扰作用的听觉特性。人耳对延时声的分辨能力有限，即当几个声音在较短的时间相继到达听者处，而这些声音内容又相同时，听者不一定能分辨出是几个先后到达的延时的声音。

在室内，到达某一接收点的直达声和各个反射声，在时间上有先后(直达声、早期反射声、混响声)，从而形成室内声场，如图 1-22 所示。当声源发出一个声音后，人们首先听到的是直达声，然后陆续听到经过各界面的反射声。一般认为，在直达声后约 50ms 以内到达的反射声，可以加强直达声，而在 50ms 以后到达的反射声，则不会加强直达声。

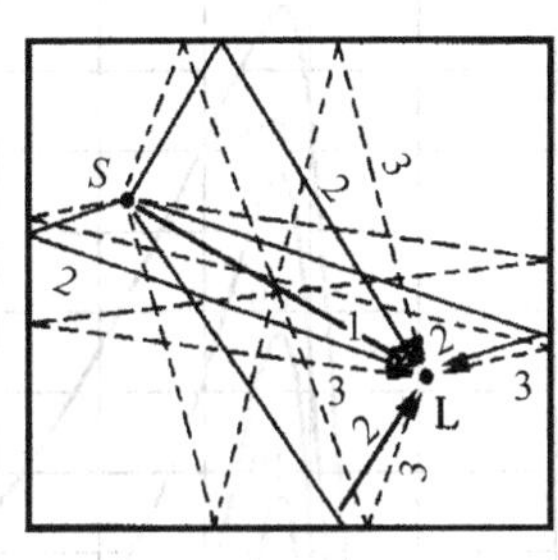

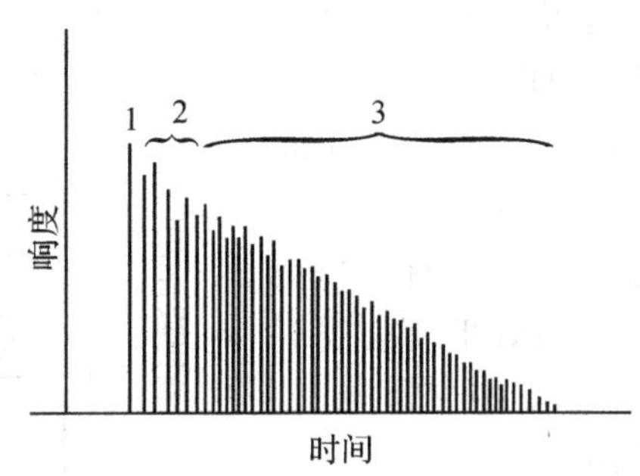

1—直达声；2—早期反射声；3—混响声

图 1-22　室内声场的形成

具体来说，当直达声与反射声之间的声程差大于 17m(声速按 340m/s 计)，反射声到达的时间间隔超过 50ms，且其强度又比较突出，则会形成“回声”的感觉——哈斯效应。

北京的天坛，不仅以它宏伟庄严的建筑艺术而闻名世界，令人神往的还有那回音壁和三音石。回音壁的圆形砖墙很坚硬光滑，是很好的声音反射体。一个人对着回音壁说话，他发出的声波沿着壁面多次反射，在另一处可听到他的声音。站在位于围墙圆心和三音石上拍一下手，就能够听到连续两、三次回声。这充分显示了我国劳动人民的智慧。

哈斯效应是在室内或室外扩声、布置声场时都应该仔细考虑的一种效应，而回声感觉会妨碍语言和音乐的良好听闻，因而需要加以控制。厅堂设计中出现回声将成为严重的音质缺陷。为了消除回声，就应使到达听者的直达声与反射声之间的时差小于 17ms，相当于直达声与反射声之间的声程差小于 17m，如大于 17m，就有可能形成回声。应该指出，回声的消除还可用吸声材料(结构)或设置扩散结构等方法，不只是缩小直达声与反射声的声程差。

2. 双耳听闻效应

人耳在头部的两侧，约距 20cm。通常人们利用双耳听闻，根据到达双耳的声音的微小的时间差、强度差和相位差，就能辨别声音的方向，确定声源的位置，双耳辨别方向的能力称双耳听闻效应。

听觉上有了双耳听闻效应这一特性，即使有若干个声源同时发声，人们也能分辨出它们各自所在的方向，甚至在声音很多的情况下，某一声音 (直达声、反射声)在不同的时刻到达两耳，人们仍能判断它们是来自同一个声源的声音。双耳定位能力使人们有可能在嘈杂的噪声环境中分辨出来自某个方向的所需注意倾听的声音。单耳听闻就不易辨别声音的方位。

人耳确定声源远近的准确度较差，而确定方向相当准确，特别是左右水平方向上的分辨方位能力要比上下竖直方向强得多，一般可以分辨出水平方向 5°～15°的变化，但在竖直方向有时要大到 60°才能分辨出来，但可以通过摆动头部而大大改善。目前，剧场观众厅扩声系统中的扬声器倾向于配置在台口上方，也是考虑到人耳左右水平方向的分辨能力远大于上下垂直方向而确定的。

3. 掩蔽效应

人们在安静环境中听一个声音，即使这个声音的声压级很低，也可以听到。这说明人耳对这个声音的听阈可以很低。

一个声音，虽然在安静的房间中可以被听到，但如果在听这个声音时存在着另一个声音（称为掩蔽声），则人耳的听闻效果就会受到影响。这时，若要听清该声音，就要提高它的听阈。

掩蔽效应：人耳对一个声音的听觉灵敏度因为另一个声音的存在而降低的现象，称为“掩蔽效应”。

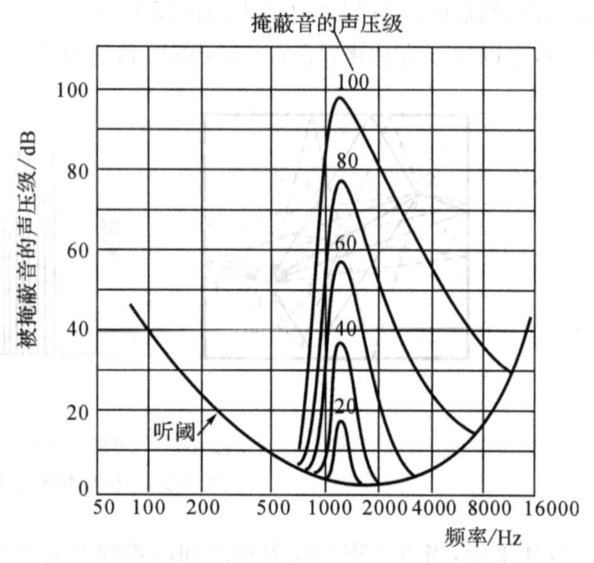

图 1-23 中心频率为 1200Hz 的窄带噪声的掩蔽谱

掩蔽量：由于某一声音存在，要听清另外的声音必须将这些声音提高，听阈所提高的分贝数称为掩蔽量。提高后的听阈称为掩蔽阈。一个声音能被听到的条件是这个声音的声压级不仅要超过听者的听阈，而且要超过其所在背景噪声环境中的掩蔽阈。掩蔽量取决于两个声音的频谱、两者的声压级差和两者到达听者的时间和相位关系。

掩蔽效应的影响因素有声音的相对强度、频率结构以及听者的心理状态等。当被掩蔽的声音和掩蔽声频谱接近时，掩蔽量较大，即频率接近的声音掩蔽效果明显；掩蔽声的声压级越高，掩蔽量就越大；低频声对高频声会产生相当大的掩蔽效应，特别是在低频声声压级很大的情况下，其掩蔽效应就更大，而高频声对低频声的掩蔽效应则相对较小。图 1-23 所示为中心频率为 1200Hz 的窄带噪声的掩蔽谱。

掩蔽效应有利有弊，一方面掩蔽效应有可能导致听不清要听的内容，降低工作效率，另一方面掩蔽效应的产生可以避免一些噪声的干扰，提高工作效率。因此，那些无表达含义、响度不大、连续而无方位感的噪声适合作为掩蔽背景声。例如轻微的音乐声和低响度的空调通风系统噪声往往是很好的掩蔽背景声。

掩蔽效应是一个较为复杂的生理和心理现象。听者对某个声音的注意力也会影响其他声音的掩蔽作用。人耳具有一种不寻常的能力，能在噪声环境下有选择地分辨出他所感兴趣的某些“信号”。掩蔽效应，也称“鸡尾酒会效应”。在鸡尾酒会嘈杂的人群中，如果两人交谈，尽管周围噪声很大，但两人耳中听到的是对方的说话声，而周围的各种噪声被掩盖掉了。因此，应用掩蔽效应可以通过强化掩蔽声声源的方位感，来控制噪声。

复习思考题

1. 试举两个谐振动的例子，并指明它们的周期、振幅和波长。

2. 两列相干波的波长均为λ，当它们相遇叠加后，合成波的波长等于什么？

3. 响度级、声压级、声级有何不同？

4. 求具有100dB声强级的平面波的声强与声压（空气密度为1.21kg/m³，声速为343m/s）。

5. 声音的物理计量中采用“级”有什么实用意义？60dB声压级、60LN响度级、60dB(A)计权声级三者有何区别？

6. 验证中心频率为250、500、1000、2000Hz的一倍频程和1/3倍频程的上下截止频率。

7. 在户外距离歌手10m处听到演唱的声压级为86dB，在距离80m处听到的声压级为多少？

8. 要求距广场上的扬声器40m远处的直达声声压级不小于86dB，如把扬声器看作是点声源，它的声功率至少为多少？声功率级是多少？

9. 测得某机器的噪声频带声压级如下表：

倍频程的中心频率/Hz	63	125	250	500	1000	2000	4000	8000
声压级/dB	90	95	100	93	82	75	70	70

试求这八个倍频程的总声压级。

10. 在靠近一家工厂的住宅区，测得该厂10台同样机器运转时的噪声声压级为54dB。如果夜间容许最大噪声声压级为50dB，问夜间只能有几台机器同时运转？

11. 要使一个65dB的声音响度感觉增加一倍，需要多少个相同的声源一起发声？

第 2 章　吸声与隔声

学习目标：基本掌握吸声材料和吸声结构的作用与分类，常用吸声材料和吸声结构的吸声特点等。理解声音在围护结构中传播途径和特点，掌握建筑隔声原理和隔声措施。

人类的生活不能没有声音，一个人在绝对无声的环境中呆 3～4 小时就会失去理智，但过强的噪声又会对人们的正常生活和身体健康造成严重影响和危害，因此必须对噪声加以适当的控制。确定噪声控制措施时，应从噪声形成的三个环节考虑：第一，从声源根治噪声；第二，在噪声传播途径上采取控制措施；第三，在接受处采取防护措施。

本章将主要介绍在噪声传播途径上所采取的噪声控制措施：吸声、隔声和消声，以及与其相应的声学材料和声学器件。

2.1　吸声材料和吸声结构的作用与分类

2.1.1　吸声与隔声的区别

在没有进行声学处理的房间里，人们听到的声音，除了由声源直接通过空气传来的直达声之外，还有由房间的墙面、顶棚、地面以及其他设备经多次反射而来的反射声，即混响声。由于混响声的叠加作用，往往能使声音强度提高 10 多分贝。如在房间的内壁及空间装设吸声结构，则当声波投射到这些结构表面后，部分声能即被吸收，这样就能使反射声减少，总的声音强度也就降低。这种利用吸声材料和吸声结构来降低室内噪声的降噪技术，称为吸声。

当声波在传播途径中，遇到匀质屏障物（如木板、金属板、墙体等）时，由于介质特性阻抗的变化，使部分声能被屏障物反射回去，一部分被屏障物吸收，只有一部分声能可以透过屏障物辐射到另一空间去，透射声能仅是入射声能的一部分。由于反射与吸收的结果，从而降低了噪声的传播。由于传出来的声能总是或多或少地小于传进来的能量，这种由屏障物引起的声能降低的现象称为隔声。具有隔声能力的屏障物称为隔声结构或隔声构件。隔声机理是当声波依次透过特性阻抗完全不同的墙体、空气介质时，造成声波的多次反射，发生声波的衰减，并且由于空气层的弹性和附加作用，使得振动能量大大衰减，从而达到隔声效果。

综上所述，吸声与隔声的主要区别是：

（1）两者降噪机理完全不同。吸声是利用吸声材料（吸声结构）的吸声作用，减弱声反射，使噪声降低；隔声则是利用隔声结构对声波起隔挡作用，减弱声透射，获得减噪效果。

(2)两者降噪措施的着眼点不同。材料的吸声着眼于声源一侧反射声能的大小,目标是反射声能要小,材料的吸声对同一个空间,改变室内声场的特性。材料隔声着眼于入射声源另一侧的透射声能的大小,目标是透射声能要小。材料隔声是相对于两个空间的,隔声的主要作用就是隔断声音从一个空间到另一个空间,防止噪声的干扰。

(3)两者所用的材料不同。吸声材料对入射声能的反射很小,这意味着声能容易进入和透过这种材料;可以想象,这种材料的材质应该是多孔、疏松和透气的,这就是典型的多孔性吸声材料。对于隔声材料,要减弱透射声能,阻挡声音的传播,就不能如同吸声材料那样多孔、疏松、透气;隔声则选用重而密实的材料,如钢板、铅板、砖墙等类材料。对于单一材料(不是专门设计的复合材料)来说,吸声能力与隔声效果往往是不能兼顾的。

因此,吸声与隔声是完全不同的两个声学概念,隔声材料密度大而密实;吸声材料密度小而疏松。隔声材料的主要性能是隔声,而吸声率低;吸声材料的主要性能是吸声,而隔声量小。如图 2-1 所示,砖墙或钢板可以作为好的隔声材料,但吸声效果极差;反过来,胶合板是良好的吸声材料,而并非好的隔声材料。

吸声材料对入射声能的衰减吸收,一般只有十分之几,因此,其吸声能力即吸声系数可以用小数表示;而隔声材料可使透射声能衰减到入射声能的 $10^{-3} \sim 10^{-4}$ 或更小,为方便表达,其隔声量用分贝的计量方法表示。

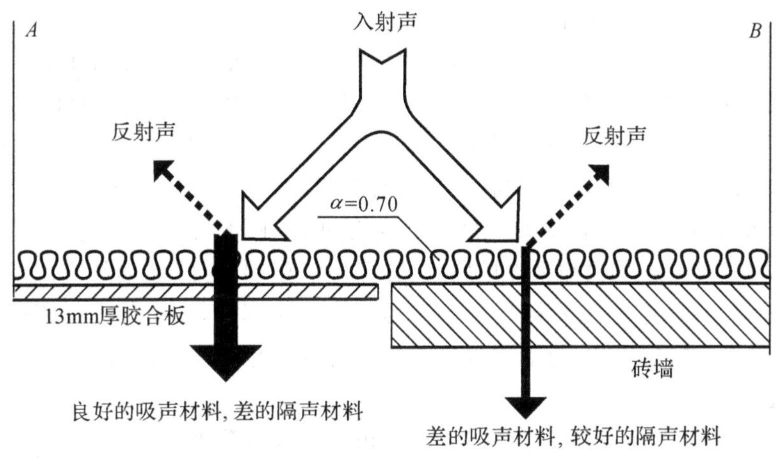

图 2-1　吸声与隔声的区别

吸声和隔声有着本质上的区别,但在具体的工程应用中,它们却常常结合在一起,并发挥了综合的降噪效果。例如为避免相邻房间较高声级的噪声的干扰,一般需加大分隔墙的隔声量,此时如果在室内顶棚上再加吸声处理,可以提高降噪效果。隔声罩常常是隔声材料和吸声材料的组合装置,一般采用金属板、在罩内敷设吸声材料,使罩的实际隔声量大大提高并接近金属板的隔声量。再例如由板材组成的复合墙板,往往是在墙板中间填入吸声材料,它减弱了声音在两板间的反复反射,提高了复合墙作为整体结构的隔声量。吸声材料与隔声材料的合理结合,发挥了两种材料材质机理上的各自优势,从而提高了降噪效果。

2.1.2　吸声系数和吸声量

材料的吸声性能常用吸声系数(absorption coefficient)来表示。声波入射到材料表面时，被材料吸收的声能与入射声能之比称为吸声系数，用 α 表示。

1. 吸声系数

吸声是声波撞击到材料表面后能量损失的现象，吸声可以降低室内声压级。描述吸声的指标是吸声系数。在第一章已经提出材料的吸声系数是声波的能量被吸收的百分比，即吸收声能及透射声能与入射声能之比。

材料的吸声系数大小与材料的物理性质、声波频率及声波入射角度等有关。

理论上，如果某种材料完全反射声音，那么它的 $\alpha=0$；如果某种材料将入射声能全部吸收，那么它的 $\alpha=1$。事实上，所有材料的 α 介于 0 和 1 之间，也就是不可能全部反射，也不可能全部吸收。不同频率上会有不同的吸声系数。人们使用吸声系数频率特性曲线描述材料在不同频率上的吸声性能。按照 ISO 标准和国家标准，吸声测试报告中吸声系数的频率范围是 100～5000Hz。将 100～5000Hz 的吸声系数取平均得到的数值是平均吸声系数，平均吸声系数反映了材料总体的吸声性能。工程上常取 125Hz，250Hz，500Hz，1000Hz，2000Hz，4000Hz 等六个频率的吸声系数表示材料的吸声性能。

一般材料的吸声系数在 0.01～1.00 之间。其值愈大，表明材料的吸声效果愈好。一般把六个频率下平均吸声系数大于 0.2 的材料，称为吸声材料，平均吸声系数大于 0.56 的材料称为高效吸声材料，平均吸声系数大于大于 0.8 的材料称为强吸声材料。$\alpha=0$，称为全反射材料。$\alpha=1$，称为全吸收材料。

所有建筑材料都有一定的吸声特性，在房间中，声音会很快充满各个角落，因此，将吸声材料放置在房间任何表面都有吸声效果。吸声材料吸声系数越大，吸声面积越多，吸声效果越明显。吸声性能好的材料一般为轻质、疏松、多孔结构，强度较低、吸湿性较大，因此抗冲击性差、耐腐蚀、耐老化等耐久性不高，多要求有专门的防护处理。

建筑上一般根据材料性能将吸声材料分为有机材料、无机材料、多孔材料和纤维材料（见附录 1 常用材料吸声系数和吸声单位）。脲醛泡沫塑料、脲醛玻璃纤维以及矿棉系列等材料吸声效果比较好，它们主要被用于特殊场合或特殊部位，在室外大面积的应用比较少见，因此其耐酸、耐碱、抗风化、抗老化等耐久性能的研究并没有引起人们的重视。

2. 吸声量

材料的吸声量等于按平方米计算的表面面积乘以吸声系数。

$$A=\bar{\alpha}\cdot S \tag{2-1}$$

$$\bar{\alpha}=\frac{\alpha_1 s_1+\alpha_2 s_2+\cdots+\alpha_n s_n}{s_1+s_2+\cdots+s_n} \tag{2-2}$$

式中：A——吸声量（m^2）；

$\bar{\alpha}$——平均吸声系数；

S——室内界面的总面积（m^2）；

$s_1, s_2\cdots, s_n$——室内界面不同材料的表面积（m^2）；

$\alpha_1, \alpha_2\cdots, \alpha_n$——不同材料的吸声系数。

例如作吸声处理所使用的材料面积 $200m^2$，其吸声系数为 0.4，则吸声量为 $80m^2$，即相当于 $80m^2$ 吸声系数为 1 的吸声材料。人体或其他外露物体的吸声量可用每人或每件物体多少吸声量来表示。在室内声学中，空气对在室内来回反射的声音的吸收也是重要的，当研究声音随距离衰减时，如果传播的距离较远，就必须考虑这种附加损失，对高频声尤其如此。

2.1.3　吸声材料和吸声结构的主要用途

吸声材料和吸声结构主要有两方面的用途。一是控制混响时间：在音质设计中控制混响时间，消除回声、颤动回声、声聚焦等音质缺陷；二是吸声降噪：在噪声控制中用于室内吸声降噪以及通风空调系统和动力设备排气管中的管道消声。

吸声材料最早用于对听闻音乐和语言有较高要求的建筑物中，如音乐厅、剧院、播音室等。随着人们对居住和工作的声环境质量要求的提高，吸声材料在一般建筑中也得到了广泛的应用。

在音质设计中，对房间的墙面、顶棚进行吸声处理或者悬挂强吸声体，可以减弱反射声，降低噪声；在产生气流噪声的进气或排气管道中设置消声器，能有效地降低气流噪声，减少噪声污染；利用吸声材料还可以调整声场分布、消除回声、控制反射声，以获得合适的混响时间。

为了有效地运用吸声材料，必须对吸声材料的吸声原理、性能、影响因素和应用范围有所了解。在选择材料时，还需要了解其强度、传热、吸湿、施工、外观等因素，并根据具体的使用环境，进行综合分析和比较。

2.1.4　吸声材料和吸声结构的分类

吸声材料和吸声结构的种类很多，吸声材料（或结构）通常按吸声的频率特性或本身的构造进行分类：

（1）按吸声的频率特性分类：可分为低频吸声材料、中频吸声材料和高频吸声材料三类；

（2）按材料本身的构造分类：可分为多孔性吸声材料、共振吸声材料和特殊吸声结构三类，如表 2-1 所示。

一般来说，多孔性吸声材料以吸收中、高频声能为主，而共振吸声结构则主要吸收低频声能。

吸声材料和吸声结构的吸声特性如表 2-1 所示。

表 2-1　吸声材料和吸声结构的吸声特性

名称	示意图	例子	主要吸声特性
多孔材料		矿棉、玻璃棉、泡沫塑料、毛毡	本身具有良好的中高频吸收，背后留有空气层时还能吸收低频
板状材料		胶合板、石棉水泥板、石膏板、硬质板	吸收低频比较有效（吸声系数 0.2～0.5）
穿孔板		穿孔胶合板、穿孔石棉水泥板、穿孔石膏板、穿孔金属板	一般吸收中频，与多孔材料结合使用吸收中高频，背后留大空腔还能吸收低频
成型天花吸声板		矿棉吸声板、玻璃棉吸声板、软质纤维板	视板的质地而别，密实不透气的板吸声特性同硬质板状材料，透气的同多孔材料
膜状材料		塑料薄膜、帆布、人造革	视空气层的厚薄而吸收低中频
柔性材料		海绵、乳胶块	内部气泡不连通，与多孔材料不同，主要靠共振有选择地吸收中频

2.2 常用吸声材料

吸声是吸声材料本身具有的特性，如玻璃棉、岩棉等纤维或多孔材料。吸声材料不仅是吸声减噪必用的材料，而且也是制造隔声罩、阻性消声器或阻抗复合式消声器所不可缺少的。多孔吸声材料的吸声效果较好，是应用最普遍的吸声材料，最初这类材料以麻、棉等有机材料为主，现在则以玻璃棉、岩棉为主。还可以加工成板状或加工成毡。顾名思义，多孔吸声材料就是有很多孔的材料，其主要构造特征是材料从表面到内部均有相互连通的微孔。根据多孔性材料的不同构造，可以分成几种基本类型，详见表 2-2。

表 2-2 多孔性吸声材料的基本类型

材料种类		常用材料
纤维材料	有机纤维材料	毛毡、纯毛地毯、麻绒、海草、椰子丝
	无机纤维材料	超细玻璃棉、玻璃棉板、岩棉、矿棉吸声板、环保吸声棉、无纺布、化纤地毯
颗粒材料		膨胀珍珠岩吸声砖、陶土吸声砖、珍珠岩吸声装饰板
泡沫材料		聚氨脂泡沫塑料、尿醛泡沫塑料、泡沫玻璃
金属材料		卡罗姆吸声板

1. 纤维材料

纤维材料可分为有机纤维材料和无机纤维材料：

(1)有机纤维材料

有机纤维材料有动物纤维和植物纤维。动物纤维材料主要有毛毡和纯毛地毯，其特点是吸声性能好，装修效果华丽，但价格较贵，只有在非常高档的装修中才使用。植物纤维材料主要有木丝板、麻绒、海草、椰子丝等，这些材料虽然价格便宜，但防火、防潮、防霉效果较差，而且材料来源地域性强，装修效果也不理想，除了一些采用新型工艺生产的木丝板外，其他植物性纤维材料在现代声学装修工程中很少使用。

(2)无机纤维材料

无机纤维材料是多孔性吸声材料中最主要的类型，也是目前在实际工程中使用最多的吸声材料。从材质上主要分为玻璃棉、矿棉、无纺织物、环保纤维材料等。其中矿棉产品由于易于产生颗粒吸入物，在施工时容易对皮肤产生刺激性，环保性能较差，且容重较大，所以目前主要用于隔振和隔声工程中，在工程中使用较少。玻璃棉的特点是吸声性能好、价格低廉，是目前使用最多的吸声材料。无纺材料的特点是防潮性能比较好，多用于潮湿环境。而环保纤维材料是最近新研制出的高效吸声材料，符合目前流行的对装修材料的环保要求，但价格稍贵。

2. 颗粒材料

颗粒材料主要有膨胀珍珠岩吸声砖、陶土吸声砖、珍珠岩吸声装饰板等，此类材料主要优点是防火性能好，安装简便，但吸声效果相对较差。共振吸声砖产品的装修效果也不尽理想，且很难进行饰面处理，所以一般用于对防潮防火要求较高、装修要求较低的场合。

3. 泡沫材料

泡沫材料主要有泡沫塑料、聚氨脂泡沫塑料、泡沫玻璃和加气混凝土等。其中泡沫塑料和聚氨脂泡沫塑料的主要优点是容易进行造型处理，装修效果好，经常用于较高档的装修工程，但其问题主要有吸声性能不稳定、传统的产品防火性能差等，最近已经生产出阻燃吸声泡沫塑料，但价格稍贵。泡沫玻璃的吸声效果较差，但具有非常好的防潮防水性能，一般用于高潮湿环境和水下的吸声。加气混凝土虽然也有一定的吸声作用，但其吸声性能和装修效果均较差，很少作为吸声材料使用。

4. 金属材料

以金属粉末为原料生产的多孔性吸声材料是近年出现的新型吸声材料，比如日本生产的卡罗姆金属吸声板。它是一种由铝合金粉末经特殊工艺压制而成的多孔质吸声板材，其内部存在着无数微小的相互连通的孔洞(约占总体积的 45%)。与一般松软的多孔性吸声材料不同，卡罗姆金属吸声材具有金属的强度，用简单的工具就可以方便地进行折弯、切割处理，非常适合曲面的吸声处理。另外它还有防火、耐腐蚀、不宜损坏、便于安装施工等优点，但此类产品厚度多数较薄，一般在 1～3mm，吸声效果需要借助于背后的空腔。

具有一定透气性能的纺织品，在与墙和窗有一定的距离时，相当于背后有一空气层的多孔性吸声材料，对中高频有一定的吸声效果。而且由于便于调节和移动，所以对于调整室内的混响时间很有用处，在实际装修工程中使用比较广泛。在帘幕作为吸声材料使用时，为了提高帘幕的吸声效果，在悬挂时帘幕应有一定的皱折率，一般不小于 200%。

2.2.1　吸声材料的构造特性和吸声机理

吸声材料的主要吸声机理是当声波入射到多孔材料的表面时激发起微孔内部的空气振动，空气与固体筋络间产生相对运动，由于空气的粘滞性在微孔内产生相应的粘滞阻力，使振动空气的动能不断转化为热能，使得声能被衰减；另外在空气绝热压缩时，空气与孔壁之间不断发生热交换，也会使声能转化为热能，从而被衰减。高频声波可使空隙间空气质点的振动速度加快，空气与孔壁的热交换也加快。这就使多孔材料具有良好的高频吸声性能。

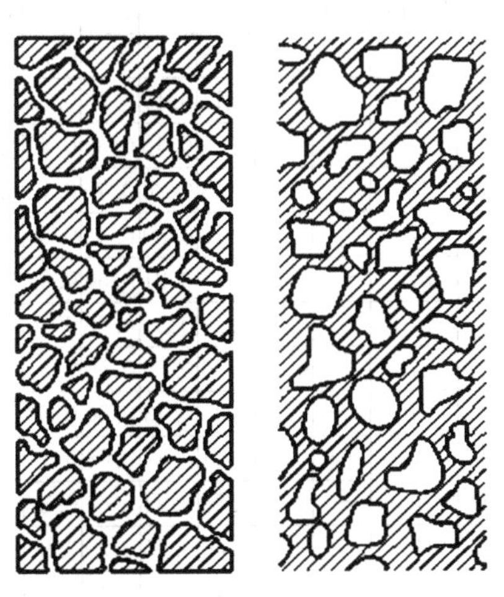

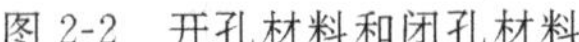

图 2-2　开孔材料和闭孔材料

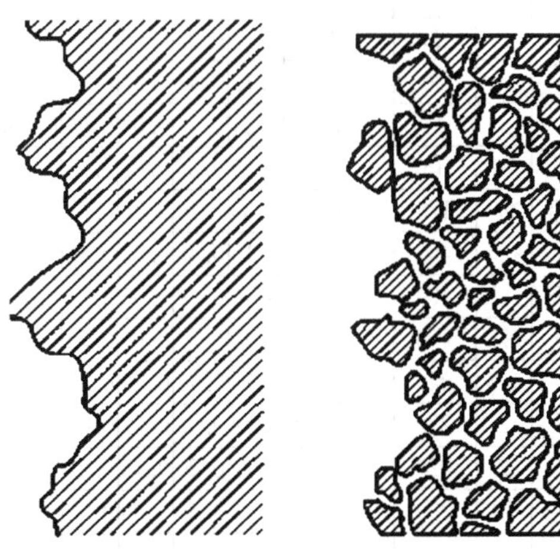

图 2-3　表面拉毛的无孔材料和开孔型多孔材料

根据多孔性吸声材料的构造特性，可知图 2-2 所示的开孔材料具备吸声特性，而闭孔材料（如聚苯、聚乙烯、闭孔聚氨酯等）不具备吸声特性，图 2-3 中表面拉毛的无孔材料（水泥、油漆拉毛对声波的散射也不起作用）也不具备吸声特性。

从上述的吸声机理可以看出，多孔性吸声材料必须具备以下几个条件：

(1)材料内部应有大量的微孔或间隙，而且孔隙应尽量细小且分布均匀；

(2)材料内部的微孔必须是向外敞开的，也就是说必须通到材料的表面，使得声波能够从材料表面容易地进入到材料的内部；

(3)材料内部的微孔必须是相互连通的，而不能是封闭的。

从使用的角度，可以不管吸声的机理，只要查阅材料吸声系数的实验结果即可。当然在选用时还要注意材料的防潮、防火以及可装饰性等其他要求。

吸声材料的吸声系数是在实验室测量求得的。其测量方法有混响室法和驻波管法。混响室法测量声音无规入射时的吸声系数，即声音由四面八方射入材料时能量损失的比例，而驻波管法测量声音正入射时的吸声系数，声音入射角度仅为 90 度。两种方法测量的吸声系数是不同的，工程上最常使用的是混响室法测量的吸声系数，因为建筑实际应用中声音入射都是无规的。在某些测量报告中会出现吸声系数大于 1 的情况，这是由于测量的实验室条件等造成的，理论上任何材料吸收的声能不可能大于入射声能，吸声系数永远小于 1。任何大于 1 的测量吸声系数值在实际声学工程计算中都不能按大于 1 使用，最多按 1 进行计算。

表 2-3 是用驻波管法测得的常用吸声材料的吸声系数，用 α_0 表示；表 2-4 是驻波管法与混响室法测得的吸声系数的换算，混响室法测得的吸声系数用 α_T 表示。需要说明的是，本章所涉及的吸声系数，除特殊说明是混响室法系数 α_T 以外，一般都是指驻波管法系数 α_0。

由表 2-3 可知，随着频率的升高，吸声系数增大。合理地增加多孔材料厚度、增大密度以及增加多孔材料后面的空腔厚度，可以增加低频吸声系数。

表 2-3 多孔材料的吸声系数 α_0

材料名称	厚度	密度	腔厚	频率(Hz)						材料名称	厚度	密度	腔厚	频率(Hz)					
	cm	kg/m³	cm	125	250	500	1000	2000	4000		cm	kg/m³	cm	125	250	500	1000	2000	4000
超细玻璃棉棉径 4μm	2	20		0.04	0.08	0.29	0.66	0.66	0.66	水泥木丝板	1.5	470	—	0.05	0.17	0.31	0.49	0.37	0.66
	4	20		0.05	0.12	0.48	0.88	0.72	0.66		1.5	470	3	0.08	0.11	0.19	0.56	0.59	0.74
	5	15		0.05	0.24	0.72	0.97	0.90	0.98		1.5	470	12	0.1	0.28	0.48	0.32	0.42	0.68
	10	15		0.11	0.85	0.88	0.83	0.93	0.97		2.5	470	—	0.06	0.13	0.28	0.49	0.72	0.85
矿渣棉	5	175		0.25	0.33	0.70	0.76	0.89	0.97		2.5	470	5	0.18	0.18	0.50	0.47	0.57	0.83
矿棉板，表面压纹打孔	1.5	400		0.06	0.15	0.46	0.83	0.82	0.78	工业毛毡	1	370	—	0.04	0.07	0.21	0.50	0.52	0.57
	1.5	400	5	0.17	0.48	0.52	0.65	0.72	0.75		3	370	—	0.10	0.28	0.55	0.60	0.60	0.59
	1.5	400	10	0.21	0.44	0.52	0.60	0.74	0.76		5	370	—	0.11	0.30	0.50	0.50	0.50	0.52
甘蔗纤维板	1.5	220		0.06	0.19	0.42	0.42	0.47	0.58		7	370	—	0.18	0.35	0.43	0.50	0.53	0.54
	2	220		0.09	0.19	0.26	0.37	0.23	0.21	聚氨酯泡沫塑料	3	45	—	0.07	0.14	0.47	0.88	0.70	0.77
	2	220	5	0.30	0.19	0.20	0.18	0.22	0.31		5	45	—	0.15	0.35	0.84	0.68	0.82	0.82
水玻璃膨胀珍珠岩	10	250	—	0.44	0.73	0.50	0.56	0.53	—		8	45	—	0.20	0.40	0.95	0.90	0.98	0.85
	10	350～450	—	0.45	0.65	0.59	0.62	0.68		微孔砖	5			0.15	0.40	0.57	0.48	0.60	0.61
										木纤维板	1.3	320		0.10	0.20	0.40	0.50	0.45	0.50

应当指出，利用吸声材料来降低噪声，其效果是有一定条件的。吸声材料只是吸收反射声，对声源直接发出的直达声是毫无作用的。也就是说，吸声处理的最大可能是将声源在房间的反射声全部吸收。故在一般情况下用吸声材料来降低房间的噪声其数值不超过 10dB，在极特殊的条件下也不会超过 15dB。而且，吸声处理的方法只是在房间不大或原来吸声效果较差的场合下才能更好地发挥它的降噪作用。

表 2-4　驻波法与混响室法的吸声系数换算表

α_0	0.1	0.2	0.3	0.4	0.5	0.6	0.7	0.8
α_T	0.25	0.4	0.5	0.6	0.75	0.85	0.9	0.98

2.2.2　影响多孔材料吸声特性的主要因素

从多孔性吸声材料本身的结构可以看出，主要有以下几个因素影响其吸声特性：

1. 材料对空气的流阻

空气流阻反映了空气通过多孔材料阻力的大小，其定义为：当稳定气流通过多孔材料时，材料两面的静压差和气流线速度之比，单位是瑞利(rayl)。

$$R=\frac{\Delta p}{V} \tag{2-3}$$

式中：R——流阻，N・s/m^3；

Δp——两面的静压差，Pa；

V——速度，m/s。

空气粘性越大，材料越厚，越密实，流阻越大，说明材料的透气性越小。若流阻过大，则克服摩擦力、粘滞阻力从而使声能转换为热能的效率就很低，也就是吸声的效用很小，对于任何一种吸声材料，都应该有一个合理的流阻值，过高或过低的流阻值都无法使材料获得良好的吸声性能。

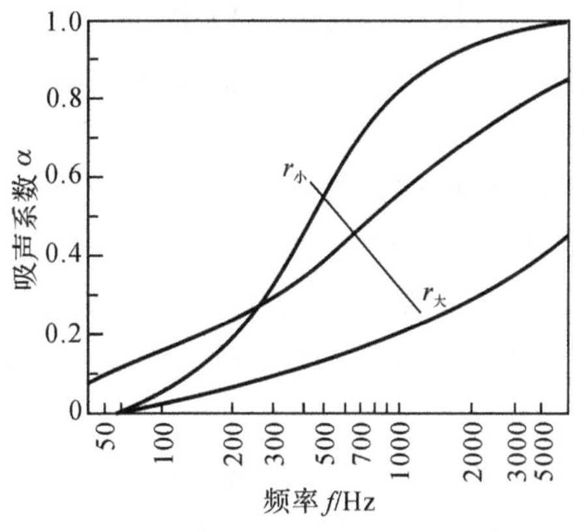

图 2-4　不同流阻时的吸声性能

流阻低的材料，低频吸声性能较差，而高频吸声性能较好；流阻较高的材料中、低频吸声性能有所提高，但高频吸声性能将明显下降。对于多孔材料，适当的空气流阻能够显著提高中低频的吸声系数。如图 2-4 所示：当材料流阻降低时其低频吸声系数很低；但到了某一中高频段后吸声系数陡然增大；高流阻材料与低流阻材料相比高频吸声系数明显下降，低中频吸声系数有所提高。

在实际工程中，测定空气流阻比较困难，但可以通过厚度和容重粗略估计和控制。例如对于玻璃棉，较理想的吸声容重是 12～48kg/m^3，特殊情况使用 100kg/m^3 或更高。

2. 材料空隙率

空隙率是指材料中的空气体积和总体积之比。这里所说的空气体积是指处于连通状态的气泡并且是能够被入射到材料中的声波引起运动的部分。空隙率一般多在 70%以上。空隙率在 70%～90%之间的材料均为微孔材料。

空隙率与流阻、结构因子、容重等因素有直接关系。空隙率越大，容重就越小；如果空隙率不均匀，会使结构因子不规则，所形成的流阻因波动而不能总处在最佳值范围内，进而影响吸声效果。

在理论上用流阻、空隙率等来研究和确定材料的吸声特性，但从外观简单地预测流阻是困难的。同一种纤维材料，容重越大，其空隙率越小，流阻就越大。因此，对同一种材料，实际上常以材料的厚度、容重等来控制其吸声特性。

3. 材料的厚度

材料的厚度对其吸声性能有关键的影响：紧贴坚实墙面装置的同一种多孔材料，当材料较薄时，随厚度的增加，中低频范围的吸声系数会有所增加，并且其吸声的有效频率范围也有所扩大（如图2-5所示），但对于高频的吸声性能则影响较小。从图 2-5 中也可以看出，当厚度增加到一定程度时，再增加材料的厚度，吸声系数增加的斜率将逐步减小。图 2-5 表示厚度改变时吸声特性的改变。这种性质是实际使用多孔材料的重要条件。在设计上，通常按照中、低频范围所需要的吸声系数值选择材料厚度。吸声材料的厚度大部分为 50mm 左右，广播室采用 100mm。

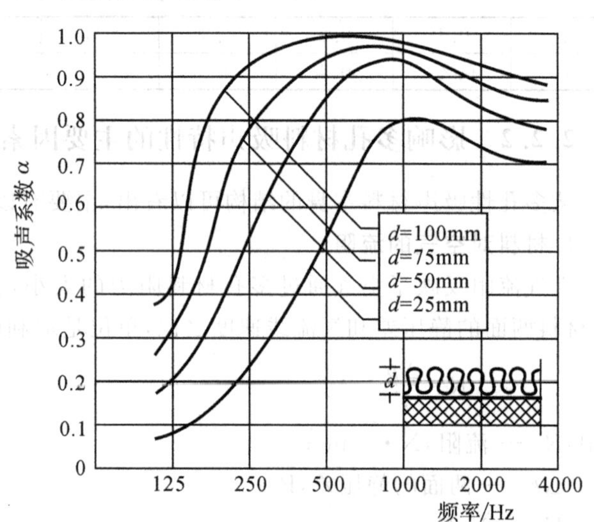

图 2-5　多孔材料吸声特性随厚度的变化

4. 材料的表观密度

对于同一种吸声材料，当厚度一定而密度改变时，吸声特性也会有所改变，增加表观密度（容重），可以提高中低频吸声系数，但是比增加厚度所引起的变化小。

使用不同密度的玻璃棉叠合在一起，形成容重逐渐增大的形式，可以获得更大的吸声效果。

吸声材料存在最佳密度：超细棉 10～20kg/m^3，玻璃棉 40～60kg/m^3，岩棉 150～200kg/m^3。但是，对于纤维材料，在相同的条件下，系数还要受到纤维粗细和形状不同的影响。表 2-5 表示贴实安装时，离心玻璃棉板的吸声系数随着表观密度的变化而变化的情况。

表 2-5　离心玻璃棉板的吸声系数随表观密度的变化

体积密度	倍频程中心频率吸声系数						平均值
(kg/m^3)	125Hz	250Hz	500Hz	1000Hz	2000Hz	4000Hz	$\bar{\alpha}_0$
24	0.36	0.36	1.03	1.08	1.13	1.18	0.89
32	0.32	0.32	1.08	1.13	1.10	1.13	0.88
40	0.37	0.37	1.06	1.29	1.05	1.06	0.91
48	0.40	0.40	1.08	1.29	1.10	1.03	0.94

5. 材料背后的空气层

对于厚度、表观密度一定的多孔材料，当其与坚实壁面之间留有空气层时，吸声特性会有所改变。多孔材料背后有无空气层，对吸声性能有重要影响。其吸声性能随着空气层厚度的增加而提高。

由图 2-6 可以看出，由于在背后增加了空气层，在很宽的频率范围，使得同一种多孔材料的吸声系数增加。图 2-6 显示的增加材料厚度以增加低频吸声系数的方法，可以用在材料背后设置空气层的办法来代替，但要对施工的繁简和节省材料、经济性等多种因素进行比较，再确立设计方案。

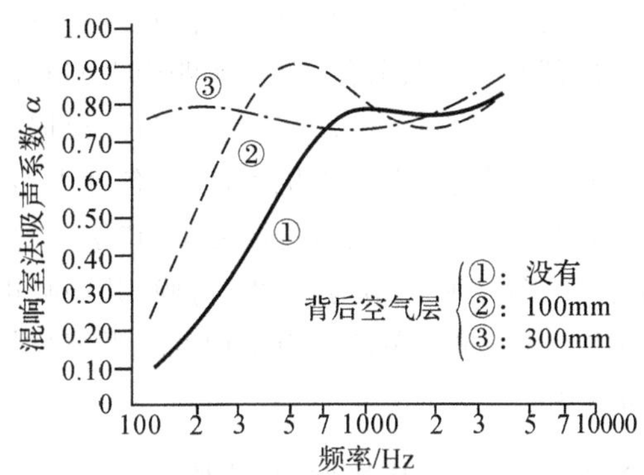

图 2-6 背后空气层对多孔吸声材料的影响

6. 饰面的影响

多孔材料往往需根据强度、保持清洁和建筑装饰等多方面的要求进行表面处理。如喷油漆、加表面硬化层或以其他材料罩面。经过饰面处理的多孔材料的吸声特性可能会发生变化，因此必须根据要求选择适当的饰面处理。为了尽可能地保持原来的吸声特性，饰面应具有良好的透气性能。例如，可使用金属网、塑料窗纱、透气性好的纺织品等，而不用或少用粘着剂，以防表面开孔被堵塞，也可以使用厚度较小的塑料薄膜、穿孔薄膜等。

7. 材料吸湿、吸水的影响

多孔材料受潮后，材料的间隙和小孔中的空气被水分所替代，使空隙率降低，从而导致吸声性能的改变。含水率系指含水体积对材料总体积之比。含水率的增加，首先降低了对高频的吸声系数，继而会逐步扩大其影响范围。图 2-7 表示玻璃棉含水率分别为 0%、5%、20%、50%时对多孔材料吸声特性的影响。

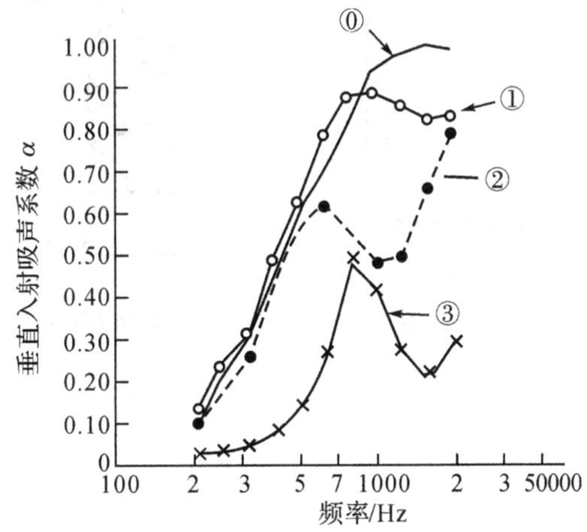

图 2-7 含水率对多孔材料吸声特性的影响

（玻璃棉板，厚度为 50mm，密度为 24kg/m³，含水率：⓪ 0%、① 5%、② 20%、③ 50%）

以上各因素相互关联、相互制约，共同决定着材料的吸声性能。

2.3 常用吸声结构

如前所述，多孔吸声材料对于高频声有较好的吸声能力，但对低频声的吸声能力较差。为了解决低频声的吸收问题，在实践中人们利用共振原理制成了一些吸声结构。

共振吸声材料主要吸收低频的声音，根据共振形式的不同，可分为腔体共振和薄板共振两种，利用不同的共振吸声机理，设计各种类型的共振吸声结构，使吸收峰值选择在所需频率位置，满足不同频率吸声量的要求，特别是解决低频吸声量不足的问题。工程中常用的吸声结构有空气层吸声结构、薄板(薄膜)共振吸声结构、穿孔板吸声结构、微穿孔板吸声结构、吸声尖劈，其中最简单的吸声结构就是吸声材料后留空气层的吸声结构，在实际工程中也有广泛的应用。

2.3.1 空腔共振吸声结构

工程中有时也按照板穿孔的多少将其分为单孔共振吸声结构和多孔共振吸声结构。

1. 单孔共振吸声结构

单个共振器的结构形式是一个密闭的内部为硬表面的容器，通过一个小的开口与外面的大气相通(见图 2-8(a))，称为亥姆霍兹共振器。其吸声机理类似于弹簧块的运动(见图 2-8(b))，即当声波进入孔颈时，由于孔径的摩擦阻尼使声波衰减。当入射声波的频率接近共振器固有频率时，孔颈的空气柱产生强烈振动，在振动过程中，由于克服摩擦阻力而消耗声能。因此其吸声性能的特点是对频率有较强的选择性，只在某一个特有频率附近有较强的吸声作用，而在其他频率范围吸声作用很小，这个频率 f_0 叫做共振器的共振频率。单孔共振吸声结构的吸声频率与板厚 t、腔深 D 和穿孔率 P 有关。其共振频率 f_0 由式(2-4)计算：

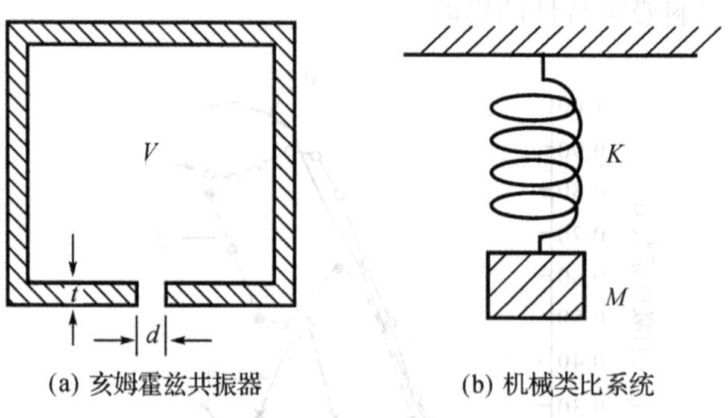

图 2-8 共振吸声结构及其类比系统

$$f_0=\frac{c}{2\pi}\sqrt{\frac{S}{V(t+\delta)}} \tag{2-4}$$

式中：c——声速，m/s；

S——颈口面积，cm^2；

V——空腔容积，cm^3；

t——板的厚度，cm；

δ——开口末端的修正量，cm，因为颈部空气柱两端附近的空气也参加振动，需要修正，$\delta=0.8d$。

这种吸声结构的缺点是对频率的选择性很强，在共振频率时具有最大的吸声性能，偏离共振频率时则吸声效果较差。它吸收声音的频带比较窄，一般只有几十赫兹到 200Hz 的范围。

2. 多孔共振吸声结构

穿孔板共振吸声结构可以看作许多个单孔共振腔并联而成，其结构示意图如图 2-9 所示。它也是工程中常用的共振吸声结构。

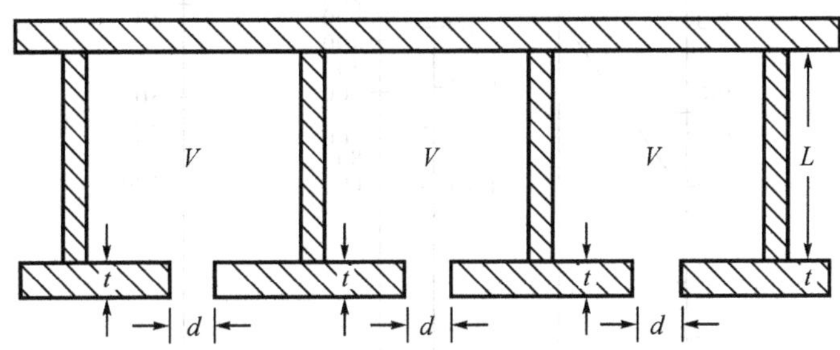

图 2-9　穿孔板吸声结构

多孔共振吸声结构的吸声性能要比单孔共振吸声结构的吸声效果好，通过孔参数的优化设计可以有效改善其吸声频带等性能。

穿孔板共振吸声结构的共振频率可以用式(2-4)进行计算：

$$f_0=\frac{c}{2\pi}\sqrt{\frac{P}{L(t+\delta)}} \tag{2-5}$$

式中：c——声速，34000cm/s，

L——板后空气层厚度，cm；

t——板的厚度，cm；

δ——开口末端修正量，cm；

P——穿孔率，穿孔面积与总面积之比。

从式(2-5)可以发现：多穿孔板的共振频率与穿孔板的穿孔率、空腔深度都有关系，与穿孔板孔的直径和孔厚度也有关系。穿孔板的穿孔面积越大，吸声频率就越高；空腔或板的厚度越大，吸声频率就越低。为了改变穿孔板的吸声特性，可以通过改变上述参数以满足声学设计上的需要。

穿孔板共振吸声结构的共振频率可以用图 2-10 进行计算。图 2-10 是根据共振频率公式绘制的计算表，已知 t、d、P、L、f_0 中任意 4 项，可以求另外一项。

穿孔板共振吸声结构的吸声特性与单个共振器相似，在共振频率附近有一个吸声峰值。通常，穿孔板主要用于吸收中、低频率的噪声，穿孔板的吸声系数在 0.6 左右。穿孔板的吸声带宽定义为吸声系数下降到共振时吸声系数的一半的频带宽度为吸声带宽，穿孔板的吸声带宽较窄，为了提高多孔穿孔板的吸声性能与吸声带宽，可以采用如下方法：(1)空腔内填充纤维状吸声材料；(2)降低穿孔板孔径，提高孔口的振动速度和摩擦阻尼；(3)在孔口覆盖透声薄膜，增加孔口的阻尼；(4)组合不同孔径和穿孔率、不同板厚度、不同腔体深度的穿孔板结构。工程中，常采用板厚度为 2～5mm，孔径 2～10mm，穿孔率在 1%～10%，空腔厚度

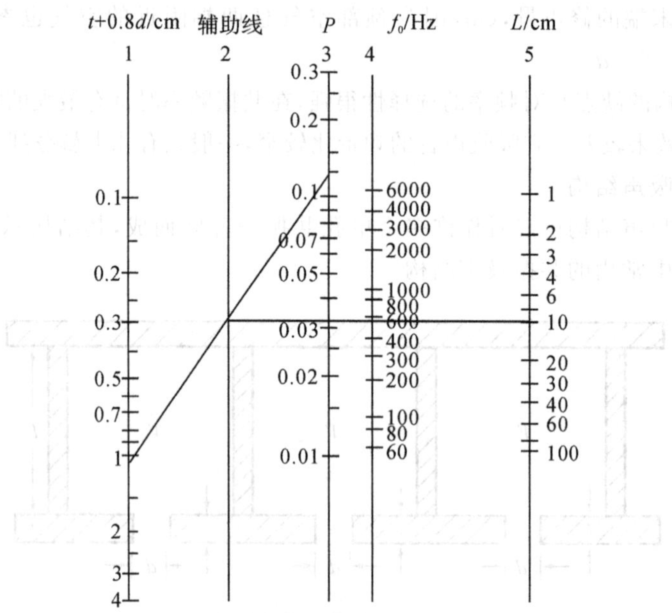

t—板的厚度；d—孔径；P—穿孔率；L—板后空气层厚度

图 2-10 穿孔板吸声构造的列线图

100～250mm 的穿孔板结构。

2.3.2 微穿孔板吸声结构

微穿孔板吸声结构是在普通穿孔板吸声结构的基础上发展起来的。普通穿孔板吸声结构的板厚一般为 1.5～5mm，孔径为 2～15mm，穿孔率为 0.5%～5%左右。而微穿孔板吸声结构是一种板厚及孔径均为 1mm 以下，穿孔率为 1%～3%的金属穿孔板与板后的空腔组成的吸声结构。一般由工厂直接生产出盒形成品。微穿孔板吸声结构的吸声系数和吸声频带宽度都高于一般穿孔板，并且不必填放多孔材料和织物，同样也能达到较高的吸声能力。

微穿孔板吸声结构利用空气质点的运动在孔中的摩擦，可以有效地吸收声能。微穿孔板的大小和间距决定其最大吸声系数；板的构造和它与墙面的距离决定吸声的频率范围。

微穿孔板吸声结构具有美观、轻便的优点，特别适用于高温、潮湿和易腐蚀的场合。由于它阻力损失小，所以在动力机械中，为控制气流噪声提供了较好的吸声结构。但微穿孔板吸声结构制造工艺复杂，成本较高，用于油污气体中容易堵塞，因此在工程技术中应根据实际情况合理使用。

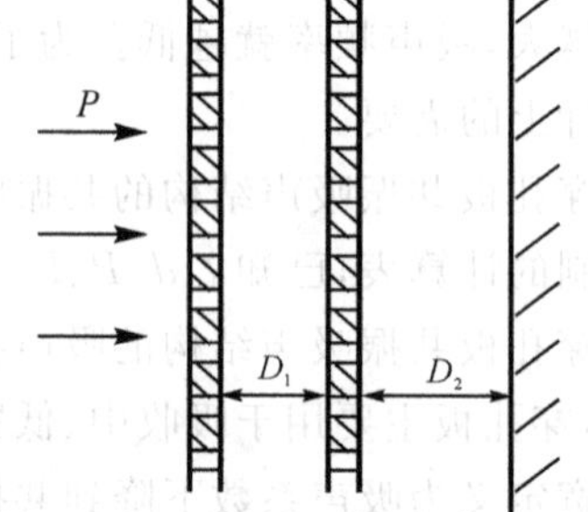

图 2-11 双层微穿孔板吸声结构示意图

工程上常采用两层不同穿孔率的微穿孔板和两个不同深度的空气层来拓展吸声频带的宽度。图 2-11是双层微穿孔板吸声结构示意图。穿孔板分为前后两层，前空腔深为 80mm，后空腔深为 120mm，前后微穿孔板的穿孔率 P 分别为 2%和 1%，孔径 d 和板厚 t 均为 0.8mm。

2.3.3　薄板(薄膜)共振吸声结构

在噪声控制工程及声学系统音质设计中，为了改善系统的低频特性，常采用薄板或薄膜结构，板后预留一定的空间，形成共振声学空腔；有时为了改进系统的吸声性能，还在空腔中填充纤维状多孔吸声材料。这一类结构统称为薄板(薄膜)共振吸声结构。

其构造与等效图如图 2-12 所示，薄板(薄膜)相当于质量块，薄板(薄膜)后的空气层相当于弹簧。当声波作用于薄板(薄膜)表面时，在声压的交变作用下引起薄板(薄膜)的弯曲振动。由于薄板(薄膜)和固定支点之间的摩擦和薄板内部引起的内摩擦损耗，使振动的动能转化为热能而使声能得到衰减。当薄板(薄膜)受到声波激励且激励频率与薄板(薄膜)结构的共振频率一致时，系统发生共振，薄板(薄膜)产生较大变形，在变形的过程中，薄板(薄膜)的变形将消耗能量，起到吸收声波能量的作用。

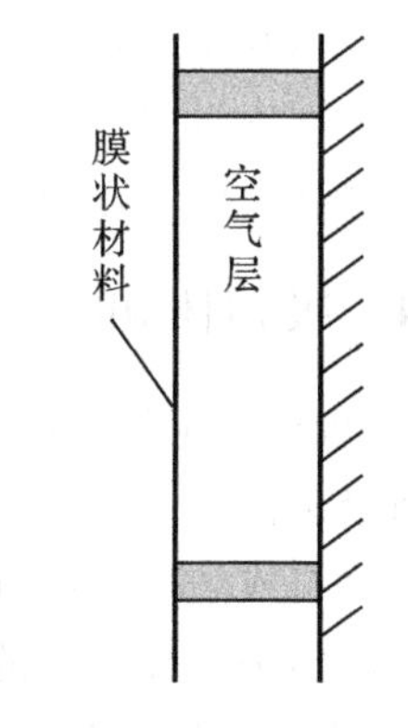

图 2-12　薄板(薄膜)吸声结构

由于薄板(薄膜)的刚度较小，因而由此构成的共振吸声结构的主要作用在于低频吸声性能。

薄板共振吸声结构的共振频率 f_0 一般在 80～300Hz 之间。f_0 可用下式估算：

$$f_0=\frac{600}{\sqrt{mD}} \tag{2-6}$$

式中：m——薄板面密度，kg/m^2；

D——板后空气层厚度，cm。

由式(2-6)可知，增加薄板的面密度 m 或空气层厚度 D，皆可使共振频率下移。

当受到声波作用时，在系统共振频率附近具有最大的声吸收。它对低频的声音有良好的吸收性能。常用薄板结构的吸声系数列于表 2-6。

表 2-6　常用薄板共振吸声结构的吸声系数 α_T

材料与构造	空气层厚度(cm)	各频率下的吸声系数 α_T					
		125Hz	250Hz	500Hz	1000Hz	2000Hz	4000Hz
三合板，龙骨间距 45cm×45cm	5	0.21	0.73	0.21	0.19	0.08	0.12
	10	0.59	0.38	0.18	0.05	0.04	0.08
五合板，龙骨间距 50cm×45cm	5	0.11	0.26	0.15	0.04	0.05	0.10
	10	0.36	0.24	0.10	0.05	0.06	0.16
草纸板，板厚 2cm，龙骨间距 45cm×45cm	5	0.15	0.49	0.41	0.38	0.51	0.64
	10	0.50	0.48	0.34	0.32	0.49	0.60
木丝板，板厚 3cm，龙骨间距 45cm×45cm	5	0.05	0.30	0.81	0.63	0.70	0.91
	10	0.09	0.36	0.61	0.53	0.71	0.89
刨花压轧板，板厚 1.5cm，龙骨间距 45cm×45cm	5	0.35	0.27	0.20	0.15	0.25	0.39

薄膜共振吸声结构的共振频率为：

$$f_0=\frac{1}{2\pi}\sqrt{\frac{\rho c^2}{M_0 L}}=\frac{600}{\sqrt{M_0 L}} \tag{2-7}$$

式中：ρ——空气密度，kg/m^3；

f_0——系统的共振频率，Hz；

M_0——薄膜的面密度，kg/m^2；

L——空气层的厚度，cm。

薄膜吸声结构对中频(200～1000Hz)有较好的吸收，吸声系数在 0.35 左右，频带也很窄。为了提高其吸声带宽，常在空气层中填充吸声材料以提高吸声带宽和吸声系数。

2.3.4 吸声体和吸声尖劈

工程中，也经常采用空间吸声体或吸声尖劈作为吸声结构。

1. 空间吸声体

把吸声材料或结构悬挂在空间，使各个界面全部暴露在空间(声场)中，称为空间吸声体。空间吸声体是一种高效的、自成体系的吸声结构，它主要由多孔性吸声材料加外包装构成，不需要壁板等结构一起形成共振空腔。空间吸声体的材料面增大了与声波接触的机率。同时，由于材料的边缘效应，使吸声系数大为增加，对中、高频尤为明显。其特点是吸声性能好、便于安装，要求是质量轻、便于施工等。因此，空间吸声体常采用超细玻璃棉作为填充材料(如图 2-13)，采用木架或金属框等为支撑结构，采用玻璃丝布作为外包装材料，有时也采用穿孔率大于 20%的穿孔板作为外包装，但采用此包装时相对重量和价格比采用玻璃丝布要高。吸声体填充离心玻璃棉，表面使用透声面层包裹。

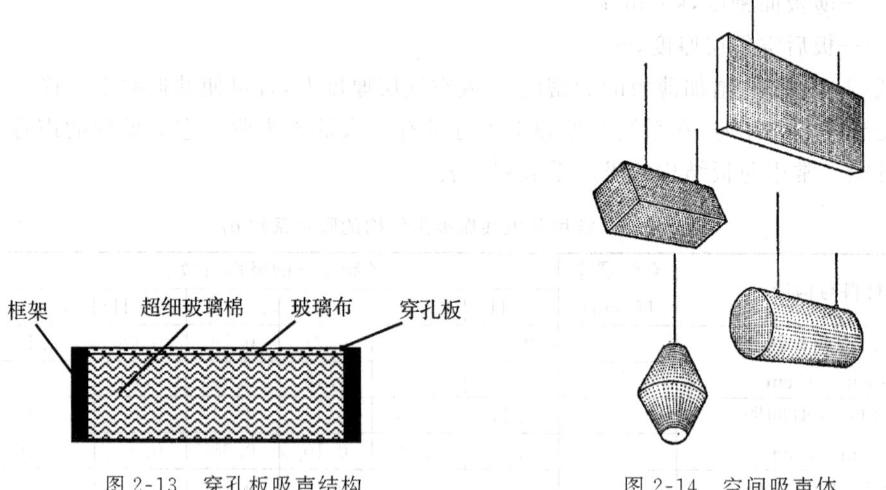

图 2-13 穿孔板吸声结构

图 2-14 空间吸声体

某些体育馆、大剧院、音乐厅等大型建筑厅堂，为了保持本身的建筑风格，同时又能达到建声设计要求，需要使用到空间吸声体。常常使用离心玻璃棉作为吸声体的主要材料，吸声体可以根据要求制成板状、柱状、锥体或其他异型体(如图 2-14)，由于吸声体有多个表面吸声，吸声效率很高。

2. 吸声尖劈

吸声尖劈是一种特殊吸声体，具有很高的吸声系数，吸声系数可以达到 0.99。吸声尖劈由基部和劈部组成(见图 2-15)，一方面制作尖劈选用的材料是强吸声材料，另一方面它的形状有利于声波的吸收，而且还有相当的长度。因此吸声尖劈是对入射声波反射极小，几乎把声波全部吸收的一种特殊吸声体。

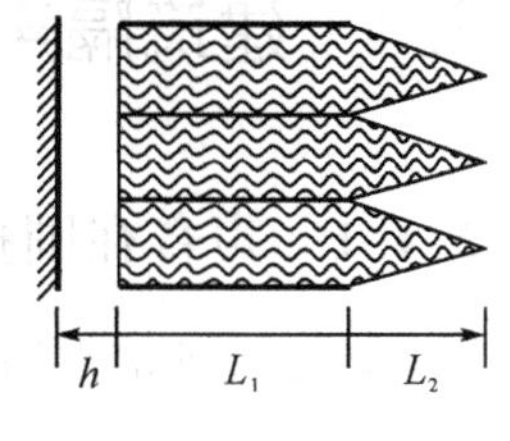

图 2-15　吸声尖劈

吸声尖劈常用于有特殊用途的声学结构的构造。比如消声室内大量使用吸声尖劈。吸声尖劈的吸声性能与吸声尖劈的总长度 $L=L_1+L_2$，和 L_1 与 L_2 之比以及空腔的深度 h、填充的吸声材料的吸声特性等都有关系，L 越长，其低频吸声性能越好。此外，上述参数之间有一个最佳协调关系，需要在使用时根据吸声的要求进行优化，必要时还需要通过实验加以修正。

2.3.5　其他吸声体

1. 洞口

在剧院中，舞台台口相当于一个偶合空间，台口后有天幕、侧幕、布景等吸声材料。其吸声系数一般为 0.3～0.5。

向室外自由声场敞开的洞口，从室内的角度来看，它是完全吸声的，对所有频率的吸声系数均为 1。当室内平均吸声系数较小时，由于洞口吸声系数很大，它对室内音质有较大影响。

2. 人和家具

人和室内家具也能够吸收声音，因此人和家具也是吸声体。其吸声特性用每个人或每件家具的吸声量表示。它们与个数(或件数)的乘积即为总吸声量。在处理剧院观众厅的音质问题时，不能不考虑观众和座椅的吸声量。十七世纪出现了马蹄形歌剧院。这种歌剧院有较大的舞台和舞台建筑，以及环形包厢或台阶式座位，排列至接近顶棚。这种剧院的特点就是利用观众坐席大面积吸收声音，使得混响时间比较短，这种声学环境适合于轻松愉快的意大利歌剧演出。

不同座椅的吸声性能有很大的差别，硬板椅总的吸声系数较小，但在低频有一定的吸声量，软椅中高频吸声性能很好，但低频吸声系数却很小。现在一般观演建筑中多采用软椅，而在体育馆内多为硬椅。如果是以织物为面料的软椅，其中高频的吸声系数很高，在一些体积较小的厅堂内，仅座椅一项就可以将观众厅的高频混响时间控制得很低，如果在声学设计时不予充分的考虑，再在墙面等其他部位过多地布置高频吸声材料，就会使观演厅的高频混响时间过低，使声音的明亮度受到影响。

座椅坐人与不坐人吸声性能有很大的变化，一般使用时是满场，所以在计算厅堂的混响时间时，就必须扣除人的吸声量；而且不同的座椅坐上人后吸声性能的改变不尽相同，甚至在不同的季节也会因为观众的衣着不同，而对座椅吸声产生不同的影响。

为了保证室内音质受听众多少的影响不至太大，空场状态下单个椅子的吸声量，应尽可能相当于一个听众的吸声量。

2.4 建筑隔声

2.4.1 声音在围护结构中的传播

建筑物受到外部声场的作用或受撞击而发生振动时，声音就会透过围护结构传进来，这叫做“传声”。噪声按传递方式可分为空气传声（简称为空气声）和固体传声（简称为固体声）两种。

声音通过围护结构的传播，主要有以下三种途径。

1. 空气传声

空气中的声源发声后，激发周围的空气振动，以空气为媒质，形成声波，传播至构件（大部分被反射），并激发构件这一媒质的振动，使小部分声能被透射传播到另一空间去，这种传播方式一般称为空气传声。

2. 围护结构的传声

如图 2-16 所示，当户外声波或振动传到围护结构时，会引起围护结构相应的振动，将空气声辐射到围护结构的另一侧，使隔墙成为第二声源。这种传播方式也称为空气传声。

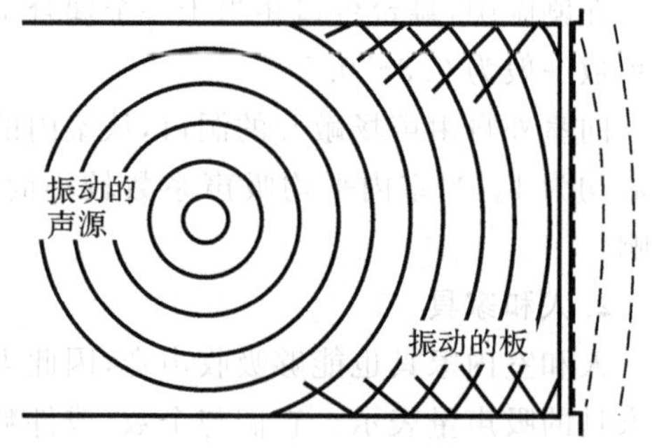

图 2-16 围护结构的传声

3. 由固体撞击或振动直接传播

振动直接撞击围护结构，并使其成为声源，通过围护结构作为媒质，使振动沿着固体构件而传播，这种传播方式一般称为固体传声或结构传声。这种方式的声音在固体媒质中的传播比在空气中的传播衰减得慢，传播的声波能量可以经围护结构传播得很远而衰减得很少。

2.4.2 透声系数与隔声量

1. 透射系数

如图 2-17 所示，设入射到屏障上的总声能为 E_0，透过的声能为 E_τ。隔声构件透声能力的大小，用透声系数 τ 来表示，它等于透射声能与入射声能的比值，即

$$\tau=\frac{E_\tau}{E_0} \tag{2-8}$$

入射声能的 1/100 透过构件，则 $\tau=0.01$；入射声能的1/1000透过构件，则 $\tau=0.001$。

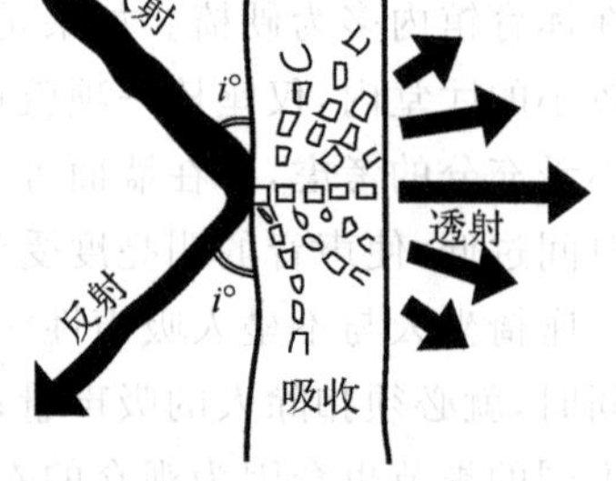

图 2-17 声音的透射

2. 隔声量

当空气中的声波投射到隔声构件上时，入射声能绝大部分被反射回来，而只有极小部分声能透过隔声构件传至另一个空间。对于一般的门、窗和隔墙，τ 值很小，数量级一般约在 $10^{-1}\sim10^{-5}$之间。τ 值小，表明透过墙的声能少，隔声性

能好；反之，则隔声性能差。由于值是个小数，使用很不方便，因此用 τ 的倒数取以 10 为底的对数，再乘以 10，这时所得的数值就是用分贝(dB)为单位的隔声量或传声损失、透射损失，记作 R，即

$$R=10\lg\frac{1}{\tau} \tag{2-9}$$

可以看出，τ 总是小于 1，R 总是大于 0；τ 越大则 R 越小，隔声性能越差。$\tau=0.01$ 时，$R=10\lg(1/0.01)=20\text{dB}$；$\tau=0.001$ 时，$R=10\lg(1/0.001)=30\text{dB}$。

透声系数和隔声量是两个相反的概念。例如有两堵墙，透声系数分别为 0.01 和0.001，则隔声量分别为 20dB 和 30dB。说明隔声量为 30dB 的墙，只允许入射到它上面声能的千分之一透过去。从能量衰减的角度看，这是相当大的衰减。

用隔声量来衡量构件的隔声性能比透声系数更直观、明确，便于隔声构件的比较和选择。隔声量的大小与隔声构件的结构、性质有关，也与入射声波的频率有关。同一隔声墙对不同频率的声音，隔声性能可能有很大差异，故工程上常用 100～4000Hz 的 16 个 1/3 倍频程中心频率的隔声量的算术平均值，来表示某一构件的隔声性能，称为平均隔声量 $\bar{R}$。隔声量一般通过在实验室实测得到。常用建筑维护结构的隔声指标见附录 2。

2.4.3　构件隔绝空气标准

构件隔绝空气声标准常常使用计权隔声量进行计量，计权隔声量是根据建筑构件在一定频率范围内各 1/3 倍频程或者倍频程的隔声量，所确定的空气声隔声的单值评价量，常用 R_W 表示。计权隔声量是通过一标准曲线与构件的隔声频率特性曲线进行比较确定的。标准曲线一方面是考虑到人耳的听觉特性，即人耳对低频声音的感觉不如高频声音那么灵敏。另一方面还考虑到通常隔声构件低频的隔声量较低，而高频的隔声量较高。计权隔声量 R_W 考虑了人耳听觉的频率特性及建筑中典型噪声源的频率特性，因此计权隔声量使不同的材料或构件之间其隔声性能与特性具有一定的可比性。

评价计权隔声量的标准曲线(见图 2-18 和图 2-19)是随频率而变化的一条折线，这一标准曲线虽然各频率的隔声量不同，但其主观感觉到的隔声效果是相同的，与等响曲线类似，实际上它是一条等隔声效果曲线。

确定空气声隔声单值评价量的方法主要有曲线比较法和数值法，在结果表达时应利用频谱修正量进行修正。

1. 曲线比较法确定空气声隔声单值评价量

当测量量用 1/3 倍频程测量时，应符合下列规定：

(1)将一组精确到 0.1dB 的 1/3 倍频程空气声隔声测量量在坐标纸上绘制成一条测量量的频谱曲线。

(2)将具有绘制相同坐标比例并绘有 1/3 倍频程空气声隔声基准曲线(见图 2-18)的透明纸放在构件隔声频率特性曲线图的上面，对准两图的频率坐标，并使纵坐标中基准曲线 0dB 与频谱曲线的一个整数坐标对齐。

(3)沿垂直方向将基准曲线向测量量的频谱曲线上下移动，每步移动 1dB，直至不利偏差之和尽量地大，但是不大于 32dB。

(4)此时基准曲线上 0dB 所对应的绘有测量量频谱曲线的坐标纸上的整分贝数，就是

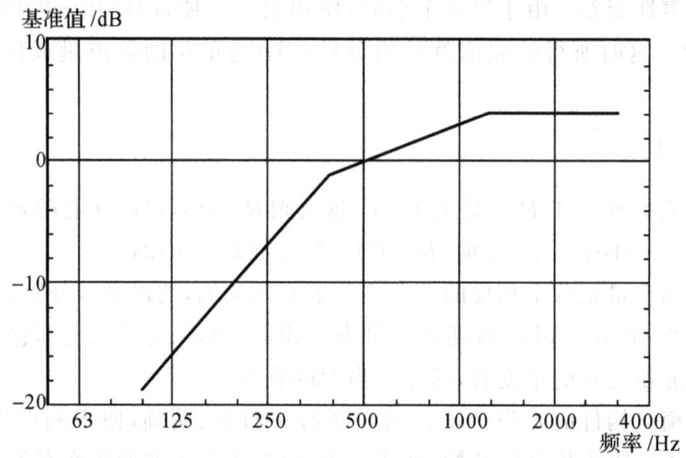

图 2-18 空气声隔声基准曲线(1/3 倍频程)

该组测量量所对应的单值评价量。

当测量量用倍频程测量时,应符合下列规定:

(1)将一组精确到 0.1dB 的倍频程空气声隔声测量量在坐标纸上绘制成一条测量量的频谱曲线。

(2)将具有绘制相同坐标比例并绘有倍频程空气声隔声基准曲线(见图 2-19)的透明纸放在构件隔声频率特性曲线图的上面,对准两图的频率坐标,并使纵坐标中基准曲线 0dB 与频谱曲线的一个整数坐标对齐。

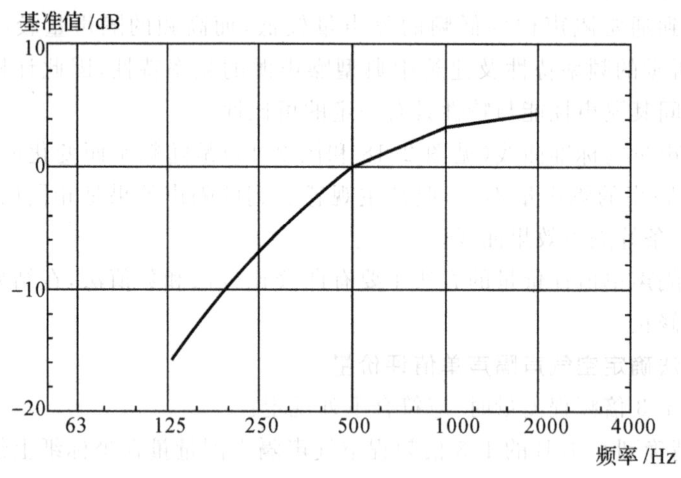

图 2-19 空气声隔声基准曲线(倍频程)

(3)沿垂直方向将基准曲线向测量量的频谱曲线上下移动,每步移动 1dB,直至不利偏差之和尽量地大,但是不超过 10dB 为止。

(4)此时基准曲线上 0dB 所对应的绘有测量量频谱曲线的坐标纸上的整分贝数,就是该组测量量所对应的单值评价量。

2. 数值计算法确定空气声隔声单值评价量

(1)当测量量为 R，且 R 用 1/3 倍频程测量时，其相应单值评价量 R_W 必须满足下式的最大值，精确到 1dB：

$$\sum_{i=1}^{16} P_i \leqslant 32.0 \tag{2-10}$$

式中：i——频带的序号，$i=1\sim16$，100～3150Hz 范围内的 16 个 1/3 倍频程；

P_i 为不利偏差，按照下式计算：

$$P_i=\begin{cases} R_W+K_i-R_i & R_W+K_i-R_i>0 \\ 0 & R_W+K_i-R_i\leqslant 0 \end{cases} \tag{2-11}$$

式中：R_W——所要计算的单值评价量；

K_i——表 2-7 中第 i 个频带的基准值；

R_i——第 i 个频带的测量量，精确到 0.1dB。

表 2-7　空气声隔声基准值

频率	1/3 倍频程基准值 K_i(dB)	倍频程基准值 K_i(dB)
100	−19	
125	16	−16
160	−13	
200	−10	
250	−7	−7
315	−4	
400	−1	
500	0	0
630	1	
800	2	
1000	3	3
1250	4	
1600	4	
2000	4	4
2500	4	
3150	4	——

(2)当测量量为 R，且 R 用倍频程测量时，其相应单值评价量 R_W 必须满足下式的最大值，精确到 1dB：

$$\sum_{i=1}^{5} P_i \leqslant 10.0 \tag{2-12}$$

式中：i——频带的序号，$i=1\sim5$，125～2000Hz 范围内的 5 个倍频程；

P_i 为不利偏差，按照式 2-9 计算。

3. 频谱修正量

根据以上两种方法确定的空气声隔声单值评价量尚未考虑噪声源对建筑物和建筑构件实际隔声效果的影响。故在 2005 年的新标准中，引入了两类噪声源的频谱修正量 C 和 C_{tr}。频谱修正量 C 为当声源为粉红噪声频率特性时，因空气声隔声频谱不同而对空气声隔声单值评价量的修正值。频谱修正量 C_{tr} 为当声源为交通噪声频率特性时，因空气声隔声频谱不同而对空气声隔声单值评价量的修正值。图 2-20 所示为 1/3 倍频程时计算频谱修正量的声压级频谱，图 2-21 所示为倍频程时计算频谱修正量的声压级频谱。

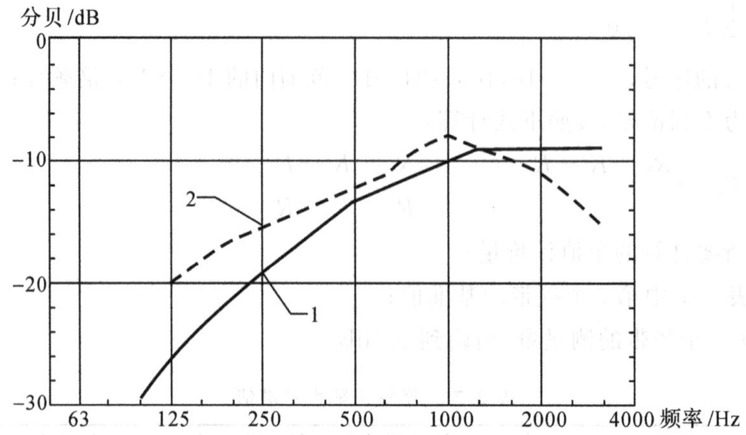

1—用来计算 C 的频谱 1；2—用来计算 C_{tr} 的频谱 2

图 2-20 计算频谱修正量的声压级频谱(1/3 倍频程)

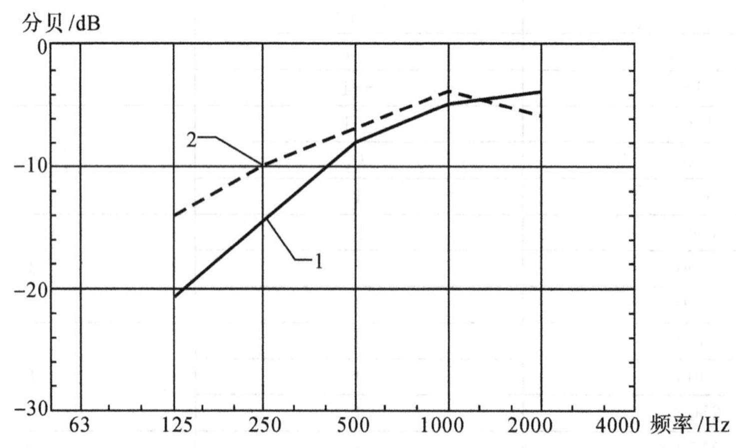

1—用来计算 C 的频谱 1；2—用来计算 C_{tr} 的频谱 2

图 2-21 计算频谱修正量的声压级频谱(倍频程)

在对建筑构件空气声隔声特性进行表述时，应同时给出单值评价量和两个频谱修正量，具体形式是在单值评价量后的括号中表明两个频谱修正量，如 $R_W(C;C_{tr})=41(0;-5)$dB。在确定建筑构件隔绝空气声隔声单值评价量应使用 1/3 倍频程空气声隔声量测量量。在对建筑物空气声隔声特性进行表述时，应以单值评价量和一个频谱修正量之和的形式给出。频谱修正量的选择宜按照表 2-8 进行，在结果描述时应说明单值评价量是根据 1/3 倍频程还是倍频程测量量计算得出的。

表 2-8　不同类型噪声源及其宜采用的频谱修正量

噪声源种类	宜采用的频谱修正量
日常活动(谈话、音乐、收音机和电视) 儿童游戏 轨道交通,中速和高速 高速公路交通,速度大于 80km/h 喷气飞机,近距离 主要辐射中高频噪声的设施	C(频谱 1)
城市交通噪声 轨道交通,低速 螺旋桨飞机 喷气飞机,远距离 Disco 音乐 住户要辐射低中频噪声的设施	C_{tr}

2.4.4　建筑构件隔声性能的评价分级

建筑构件的空气隔声性能宜分成 9 个等级,每个等级的单值评价量的范围应符合表2-9的规定。

表 2-9　建筑构件隔声性能的评价分级

等级	范围	等级	范围
1 级	$20dB \leqslant R_W + C_j < 25dB$	6 级	$45dB \leqslant R_W + C_j < 50dB$
2 级	$25dB \leqslant R_W + C_j < 30dB$	7 级	$50dB \leqslant R_W + C_j < 55dB$
3 级	$300dB \leqslant R_W + C_j < 35dB$	8 级	$55dB \leqslant R_W + C_j < 60dB$
4 级	$35dB \leqslant R_W + C_j < 40dB$	9 级	$R_W + C_j \geqslant 60dB$
5 级	$40dB \leqslant R_W + C_j < 45dB$		

表 2-10 为典型墙体构件的 R_W(实验室测量值,实际应用时要低 3～5dB)。

表 2-10　典型墙体构件的 R_W

构件	R_w(dB)
240 砖墙,两面 20mm 抹灰	54
120 砖墙,两面 20mm 抹灰	48
100mm 厚现浇钢筋混凝土墙板	48
180mm 厚现浇钢筋混凝土墙板	52
290mm 厚水泥空心砌块,两面 20mm 抹灰	54
190mm 厚水泥空心砌块,两面 20mm 抹灰	49
75mm 轻钢龙骨双面双层 12mm 纸面石膏板墙,内填玻璃棉或岩棉	50～53
75mm 轻钢龙骨双面双层 12mm 纸面石膏板墙	42～44

2.4.5 单层匀质密实墙的空气声隔声

1. 单层墙隔声频率特性的一般规律

单层匀质墙对空气声的隔声能力与声频、劲度、阻尼和质量等因素有关。它的典型隔声频率特性曲线示于图 2-22。由图 2-22 可见，单层匀质墙的隔声量随着频率的增加而出现劲度控制、阻尼控制、质量控制和吻合效应等现象。

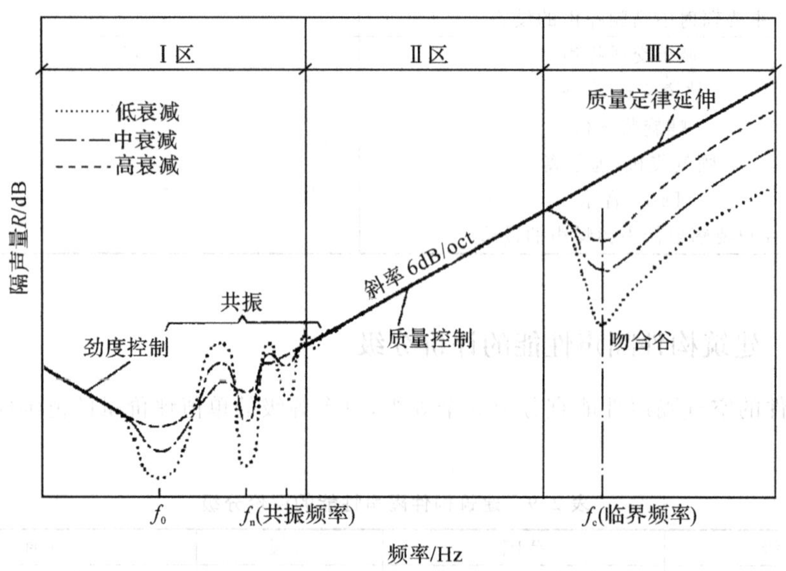

图 2-22 单层匀质墙典型隔声频率特性曲线

频率从低端开始，板的隔声受劲度控制，隔声量随频率增加而降低；随着频率的增加，质量效应增大，在某些频率下，劲度控制度和质量效应共同作用而产生共振现象，图中 f_0 为共振基频，这时板振动幅度很大，隔声量出现极小值，隔声量大小主要取决于构件的阻尼，称为阻尼控制；当频率继续增高，则质量起主要控制作用，这时隔声量随频率增加而增加，在该范围内，隔声量按每倍频程 6dB 的斜率升高；在质量控制与劲度控制之间，可能出现劲度质量效应相抵消而产生的共振现象，图内 f_c 为吻合效应时的最低频率，称为临界频率。当越过吻合谷以后，隔声量以每倍频程 10dB 的斜率上升，然后逐渐减缓，又与质量控制时的斜率相一致。在质量控制范围内，当声波垂直入射时，在诸多假设的条件下，可以推导出单层墙体隔声量(dB)与频率和质量的关系式，即质量定律：

$$R \approx 20\lg m + 20\lg f - 43 \tag{2-13}$$

式中：m——构件的面密度，kg/m^2；

f——频率，Hz。

在建筑实践中，声波对建筑构件均为无规入射，式(2-13)可改变为下式：

$$R = 20\lg m + 20\lg f - 48 \tag{2-14}$$

根据质量定律可以得出以下结论：墙体越重空气声隔声效果越好，面密度增加一倍，隔声量增加 6dB；频率增加一倍，隔声量增加 6dB。在实际情况下，在质量控制的频率范围内明显出现质量定律的表现，但由于建筑中的墙、楼板和门窗构件，不可能像在公式推导时所假设的面积为无限大、不考虑构件的刚性和阻尼等条件，因此隔声量增加比 6dB 要小，一般地，面密度增加一倍，隔声量增加 4～5dB。在工程设计中，常用 500Hz 时的隔声量近似地作为平均值。在图 2-23 中给出了常用构件的平均隔声量。

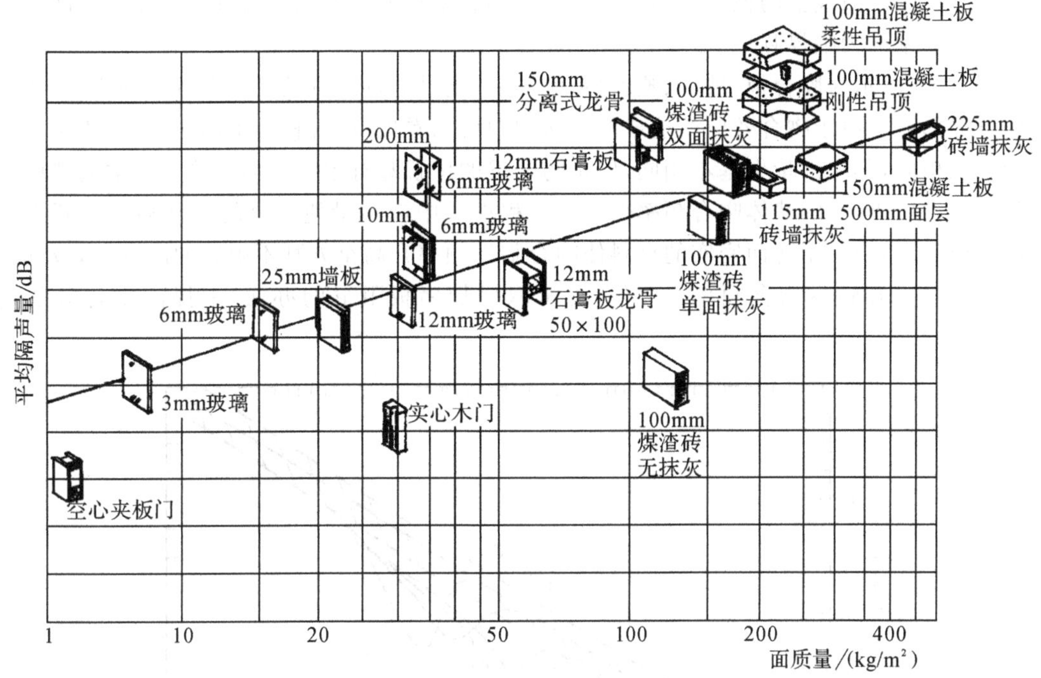

图 2-23　各种构件的平均隔声量

2. 吻合效应

如前所述，在质量控制与劲度控制之间，可能出现劲度质量效应相抵消而产生的共振现象，这是因为墙体在声音激发下会产生受迫振动，振动既有垂直于墙面的，也有沿墙面传播的。如图 2-24 所示，不同的入射频率或入射角度将产生不同的沿墙面传播的传播速度 c_f。然而，不同频率的声波，墙体本身存在板固有的自由弯曲波传播速度 c_b。在某种入射频率和

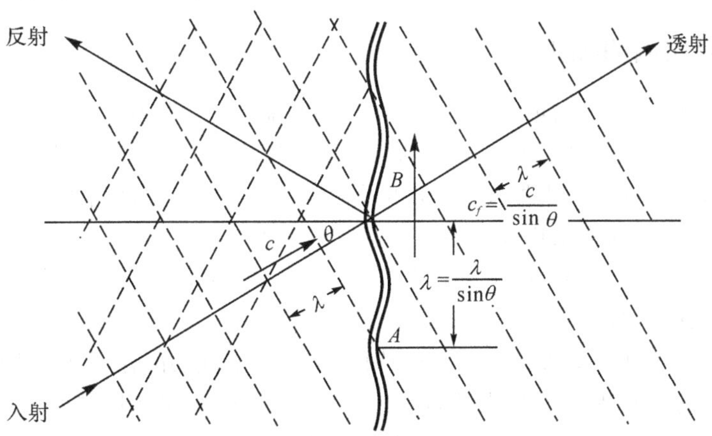

图 2-24　吻合效应原理图

入射角度下，出现 $c_f = c_b$ 时，将产生“吻合效应”，这时，墙板非常“顺从”地跟随入射声波弯曲，使大量声能透射到另一侧去，形成隔声量的低谷。

声波无规入射时，每种隔声材料都会在某一频率上发生吻合效应，这一频率被称为“吻合频率”，在隔声曲线上的低谷称为“吻合谷”。吻合效应只发生在一定的频率范围，这一范围的下限频率称为临界频率。

图 2-25 所示为胶合板、玻璃、塑料板、混凝土、钢材的隔声量及其吻合效应的比较，曲线中的下降部分是由于吻合效应所造成的。从图中可以看出，尽管材料不同，只要面质量和频率的乘积相同，其隔声量也基本相同，但是吻合谷的位置却有很大差异。薄、轻、柔的墙体吻合频率高；厚、重、刚的墙体吻合频率低。在工程设计中应尽量使板材的吻合频率避开需降低的噪声频段，或选用薄而密实的材料使吻合临界频率升高至人耳不敏感的高频段，或选用多层结构以避开临界吻合频率。此外，可采取增加墙板阻尼的办法，来提高吻合区的隔声量。

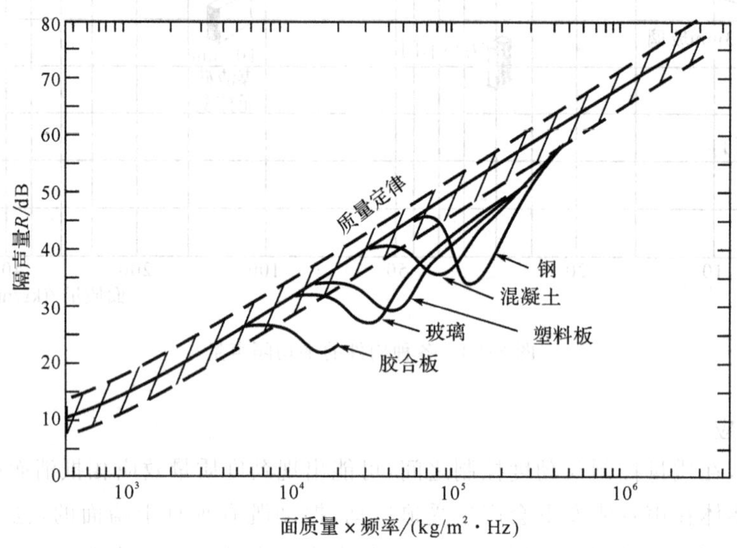

图 2-25 几种材料隔声量及其吻合效应

2.4.6 双层墙的隔声

根据质量定律可知，面密度增加一倍，隔声量增加 6dB。例如 240mm 的砖墙面密度为 480kg/m^2，隔声量为 52.6dB；而 490mm 的砖墙面密度为 960kg/m^2，隔声量为 58dB。因此，依靠增加墙的重量来提高隔声量是不经济的，也是不可取的。提高墙体(或构件)的隔声量，同时又不致重量过大，通常采用双层墙。双层墙是指两层匀质墙与中间所夹一定厚度的空气层所组成的结构。在两层墙间夹以一定厚度的空气层，其隔声效果会优于单层实心结构，从而突破质量定律的限制。

双层墙既保留了两层墙板各自的隔声特性，又由于空气层的作用而产生附加隔声量，隔声曲线有一个比每倍频程 6dB 更大的斜率。一般情况下，双层墙比单层匀质墙隔声量大 5～10dB；如果隔声量相同，双层墙的总重比单层墙减少 2/3～3/4。双层墙的隔声性能要比单层构件优越，其隔声量一般为 30～60dB，甚至达到 70dB，这是由于空气层的作用提高了隔声效果。声波透过第一层墙时，由于墙外及夹层中空气与墙板特性阻抗的差异，造成声波的两次反射，形成衰减，并且由于空气层的弹性和附加吸收作用，使振动的能量衰减较大，然后再传给第二层墙，又发生声波的两次反射，使透射声能再次减少，因而总的透射损失更多。因此广播电台、电影录音棚和隔声要求高的围护结构，常采用双层墙来隔离外部的噪声。

双层墙附加隔声量随空气层的厚度增加而增加；厚度大于 5cm 时才有较显著的隔声效果；但大于 10cm 后，增加的趋势又逐渐减缓。设计双层墙时应注意：①避免使两层墙板与空气层的共振频率出现在人的听觉敏感的低频范围内。②避免每层墙板在人的听觉敏感的声频范围内出现临界频率，特别是两层墙板的临界频率不应在同一位置上，以避免吻合效应叠加，产生深陷的隔声低谷。③双层墙之间，应避免刚性连接，以免空气层的作用遭到破坏。

1. 双层墙的隔声量

双层墙的隔声量除了与两层墙的面密度有关以外，同时还与空气层的作用有关。隔声量的计算式如下：

$$R=18\lg(m_1+m_2)+12\lg f-25+\Delta R \tag{2-15}$$

平均隔声量的计算式如下：

当 $(m_1+m_2)>100\text{kg/m}^2$ 时

$$\bar{R}=18\lg(m_1+m_2)+8+\Delta R \tag{2-16}$$

当 $(m_1+m_2)<100\text{kg/m}^2$ 时

$$\bar{R}=13.5\lg(m_1+m_2)+13+\Delta R \tag{2-17}$$

式中，m_1、m_2 分别为两墙的面密度（kg/m^2），由空气层的作用而附加的隔声量 ΔR 值可由图 2-26 查得。图 2-26 表示了隔声量 ΔR 与空气层厚度的关系。

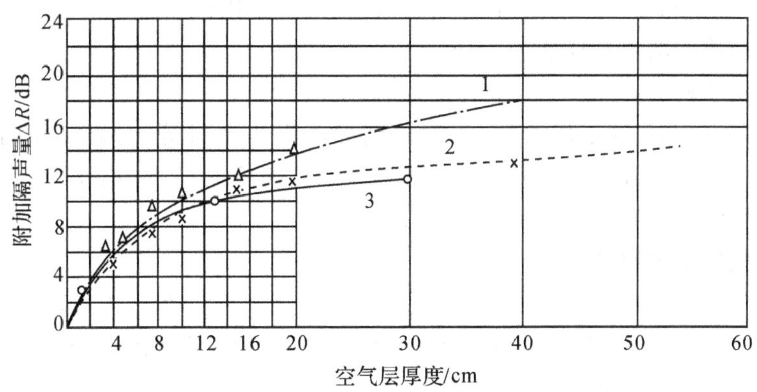

1. 双层加气混凝土墙；2. 双层无纸石膏板墙；3. 双层纸面石膏板墙

图 2-26　双层墙附加隔声量与空气层厚度的关系

在双层墙的空气层内填充玻璃棉、岩棉和矿棉毡等多孔性吸声材料，可进一步提高隔声量。至于所能获得的隔声量增值，至今还没有公式可以估算，通常都通过实验室测定。一般其平均增值在 3～10dB 范围内。

2. 双层墙隔声频率特性

双层墙的固有频率为

$$f_0=\frac{600}{\sqrt{l}}\sqrt{\frac{1}{m_1}+\frac{1}{m_2}} \tag{2-18}$$

式中：l——空气层厚度，cm；

m_1、m_2——双层墙的面密度，kg/m^2。

空气层越薄，双层墙的共振频率越高。通常较重的砖墙，如混凝土墙等双层结构的共振频率不超过5～20Hz，在人耳声频范围以下，对实际影响很小；对于一些尺寸小的轻质双层墙或顶棚（面密度小于30kg/m^2），当空气层厚度小于2～3cm时，隔声效果很差。一些由胶合板或薄钢板做成的双层结构对低频声隔绝不良。在设计薄而轻的双层结构时，应注意在其表面增涂阻尼层，以减弱共振作用的影响。并且宜采用不同厚度或不同材质的墙板组成双层墙，避开临界吻合频率。一般在设计时应满足：

$$f_0<\frac{100}{\sqrt{2}}(\text{Hz}) \tag{2-19}$$

即可保证对100Hz以上的声音有足够的隔声量。

2.4.7 轻质墙的隔声

建筑设计和建筑工业化的趋势是采用轻质隔墙代替厚重的隔墙。采用轻质墙具有装修的灵活性和多样性。同时，采用轻质墙还可减轻建筑的自重。但轻质墙的隔声性能差一直是推广轻质墙的一大障碍。一般轻质墙的平均隔声量约为30dB，难以用做分户墙。而过去砖混结构的住宅分户墙大多为240mm厚的砖墙，其平均隔声量约为53dB，住户一般是满意的。图2-27所示是几种轻质型墙与240砖墙的隔声量的比较。图中I_a是隔声指数。

为了提高轻质墙的隔声性能，可采取下面一些措施：

1. 做成夹层结构

将多层密实材料用多孔弹性材料（如玻璃棉或泡沫塑料等）分隔。如两侧均为双层12mm厚的石膏板、钢龙骨、中空75mm并内填超细玻璃棉的轻墙构造，其平均隔声量可达到49dB，而其单位面积质量只有240mm厚砖墙的十分之一。

2. 增加空气间层的厚度

一般当将空气间层的厚度增加到7.5cm以上，在大多数的频带内可使隔声量增加8～10dB。如两侧均为75mm厚加气混凝土板、空中75mm的轻墙构造，其平均隔声量可达50dB。用新舞台吸声材料填充空气间层，可使隔声量提高2～8dB。

3. 增加墙板的密实程度

轻质墙的板缝密实程度对隔声有较大的影响。双层板应用错缝搭接，单板应抹灰或勾缝。如每面单板，勾缝与否可相差12～17dB。图2-28所示为纸面石膏板轻墙的隔声量与板缝处理的关系。从图中可以看出：内外层错缝、勾缝的石膏板隔声效果比没有勾缝的石膏板相差10dB以上。

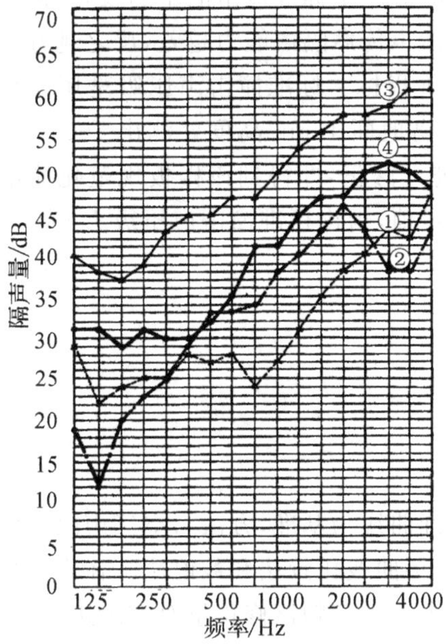

①—60mm有孔石膏板，$I_a=31$；

②—12+75+12纸面石膏板，$I_a=36$；

③—240mm砖墙勾缝，$I_a=49$；

④—150mm加气混凝土板，$I_a=40$

图2-27 几种墙体隔声量的比较

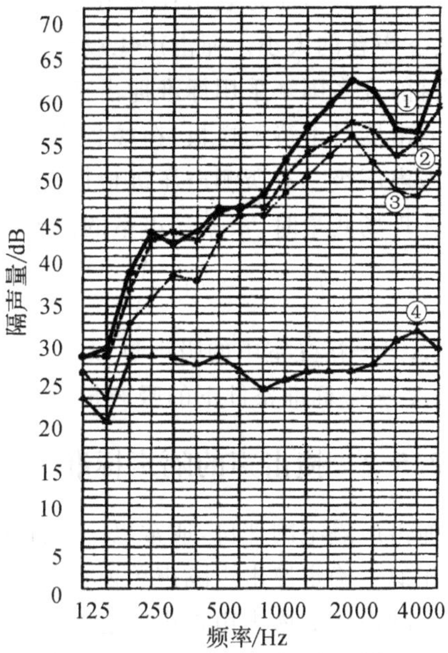

①—四层纸面石膏板，内外层错缝、勾缝；

②—四层纸面石膏板，只外层勾缝；

③—两层纸面石膏板，勾缝；

④—两层纸面石膏板，未勾缝。

图2-28 纸面石膏板轻墙的隔声量与板缝处理的关系

2.5 固体声隔绝的计量与评价

固体声也称为撞击声，是由于撞击固体而在室内引起的一种噪声。近年来由于城市人口的集中，建筑密度的增加，使一个振源所影响的家庭和人数随之增加。为了节约城市用地，建筑向高层发展，由于工程设备的增多，撞击声的振源和危及面都在扩大。随着人民生活的提高，家用电气设备增加，也带来了新的振源。与空气声相比，由撞击声引起的撞击声级一般较高，影响范围更为广泛。这主要是由于撞击声沿固体传播时，声能衰减极少的缘故，加之固体传声速度快，振动声能可以沿着墙、楼板、梁、柱、基础以及侧向传透到其他各层房间。基于以上原因，撞击声的干扰日益增多，因此，对撞击声隔绝就成为提高室内声环境质量的重要环节。在我国制定的《民用建筑隔声设计规范》中，是以楼板部位的计权标准化撞击声压级来规定撞击声的隔声标准。

2.5.1 计权标准化撞击声压级

隔绝撞击声与隔绝空气声的指标是完全不同的。当人们行走、拖动家具、物体与楼板发生撞击时，将使楼板成为声源而直接向四周辐射声能，对楼下的干扰特别严重。因此不能以隔声量等指标来衡量隔绝撞击声的效果。撞击声压级不同于空气声隔声量所表达的“隔掉声音的分贝数”,而是表示在使用标准打击器(一种能够产生标准撞击能量的设备)撞击楼板时,楼下声音的大小。撞击声压级越大表示楼板撞击声传声隔声能力越差,反之越好。

目前许多国家采用标准撞击声压级 L_n 作为评价指标。标准撞击声压级是用合乎国际标准的击器打击待测楼板,在楼板下的房间中在距离地面 1.5m 高度处测出 100～4000Hz 的撞击声压级。对所测声压级根据受声室吸声量进行修正,即得到该楼板规范化撞击声压级。在现场测量时,根据受声室的混响时间修正测量值,得出标准撞击声压级 L_n 为

$$L_n = L - 10\lg\frac{A_0}{A} \tag{2-20}$$

式中:A——接受室中的吸声量,m^2;

A_0——标准条件下的吸声量,规定为 $10m^2$。

2.5.2 撞击声的隔声标准

撞击声隔绝的评价,通常以一条撞击声隔声基准曲线为基准,方法与空气声隔绝的评价方法相似。确定撞击声隔声单值评价量的方法也包括曲线比较法和数值法。在表征建筑构件对实际声源的撞击声隔声性能时,还需要利用撞击声隔声频谱修正量对实际进行修正。

1. 曲线比较法确定撞击声隔声单值评价量

当测量量用 1/3 倍频程测量时,应符合下列规定:

(1)将一组精确到 0.1dB 的 1/3 倍频程撞击声隔声测量量在坐标纸上绘制成一条测量量的频谱曲线。

(2)将具有绘制相同坐标比例的并绘有 1/3 倍频程撞击声隔声基准曲线(见图 2-29)的透明纸放在构件隔声频率特性曲线图的上面,对准两图的频率坐标,并使纵坐标中基准曲线 0dB 与频谱曲线的一个整数坐标对齐。

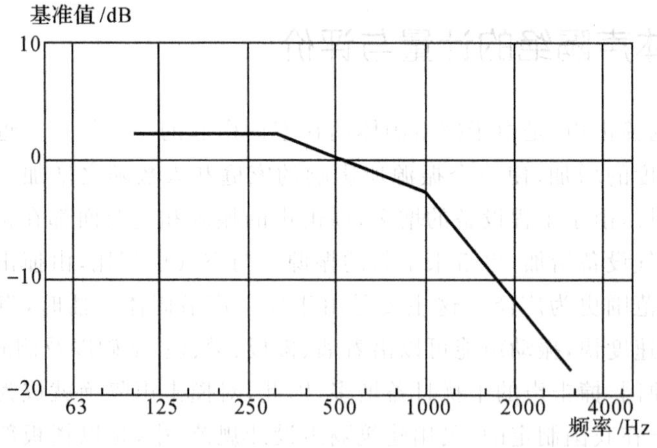

图 2-29 撞击声隔声基准曲线(1/3 倍频程)

(3)沿垂直方向将基准曲线向测量量的频谱曲线上下移动,每步移动 1dB,直至不利偏差之和尽量地大,但是不大于 32dB。

(4)此时基准曲线上 0dB 所对应的绘有测量量频谱曲线的坐标纸上的整分贝数,就是该组测量量所对应的单值评价量。

当测量量用倍频程测量时，应符合下列规定：

（1）将一组精确到 0.1dB 的倍频程撞击声隔声测量量在坐标纸上绘制成一条测量量的频谱曲线。

（2）将具有绘制相同坐标比例的并绘有倍频程撞击声隔声基准曲线（见图 2-30 ）的透明纸放在构件隔声频率特性曲线图的上面，对准两图的频率座标，并使纵坐标中基准曲线 0dB 与频谱曲线的一个整数坐标对齐。

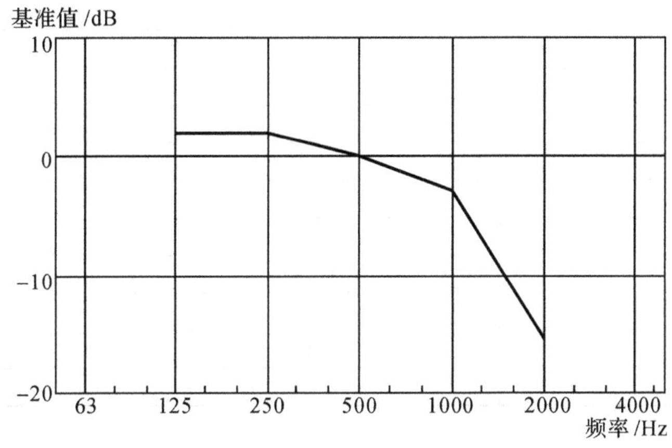

图 2-30　撞击声隔声基准曲线（倍频程）

（3）沿垂直方向将基准曲线向测量量的频谱曲线上下移动，每步移动 1dB，直至不利偏差之和尽量地大，但是不超过 10dB 为止。

（4）此时基准曲线上 0dB 所对应的绘有测量量频谱曲线的坐标纸上的整分贝数，就是该组测量量所对应的单值评价量。

2. 数值计算法确定计权撞击隔声量

（1）当测量量为 L，且 L_n 用 1/3 倍频程测量时，其相应计权撞击隔声量 $L_{n,w}$ 必须满足下式的最大值，精确到 1dB：

$$\sum_{i=1}^{16} P_i \leqslant 32.0 \tag{2-21}$$

式中：i——频带的序号，$i=1\sim16$，100～3150Hz 范围内的 16 个 1/3 倍频程；

P_i 为不利偏差，按照下式计算：

$$P_i=\begin{cases} L_{n,w}+K_i-L_i & L_{n,w}+K_i-L_i>0 \\ 0 & L_{n,w}+K_i-L_i\leqslant 0 \end{cases} \tag{2-22}$$

式中：$L_{n,w}$——计权撞击隔声量；

K_i——表 2-11 中第 i 个频带的基准值；

L_i——第 i 个频带的测量量，精确到 0.1dB。

表 2-11 撞击声隔声基准值

频率	1/3 倍频程基准值 K_i(dB)	倍频程基准值 K_i(dB)
100	2	
125	2	2
160	2	
200	2	
250	2	2
315	2	
400	1	
500	0	0
630	−1	
800	−2	
1000	−3	−3
1250	−6	
1600	−9	
2000	−12	−16
2500	−15	
3150	−18	

(2)当测量量为 L_n，且 L_n 用倍频程测量时，其相应单值评价量 $L_{n,w}$ 必须满足下式的最大值，精确到 1dB：

$$\sum_{i=1}^{5} P_i \leqslant 32.0 \tag{2-23}$$

式中：i——频带的序号，$i=1\sim5$，125～2000Hz 范围内的 5 个倍频程；

P_i 为不利偏差，按照 2-22 计算。

3. 撞击声隔声的频谱修正量

表征建筑构件对实际声源的撞击声隔声性能时，宜在计权撞击声隔声量后加上撞击声隔声频谱修正量 C_i，当撞击声压级为 L_i 时，其频谱修正量 C_i 应按照下式计算：

$$C_i = 10\lg \sum_{i=1}^{k} 10^{L_i/10} - 15 - L_w \tag{2-24}$$

式中：i——频带的序号；

k——频带的个数；

L_i——第 i 个频带的撞击声压级；

L_w——计权撞击声隔声量。

计算撞击声隔声频谱修正量应精确到 0.1dB，并修约为整数。

采用本评价方法，结果应该同时给出撞击声隔声的单值评价量，并将结果写成两者之和的形式。

一般认为，在楼板计权撞击声级低于 65dB 时，除了敲打、蹦跳外，一般的声音都听不到；当计权撞击声级在 75～85dB 时，能够听到脚步声、拖桌椅声、孩子跳跑感觉强烈，敲打声则更难以忍受。

楼板下的撞击声压级，与楼板的弹性模量、密度、厚度等因素有关，且主要取决于楼板的厚度。楼板厚度增大一倍，撞击声压级约减小 10dB；楼板重量增加一倍，撞击声压级只是降低 3～4dB。可见增大厚度较为有利，另外还可以采用多层的结构来增加楼板的厚度，而重量的增加只会使结构自重加大，对固体声隔绝好处不大。

隔绝固体声与隔绝空气声是不同的两个概念，如厚重坚硬的混凝土楼板隔绝空气声效果很好，而隔绝固体声的效果却很差，相反多孔材料隔绝空气声的效果虽然不佳，却是很好的阻止固体声穿透的隔声材料。

人在楼板上走动或移动物件时产生撞击声，直接对楼下房间造成噪声干扰。建筑中各种机电设备在运行时都会由于振动而产生固体传声。在振源与建筑围护结构之间应采取有效的隔振措施，如设置钢弹簧、橡胶、软木、毛毡、塑料等隔振垫。

2.5.3　撞击声隔声性能的评价分级

楼板构件撞击声隔声性能宜分成 8 个等级，每个等级的单值评价量的范围应符合表 2-12的规定。

表 2-12　楼板构件撞击声隔声性能的评价分级

等级	范围	等级	范围
1 级	70dB<$L_{n,w}$≤75dB	6 级	50dB<$L_{n,w}$≤55dB
2 级	65dB<$L_{n,w}$≤70dB	7 级	45dB<$L_{n,w}$≤50dB
3 级	60dB<$L_{n,w}$≤65dB	8 级	40dB<$L_{n,w}$≤45dB
4 级	55dB<$L_{n,w}$≤60dB	9 级	$L_{n,w}$≤40dB

2.5.4　撞击声隔绝措施

撞击声的产生是由于振源撞击楼板，楼板受迫振动而发声；同时由于楼板与四周墙体的刚性连接，将振动能量沿结构向四周传播，导致其他结构也辐射声能。因此，要降低撞击声的声级，首先应对振源进行控制，其次是改善楼板隔绝撞击声的性能。

要在建筑物中实现楼板隔声，相对地说要困难些。采用一般的隔振方法，如采用不连续结构，施工比较复杂，对于要求有高度整体性的现代建筑尤其是这样。

建筑物中人的活动所产生的噪声，主要是由撞击楼板引起的。改善楼板隔绝撞击声的措施如图 2-31 所示，主要有面层处理、浮筑楼板和弹性隔声吊顶三种措施。

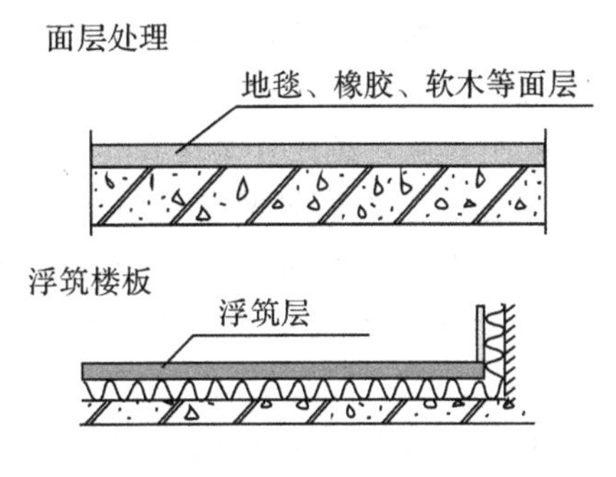

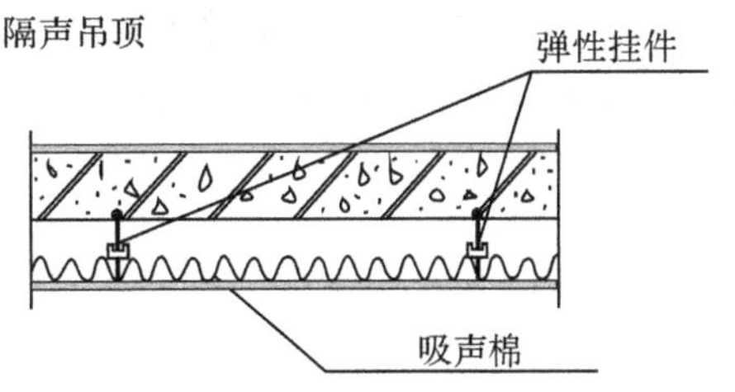

图 2-31　楼板撞击声的隔绝

(1)在承重楼板上铺放弹性面层

这对于改善楼板隔绝中高频撞击声的性能有显著的效应。如直接在楼板表面粘贴沥青地面或铺设各种地毯，具有良好的隔声效果。这是隔离楼板撞击声最有效而简便的措施，同时也符合机械化施工的要求，是今后解决楼板撞击声的方向。如果面层与结构层分离或弹性支撑效果会更好。使用弹性安装的极端情况被称作浮筑地板，但是其他部分也要与弹性条件配合好。

(2)浮筑楼板

在楼板承重层与面层之间设置弹性垫材料(矿渣棉、玻璃棉毡、沥青混凝土、烟灰和锯末等)，使振源和承重楼板隔离开，从而减低撞击声的传播。采用浮筑地板的方法可以显著提高楼板隔声性能，如在结构楼板上铺一层高容重的玻璃棉减振垫层再做 40mm 厚的混凝土地面，计权撞击声压级可以小于 60dB。浮筑楼板适用于一般住宅、公寓和中小学建筑，在我国的建筑实践中应用较广。

(3)在承重楼板下加设隔声吊顶

即在承重楼板下用金属弹簧或橡胶制品悬挂吊顶板，使地面板和吊顶板完全隔离，这对于改善楼板隔绝空气噪声和撞击声的性能都有明显的效用。吊顶与楼板的连接宜用弹性连接，且连接点在满足强度的情况下要少。设置隔声吊顶造价高而且构造复杂，仅适用于播音室、录音棚、音乐厅等对隔声有特殊要求的建筑。

在工业建筑物中，隔声间或隔声罩已成为广泛采用的降低设备噪声的手段。隔声间或隔声罩将在第 4 章详细讲述。

复习思考题

1. 多孔吸声材料具有怎样的吸声特性？随着材料容重、厚度的增加，其吸声特性有何变化？试以玻璃棉为例予以说明。

2. 试述薄板共振结构和穿孔板结构的吸声原理。

3. 说明多孔吸声材料、空腔共振结构、薄板共振结构吸声的频率特性。

4. 如何使穿孔板结构在很宽的频率范围内有较大的吸声系数？

5. 建筑中声音是通过什么途径传递的？空气声与固体声有何区别？

6. 按照质量定律，墙的单位面积质量增加 1 倍，其隔声量增加多少倍？

7. 什么是吻合效应，在建筑围护结构设计中应该怎样避免？

8. 已知 240mm 厚的墙其隔声量是 52dB，如果改用 120mm 厚的墙体其隔声量将是多少分贝？

9. 改善轻墙隔声能力的措施主要有哪些？

10. 一双层墙由 180mm 厚的砖墙和 120mm 厚的砖墙组成，两墙之间的距离为 100mm，假设双层墙间没有刚性连接，求声波无规入射时，双层墙的隔声量。

第 3 章　室内声学与音质设计

学习目标：了解室内声场的特点、基本掌握混响时间、房间共振的概念及其对室内音质的影响、室内音质的评价标准；掌握室内音质设计的一般方法与步骤以及各类建筑声学设计的原则。

3.1　室内声学原理

我们知道，在露天或室内听音的音效是很不一样的。首先，同样的声源声功率在室内要比室外响；其次，室内听起来有“余音”的感觉。究其原因均为声音在室内传播时，遇到室内界面发生了反射、吸收与透射等，形成室内声学的特点。

(1)室内我们听到的声音是直达声和各反射声的叠加，由于室内体型不同，室内声场分布情况也不相同，且有可能产生回声、颤动回声及其他各种特异现象，产生一系列复杂问题。

(2)声源在停止发声以后，在一定的时间里，声场中还存在着来自各个界面的迟到的反射声，产生所谓“混响现象”。

(3)由于与房间的共振，引起室内声音某些频率的加强或减弱。

声学问题分析研究的方法有波动声学、几何声学和统计声学。波动声学也称物理声学，它是使用波动理论研究声场的学科。在声波波长与空间或物体的尺度数量级相近时必须用波动声学分析。其主要内容是研究声的干涉、衍射、驻波、散射等现象。几何声学或称射线声学，它与几何光学相似，主要是研究波长非常小时，能量沿直线传播的规律，即忽略衍射现象，只考虑声线的反射、折射等问题。这在许多情况下都是很有效的方法，例如在研究室内反射面时，都用声线概念。统计声学主要研究波长非常小，在某一频率范围内简正振动方式很多，频率分布很密时，忽略相位关系，只考虑各简正方式的能量相加关系的问题，混响时间的赛宾公式就是用统计声学方法推导的。

3.1.1　几何声学与室内声场分布

在一个比波长大得多的室内空间中，常常用几何声学的方法可以简单而形象地分析室内声场分布情况，及室内是否有声波的聚焦、回声、颤动回声等声学缺陷现象。使用几何声学方法的两个前提条件是：室内界面或者障碍物的尺寸以及声波传播的距离比声波波长大得多；几何声学不考虑衍射、干涉等现象。

几何声学的基本规律如下：

(1)声音前进的方向以“声线”表示；

(2)两条声线相交后，仍按各自原来的方向前进；

(3)当反射面尺寸比波长大得多时，声线的反射角等于入射角。

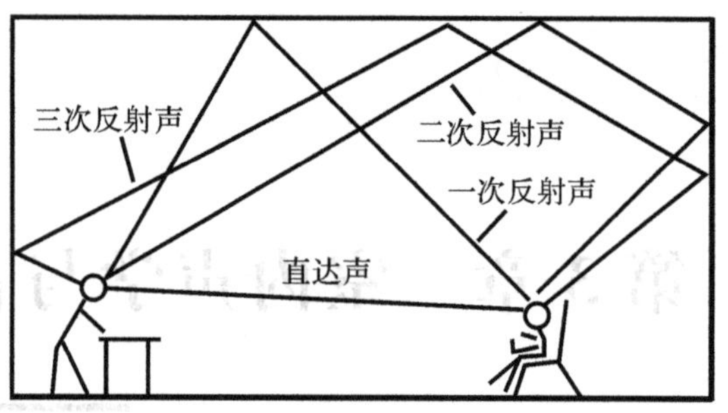

图 3-1 声音在室内传播

图 3-1 是声音在室内传播的示意图。从图中可以看到，对于一个听者，接收到的不仅有直达声，而且还有陆续到达的来自天花、地面以及墙面的反射声，它们有的是经过一次反射到达听者的，有的则是经过两次甚至多次反射到达的，一般我们只考虑到两次反射图，因为多次反射后，声音反射情况已很复杂，趋于无规则分布，且反射声能量已经很弱了。图 3-2 表示在房间内可能出现的三种声音反射的典型例子。

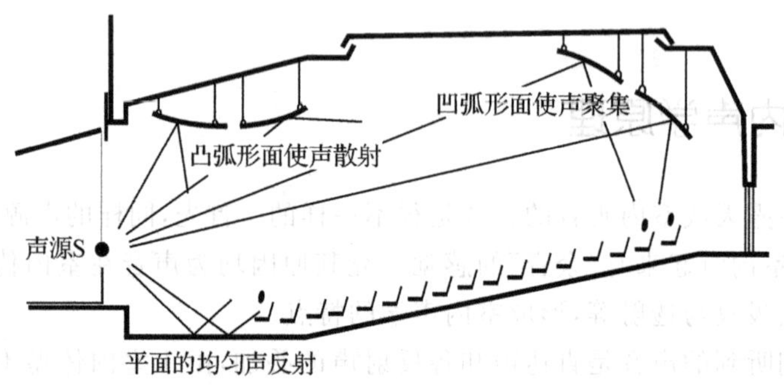

图 3-2 在房间内可能出现的三种声音反射的典型例子

研究表明，在室内各接收点上，直达声以及反射声的分布(即反射声在空间上的分布与时间上的分布)，对音质有着极大的影响。有关这一内容将在“音质设计”一节中讨论。

3.1.2 混响与混响时间

前已介绍，室内声源在停止发声以后，在一定的时间里声场中还存在着来自各个界面的迟到的反射声，会有一个声音的衰减过程，这个衰减过程称为混响过程。这一过程的长短对人们的听音有很大影响。当室内声场达到稳态，声源停止发声后，声音衰减 60dB 所经历的时间称为混响时间。

在厅堂内，适度的混响时间使音乐声丰满，语言声洪亮、饱满；过短的混响使声音干涩无力；混响过长将得语言清晰度降低，音乐缺乏节奏感和力感。

1. 混响过程

当声音达到稳态时，若声源突然停止发声，室内接收点上的声音并不立即消失，而要有一个过程。首先直达声消失，反射声将继续下去，每反射一次，声能被吸收一部分，因此，室内声能密度将逐渐减弱，直至完全消失，我们称这一过程为“混响过程”，可用公式表示为：

$$D(t)=\frac{4W}{c\times A}\times \mathrm{e}^{-\frac{cA}{4V}t} \tag{3-1}$$

式中：$D(t)$——瞬时声能密度，J/m^3；

W——声源声功率，W；

c——声速，m/s；

A——室内表面总吸声量，m^2；

V——房间容积，m^3；

t——声源发声后经过的时间，s。

可以看出，在衰减过程中，随着时间 t 的增加，$D(t)$逐渐减小，而且室内总吸声量越大，$D(t)$衰减就越快；房间容积越大，$D(t)$则衰减得越慢。

2. 赛宾混响时间计算公式

根据声能密度的衰减公式（式 3-1）可知，其衰减率（每秒的衰减量）是 $e^{-\frac{cA}{4V}}$，若以 dB 表示，衰减率可写为 $d=10\lg e^{-\frac{cA}{4V}}$（dB/s）。根据混响时间定义，则混响时间：

$$T=\frac{60}{d}=\frac{60}{10\lg e^{\frac{cA}{4V}}}=\frac{6\times 4}{c\cdot \lg e}\times\frac{V}{A}=K\frac{V}{A} \tag{3-2}$$

式中：T——混响时间，s；

V——房间容积，m^3；

A——总吸声量，m^2；

K——与声速有关的常数。$K=\frac{24}{c\cdot\lg e}=\frac{55.26}{c}$，一般取 0.161。

上式称为赛宾（sabine）公式。式中，A 是室内的总吸声量，是室内表面积与其吸声系数的乘积，但室内表面常是由多种不同材料构成的，如果每种材料的吸声系数为 α_i，面积为 S_i，则总吸声量 $A=\sum\alpha_i S_i$，室内还有家具（如桌、椅）或人等难以确定表面积的物体，如果每个物体的吸声量为 A_j，则室内的总吸声量就是：

$$A=\sum\alpha_i S_i+\sum A_j \tag{3-3}$$

上式也可写成：

$$A=S\bar{a}+A_j \tag{3-4}$$

式中：S——室内总表面积。

$$S=S_1+S_2+\cdots+S_n \tag{3-5}$$

$\bar{\alpha}$——室内表面的平均吸声系数。

$$\bar{\alpha}=\frac{\alpha_1 S_1+\alpha_2 S_2+\cdots+\alpha_n S_n}{S_1+S_2+\cdots+S_n} \tag{3-6}$$

3. 伊林混响时间计算公式

赛宾公式的意义是很重要的，但在使用中如超出一定范围，其计算结果将与实际有较大出入。比如，当室内的平均吸声系数趋近于 1 时，即声能全部被吸收，实际混响时间应趋近于零，而按上式计算，混响时间为定值，此时 T 并不趋近于 0，显然与实际不符，只有当室内平均吸声系数小于 0.2 时，赛宾公式的计算结果才与实际情况比较接近。据此，依林（Eyri-Hg）提出自己的混响理论。

伊林的理论推导公式为

$$T=\frac{0.161V}{-S\ln(1-\bar{\alpha})} \tag{3-7}$$

上式只考虑了室内表面的吸收作用。对于频率较高的声音(一般指 2000Hz 以上),当房间较大时,在传播过程中,空气也将产生很大的吸收,这种吸收主要决定于空气的相对湿度,其次是温度的影响。表 3-1 为哈里斯(Harris)在室温为 20℃、相对湿度不同时测定的空气吸收系数。当计算中考虑空气吸收时,应将相应之吸收系数($4m$ 值),乘以房间容积 V,得到空气吸收量,加到式(3-7)分母中,最后得到:

$$T=\frac{0.161V}{-S\ln(1-\bar{\alpha})+4mV} \tag{3-8}$$

表 3-1 空气吸收衰减系数 $4m$ 值(室内温度 20℃)

频率(Hz)	室内对湿度			
	30%	40%	50%	60%
2000	0.012	0.010	0.010	0.009
4000	0.038	0.029	0.024	0.022
6300	0.084	0.062	0.050	0.043

式(3-8)要比赛宾公式更接近实际情况,特别是当 $\bar{\alpha}$ 值较大时。比如,当 $\bar{\alpha}$ 趋近于 1 时,$-\ln(1-\bar{\alpha})$ 趋近于∞,T 趋近于 0,故能反映实际情况。此外,当 $\bar{\alpha}$ 较小时(小于 0.20 时),$-\ln(1-\bar{\alpha})$ 与 $\bar{\alpha}$ 很接近,利用两种公式可得到相近结果。

由式(3-8)可以看出,房间的混响时间主要与房间的体积 V、表面积 S、表面平均吸收系数或总的吸声量有关,体积越大混响时间越长,总的吸声量越大混响时间越短,但室内各表面对应的不同频率的吸声系数是不同的,总的吸声量或平均吸声系数也各不相同,因此,要计算或测量房间各频带的混响时间,通常取 125、250、500、1000、2000、4000Hz 六个频率的数值。通常所说某厅堂的混响时间是指频率为 500Hz 时的混响时间。

4. 混响时间计算的不确定性

混响时间计算公式,即使是经过修正的伊林公式,在很多因素影响下,其计算结果与实测值一般会有 10%左右的误差,在特殊情况下甚至会相差悬殊。

产生误差的原因,一方面是由于计算公式都有一个假设条件——声场完全扩散,但实际情况并不完全符合。在室内,声源(如人或乐器发声)均具有一定指向性,而且常位于房间的一端发声,再加以房间形状、吸声面的分布不均匀,将使得声场很不均匀。另一方面则是代入公式的各项数据准确度不够。代入公式的数值主要是各种材料的吸声系数,一般均选自各种资料(或经自己测定得到)。由于在实验室中的测定条件与现场使用条件不同,吸声系数也会有误差。

综上所述,混响时间的计算与实际测定结果有一定误差,可通过经验弥补,或通过施工中期调整。再者,不同听者对混响时间的要求有一定的变化范围,并不需要精确于某一数值。

3.1.3 房间共振

实际上,房间受到声源的激发时,对不同的频率会有不同的响应,最容易被激发起来的频率成分是房间的共振频率。对于共振现象,我们并不陌生,譬如,常会发现噪声能使窗扇上的玻璃产生振动而发出声音。即物体被一外界干扰振动激发时,将按照它本身所具有的共振频率(亦称固有频率或简正频率)之一而振动,激发频率愈接近物体的某一共振频率,共振响应就愈大。就一个管乐器来说，是管中的空气柱在共振，其共振频率主要由空气柱的长度来决定。而在一房间中，空气振动的共振频率则主要由房间的大小来决定。

对于房间共振，已无法用几何声学和统计声学来分析，但可用波动声学的驻波原理来说明。

1. 驻波

前面第一章已经提到过，当两列相同的波(频率、相位相同)在同一直线上相向传播时，由于声波干涉，叠加后产生的波称之为"驻波"。简单地说，驻波现象是驻定的声压起伏。

下面来解释驻波的形成：

当平面波垂直入射到全反射的壁面时，发生全反射，此时入射波与反射波频率、相位相同，行进方向相反，入射波与反射波的波形总是关于反射面的对称图形，图 3-3 表示不同时刻的两列波形叠加。

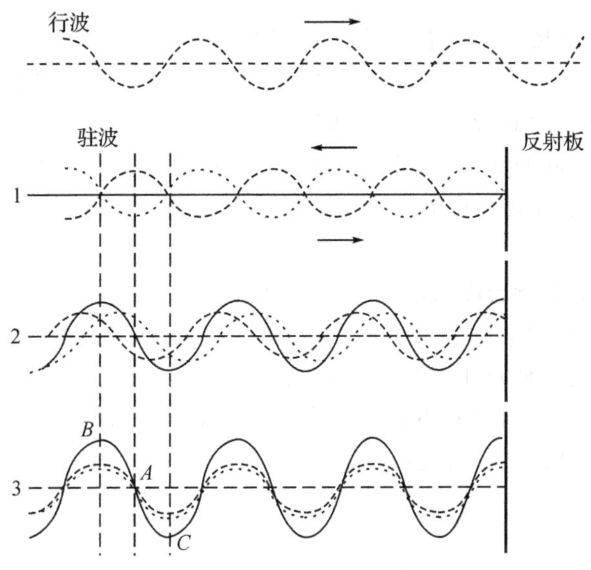

图 3-3　驻波的形成

可以看出，自反射面起，1/4 波长和 1/4 波长的奇数倍的 A 点，入射波与反射波的瞬时声压总是大小相等、符号相反，叠加结果声压振幅总为零，也就是当与反射表面的距离 l 符合如下条件时声压最小：

$$l=(2n+1)\frac{\lambda}{4} \tag{3-9}$$

式中：$n=0,1,2,3,\cdots$

这些声压最小的地方称为"波节"。

而自反射面起，1/4 波长和 1/4 波长的偶数倍(即半波长的整数倍)的 B、C 点，入射波与反射波的瞬时声压总是大小相等、符号相同，叠加结果声压振幅最大，也就是当 l 符合如下条件时声压最大：

$$l=2n\frac{\lambda}{4}=n\frac{\lambda}{2} \tag{3-10}$$

式中：$n=0,1,2,3,\cdots$

这些声压最大的地方称为"波腹"。

2. 平行墙面间的驻波

从图 3-3 可见，发生驻波时，波形没有传播，波腹和波节的位置总是不变的。在反射表面即是波腹点，波节接着波腹，相距 $\lambda/4$，相邻两波腹的间距为 $\lambda/2$，所以若在两个相距为 L 的平行墙面之间产生持续的驻波，须两墙表面都是波腹，即符合以下条件：

$$L=n\frac{\lambda}{2} \tag{3-11}$$

式中：$n=0,1,2,3,\cdots$

若以频率表示，即

$$f=\frac{c}{\lambda}=\frac{nc}{2L} \tag{3-12}$$

式中：$n=0,1,2,3,\cdots$

也就是说，只有平行墙壁间距 L 与波长 λ（或频率 f）满足上述关系时才能形成稳定的驻波，即第二个墙面产生的驻波的波腹和波节与第一个墙面产生的驻波的波腹和波节在位置上重合。这样，在两墙之间就产生了“共振”。

产生在两个墙面之间的共振，即“轴向共振”。共振的频率取决于式(3-12)中墙面间距离 L 和 n，$f=c/2L$ 为最低共振频率。L 越大，最低共振频率也越低。

3. 房间共振

在矩形房间内三对平行表面间，只要其距离为 $\lambda/2$ 的整数倍，均可产生相应方向上的轴向共振，相应的轴向共振频率为 f_{n_x}、f_{n_y}、f_{n_z}。

除了上述三个方向的轴向驻波外，声波还可在两维空间、三维空间内出现驻波，即切向驻波、斜向驻波（见图 3-4），相应的共振频率为切向共振频率、斜向共振频率，这时房间共振的机会增加许多，房间共振频率的通用计算式为

$$f_{n_x}、f_{n_y}、f_{n_z}=\frac{c}{2}\sqrt{(\frac{n_x}{L_x})+(\frac{n_y}{L_y})^2+(\frac{n_z}{L_z})^2} \tag{3-13}$$

式中：L_x、L_y、L_z——两平行墙面间的距离，m；

n_x、n_y、n_z——$0,1,2,\cdots,\infty$（$n_x=n_y=n_z=0$ 除外）；

c——声速，c 取 340m/s。

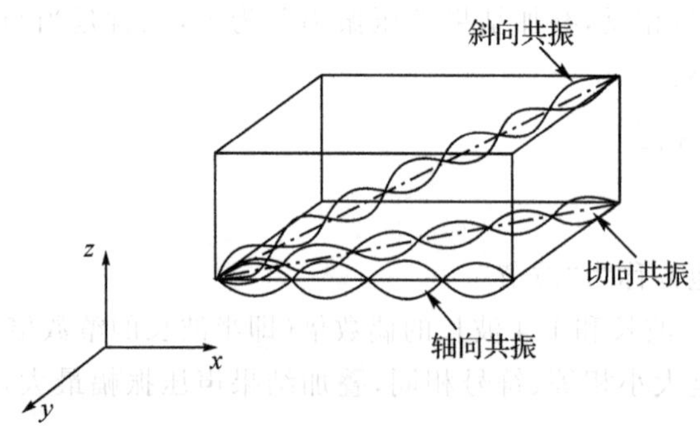

图 3-4 三维空间的共振

利用式(3-13)，选择 n_x、n_y、n_z 一组不全为零的非负整数，即为一种振动方式，两个为 0 为轴向驻波振动方式，一个为 0 为切向驻波振动方式，三个均不为 0 为斜向驻波振动方式。

例如，选择 $n_x=1,n_y=0,n_z=0$，即为(1,0,0)轴向驻波振动方式。

由式(3-13)还可看到，房间尺寸 L_x、L_y、L_z 的选择，对确定共振频率有很大影响。例如，一个长、宽、高均为 7m 的房间，7 个最低共振频率由式(3-13)计算为：

振动方式	1,0,0	0,1,0	0,0,1	1,1,0	1,0,1	0,1,1	1,1,1
共振频率(Hz)	24	24	24	34	34	34	42

从上表中看出，7 个当中有三种振动方式的振动频率均为 24Hz。这是出现了共振频率的重叠现象，称为共振频率的"简并"现象。在出现"简并"的共振频率范围内，将使那些与共振频率相同频率的声音放大加强，导致室内原有的声音频率畸变，使我们感觉声音失真，产生"声染色"。这一点对于体型较简单的播音室和录音室尤为重要。此外，这种房间的共振还表现为"简并"频率，在空间分布上很不均匀，出现了在某些固定位置上的加强和某些固定位置上的减弱。

据研究，在一容积为 V 的房间内，当室内总表面积为 S，各边长之和为 L 时，从最低的共振频率到任一频率 f_c 的范围内，共振频率的总数为 N，计算式为

$$N=\frac{4\pi Vf_c^3}{3c^3}+\frac{\pi Sf_c^2}{4c^2}+\frac{Lf_c}{8c} \tag{3-14}$$

式中：c——声速，340m/s。

对于体积较小、体型较简单的房间，要特别注意基本低频"简并"现象，如播音室和录音室等房间。

为了克服"简并"现象，使共振频率的分布尽可能均匀，需选择合适的房间尺寸、比例和形状，比如，将上述 7m×7m×7m 的房间，保持容积基本不变，而将尺寸改为 6m×6m×9m，即室内只有两个尺度相同，根据计算，其共振频率的分布就要均匀一些。如尺寸进一步改为 6m×7m×8m，即房间的三个尺度均不相同，则共振频率的分布更为均匀。可见，正立方体的房间是最不利的。再者，如果将房间的墙面或顶棚做成不规则形状，使得互相不平行；或者布置声扩散体，或将吸声材料不规则地分布在室内界面上，也可以适当克服共振频率分布的不均匀性。

3.2 室内音质设计

音质是很多建筑室内环境质量优劣的一个重要组成部分，如剧院、音乐厅、电影院、会堂、录音室、电视演播室等，必须专门做声学设计，否则将影响建筑物的正常使用，甚至无法使用。即使是普通的住宅居室，也有其特定的音质。随着家庭影院和听音室的日益普及，以及多媒体技术进入千家万户，对居室的音质要求也将越来越高。

3.2.1 音质评价

人们在不同观演建筑(厅堂)中聆听演讲或音乐演出时，由于不同厅堂声学条件的差异，导致音质效果可能会有很大的不同。室内音质好坏的最后标准是听众(也包括演讲者或演唱、演奏者)的主观感受。音质设计就是找出与这些主观感受相对应的客观指标(物理参数)。通过设计，使得到的客观指标符合良好音质的要求。

1. 主观评价

人们对不同的声信号(语言或音乐等)的主观感受有不同的要求,这些要求称为主观评价标准。

(1)语言声的音质主观评价

语言听闻条件的主要主观评定指标之一,是对语言能够听清的程度,即语言清晰度。室内语言清晰度通常采用音节清晰度试验的办法确定。

语言听闻的另一重要特征是被人们理解的程度,由于一句话有连贯的意思,往往不必听清每个字也可听懂意思,一般用“语言可懂度”表示对讲话的听懂程度。

(2)音乐声的音质主观评价

评价音乐的音质效果要比语言复杂很多,这是由于对音乐的音质评价涉及人们的许多主观因素,如习惯、爱好、文化修养和欣赏能力等。目前普遍认同的有:

1)力度感,是听觉判断声音强弱的属性,对听音乐来说,要求感到响度合适,有一定的动态范围,能听清楚音乐的低潮与高潮。

2)音乐的丰满度,指的是音乐在室内演奏时,由于室内各界面的反射对直达声所起的增强和烘托作用,缺乏反射声的音质环境称为干涩或沉寂。

3)清楚感,指的是对相继音符的分离与可辨析的程度以及对同时演奏的音符的透明度和可辨析程度。

4)空间感。音质空间感的含义较广泛,它包括声源的轮廓感、立体感以及声源在横向的拓宽感(视在声源宽度)和纵向的延伸感,以及环绕感(指听众被音乐所包围的感觉)。

5)音乐的平衡感,也称音色,指的是低、中、高频声音的平衡及乐队各声部的平衡。

2. 音质客观评价

音质的客观评价指的是用可以测量、并可以通过公式加以计算的物理指标来评价厅堂音质。通过客观评价可以避免主观评价的模糊性与离散性,并有助于指导厅堂音质设计,使之达到定量化、科学化的程度。目前国际声学界常用的简单客观指标主要有下述几项。

(1)混响时间与混响时间频率特性

混响时间 RT 是最早发现的厅堂音质客观评价指标。混响时间的测量与计算分为空场(无观众在场)和满场两种情况。

RT 与室内的混响感、丰满度、清楚度有很大关系。RT 越长,越感丰满,但清楚度越差;RT 越短,越感“干”,但清晰度提高。RT 的频率特性与音色有一定关系。RT 低频适当增长,声音有温暖感、震撼感;RT 高频适当增长,声音有明亮感、清脆感。混响时间频率特性主要与音色相关。

(2)声压级

为使语言和音乐听起来清晰、不费劲,声信号就必须具有一定的声压级,并且信噪比要高。所谓信噪比指的是语言或音乐声信号的声压级高出背景噪声级的值。一般对语言声压级的要求较低,对音乐声压级要求高一些。同时共同的要求是背景噪声声级要低。

声压级与力度感相关,同时还与清楚度、亲切感和空间感有关。

(3)清晰度、明晰度

人们最先听到的是直达声,之后是来自各个界面的反射声。一般地,直达声后 50ms 到达的声音被称为近次反射声,这部分声音对加强直达声响度、提高清晰度、维护声源方向起到很大作用。

对于语言，人们提出清晰度 D(difinition)的概念，是直达声及其后 50ms 内的声能与全部声能比值的百分数。对于音乐人们提出明晰度 C(Clarity)的概念，是直达声到达后前 80ms 早期声能与后 80ms 后混响声能的比。

明晰度与音乐听闻清楚度相关，清晰度与语言听闻的语言清晰度、可懂度相关。

(4)侧向声能与两耳互相关系数

20 世纪 60 年代以来，声学家们发现侧向反射声能(80ms 以内)与良好的音质空间感有关。后来，又进一步发现空间感与到达双耳的声信号的差别程度有关。据此提出若干评价指标，最主要的有侧向能量因子和双耳互相关系数。

侧向能量因子 LEF 是从两侧到达的早期声音能量占早期全部声能的百分比。LEF 数值越大，代表侧向反射声越多，空间音响越好，音乐环绕感越强。

双耳互相关系数 IACC 的定义式比较复杂(可参看参考书目)，它实际上是在厅堂中，当听众面对表演实体时，到达其双耳的声信号的差别的度量。它表明到达双耳的声音的不相似性。

侧向能量因子及双耳互相关系数主要影响音质空间感。LEF 越大，或 IACC 值越低，则空间感越强。

有关音质评价的客观物理指标不少，本节仅举出若干最重要的评价指标，而且音质主客观评价参量之间的关系并非一一对应的简单关系，音质主客观参量以及之间的关系一直是建筑声学的一个重要研究课题，有兴趣的同学可以参看其他参考书目。

3.2.2　音质设计的一般要求

音质设计的一般要求有：

(1)具有适当的响度，且声场分布均匀。

(2)合适的清晰度和丰满度(混响感)。

(3)具有一定的空间感。

(4)保证良好的音色。

(5)室内的背景噪声控制在一定范围内。

(6)无声学缺陷，如回声、声聚焦等。

由于房间的用途不同，音质的要求也不同，音质设计的重点问题也不同，具体对音质要求较高的各种类型房间的音质设计要点见本章第 3 节内容。

下面我们先来了解一下厅堂音质设计的一般方法与步骤。

3.2.3　厅堂音质设计的一般方法与步骤

厅堂音质设计的内容包括：确定房间容积；进行房间体型设计；混响设计及装修材料的选择和布置；以及室内噪声控制设计(将在第 4 章中介绍)等。

1. 房间容积的确定

厅堂房间容积的大小不仅影响到音质效果，同时也影响到建筑造价和其他功能，如通风、灯光和卫生要求等，因此，应综合地加以考虑。从声学角度来说，确定房间容积时，一般应从控制合适的混响时间来考虑。

从赛宾公式可知，厅堂的混响时间与厅堂容积成正比，与总的吸声量成反比，且确定了它们的比值就基本确定了厅堂的混响时间，厅堂中观众席的吸声量占到厅堂总吸声量的1/2～2/3，因此我们引进一个“每座容积”的指标，即每个观众所占的房间容积：V/n，V 为室容积，m^3；n 为观众席数。只要控制了每座容积，在一定程度上就控制了混响时间。在建筑设计时，我们首先是确定厅堂的规模，即观众席数，即可用适当的每座容积估算出为获得适当的混响时间所需的厅的容积，从而确定大厅的大致尺寸。如果每座容积选择适当，就可以在不用或少用吸声处理的情况下得到适当的混响时间。

表 3-2　各类厅堂的每座容积适当范围

用途	$V/n(m^3)$	用途	$V/n(m^3)$
音乐厅	6～12	歌剧院	4.5～7.0
多功能剧场	3.5～5.5	戏曲、话剧	3.5～5.5

自然声（人声、乐器声等）的声功率是有限的。厅的容积越大，声能密度越低，声压级越低，响度也就越低。因此，用自然声的大厅，为保证有足够的响度，厅堂规模（厅堂容积或者总座位数）应有一定的限度，但以扩声为主的观众厅，从声学的要求则不受座位数量的限制。

表 3-3　在不用扩声系统时的最大允许房间容积

用途	最大允许容积(m^3)	用 途	最大允许容积(m^3)
讲演	2000～3000	独唱、独奏	10000
话 剧	6000	大型交响乐	20000

2. 体型设计

对于一定容积的大厅，它的体型设计直接关系到厅内反射声的时间与空间构成，甚至影响直达声传播，这是音质设计的重要环节；同时，它又与厅堂的建筑艺术构思，厅堂的各种功能要求，如电声系统的布置、照明、通风、观众的疏散，以及各种开口的布置等密切相关。一个好的体型设计，应当把声学与建筑融为一体。根据声学要求，大厅的体型设计中应该注意以下内容：

（1）充分利用声源发出的直达声

直达声的强度大小直接影响声音的响度和清晰度。直达声在室内传播时，声音强度将随着距离的增加而很快衰减，如果考虑到当声波掠射过观众头部对声音的掠射吸收而产生的声能损耗，则会衰减得更快（如图 3-5 所示）。此外，人与乐器发声时均有一定的指向性，且频率越高，指向性越明显，因此对于偏离辐射主轴的观众，将由于高频声的明显减弱而降低了语言清晰度。

根据上述直达声在传播中的特点，为了充分利用直达声，在体型设计中主要应注意以下几点：

1）控制房间的纵向长度。当声源为自然声时（不采用扩声系统），一般应控制大厅纵向长度小于 30m。当采用扩声系统时，尺寸可以放宽。但对于电影院，为了使较远的观众不致感到声音与图像的不同步，纵向长度应不大于 40m。

2）大部分观众席应布置得尽量靠近声源。为此，在观众厅的平面选型上，在容纳同样数量观众的前提下，采用扇形、六角形、马蹄形等比矩形更为有利。在剖面选型上，当观众席超

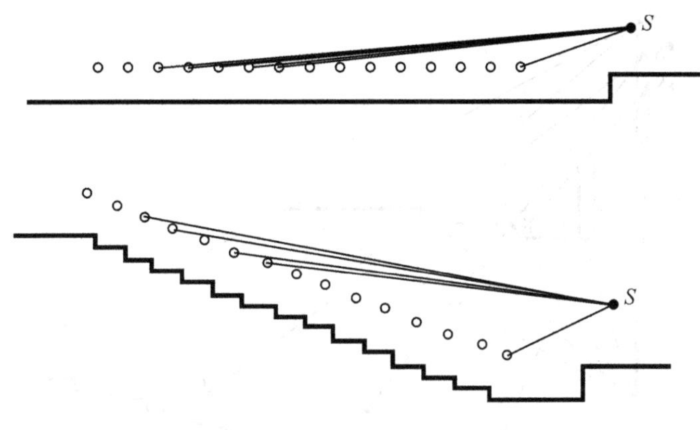

图 3-5　声波掠射过观众头部对声音的掠射吸收

过 1500 人时，宜采用一层悬挑式挑台；当人数超过 2500 时，则应考虑采用两层或多层悬挑式挑台。

3)在平面上，观众席应布置在一定角度范围内。根据前述声源发声的指向性特点，在以语言为主的大厅中，应将大部分观众席尽可能布置在以声源为顶点的 140°角的范围内。

4)足够的地面升起坡度。其目的不仅在于满足视线要求，而且可避免直达声掠过观众时被大量吸收。由于观众的眼睛和耳朵的高度基本上在同一水平，因此，通常按照视线要求设计大厅的地面升起坡度，即可满足声学要求。

(2)使近次反射声(在设计中主要考虑一次反射声)合理地分布于整个大厅。对于音乐厅，还要考虑侧向早期反射声的分布。

音质客观评价内容中讲过短延时近次反射声对大厅音质的重要作用。这种作用，根据语言与音乐等不同使用要求主要取决于近次反射声的强度、延迟时间及到达听者的方向(方向主要在设计音乐大厅时考虑)。在体型设计中，一项主要的工作就是利用几何作图法确定或检验产生一次反射声的反射面的位置、角度、尺寸以及选择合适的反射面材料。

可以用虚声源法确定反射板位置以达到观众厅合理的反射声分布，或者检验现有反射板反射声分布。图 3-6 所示即为检验反射声分布的例子，图为一观众厅局部，声源 S 的位置一般定在舞台大幕线后 2～3m，高出舞台面 1.5m。为确定反射面 $A'A''$的反射声分布，延长 $A'A''$线，以 $A'A''$延长线为对称线，求得 S 的对称点 S_1，即反射面 $A'A''$的虚声源，从 S_1 向 A'连线并延长与观众席平面(观众席平面高出地面 1.1m)相交于 A，从 S_1 向 A''连线并延长与观众席平面交于 B，AB 为反射面 $A'A''$的反射声分布范围。用同样的方法可求得反射面 $B'B''$的反射声分布范围 BC。在图 3-6 中，$(SA'+A'A)$为反射声经过的路程，SA 为到达 A 的直达声经过的路程。反射声与直达声的声程差除以声速，即可得出反射声延迟时间。

一般要求一次反射声均匀分布于观众席，且延迟时间不能过长，最长不超过 50ms。对于音乐厅，还要尽量争取侧向早期反射声的分布。具体到厅堂平面、剖面设计处理办法如下：

1)平面基本形式与反射声分布

扇形平面：具有这种平面厅堂的池座前区相当大部分座位，缺乏来自侧墙的一次反射声，来自后墙的反射则很多，但这种平面可使大多数座位靠近舞台布置，故常被用作为剧场、

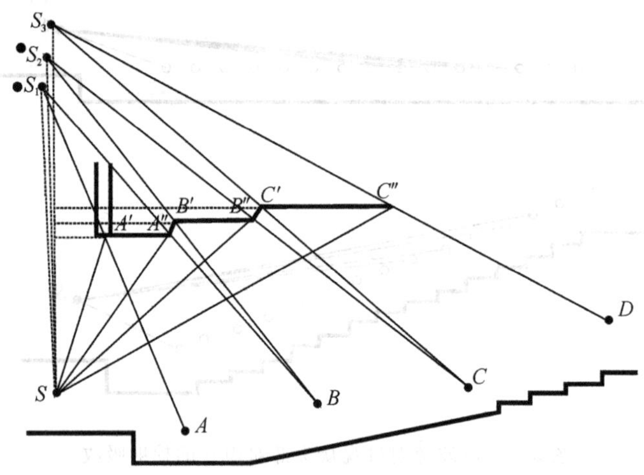

图 3-6 用虚声源法检验反射声分布

会场的平面形式。对这种平面，应利用顶棚对大多数观众席提供一次反射声，侧墙可做成折线形，以调整侧向反射声方向并改善声扩散。

六边形平面：一次反射声容易沿墙反射，因此厅的中前部缺乏一次反射声。改进的措施同扇形平面。

椭圆形平面：一次反射声容易沿墙反射，导致观众席中前部缺乏一次侧向反射声。改进措施有把侧墙做成锯齿状，使反射声到达中前部。

窄长形平面：这种平面当规模不大时，由于平面较窄，侧墙一次反射声能较均匀地分布于大部分观众席，如能将台口附近侧墙面利用好，则可使整个大厅观众席都有一次侧向反射声；当规模较大时，大厅会变得过长或过宽，导致其他不利影响。见图 3-7。

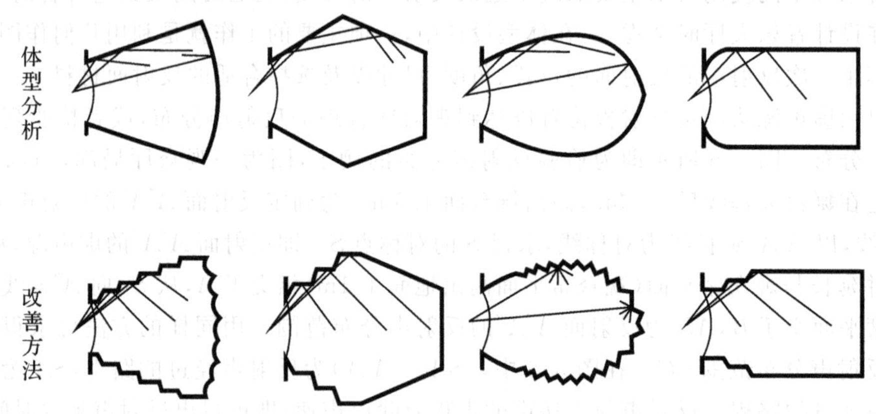

图 3-7 观众厅平面基本形式的反射声分布分析与改进办法

2）顶部形式与反射声的分布

A. 顶棚形式

从顶棚来的一次反射声可以无遮挡地到达观众席。它对增加声音强度与提高清晰度十分有益，音质设计中应充分利用顶棚作反射面。

靠近声源或舞台口的顶棚对声源所张的立体角大，反射声分布广，对有乐池的剧场，需利用这部分顶棚把乐队的声音反射到观众席。因此，该部分顶棚通常是设计成强反射面；对中后部顶棚，可以设计成定向反射面，使整个顶棚的反射声均匀覆盖全部观众席（见图 3-8）；也可设计成扩散反射面（见图 3-9）。一般情况，一个大厅即使不做特别处理，中后部观众席一般也不缺少早期反射声，因此，中后部顶棚可以根据建筑艺术要求设计成多种形式，只要不造成声缺陷就可以。

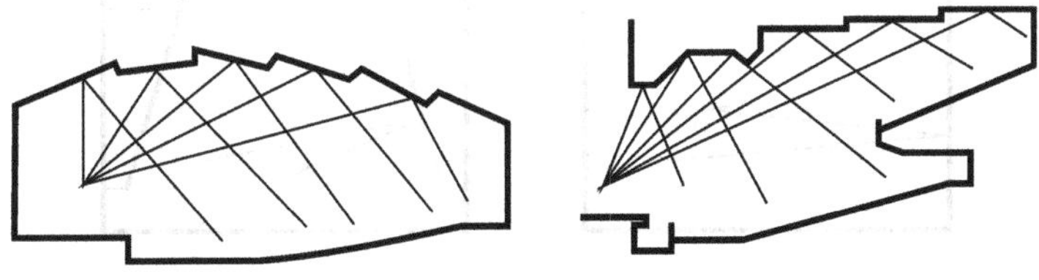

图 3-8　顶棚反射声均匀分布观众席

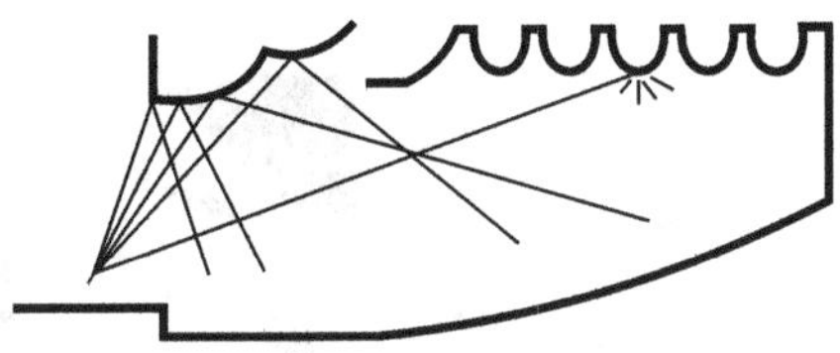

图 3-9　顶棚前部位定向反射面，后部为扩散面

B. 利用悬挂式反射板

当顶棚过高时，或为凹曲面（会产生声聚焦）时，顶棚不能提供早期反射声给观众席，可以在有效高度设计悬吊的反射板阵列，俗称浮云反射板，反射板阵列的开口面积可为 50% 左右，如图 3-10 所示。

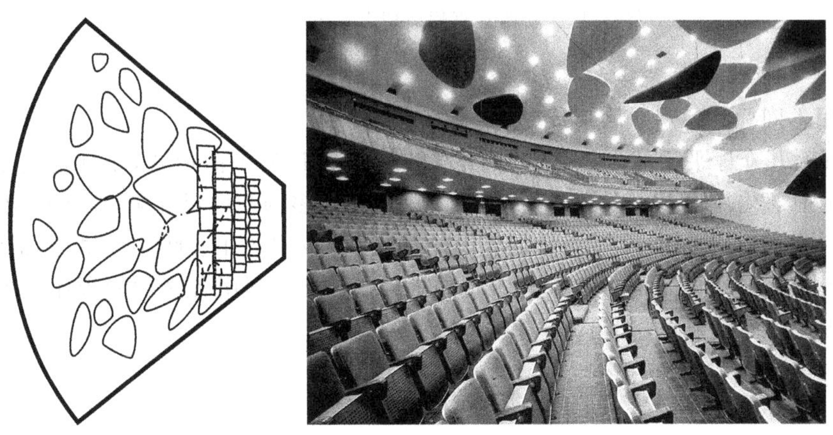

图 3-10　浮云反射板

反射板应用较厚重、坚硬的材料，如钢板网抹灰等。尺寸应足够大，较小方向尺寸至少大于反射声波的波长，如要有效反射 200Hz 以上声波，宽度不能小于 1.7m。

3)侧向早期反射声的加强

A. 利用向观众席倾斜的侧墙

侧墙在一般大厅中部是垂直的,这使它能够提供给观众席第一次反射声的面积很小。如果使侧墙面向内倾,则可以有更大面积提供一次反射声(见图 3-11),有条件时可以考虑采用这种形状,为此目的,也可以在垂直的侧墙上布置纵向为楔形的起伏,如图 3-12 所示。

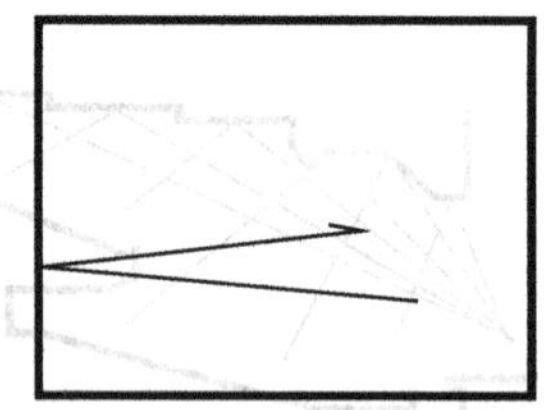

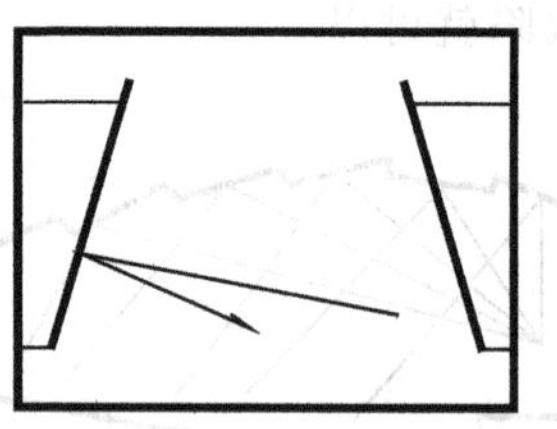

图 3-11 倾斜侧墙可以有更大面积提供第一次反射声

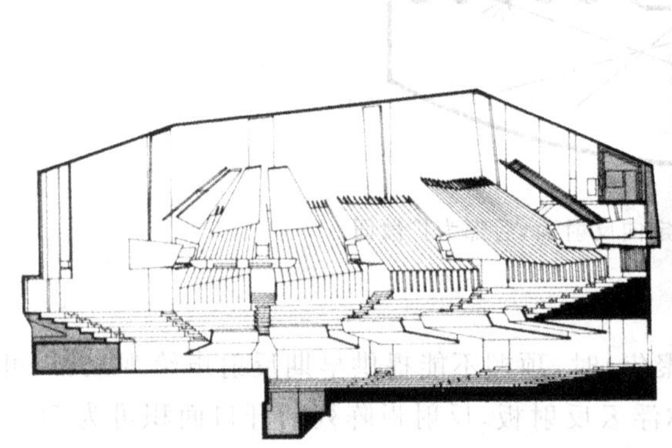

图 3-12 新西兰克赖斯切奇音乐厅 1972 年

B. 利用不同标高的观众席形成的侧向矮墙

从前面对观众厅平面的分析可知,通常没有特别设计的平面形式,尤其是较宽的大厅,观众席的中前部往往缺乏一次侧向反射声,为了获得较多的侧向反射声,应注意做好观众厅平面设计。除了窄长平面外,对于较宽较大的观众厅可采用“山地葡萄园”式平面布局,即将观众席设置于若干不同标高的平面上,形成包厢式座位区,利用各区的栏板作反射面,给部分观众席提供侧向反射声,见图 3-13。

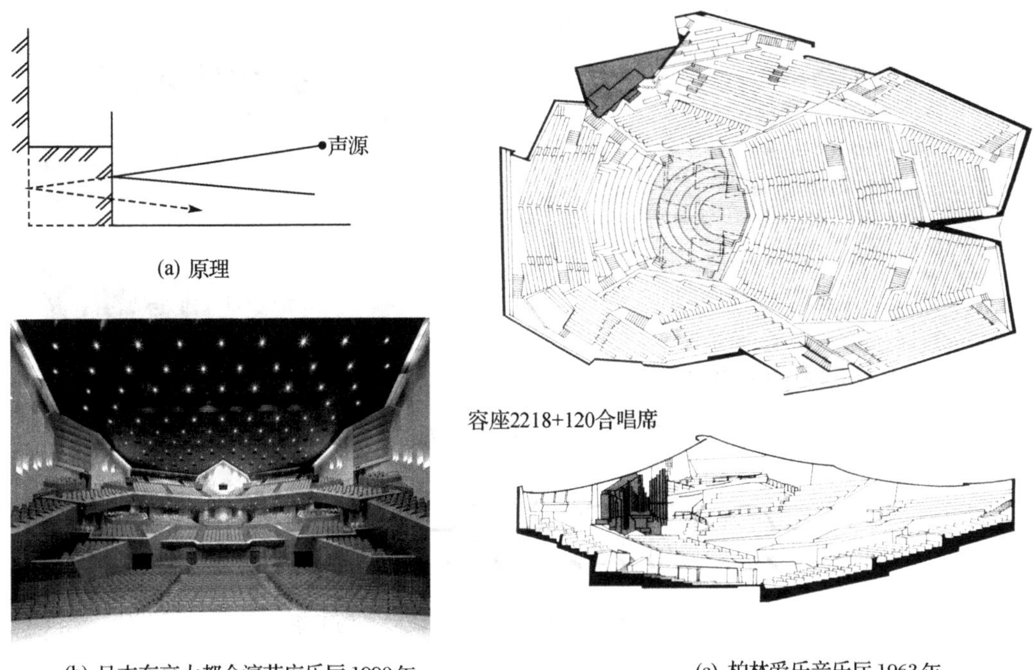

(a) 原理

(b) 日本东京大都会演艺应乐厅 1990年

(c) 柏林爱乐音乐厅 1963年

图 3-13　利用不同标高的观众席形成的侧向矮墙

(3)适当做扩散处理,以使声场更为扩散均匀,这一点对于音乐厅和演播室更为重要。

室内做扩散处理可以提高整个大厅的声场扩散程度,增加大厅内声能分布的均匀性,使声音的成长和衰减过程滑顺,这一点对于提高音乐厅、歌剧院、演播和录音室的音质是十分重要的;同时,它还可以消除回声和声聚焦,避免强反射可能造成的“染色现象”。扩散处理一般布置在第一次反射声的反射面以外的各个面,如侧墙与天花的中、后部、后墙等。室内的一般扩散处理方法如下:

1)一般扩散体(室内表面和体型的扩散处理):当声波遇到与其波长尺寸相当的障碍物时,将发生声波的散射,促使声场扩散均匀。一些欧洲古典音乐厅的音质之所以良好,除了与房间形状比例有关外,一般认为也与厅内的许多装修处理,如壁龛、雕刻、藻井式天花甚至大的吊灯等实际上起到了很好的扩散作用有关。扩散处理可结合室内艺术处理选用各种形式,如锯齿形、波浪形的天花和墙面,以及在内表面贴上浮雕式的各种几何形体,或把一些立体的几何体悬吊于室内空中,此外,还可以在体型设计中采用不规则的平剖面等措施,如图3-14所示。

起伏状扩散体的扩散效果取决于它的尺寸和声波的波长。只有当扩散体的尺寸与要扩散的声波波长相当,才有扩散效果,如果扩散体的尺寸比波长小很多,就不会产生漫反射;如果扩散体的尺寸比波长大很多,就会根据扩散体起伏的角度产生定向反射,二者都没有扩散的效果。使特定频率充分扩散的扩散体的尺寸,可按照 $a \approx \lambda, b=0.15a \sim 0.3a$ 来估算(a 为扩散体的宽度;b 为扩散体的凸出高度;λ 为入射声波长),如图 3-15 所示。为了在更宽的频带上取得更好的扩散效果,可以设计几种不同尺寸(包括不同形状)的扩散体,把它们不规则地组合排列。

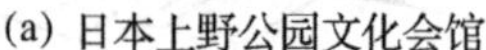

(a) 日本上野公园文化会馆

(b) 日本东京广播公司大厅

图 3-14　布置扩散体的厅堂

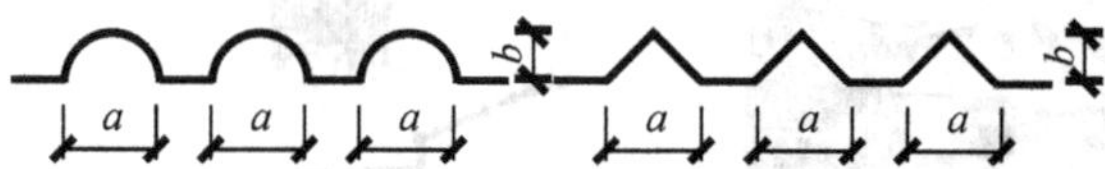

图 3-15　有效的扩散体尺寸和声波波长的关系

2)不同吸声性能的材料交错布置,即把吸声材料与反射面交错开布置在天花或墙面上,这种办法主要用于混响时间短,需要布置比较多的吸声材料的演播室和录音室内。

3)德国声学家施罗德提出一种"二次剩余扩散面"或称"QRD 扩散面",可在较宽的频率范围内有近乎理想的扩散反射。图 3-16 为这种扩散面构造示意及扩散图案。它是根据数论中的二次剩余序列来设计的,图中扩散面沟宽可取下限波长的 1/2 或更小,即 $W \leqslant \lambda_{min}/2$,沟深按二次剩余序列确定 $d_n = s_n \cdot \lambda_{max}/2N$,式子中 N 是奇素数,有 $N=\lambda_{max}/\lambda_{min}$;$s_n$ 是二次剩余数列,即 $n^2(n=0,1,2,\cdots,N-1)$除 N 的余数,例如 $N=7$ 时,s_n 为 0,1,4,2,2,4,1。s_n 以 N 为周期重复。高于上限频率(λ_{max})或于低下限频率(λ_{min})时,扩散效果变差,并逐渐成为定向反射。后来的研究发现 QRD 扩散面有一定的吸声作用,尤其是对低频声吸收较大,因此在厅堂中不宜大面积使用。

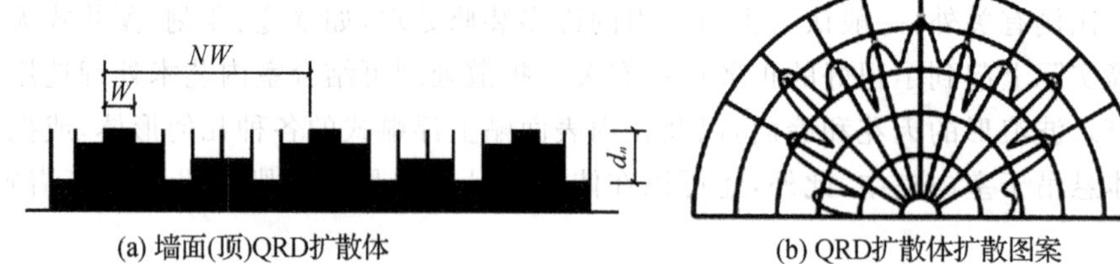

(a) 墙面(顶)QRD扩散体　　(b) QRD扩散体扩散图案

图 3-16　二次剩余扩散面构造示意及扩散图案

(4)防止有可能出现的声学缺陷,其中包括回声、声聚焦、声影区以及在演播室一类房间中的声染色现象等。

1)回声的产生是个复杂的问题,在设计阶段不可能完全准确地预测,但在实际的设计工作中,为了安全必须对所设计的大厅是否有出现回声的可能性进行检查。方法是利用声线法检查反射声与直达声的声程差是否超过 17m(即延时是否超过 50ms)。检查时,设定的声源位置应包括各种可能的部位(如舞台上的若干典型位置以及乐池等)。如有电声系统,还应检查扬声器作为声源时的情况。接收点除观众席外,还应包括舞台上。

观众厅中最容易产生回声的部位是后墙(包括挑台上后墙)、与后墙相接的天花,以及挑台栏杆的前沿等。如果后墙为凹曲面,更会由于反射声的聚集加强回声的强度。在有可能产生回声的部位,应适当改变其倾斜角度,使反射声落入近处的观众席,或者做吸声处理,或者做扩散处理(见图 3-17)。吸声处理最好能与扩散处理并用,用吸声处理时,应当与大厅的混响设计一起考虑。

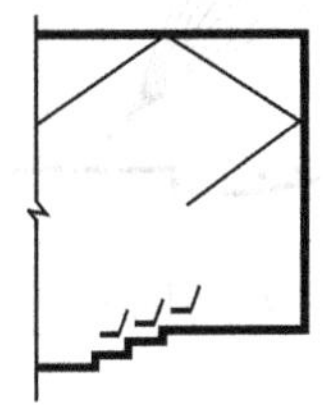
(a)后墙回声的形成

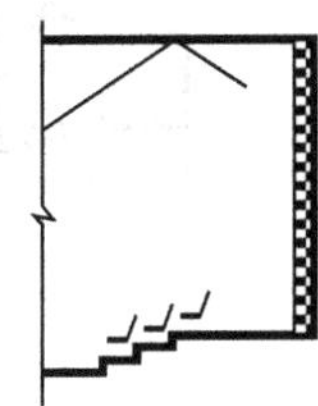
(b)用吸声性后墙消除回声

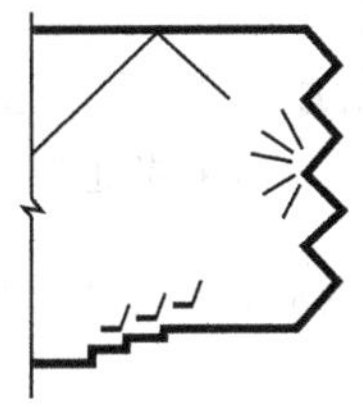
(c)用扩散性后墙消除回声

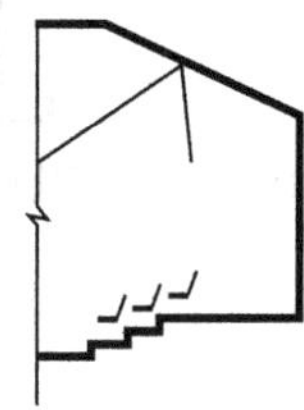
d. 后墙部分倾斜消除回声

图 3-17　回声的形成与消除方法

2)多重回声的产生是由于大厅内特定界面之间产生的多次反复反射。在一般观众厅里,由于声源在吸声性的舞台内,厅内地面又布满观众席,不易发生这种现象。但在体育馆等大厅中,场地地面与天花可能产生反复反射,形成多重回声,即使在较小的厅中由于形状或吸声处理不当,也有可能产生多重回声,在设计时必须注意(见图 3-18)。

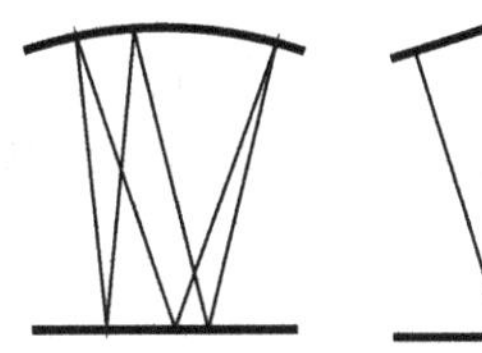
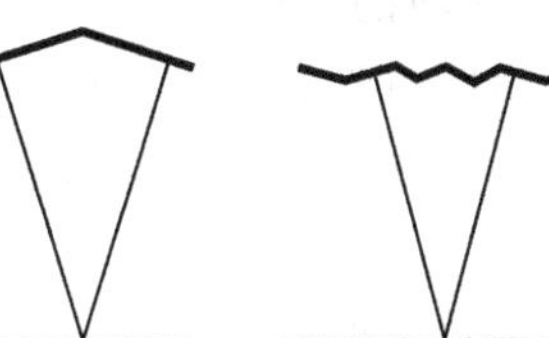

图 3-18　多重回声的产生

3)声聚焦是由凹曲面的反射性天花或墙面造成的,反射声集中于形成焦点的位置附近,其他位置的反射声声音很小。可在后墙做扩散、吸声或两者兼做来解决声聚焦(见图 3-19);在弧形或弯顶下悬吊吸声体或反射体,可避免声聚焦的出现(见图 3-20)。

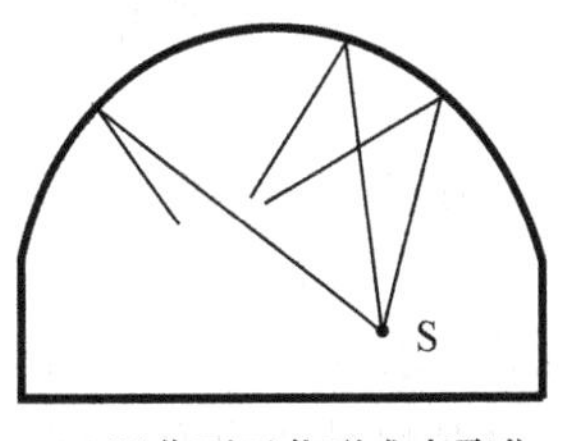

(a)凹曲面天花形成声聚焦

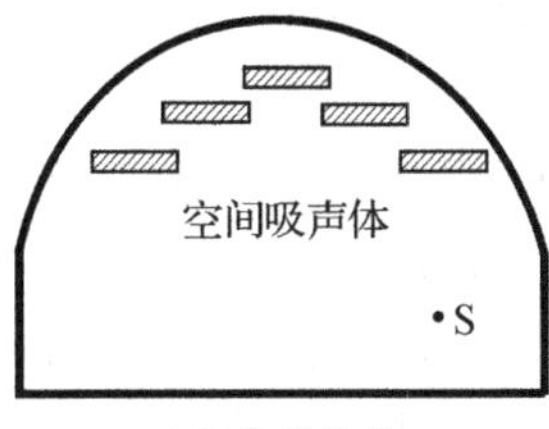

(b)吸声处理

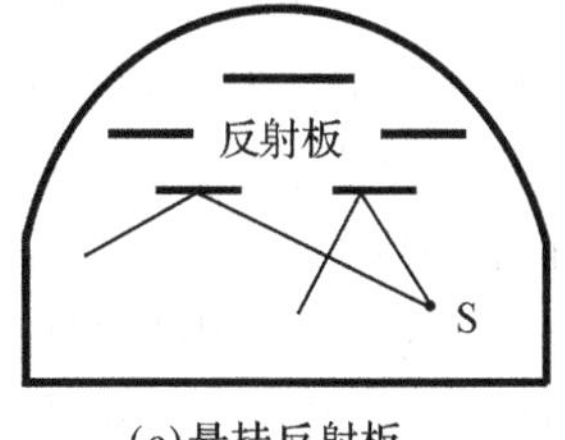

(c)悬挂反射板

图 3-19　凹曲面顶棚声聚焦的形成与消除方法

图 3-20 弧形后墙声聚焦的形成与消除方法

图 3-21 声影区的形成与消除办法

4)由于遮挡使近次反射声不能到达的区域叫做声影区。观众席较多的大厅,一般要设挑台,以改善大厅后部坐席的视觉条件,但挑台下部坐席的声学条件往往不利。首先,如挑台下空间过深,则除了掠射过前部观众到达的直达声和部分侧墙反射声以外,天花的反射声难以到达;同时,这部分空间的混响时间会比大厅的其他部分为短。为了避免产生这种现象,挑台下空间的进深不能过大,一般剧场及多功能大厅,不应大于挑台下空间开口的1.2倍;对于音乐厅,进深不应大于挑台下空间的开口(见图3-21);同时,挑台下天花应尽可能做成向后倾斜的,使反射声落到挑台下坐席上。

3. 室内混响设计及装修材料的选择

根据不同使用要求,使房间具有合适的混响时间,是音质设计的重要内容之一。房间的混响设计,包括确定合适的标准和通过计算选择、布置吸声材料与构造,以达到要求的混响时间和频率特性。

(1)最佳混响时间及频率特性曲线

各种房间的最佳混响时间,不仅决定于该房间的用途,譬如是语音或音乐,而且还涉及许多主观因素,如人们的习惯、爱好以及所欣赏音乐作品的特点等,并受民族风格的影响,因此,各国发表的一些数据都有一些差别。最佳混响时间是根据对大量公认音质较好的厅堂的实测结果,总结出来的推荐值通常以500Hz的数值作代表。一般要求,对于为语言使用的厅堂,如电影院、教室、语言录音室等,最佳混响时间应当短些;为音乐使用的大厅,如音乐厅、歌剧院、音乐录音室等则应长些;此外,由于人们听音习惯的要求,同类厅堂中体积大的可比体积小的混响时间略长些。

在音质设计中,当确定了500Hz的混响时间后,还需进一步确定125、250、1000、2000、4000Hz的混响时间(对于音乐录音室一类房间低频应扩展到63Hz,高频应扩展到8000Hz)。为了使室内具有良好的音质,根据经验对于不同使用要求各频率的混响时间应有适当比例:一般对于音乐用房间,为了提高声音的丰满度,低频混响时间应有不同程度的提升;而对于语言用房间,特别是语言播音室等,则要求呈平直的频率特性。

各类型房间的具体要求见第3节内容。

(2)室内混响设计步骤

①根据房间的使用要求确定混响时间 T_{60} 及其频率特性的设计值。

②根据设计完成的体型，计算出房间的容积 V 和内表面积 S。

③根据混响时间计算公式求出房间的平均吸声系数和房间所需总吸声量 A。一般采用伊林修正公式：

$$T_{60}=\frac{0.16\,V}{-S\ln(1-\bar{\alpha})+4mV}$$

一般计算频率为 125～4000Hz 6 个倍频程中心频率。

④计算房间内固有吸声量，包括室内家具和观众的吸声量等。

⑤房间所需总吸声量减去固有吸声量即为所需增加的吸声量。

⑥查阅材料及结构的吸声系数数据，从中选择适当的材料及结构，确定各自的面积，以满足所需增加的吸声量及频率特性。一般需反复选择、调整，才能达到要求。

混响设计也可在确定房间混响时间设计值及容积后，先根据声学设计的经验及装修效果要求确定一个方案，然后用混响时间计算公式进行验算。通过反复修改、调整设计方案，直至混响时间满足设计范围为止。表 3-4 为一观众厅混响时间计算实例。

对观众厅而言，吸声材料首先考虑布置在后墙，通常即使大厅并不需要增加吸声，后墙也宜做吸声处理，以防可能出现的回声，除后墙外，大厅中后部吊顶、侧墙上部也是通常考虑布置吸声材料的位置。

表 3-4　观众厅混响时间计算表($V=5400\text{m}^3$，$\sum S=2480\text{m}^2$)

序号	项目	材料及做法	面积(m^2)	吸声系数和吸声单位(m^2)											
				125Hz		250Hz		500Hz		1000Hz		2000Hz		4000Hz	
				α	$S\alpha$	α	$S\alpha$	α	$S\alpha$	α	$S\alpha$	α	$S\alpha$	α	$S\alpha$
1	观众及座椅	1000 人，按人数计算吸声量		0.19	190	0.23	230	0.32	320	0.35	350	0.47	470	0.42	420
2	吊顶	4mm 厚 FC 板，大空腔	900	0.25	225	0.10	90	0.05	45	0.05	45	0.06	54	0.07	63
3	墙面	三夹板，后空 50mm	150	0.21	31.5	0.73	109.5	0.21	31.5	0.19	28.5	0.08	12	0.12	18
		9.5mm 厚穿孔石膏板，$P=8\%$，板后贴桑皮纸，空腔 50mm	100	0.17	17	0.48	48	0.92	92	0.75	75	0.31	31	0.13	13
		水泥抹面	376	0.02	7.5	0.02	7.5	0.02	7.5	0.03	11.3	0.03	11.3	0.03	11.3
4	走道、乐池	混凝土面	340	0.02	6.8	0.02	6.8	0.02	6.8	0.03	11.6	0.03	11.6	0.03	11.6

续表

序号	项目	材料及做法	面积(m^2)	吸声系数和吸声单位(m^3)											
				125Hz		250Hz		500Hz		1000Hz		2000Hz		4000Hz	
				α	$S\alpha$	α	$S\alpha$	α	$S\alpha$	α	$S\alpha$	α	$S\alpha$	α	$S\alpha$
6	开口	舞台口、耳光口、面光口	130	0.30	39	0.35	45.5	0.40	52	0.45	58.5	0.50	65	0.50	65
7	通风口	送、回风口	6	0.8	4.8	0.8	4.8	0.8	4.8	0.8	4.8	0.8	4.8	0.8	4.8
8	$4mV$											48.6		118.8	
	A			526.1		546.3		562.4		587.5		662.5		609.5	
	$\bar{\alpha}$			0.212		0.220		0.227		0.237		0.267		0.246	
	$-\ln(1-\bar{\alpha})$			0.238		0.248		0.257		0.270		0.311		0.282	
	T_{60}			1.47		1.41		1.36		1.30		1.06		1.06	

以上主要是厅堂观演空间声环境设计的原则与一般方法。由于不同的使用目的对声环境不同的要求,因此具体音质设计特点也有所不同,下一节就各种建筑类型的音质设计作简要介绍。

3.3 分类建筑的声学设计

3.3.1 音乐厅

音乐厅是供交响乐(包括民族音乐)、室内乐及声乐演出的专用厅堂。它是音质要求最高的观演建筑。音乐厅与一般剧场的最大区别是无高大的舞台空间,且演奏台和观众厅在同一空间。音乐厅演出时大多数靠自然声,电声大多起辅助作用,但为了现场转播或录音的需要,也需设电声设备与控制室。

传统音乐厅(19 世纪后半叶)大多为“鞋盒式”古典式音乐厅。其特点是:矩形平面、窄厅、高顶棚、有一或两层浅楼座和较丰富的内部装饰构件。矩形平面窄厅能给观众提供丰富的侧向反射声,高顶棚又使混响时间较长,楼座与包厢和装饰物则对声波起到扩散作用,这些因素决定了鞋盒式音乐厅的优良音质。其中最著名的有维也纳音乐厅及波士顿音乐厅(见图 3-22)等。

19 世纪后半叶之后,音乐厅的体型开始多样化,其共同特点是平面变宽,两侧墙面形成张角,天花相对降低。这种大厅的音质多数都不如古典大厅。1963 年由建筑师夏隆和声学家克莱默设计的柏林爱乐音乐厅(见图 3-23)采用的不规则平面形式和“山地葡萄园”布局形式,突破了只有鞋盒式厅才能产生完美音质的神话,这一创造性设计,加上大厅其他的成功措施,使大厅获得较好的音质。山地葡萄园式的布局使左座位高低错落,其栏墙可以向邻近座位席提供侧向早期反射声,以弥补较宽、较大的音乐厅大多数座位席缺乏侧向早期反射

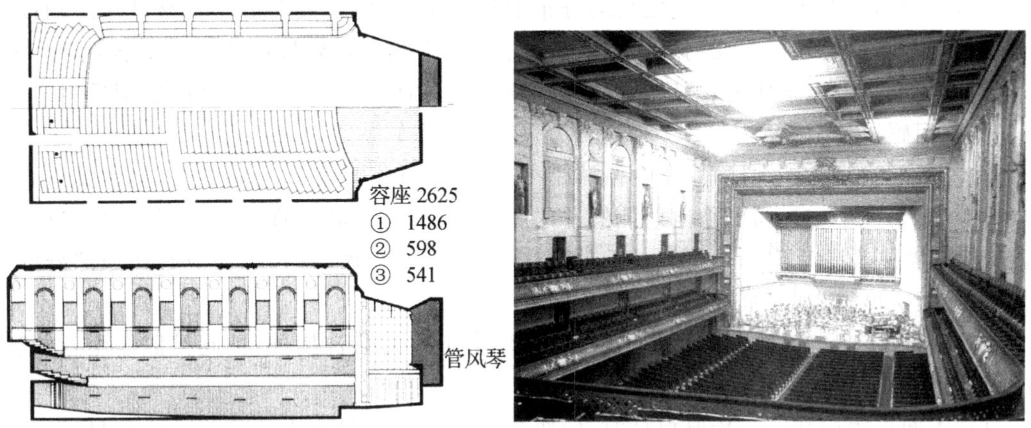

图 3-22　波士顿音乐厅

声的缺陷。此后，不少新建的厅堂采用这种格局。

以上是音乐厅的两种典型体型设计，有些音乐厅则属于上述典型体型的变体，如扇形、钟形等还有其他不规则形。有的则属于两种典型设计的混合体，如建于 1986 年的日本东京三得利音乐厅，可视为鞋盒式厅平面形式和山地葡萄园座位布局相结合的结果。

音乐厅的演奏台的布局有两种基本类型，一为尽端式，如波士顿音乐厅；一为中心式，如柏林爱乐音乐厅（见图 3-23）。

图 3-23　柏林爱乐音乐厅

根据已有音乐厅的经验，音乐厅的音质设计大体上应当遵循以下原则：

(1)音乐厅具有较长的混响时间以保证厅内声场有足够的丰满度。音乐厅混响时间允许值为 1.5～2.8s，最佳值为 1.8～2.1s，最佳混响时间与音乐作品的体裁和风格有关。为此，必须有足够的每座容积，一般应在 6～12m^3 每座之间，同时厅内尽量少用或不用吸声材料。混响时间的频率特性曲线中高频基本保持平直，低频（125 与 250Hz）提升 10%～25%，最大可提升 45%。

(2)充分利用近次反射声,使之均匀分布于观众席,以保证大多数座位有足够的响度和亲切感,特别注意增加侧向反射,使厅内有良好的围绕感。音乐厅的规模最好控制在2000座以内,较小的厅堂,亲切度、响度都容易满足要求,并且容易争取到较多的早期反射声,和良好的空间感。

在古典的“鞋盒式”大厅,由于两侧墙是平行的,而且相距较近,天花板较高,因此来自侧墙的近次反射声丰富。而侧墙向两侧展开的厅,必须将其形状处理成能向厅的中部反射声音,或为此特别设置反射面。厅顶部的处理,除考虑向观众席反射外,还应有适当部分的反射声返回演奏席,以利演唱、演奏者的互相听闻。

(3)保证厅内具有良好的扩散。古典式大厅有丰富的装饰构件,可起扩散作用,新式大厅也应布置扩散体。

(4)无回声等声缺陷。楼座设计时,应使其下部的深度D不大于其开口高度H,以免造成声影区。

此外,音乐厅的允许噪声标准要高于其他厅堂,评价指数值在20以下。为此,音乐厅的选址应注意远离交通干道等噪声较高地区,内部要做好隔声,通风系统要有足够的消声处理。

3.3.2 剧院

剧院种类很多,归纳起来可分为三类,即西洋歌剧院、地方戏院和话剧院。

1.歌剧院

歌剧是以歌唱、音乐为主。歌剧院规模不宜太大,以2000座以内为宜,根据对世界上八大重要歌剧院的统计分析,歌剧院容积率可采用$5\sim6\text{m}^3$/座,体积控制在12000m^3以内。西方古典歌剧院大多为马蹄形平面,大厅周边设有多层包厢及柱廊。这种形式使观众与演员之间的距离缩短。大量柱廊、凸弧形包厢和各种浮雕装饰使大厅具有良好的声扩散,并且避免了弧形墙面的声聚焦(见图3-24)。由于这些特点,使大厅获得良好的音质。新式的歌舞剧院多采用钟形、扇形或多边形平面,并设有一层或多层楼座或跌落式包厢。歌剧院满场

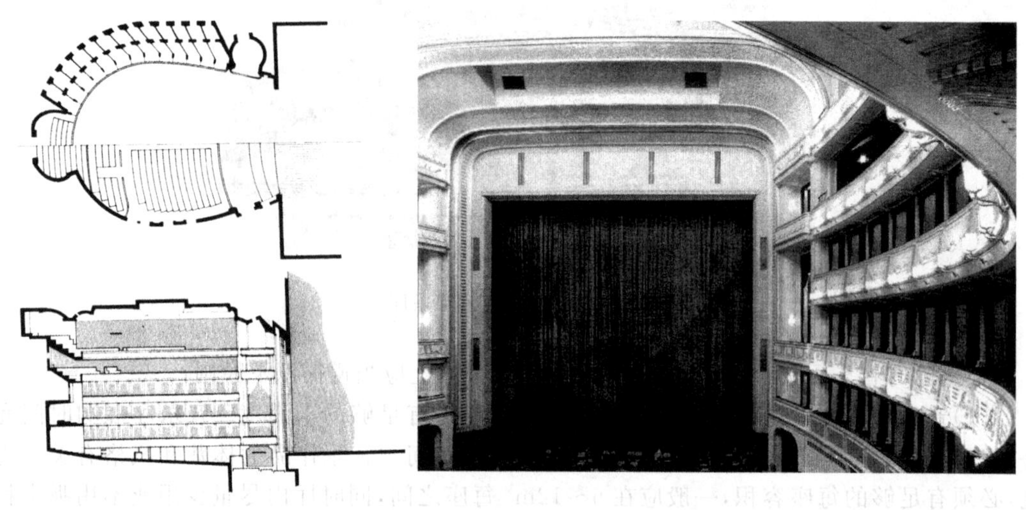

图3-24 奥地利维也纳国家歌剧院1955

混响时间可取 1.3～1.6s，每座容积可取 4.5～7.0m^3 左右，混响时间的频率特性曲线中高频基本保持平直，低频(125 与 250Hz)提升 10%～25%。允许噪声级采用 NR15 或 20。

歌剧院的特点之一是使用伴奏乐队，有时还有伴唱队。因此，乐池上方吊顶可做成带有弧度的反射面，将乐队的声音适当地反射到观众席。

歌剧院要做适当扩散。

2. 地方戏剧院

地方戏剧演出时，除了有演唱和伴奏之外还有对白，因此，地方戏剧院的容积和观众席面积均不大，通常在 1000 座左右，容积率可取 3～5m^3/座，体积控制在 5000～6000m^3。体型设计可取钟形、扇形或多边形等简单平面形状，并可设置楼座和包厢，以缩短后排观众席和舞台距离。混响时间不可过长，通常为 1.1～1.2s，混响时间频率特性曲线宜平直，或低频可有 20%的提升。允许噪声级采用 NR20 或 25。

3. 话剧院

话剧演出以对白为主，声功率小，故观众厅规模不宜过大，宜控制在 1250 座以内，最大容积不宜大于 6000m^3，每座容积常取 3.5～5m^3。话剧院有镜框舞台、伸出舞台、中心舞台几种，观众厅体型可取矩形、钟形、扇形、圆形等简单几何体型，并可设楼座、包厢。话剧院的混响时间以保证语言清晰度为主，通常为 1.0～1.2s，混响时间频率特性曲线宜平直，低频可提升 10%～20%。允许噪声级采用 NR20。

对伸出舞台和中心舞台，由于声源在观众厅内，两平行侧墙之间很容易产生颤动回声，需在侧墙做扩散或改变其倾角，使之把声音反射给观众席。

不论是什么剧院，体型上都应考虑近次反射声在观众席上的均匀分布，避免声缺陷。大厅尽量少用吸声材料，宜通过降低大厅每座容积来控制混响时间，以提高大厅内声压级。剧院一般有很大的舞台空间，使舞台空间混响时间过长，这对音质是不利的，可在舞台后墙或顶部布置吸声材料，使舞台空间的混响时间与观众厅基本相同。

剧场辅助用房声学要求宜符合表 3-5 的规定。

表 3-5　剧场辅助用房声学要求

<table>
<tr><th rowspan="3">房间名称</th><th colspan="6">声学特性</th></tr>
<tr><th colspan="3">房间要求</th><th rowspan="2">混响时间 T_{60}(s)</th><th colspan="2">噪声(dB)</th></tr>
<tr><th>净高(m)</th><th>每席(间)面积(m^2)</th><th>每席体积(m^3)</th><th>背景噪声(NR)</th><th>隔声(R_W)</th></tr>
<tr><td>声控室</td><td>净高≥2.8</td><td>10～12/间</td><td>—</td><td>0.4(平直)</td><td>≤30</td><td>≥40</td></tr>
<tr><td>排练厅</td><td></td><td>—</td><td>—</td><td>—</td><td>≤35</td><td rowspan="3">≥45</td></tr>
<tr><td>乐队排练厅</td><td>净高≥6.0</td><td>2.0～2.4/席</td><td>8～10</td><td>1.0～1.2</td><td>≤30</td></tr>
<tr><td>合唱排练厅</td><td></td><td>1.2～1.4/席</td><td>5～7</td><td>—</td><td>≤35</td></tr>
<tr><td>琴房、调音室</td><td>净高≥2.8</td><td>≥10/间</td><td>—</td><td>0.4(平直)</td><td>≤30</td><td>≥45</td></tr>
<tr><td>同声翻译室</td><td>—</td><td>5～6/间</td><td>—</td><td>—</td><td>≤35</td><td>≥45</td></tr>
</table>

3.3.3　多功能剧场音质设计

在我国，绝大多数厅堂都是多功能剧场。所谓多功能厅，就是既可以在其中上演歌剧、话剧，也可以演出音乐会，举办会议，甚至有的还可放映电影。在国外，多功能厅大体可分为以演出交响乐为主的多功能厅和以演出戏剧、芭蕾或举办会议为主的多功能厅。多功能厅最常见的体型是带镜框式台口舞台空间的剧场体型，在建筑声学上可考虑以下措施来尽可能地满足各种需求：

(1)多功能剧场在确定混响时间时，可采用折衷的办法，考虑满足其主要用途，同时兼顾其他。例如，对于以演出交响乐为主的多功能厅，其混响时间可定为1.8s左右；对于演出歌舞及综艺节目为主的多功能厅，混响时间可定为1.5s左右；对于以会议、电影为主的多功能厅的混响时间定为1.2s左右；对于主要用途不明确的多功能厅，混响时间可取折中值1.5s左右，以兼顾语言和音乐的要求。

(2)设计可变混响以适应不同使用要求，可变混响一般依靠下列两种措施。

可变吸声：在墙或顶设置可调吸声结构，使混响时间在某一范围内变化，图3-25为几种形式的可调吸声结构示意图。

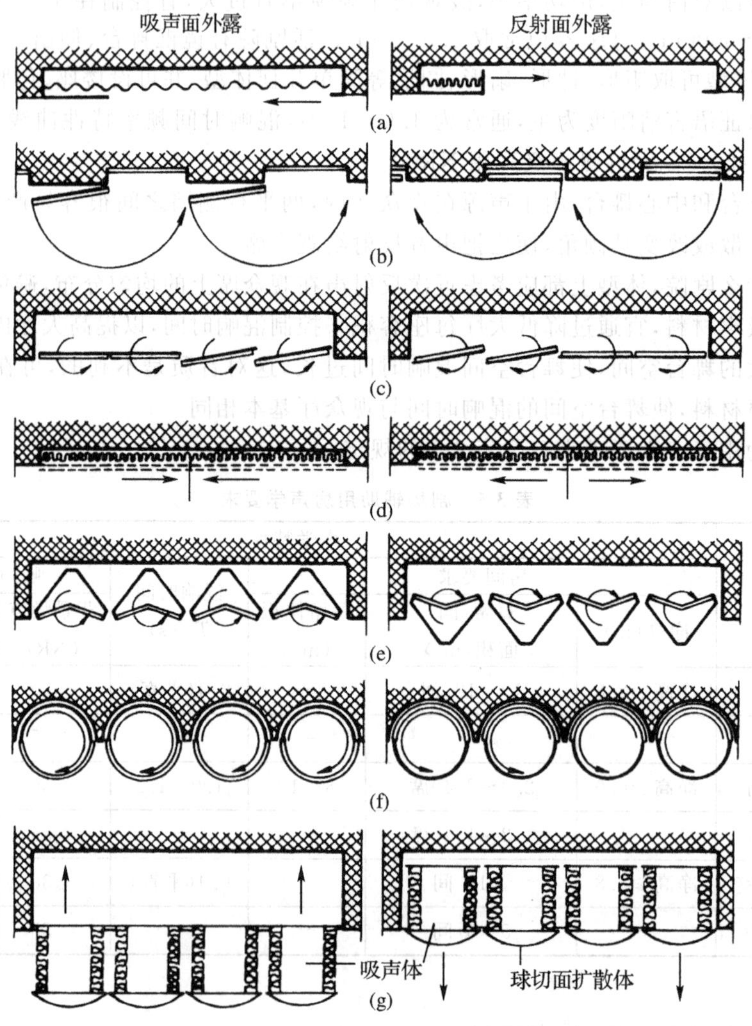

图3-25 几种形式的可调吸声结构示意

可变容积：例如设计可移动的墙板，既改变大厅地面面积和听众席的数量，也可对混响时间有所调整；此外，设计一部分可以开、闭的墙面或调节高度的顶棚，都可以改变大厅的容积，如图 3-26 所示。从音质要求考虑，采用显著改变大厅容积的方法最为合理，但是花费较大，因为需要解决复杂的建筑结构、构造问题，此外，还需特别注意使用中的安全问题。

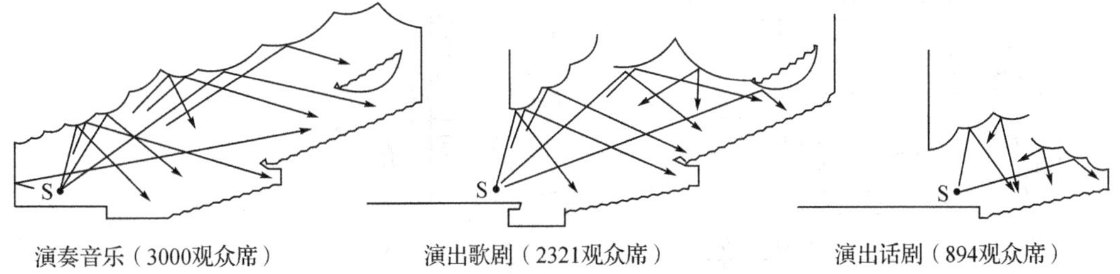

(a) 阿克伦大学托马斯艺术厅通过升降吊顶分隔空间的三种形式

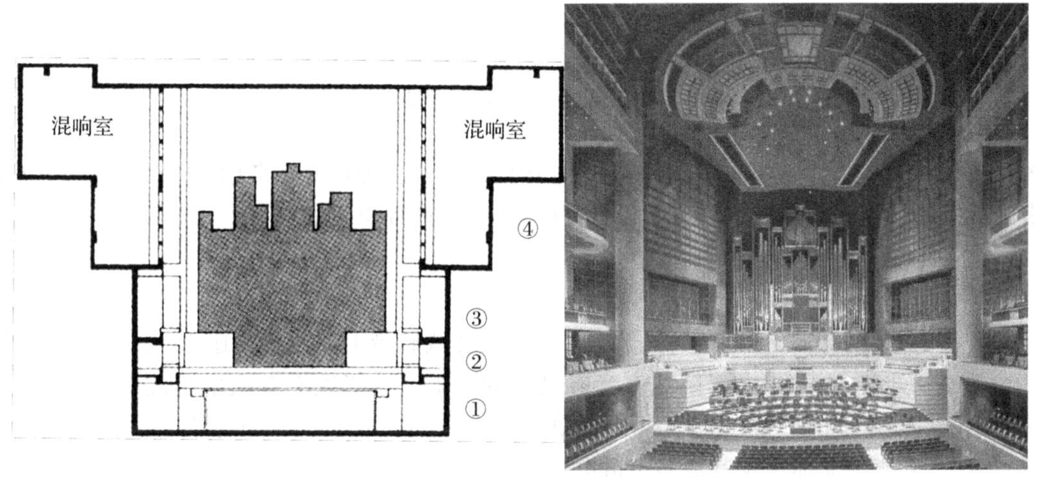

(b) 达拉斯梅耶森交响乐中心可变容积

图 3-26　可变容积

(3) 为满足音乐演出要求，在带有镜框式台口箱形舞台空间的多功能厅，须配置声反射罩，反射罩可增加大量早期反射声和投射至观众区的声能，并有利于乐手之间相互听闻。反射罩应有良好的反射性能，可用 20mm 厚铝蜂窝板、厚木板、玻璃钢实心厚板制作。舞台声反射罩可有多种形式，有封闭式（也称端室式）、分离式、简易折叠式等。分离式反射罩顶板可分块固定在舞台吊杆上，不用时收藏在舞台上空，侧板、后板可用移动式结构，见图 3-27。

对于中心式舞台、伸出式舞台等环绕式多功能厅，需设置浮云式舞台反射板，来提供早期反射声。见图 3-23 柏林爱乐音乐厅。

多功能剧场一般安装电声系统。这时，除容积不受响度要求限制外，自然声演出所需的建声条件对用电声演出同样适用。

由于多功能剧场往往为兼顾多种用途，导致哪一种功能都不是很好，因此，常常有人称

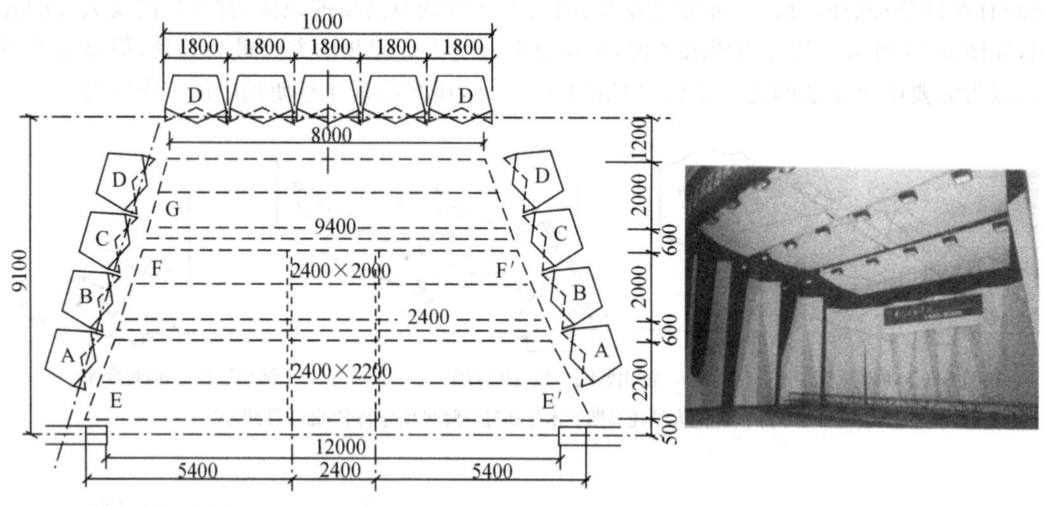

图 3-27 舞台声反射罩

多功能剧场为没功能剧场。但是,如果在剧场设计之初就加以充分考虑,并采取必要的技术措施,主动去适应各种用途,就可获得良好的效果,国内外也不乏其例。

3.3.4 电影院

与音乐厅、剧场等不同,电影院是把录制在胶片或磁带上的声信号还原。由于录音信号已经过加工处理,不需要电影院对声音有过多的影响。电影院有普通电影院、立体声电影院、环幕电影院等几种。根据声音还原时的独立声道数,电影院可分为单声道、杜比(Dolby)4 声道、6 声道立体声及其他多声道电影院。

一般建议电影院每座容积为 3.5～5.5m^3。专业立体声电影院不宜设楼座,以使电影录音在观众厅内还原成一个完整的声平面。电影院观众厅长度不宜过长,太长会造成后排观众席听到的声音与看到的图像不同步。因此,一般要求银幕至最后排观众席的距离不超过 36m,最大也不应超过 40m。目前,专业立体声影院为了有更好的视听条件,总是尽可能用较大的银幕,这样,观众厅前区有较大区域不能布置观众席。同时,观众厅长度又有限制。因此,电影院容座规模就不会很大。电影院观众厅平面可为长方形或斜角极小的扇形。

电影院要求短混响和平直的混响时间频率特性。普通电影院混响时间以 1s 左右为宜,立体声银幕电影院混响时间以 0.8s 左右为宜。

为使主扬声器有良好的声像定位能力及避免舞台反射声干扰,舞台顶、后墙应做成全频域强吸声结构。为防止环境扬声器在两侧墙之间形成颤动回声,侧墙应做扩散或吸声处理。电影院中由扬声器发出的直达声已足够大,无需争取反射声来提高响度。吸声材料的用量以满足混响时间为宜,吸声过量,会使音质偏“干”。

电影院放映室和观众厅之间应有良好的隔声。放映室应做吸声和基座减振处理,放映孔应做双层光学玻璃。

3.3.5　体育馆、体育场

体育馆有综合馆和专业馆之分。综合馆除体育比赛和训练外，还可用于大型文艺演出、举行会议、时装表演、放映电影及举办杂技、马戏演出等。这里主要介绍声学要求相对较高的综合馆的音质设计，其设计原则和方法也适用于专业馆。

体育馆容积较大，必须使用电声系统，自然声演出的可能性很小。因此，声学设计中主要考虑用电声系统的演出方式。体育馆建声设计的主要任务是控制大厅的混响时间，使厅堂具有良好的清晰度，和防止可能出现的音质缺陷，并由电声系统来保证厅内具有足够的声压级。

综合体育馆比赛大厅满场 500～1000Hz 混响时间及各频率混响时间相对于 500～1000Hz 混响时间的比值宜采用表 3-6、表 3-7 规定的指标。游泳馆比赛厅满场 500～1000Hz 混响时间及各频率混响时间相对于 500～1000Hz 混响时间的比值宜采用表 3-7 和表 3-8 规定的指标。有花样滑冰表演功能的溜冰馆，其比赛厅混响时间可按容积大于 8000m³ 的综合体育馆比赛大厅的混响时间设计。冰球馆、速滑馆、网球馆、田径馆等专项体育馆比赛厅的混响时间可按游泳馆比赛厅混响时间设计。

表 3-6

综合体育馆等级	体育馆按等级在不同容积下的混响时间		
	<40000	40000～80000	>80000
特级、甲级	1.30	1.40	1.70
乙级	1.40	1.50	1.90
丙级	1.50	1.70	2.10

表 3-7

频率(Hz)	125	250	2000	4000
比值	1.0～1.2	1.0～1.1	0.9～1.0	0.8～0.9

表 3-8

游泳等级	游泳馆按等级在不同容积下的混响时间	
	≤25	>25
特级、甲级	<2.0	<2.5
乙级、丙级	<2.5	<3.0

从声学角度考虑，体育馆上部宜满做吊顶，这样可压缩容积，还可在吊顶上布置吸声材料，同时由于吊顶上部的空腔作用，往往可在全频域获得较大吸声效果，以便达到合乎理想的混响时间值。而目前具有网架结构的体育馆，出于造型和经济等方面的考虑，常常采用暴露结构的形式，通常的解决办法是在网架空间内悬吊空间吸声体以增加大厅吸声量。大厅的山墙或其他大面积墙面应做吸声处理，大厅四周的玻璃窗应设有吸声效果的窗帘，场地周围的矮墙、看台栏板宜设置吸声构造，或控制倾斜角度和造型。在计算体育馆满场混响时间时，由于坐满观众的场次不多，建议观众吸声量按总数的 2/3 计算，或按实际使用中观众较少的一种用途计算。

主席台及裁判席附近的墙面宜做吸声处理，以便减少进入话筒的反射声，有利于提高扩声系统的传声增益。

游泳馆内湿度较大，应选用防潮、防水的吸声材料，如微穿孔板等。

3.3.6 演播室及录音室

1. 语言录音室

录播室一般供1～2人使用，宜有16～25m^2面积和50～60m^3的容积。设计不当很容易产生低频共振频率的“简并”。为此，房间长、宽、高应避免彼此相等或成整数比。表3-9给出了录播室三维尺寸的推荐比例。录播室也可采用不规则形，但不得出现凹面墙、穹形顶。

表3-9 矩形录播室的推荐比例

录播室	高	宽	长	录播室	高	宽	长
小录播室	1	1.25	1.60	低顶棚录播室	1	2.5	3.20
一般录播室	1	1.6	2.50	细长型录播室	1	1.25	3.20

混响时间宜为0.3～0.4s，频率特性保持平直。录播室吸声材料的布置应符合“分散、均匀”的原则。录播室内不应出现大面积平行相对的声反射面，以避免出现颤动回声等音质缺陷。

2. 音乐录音室

音乐录音室基本可分为两种，一种是自然混响录音室，另一种是强吸声多声道录音室。

自然混响录音室的混响时间，可根据容积取1.2～1.6s，混响时间频率特性宜平直，并要求有良好的声扩散，适用于录制交响乐和室内乐。自然混响录音室应有足够的容积，以利于声音的平衡和融合以及低频声良好的扩散。对于50～80人的乐队，录音师的容积不以小于3500m^3；对于10左右的小型乐队，容积宜为2000m^3左右，见图3-28。

强吸声多声道录音是将各乐器和乐器组布置在相互隔离的空间内，分声道录音，然后根据需要对各声道进行加工后合成。强吸声多声道录音室要求短的混响时间，隔离小室的混响时间控制在0.3s左右，小室为防止共振，严格控制比例，通常采用不规则形，小室之间应有一定的隔声量。强吸声录音室多与自然混响录音室结合布置，如图3-29所示。

录音室要求非常低的背景噪声，因此在噪声控制方面应特别注意，一般做成“房中房”隔声、隔振结构。录播室的出入口做声闸，进出录播室的管线都需进行隔振处理。

3. 演播室

演播室的用途是制作电视和录像节目。一般录音和录像同时进行，故也有一定的声学要求。大的演播室如中央电视台大演播室面积达1000m^2。录制新闻、教育节目的演播室面积一般只有几十平方米。根据容积混响时间控制在0.6～1.0s，频率特性宜平直，低频允许10％～15％的提升。一般演播室的顶棚及四壁应做吸声处理。演播室中由于演员、观众和道具的移动变换，吸声量变化很大，故混响时间较难控制，可考虑设计一些可变吸声结构。由于演播室内布置有大量灯光，故要求采用非燃性吸声材料，如中央电视台大演播室墙面就采用吸声陶粒砖。

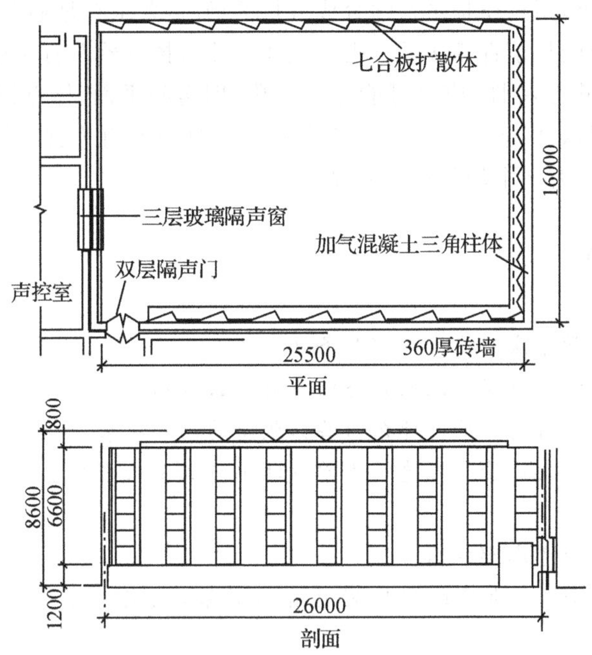

图3-28 自然混响录音室(北京电影制片厂自然混响录音棚)

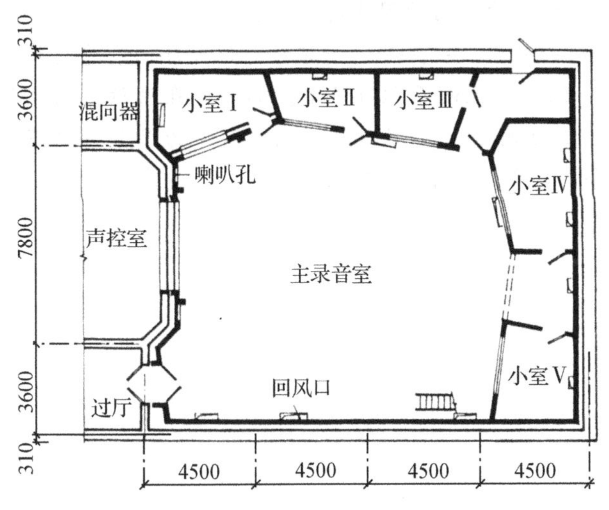

(a) 主录音室为自然混响录音室,小室为强吸声录音室(北京百花音响有限公司音乐录音室)

(b) 在自然混响录音室内通过活动声屏障形成活动强吸声录音室(中国农业电影制片厂音乐录音室)

图3-29 强吸声多通道录音室

4. 录播室、演播室都带有控制室

录音室、演播室都有控制室与之相连。录音师通过观察窗观察录音室内的活动,通过控制室内的监听扬声器监听录音室的声音。控制室也应有良好的音质,以便录音师做出正确的判断。自然混响录音棚的控制室的混响时间一般取0.3～0.4s。强吸声多声道录音室的控制室，不仅用来监听，而且还是录音师合成节目的场所，要求有足够大的容积，以便室内早期反射声的延时尽可能与录音棚接近。由于立体声监听扬声器左右对称布置在录音师的前方，因此控制室内的声学特性，应尽可能左右对称，即房间平面、体型以及声学装修左右对称。室内混响时间可取 0.25～0.4s，混响时间频率特性以平直为宜。控制室的后部宜做扩散处理，使录音师背后有一个均匀扩散的混响声场。

复习思考题

1. 在应用几何声学方法时应注意哪些条件？

2. 什么是混响？混响时间？混响声与回声有什么区别？

3. 房间共振对音质有何影响？什么叫共振频率的简并现象，如何避免？

4. 室内音质优劣如何评价？在建筑声学设计中应侧重从哪些方面去保证室内达到良好音质？

5. 确定房间容积应考虑哪些因素？

6. 在室内声学设计中，为了达到良好的音质效果，确定大厅的体型是应当考虑哪些因素？

7. 观众听体型处理不当会产生哪些音质缺陷？如何消除？

8. 如何确定房间的最佳混响时间？影响混响时间的因素有哪些？

9. 一座尺寸为 38m × 25m× 8m(高)的大厅，共有 1200 个席位。该大厅的装修材料都是硬表面，平均吸声系数为 0.05。每个席位占有地面面积 $0.6m^2$。如果坐在席位上的每位听众吸声量为 $0.4m^2$，每一空席位的吸声量为 $0.28m^2$。计算在听众上座率为 2/3 情况下的混响时间？并依计算结果，判断在此种条件下是否适合语言听闻？

第4章　噪声控制

学习目标：基本了解噪声的危害，噪声评价方法和指标。基本掌握环境噪声的控制，建筑中的吸声减噪设计步骤和处理方法，建筑隔振与消声等方法措施。掌握环境噪声控制原则和步骤，尤其是居住区的噪声控制。

4.1　噪声的危害

人类的生活不能没有声音，一个人在绝对无声的环境中呆3～4小时就会失去理智，但过强的噪声又会对人们的正常生活和身体健康造成严重影响和危害。人类社会工业革命后科技发展，使得噪声的发生范围越来越广，发生频率也越来越高，越来越多的地区暴露于严重的噪声污染之中，噪声正日益成为环境污染的一大公害。因此，必须对噪声加以适当的控制。

噪声的危害主要表现在它对环境和人体健康方面的影响。

1. 噪声损伤听觉

人短期处于噪声环境时，即使离开噪声环境，也会造成短期的听力下降，但当回到安静环境时，经过较短的时间即可以恢复。如果长时间无防护地在较强的噪声环境中工作，在离开噪声环境后听觉敏感性的恢复就会延长，经数小时或十几小时，听力可以恢复。这种可以恢复听力的损失称为“暂时性听阈偏移”，也称“听觉疲劳”。随着听觉疲劳的加重，会造成听觉机能恢复不全。如果长期接触噪声并没有任何防护措施的话，就容易发生“永久性听觉位移”。在永久性听觉位移的基础上又会进一步发展成为“噪声聋”，噪声聋的特点是双耳对称性发生，且主要表现在高频范围，一般是在4000Hz附近首先引起听力降低。

一般情况下，85dB以下的噪声不至于危害听觉，而85dB以上则可能发生危险。统计表明，长期工作在90dB以上的噪声环境中，耳聋发病率明显增加。当人耳突然受到140～150dB(A)以上的强烈噪声作用时，人耳会受到急性外伤，导致暴震性耳聋。

2. 噪声对睡眠的干扰

人类有近1/3的时间是在睡眠中度过的。睡眠是人类消除疲劳、恢复体力、维持健康的一个重要条件。但环境噪声会使人不能安眠或被惊醒，在这方面，老人和病人对噪声干扰更为敏感。当睡眠被干扰后，工作效率和健康都会受到影响。研究结果表明：连续噪声可以加快熟睡到轻睡的回转，使人多梦，并使熟睡的时间缩短；突然的噪声可以使人惊醒。一般来说，40dB连续噪声可使10%的人受到影响；70dB可影响50%；而突发噪声在40dB时，可使

10%的人惊醒，到60dB时，可使70%的人惊醒。长期干扰睡眠会造成失眠、疲劳无力、记忆力衰退，以至产生神经衰弱症候群等。在高噪声环境里，这种病的发病率可达50%～60%以上。

3. 噪声对语言交流的干扰

噪声对语言交流的影响，来自噪声对听力的影响。这种影响，轻则降低交流效率，重则损伤人们的语言听力。研究表明，30dB以下属于非常安静的环境，如播音室、医院等应该满足这个条件。40dB是正常的环境，如一般办公室应保持这种水平。50～60dB则属于较吵的环境，此时脑力劳动受到影响，谈话也受到干扰。当打电话时，周围噪声达65dB则对话有困难；在80dB时，则听不清楚。在噪声达80～90dB时，距离约0.15m也得提高嗓门才能进行对话。如果噪声分贝数再高，实际上不可能进行对话。

4. 噪声可引起多种疾病

噪声除了损伤听力以外，还会引起其他人身损害。

噪声可以引起心绪不宁、心情紧张、心跳加快和血压增高，我国对城市噪声与居民健康的调查表明：地区的噪声每上升1dB，高血压发病率就增加3%。噪声还会使人的唾液、胃液分泌减少，胃酸降低，从而易患胃溃疡和十二指肠溃疡。一些工业噪声调查结果指出，劳动在高噪声条件下的炼钢工人和机械车间工人比安静条件下人的循环系统发病率高。不少人认为，生活中的噪声是造成心脏病的原因之一。

长期在噪声环境下工作，对神经功能也会造成障碍。实验室条件下人体实验证明，在噪声影响下，人脑电波可发生变化。噪声可引起大脑皮层兴奋和抑制的不平衡，从而导致条件反射的异常。有的患者会引起顽固性头痛、神经衰弱和脑神经机能不全等，症状表现与接触的噪声强度有很大关系。例如，当噪声在80～85dB时，往往很易激动、感觉疲劳、头痛；95～120dB时，作业人员常前头部钝性痛，并伴有易激动、睡眠失调、头晕、记忆力减退；噪声强到140～150dB时，不但会引起耳病，而且发生恐惧和全身神经系统紧张性增高。

噪声影响最大的莫过于儿童。噪声是影响儿童智力发育和身体发育的大敌，噪声的恶性刺激，会使儿童出现神经衰弱症状，以及消化道症状。有临床医学资料统计，儿童若在80dB以上噪声环境中生活，造成聋哑者的几率惊人；在吵闹环境中生活的儿童，智力发展要比在安静环境中低20%以上。

4.2 噪声评价

噪声评价是指在不同条件下，采用适当的评价量和合适的评价方法，对噪声的干扰与危害进行评价。

4.2.1 噪声评价量

前面已经介绍总声压级、A计权声级、响度级等声音的基本量度，这里介绍的是以上述量度为基础的描述噪声暴露的几个评价量。

1. 等效连续A声级 L_{eq}

计权声级能够较好地反映人耳对噪声的强度与频率的主观感觉，因此对一个连续的稳态噪声，它是一种较好的评价方法，但对一个起伏的或不连续的噪声，A计权声级就明显不合适。例如，交通噪声随车流量和种类而变化；又如，一台机器工作时其声级是稳定的，但由于它是间歇地工作，与另一台声级相同但连续工作的机器对人的影响就不一样。因此，人们提出了等效连续 A 声级的概念。

在某规定时间内 A 声级的能量平均值，又称等效连续 A 声级，用 L_{eq} 表示，单位为 dB。按此定义 L_{eq} 为

$$L_{eq} = 10\lg(\sum^{n} 10^{0.1L_{Ai}}) - 10\lg n \tag{4-1}$$

式中：L_{eq}——在 T 段时间内的等效连续 A 声级，dB；

L_{Ai}——t 时刻的瞬时 A 声级，dB；

T——连续取样的总时间，min。

等效连续声级反映在声级不稳定的情况下，人实际所接受的噪声能量的大小。它是一个用来表达随时间变化的噪声的等效量。

例如，在一小时内，每 5 分种 A 声级有变化，如下：

时间	1	2	3	4	5	6	7	8	9	10	11	12
A 声级(dB)	80	83	90	86	92	81	66	86	94	95	92	88

则这一小时的 L_{eq} 为：

$L_{eq}=10\lg(10^{8}+10^{8.3}+10^{9}+10^{8.6}+10^{9.2}+10^{8.1}+10^{6.6}+10^{8.6}+10^{9.4}+10^{9.5}+10^{9.2}+10^{8.8}-10\lg 12=100-10.8=89.2(\text{dB})$

2. 统计百分数声级 L_n（也称累积分布声级）

等效连续声级 L_{eq} 只能表示噪声的平均情况，有时为了了解不同声级在时间上出现的概率分布，人们提出了累积分布声级的概念。累积分布声级是综合能量平均值和变动特性（用标准偏差表示）两者的影响而给出的对噪声（主要是交通噪声）的评价数值，以分贝为单位。一般以 L_1、L_5、L_{10}、L_{50}、L_{90} 为累计分布值。

L_n 表示在有百分之 n 的时间上出现了 A 声级大于 L_n 值的情况。其中 L_1 是测量时间内，1%的时间超过的噪声级；L_5 是测量时间内，5%的时间超过的噪声级，L_{10} 是测量时间内，10%的时间超过的噪声级，相当于噪声的平均峰值；L_{50} 是测量时间内，50%的时间超过的噪声级，相当于噪声的平均值；L_{90} 是测量时间内，90%的时间超过的噪声级，相当于噪声的背景值。

对于偶发性噪声，如交通噪声，常使用统计百分数声级，分别统计出 L_1、L_5、L_{10}、L_{50}、L_{90}，以详细了解噪声情况。例如，如果出现 $L_1=90$dB、$L_5=40$dB、$L_{10}=35$dB，$L_{90}=33$dB，则说明大部分时间噪声水平不高，只偶尔出现高声级噪声（如深夜在马路上偶尔出现卡车的情况）。

累积百分声级的计算方法有两种：其一是在正态概率纸上画出累积分布曲线，然后从图中求得；另一种简便方法是将测定的一组数据（例如 200 个），从大到小排列，第 2 个数据即为 L_1，第 10 个数据即为 L_5，第 20 个数据即为 L_{10}，第 100 个数据即为 L_{50}，第 180 个数据即为 L_{90}。

如果数据符合正态分布，其累积分布在正态概率纸上为一直线，则其等效连续 A 声级可用下面的方法近似计算：

$$L_{Aeq} \approx L_{50} + \frac{d^2}{60} \tag{4-2}$$

其中 $d = L_{10} - L_{90}$。

3. 昼夜等效声级 L_{dn}

一般噪声在晚上比白天更容易引起人们的烦恼。研究结果指出，夜间噪声的干扰比白天大 10dB。将夜间噪声进行增加 10dB 加权处理，再用能量平均的方法计算出的 24 小时 A 声级的平均值，称为昼夜等效声级。

$$L_{dn} = 10\lg\left[\frac{1}{24}(15 \times 10^{L_d/10} + 9 \times 10^{(L_n+10)/10})\right] \tag{4-3}$$

式中：L_d——为白天(07:00～22:00)的等效声级；

L_n——为夜间(22:00～07:00)的等效声级。

昼夜等效声级自使用以来，获得了较大的成功。1978 年美国 T. J. 舒尔茨总结了各国 11 项噪声调查结果，发现高烦恼人数的百分率同昼夜等效声级有很好的相关性。会话干扰、睡眠干扰以及广播电视收听干扰等效应与昼夜声级之间也有依赖关系。

4. NR 噪声评价曲线

NR 曲线是 ISO 在 1959 年曾经推荐过的室内噪声评价曲线，是评价噪声对会话的干扰、噪声的烦恼度以及听力保护的综合指标，国际标准化组织建议用于评价公众对户外噪声的反应，也是我国使用较多的评价曲线。

在一些对安静要求较高的环境里，如剧场、录音室、演播室，不但需要考虑噪声的声级，同时要考虑噪声的频率特性。通过 NR 噪声评价曲线(图 4-1)，每条曲线用一个 NR 值表示，噪声各个频率值都不超过的最低的曲线作为噪声评价的 NR 值。

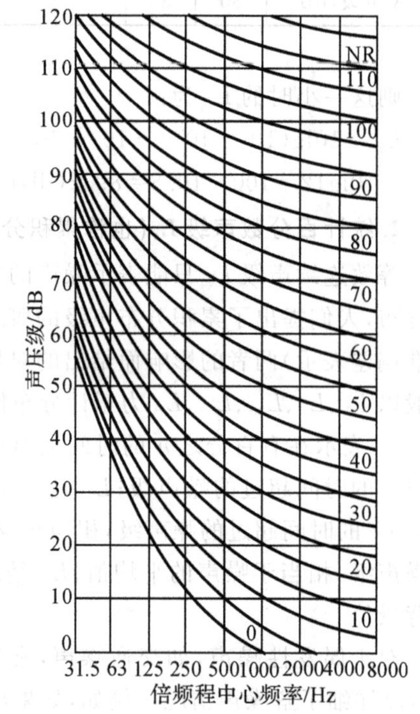

图 4-1　NR 噪声评价曲线

噪声评价曲线(NR 线)的噪声级范围是 0～130dB，频率范围是 31.5～8000Hz 九个倍频带。倍频带声压级 L_A 是对于每一条曲线各中心频率 1000Hz 的声压级数值。倍频带声压级 L_A 与噪声评价数 NR 的关系如下：

$$L_A = NR + 5dB \tag{4-4}$$

5. 语言干扰级 SIL

对面交谈时，当语言声压级在 65dB 时，即可有很好的清晰度，语言清晰度以听懂的百分数(可懂度)表示。谈话时如有噪声存在，根据噪声声级的大小，语言清晰度可能受到不同程度的干扰。当噪声声级低于语言声级很多时(10dB 以上)，则语言清晰度不受影响；当噪声声级接近语言声级时，语言清晰度严重受影响；当噪声声级高于语言声级时，则几乎全听不清讲话。

语言干扰级是评价噪声对语言干扰的单值量，以中频率为 500、1000、2000 和 4000Hz 这 4 个倍频带噪声声压级的算术平均值作为语言干扰级。通过图 4-2 可以了解噪声大小对语言干扰的程度。这关系到工作的安全和效率。语言受干扰除与噪声强度有关外，也与谈话双方之间的距离远近有关，语言干扰级只反映人们所处环境的噪声背景。

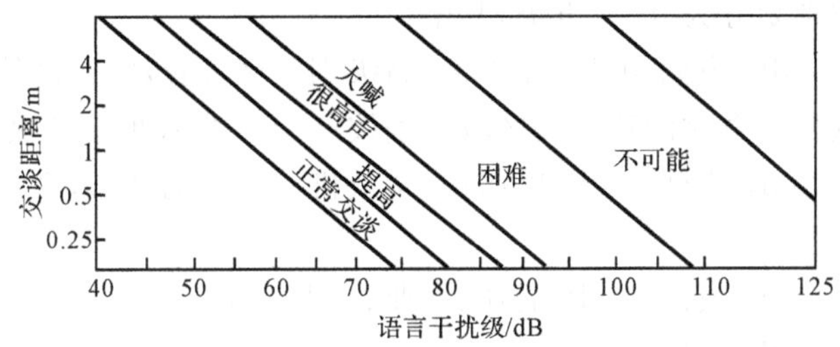

图 4-2　不同语言干扰级下的通话效能

4.2.2　环境噪声标准

城市环境噪声不但影响人的身心健康，也干扰人们的工作、学习和休息，使正常的工作、生活环境受到破坏。噪声对人的影响不但与噪声的物理特征（如声强、频率、噪声持续时间等）有关，还与噪声暴露时间、个体差异等因素有关。因此对环境噪声加以控制是一个复杂问题，既要考虑听力保护，对人体建康的影响，以及人们对噪声的烦恼，又要考虑目前的经济技术条件。为此，要对不同场所和不同时间的噪声暴露加以限制，这一限制值就是噪声标准。噪声标准是指在不同情况下所容许的最高噪声声压级。

噪声标准的制订是在大量实验基础上进行统计分析的。考虑到标准应体现出的科学性、先进性和现实性，在制订标准时，要尽可能对不同的场所和时间分别加以限制。各国的环境噪声标准并不完全相同，同一国家也因各地区情况不同而有差别。标准的方式有按地区性质，如工业区、商业区、住宅区等分类制定允许声级；有的根据房间用途规定容许声级，并对不同时间如白天和夜间、夏天和冬天，以及不同的噪声特性进行修正。

对于噪声的评价，除了评价量这个因素外，还需要有作为评价基础的标准，通过噪声标准可以对噪声进行行政管理，并在技术上为控制噪声污染提供依据。我国和其他各国相继颁布了一系列噪声标准，这些标准可概括为三类：第一类是环境噪声标准；第二类保护职工身体健康（主要是保护听力）的劳动卫生标准；第三类是声源噪声控制标准。

我国提出的环境噪声允许范围见表 4-1。

表 4-1　我国环境噪声允许范围（单位：dB）

人的活动	最高值	理想值
体力劳动（保护听力）	90	70
脑力劳动（保证语言清晰度）	60	40
睡眠	50	30

依据环境基本噪声，参考 ISO（国际标准组织）推荐的基数及不同情况下对基数的修正值和我国具体情况制订了各类噪声标准。1979 年我国颁布了《工业企业噪声卫生标准（试行）》，这是首次对工业噪声的控制所作出的具体规定。

1982 年，我国发布了《城市区域环境噪声标准》，这是我国在环境噪声污染防治方面颁布的第一个综合性环境噪声标准。1993 年，我国国家环保局又对该标准进行了修订，在 GB3096－93 中规定城市类区域的环境噪声最高限值（见表 4-2）。《城市区域环境噪声标准》将城市区域的类别划分为 0～4 五类，其中：

0 类标准（昼间 50dB，夜间 40dB）疗养区、高级别墅区、高级宾馆区等特别需要安静的区域，并且规定位于城郊和乡村的这一类区域分别按严于 0 类标准 5dB 执行。

1 类标准（昼间 55dB，夜间 45dB）以居住、文教机关为主的区域，乡村居住环境可参照该类标准执行。

2 类标准（昼间 60dB，夜间 50dB）居住、商业、工业混杂区。

3 类标准（昼间 65dB，夜间 55dB）工业区。

4 类标准（昼间 70dB，夜间 55dB）城市中的道路交通干线道路两侧区域，穿越城区的内河航道两侧区域。穿越城区的铁路主、次干道两侧区域的背景噪声（指不通过列车时的噪声水平）限值也执行该类标准。另外，夜间突发的噪声，其最大值不超过标准值 15dB。

表 4-2 是我国颁布的《城市区域环境噪声标准》中规定的城市五类区域的户外环境噪声标准，测点选在户外距离建筑物外墙 1m 处，传声器离开地面 1.2m。很明显，户外环境噪声影响到室内环境噪声级。表 4-3 是我国颁布的工业企业噪声卫生标准，括号内为现有企业放宽标准。

表 4-2 城市各类区域环境噪声标准值

适用区域	昼间/dBA	夜间/dBA
0	50	40
1	55	45
2	60	50
3	65	55
4	70	55

表 4-3 工业企业噪声卫生标准（试行）

每个工作日接触噪声时间（小时）	允许噪声/（dB）
8	85(90)
4	88(93)
2	91(96)
1	94(99)
	最高不得超过 115dB

通过建筑物围护结构（墙、楼板等）的隔声减噪作用，可以有效地改善室内声环境质量，从而争取达到室内环境噪声标准。我国颁布的《民用建筑隔声设计规范》中规定，按建筑物实际使用要求，将隔声减噪标准分为特级、一级、二级、三级四个等级。其中除旅馆有特级标准外，其他对住宅、学校、医院建筑，都只分为三个等级：一级为较高标准，二级为一般标准，三级为最低限值。表 4-4、表 4-5、表 4-6 和表 4-7 分别是部分民用建筑室内允许噪声级、住宅建筑的室内允许噪声级、空气声隔声标准和撞击声隔声标准，在进行围护结构进行设计时，应选用满足此标准的围护结构。

表 4-4　部分民用建筑室内允许噪声级

类别	NR 评价数	A 声级(dB)	类别	NR 评价数	A 声级(dB)
播音、录音室	15	25	住宅	30	40
音乐厅	20	30	旅馆客房	30	40
电影院	25	35	办公室	35	45
教室	25	35	体育馆	35	45
医院病房	25	35	大办公室	40	50
图书馆	30	40	餐厅	40	50

表 4-5　室内允许噪声级

房间名称	允许噪声级(dB)		
	一级	二级	三级
卧室、书房(或卧室兼起居室)	≤40	≤45	≤50
起居室	≤45	≤50	

表 4-6　空气声隔声标准

围护结构部位	计权隔声量(dB)		
	一级	二级	三级
分户墙及楼板	≥50	≥45	≥40

表 4-7　撞击声隔声标准

楼板部位	计权标准化撞击声压级(dB)		
	一级	二级	三级
分户层间楼板	≤65	≤75	≤75

4.3　环境噪声的控制

噪声是一种物理性污染，它与化学性、生物性污染不同的地方在于，环境噪声的污染的特点是局部性、区域性的和无后效性。即当污染源停止运转后，污染也就立即消失。所以噪声虽是“隐形杀手”，只要人们在噪声源、噪声传播过程以及个人防护技术上加以恰当的控制，就能够使噪声远离我们的生活。

4.3.1　控制原则和步骤

噪声自声源发出后，经过中间环境的传播，扩散到达接受者，因此解决噪声污染问题就必须从噪声源、传播途径和接受者三方面分别采取在经济上、技术上和要求上合理的措施。图 4-3 所示说明噪声系统控制措施所涉及内容和需要解决的问题。

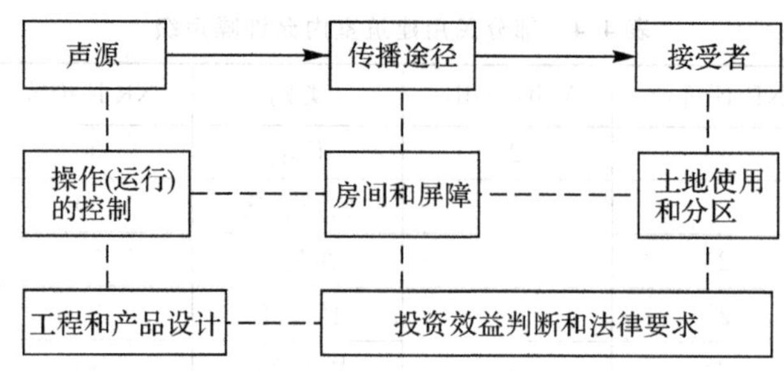

图 4-3 噪声系统及其控制的分析比较

1. 噪声控制原则

在条件允许的情况下，在声源处降低噪声是最根本、最直接、最有效的措施。例如降低车辆本身的噪声，在工业上采用低噪声的机器设备和生产工艺（如用焊接代替铆接、液压代替锤打）等。其次可以在噪声传播的途径中采取各种措施进行综合处理。这些措施包括：①合理的总体布局和建筑平、剖面设计，可降低噪声 10～40dB。②吸声减噪处理，可降低噪声 8～10dB；③建筑构件的隔声处理，可降低噪声 10～60dB；④通风设备的消声处理，可降低噪声 10～50dB。后面将阐述这些处理措施的具体内容。在噪声特别高而上述各种措施又不能有效处理时，就需要对工作人员采取一定的保护措施，如使用耳塞、佩戴耳罩、头盔等，并限制工作人员接触高分贝噪声的工作时间。

对声源的操作进行限制，对传播途径只能从规划、建筑设计上考虑；对于接受者则可以从合理的声学分区或采取其他措施保护。必须指出的是，噪声的控制并不等于噪声降低。例如，在某些情况下，通风或空调系统产生的较为稳定而又使人易于接受的背景噪声，可以掩蔽打字机、电话或过高的谈话声等不希望听到的办公室噪声。有时还需增加噪声如播放适当强度的背景音乐，以掩蔽大堂、餐厅里那些干扰人们宁静气氛的噪声；并可用电子声掩蔽系统产生的背景噪声来掩蔽不受欢迎的噪声。近年来，开放式教室、开放式办公室非常普遍，在某些大面积的空间里，可以满足几十人甚至几百人同时学习或办公。在不同班级或不同科室之间，用可以移动的屏障或隔断隔开。为了不互相干扰，可以将这样的空间保持在一个 50～60dB 的均匀噪声场，以掩蔽临近区域传来的声音。

图 4-4 为一间面积为 590m^2 的可以同时容纳 47 人的办公室平面图，办公室被布置为一个相对独立、通信快捷的一个空间。从图中可以看出，噪声级在 51～57dB 之间，最大差值仅为 6dB，噪声水平相当均匀，经理与会计、打字、复印等互不干扰，大大提高了工作效率。

2. 噪声控制的步骤

确定噪声控制方案的步骤如下：首先，调查噪声现状，以确定噪声的声压级；同时了解噪声产生的原因及周围的环境情况。其次，根据噪声现状和有关的噪声允许标准，确定各频带所需降低的噪声声压级数值。第三，根据需要和可能，并考虑方案的合理性和经济性，采取综合的控制方案。从城市规划、总体布局、建筑设计到吸声减噪、消声、构件隔声、隔振等方面对噪声进行综合控制。

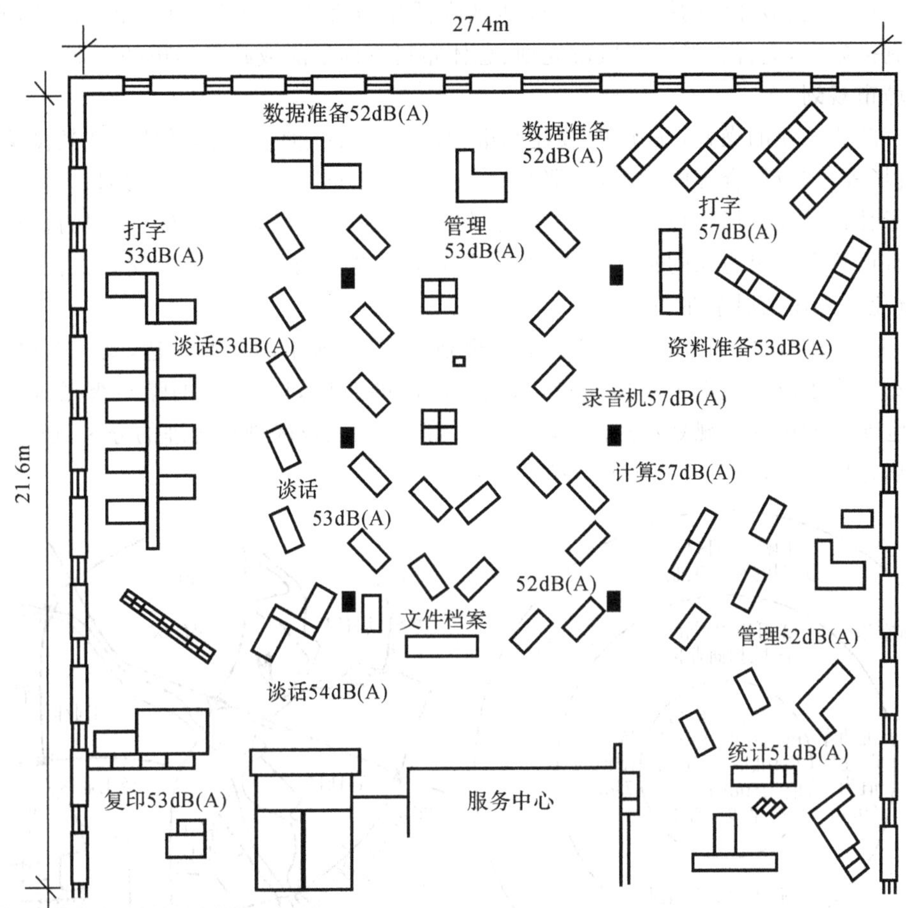

图 4-4　开放式办公室平面布置图

4.3.2　城市噪声控制

城市是人类高度文明的产物，是近代文明的象征，一个国家城市化水平的高低已成为其现代化水平的一个重要标志。我国近年来高速的经济发展促使了城市化的进程，预计 2020 年中国城镇人口将达到 5.72 亿。近年来，随着我国工农业、交通运输业的迅速发展，噪声污染日趋严重。噪声污染同空气污染、水污染一起，被公认为当今世界的三大公害。居民经常处于强噪声的干扰中。近年来人们对所处居住的声环境日益重视。因此，我国目前城市环境噪声控制的特点正在发生着以下四个方面的变化：一是由单纯的工业噪声控制向民用领域（如建筑施工噪声等）转移，二是由固定噪声源治理向流动噪声源治理转移，三是由大环境的噪声治理向小环境的噪声治理转移，四是城市居民由直接向环保部门投诉转向法院起诉。

城市环境噪声主要是由运行中的各种工业设备产品噪声以及人群活动噪声向周围生活环境辐射而产生。在工业生产活动中使用固定机械设备产生工业噪声，在建筑施工过程中产生建筑施工噪声，各种交通工具运行产生交通运输噪声，除此而外，还有各种人为活动产生的社会生活噪声。

城市的声环境是城市环境质量评价的重要方面。合理的规划布局是减轻与防止噪声污染的一项最有效、最经济的措施，常可以达到降低噪声级 10～40dB 的效果。因此，在考虑噪声控制措施时，应首先考虑从城市规划、总体布局方面消除或减轻噪声的影响。

1. 城市规划

为了防止工业的噪音，在新建、改建都市时，对工业区、商业区、居住区、文教浏览区、火车站、机场等，均应做合理的配置，将那些噪音大的工业布置在工业区边缘地段，并在厂周围布置防音林带。飞机场应设在离城二十公里以外的独立地段，并规定出合理的机行路线。火车站宜设置在都市边缘的独立地段，避免火车道穿越市内。居住区应安置在比较安静的地段，避免与工业区混杂在一起。

图 4-5 为欧洲的一个 57 万人口城市的规划方案，该城市的交通发达，噪声对居民干扰较为严重。为了改善城市声环境质量，采用同心圆的布局划分不同的噪声级区域。图 4-6 为某海港城市的声环境规划示意图，将居住区、商业区、工业区进行合理的分区，轻工业区可以靠近居住区布置，重工业置于城市的外围。

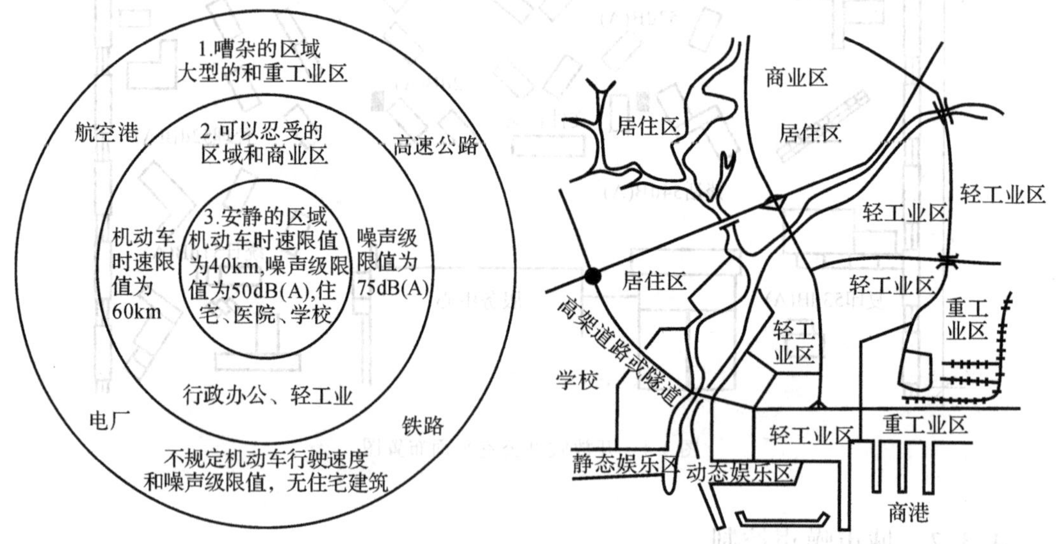

图 4-5　57 万人口城市的规划方案　　图 4-6　某海港城市的声环境规划示意图

在大都市周围建立卫星城镇，是改善大都市环境的另一发展方向。各国在这一规划措施中受益匪浅，减少噪音与排气带来的危害，又有利于大都市人口的疏散与控制，是一项一学多得的好办法。但在建设卫星城镇时，也需作好合理的规划，在划分调整环境噪声功能适用区的基础上从严控制环境噪声。

2. 合理规划城市交通

交通噪声是城市噪声的主要来源。据近年的统计，在影响城市环境的各种噪声来源中，交通噪声影响比例将近 30％，因交通工具运行噪声大，又直接向环境辐射，对生活环境干扰最大；交通噪声的特点是起伏变化较大，属非稳态噪声，影响所及的区域范围最广，沿着道路两侧的居民区、机关、学校、医院、旅馆等受到影响的人数也最多。因此，合理规划城市交通是控制城市噪声的主要手段。

在规划主要交通干线时，要考虑到发展情况下的车辆流量、路面宽窄、道路两旁的地形、地势、与道路两旁的建筑物等各种因素间的相互关系。不宜将医院、学校等需要安静的设施配置在道路两旁。不宜沿主干线建筑面向声源的高楼，更不宜在道路两侧相对建设高楼，以避免回声带来更大的噪音干扰。在交通繁忙的交叉路口建设立体交叉路线，既可减少车辆停留时所带来的噪音，又可减少排气污染，是改革都市交通的一个发展方向。

航空噪声的污染可以广及一个很大的区域，在城市规划布局中如设有机场，应将机场布置在城市的边缘甚至远离城市。欧美的一些航空管理局常将机场跑道两侧各 5～11km 内列为飞机噪声"很干扰"的范围。滨海城市跑道延伸向海面的飞机场，较为安全且噪声影响也较轻。因此，首先应将机场和重工业区布置在城市外边缘区域或郊区，然后再布置铁路、高速公路等，接着是一般的中小型工业区。在中小型工业区与城市商业区之间，最好设置城市环道。一个城市可以有几道交通环道。这些环道通过一些开口通向工业区和商业区，可以由高速公路、城市环道疏散掉那些过境的或工业区和商业区的货运车辆，使得这些车辆不穿越城市商业区和居民区，从而大大降低商业区和居民区中交通噪声的声级。

改善道路设施也是非常必要的一项措施。如采用自动信号管理；根据交通流量改善城市道路和交通网；某些市内道路可以设计成"死胡同"的形式，以免被用作地区道路通行；双行线改单行线；加宽路面；增设路边快慢车隔离，设立道路人行天桥、地道、立交桥等，使各行其道。这些措施不仅使车辆畅通，也降低了城市交通噪声。在同样的交通流量下，立体交叉道口的噪声比一般平交路口的噪声降低 5～10dB。

交通噪声还可以通过加强管理来控制，如规定在城市通行的机动车辆必须符合国家颁布的《机动车辆允许噪声标准》，否则不准进入市内，禁止在市区鸣笛，限制车速，限制某些重型车辆进入市区的时间等。

3. 合理的总图布置及单体建筑设计

合理的总体布局和建筑平、剖面设计对控制噪声起着重要的作用，一般可使噪声降低 10～40dB。在进行总体布局和建筑平、剖面设计时，需注意下面几点：

(1)在进行总图设计中，应使建筑物尽可能远离噪声源，把对噪声不敏感的房间布置在临噪声源的一侧；临街住宅的卧室或起居室应设在背街一侧，如设计确有困难时，每户至少应有一主要卧室背向吵闹的干道，在上述条件也满足不了时，则需要在临街一侧设置带窗的封闭阳台或采取双层窗以提高隔声性能。在进行建筑设计时，应依声环境的条件，对建筑物的防噪间距、朝向选择及平面布置等作综合考虑，确定能够符合声环境要求的方案。

(2)采用内天井布置时，应考虑天井四周房间的用途，避免互相干扰，如图 4-7 所示。

(3)进行合理的分区，把产生高声级噪声的房间与其他房间分开，并将噪声源集中布置，如将水箱、楼梯间、厨房、厕所、垃圾道、水泵房等在平面、剖面上集中布置，以便于隔声处理。制冷机房、锅炉房、泵房等宜与主体建筑分离独立设置，如布置在建筑主体内时，其与其他用房之间的隔墙应有足够大的隔声量。最好把储藏室等辅助用房布置在机房与其他用房之间，或将机房与其他房间的建筑围护结构断开，以隔绝结构传声，并对各种设备做隔振处理。

(4)在住宅建筑设计中，厨房、厕所、电梯机房等不得设在卧室和起居室的上层，也不得将电梯与卧室、起居室相邻布置。与卧室相邻布置的厨房和卫生间的管道设备等传声构件，不得沿卧室一侧的墙壁设置。

(6)利用门斗或套间，并在其中布置吸声材料，使其成为隔声的"声闸"("声锁")，见图 4-8。

(7)利用交错布置房门或"障壁墙"来增大声的传播距离以降低噪声级，见图 4-9。

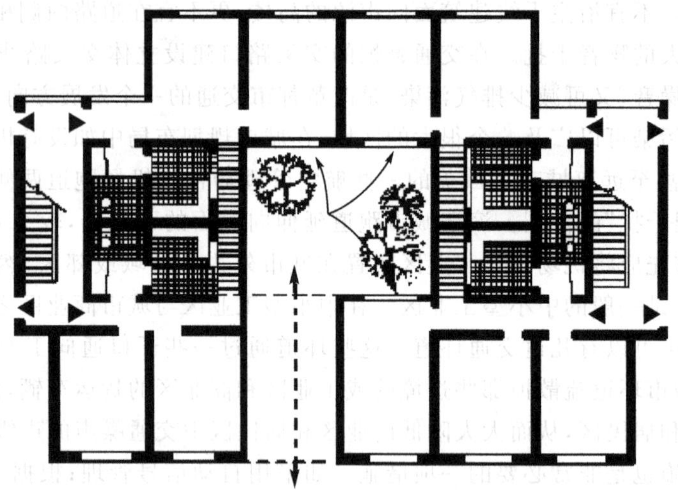

图 4-7　天井布置引起互相干扰

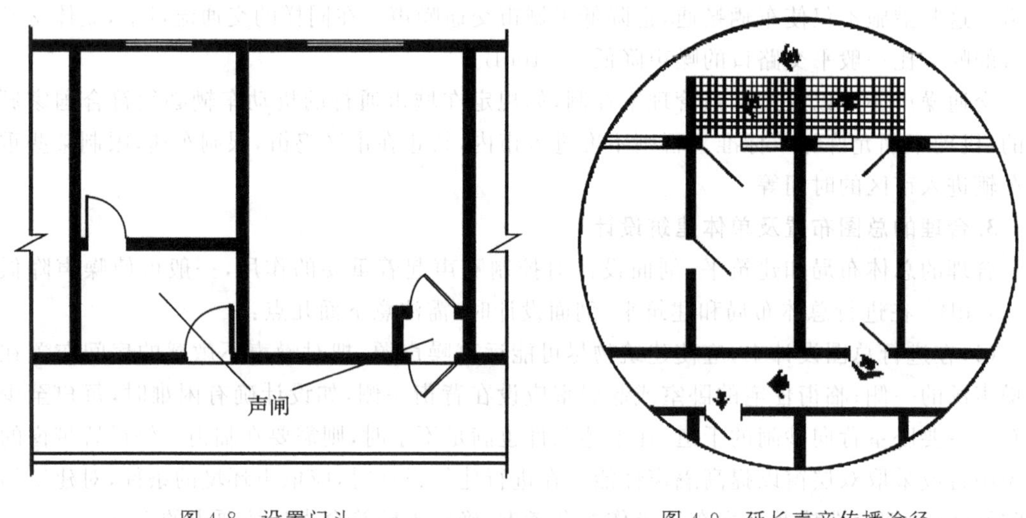

图 4-8　设置门斗

图 4-9　延长声音传播途径

(8)当室内采用吊顶时,分户墙必须将吊顶内的空间完全分隔开。

在进行总图布置及建筑设计时,应依声环境的条件,对建筑物的防噪间距、朝向选择及平面布置等作综合考虑,确定能够符合声环境要求的方案。

4.3.3　居住区的噪声控制

1. 与噪声源保持必要距离

在铁路、高速公路、一级公路、二级公路、城市快速路、城市主干路等"交通干线"两侧如果布置需要保持相对比较安静的建筑,应预留必要的防护距离,以避免受到交通噪声的干扰。

2. 设置绿化带

大而厚、带有绒毛的浓密树叶和细枝对降低高频噪声有较大作用。树干对低频噪声反射很少,成片树林可使高频噪声因散射而明显衰减。不同的树种、组合配植方式和地面的覆盖情况也对降噪有一定影响。主干线道路设计林带,可种植 10～12m 宽的防音林带,乔木与灌木结合种植。能降低噪音 12～15dB(A)。但其有效防噪高度只能到五层楼。

在城市商业区和居住区之间设置开阔地带或绿化带(最好由常绿乔木与灌木组成),利用声级随距离的自然衰减或绿化带的吸声、隔声作用,可以进一步降低商业噪声、交通噪声对住宅区的污染,提高居住区的声环境质量。

3. 设置隔声屏障

隔声屏障是指设置在噪声源和接收点之间的声学遮挡结构,主要用于衰减直达声。利用隔声屏障降低噪声的做法对高频声最为有效。这是由于高频声在屏障边缘的绕射很少,而入射到屏障部分的高频声又被反射回去,这样就在屏障后形成所谓的"声影区"。在声影区内感觉噪声明显下降,就是因为降低了噪声中的高频成分,而人的听觉对高频声较为敏感。由于低频的绕射,隔声屏障对低频声的降噪效果就较差。一般隔声屏障可使高频声降低 15～25dB。

在建筑功能分区时,将某些对噪声不敏感的建筑物(如运动场、商场等)或房间(如厨房、厕所、贮存间等)布置在临道路交通线一侧,作为那些要求安静的建筑物或房间的隔声屏障。如常常使用混合式布局(如图 4-10 所示),低层公共建筑常常对于住宅建筑起到声障壁的作用。

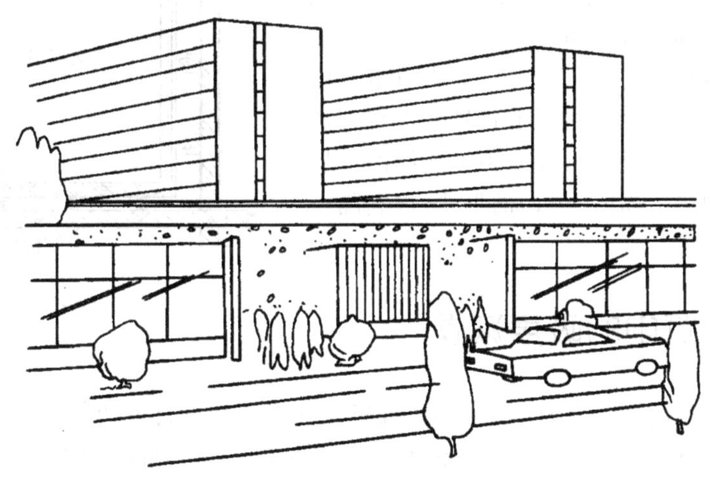

图 4-10　混合式布局:利用低层建筑作防噪障壁

对某些噪声干扰很大的交通线,应设置专门的隔声屏障。隔声屏障的减噪量与噪声的频率、屏障的高度以及声源与接收点之间的距离等因素有关。声屏障的减噪效果与噪声的频率成分关系很大,对大于 2000Hz 的高频声、800～1000Hz 左右的中频声的减噪效果要好,但对于 25Hz 左右的低频声效果就差。通常,声屏障对高频声可降低 10～15dB。隔声屏障的隔声量随宽度和高度增大而增大,声屏障的高度,可根据声源与接收点之间的距离设计,屏障的高度增加一倍,则其减噪量可增加 6dB,应尽量使屏障靠近声源或接收点。声屏障的宽度通常采取它的高度的 3～5 倍。隔声屏障宜尽量靠近声源布置,并可在朝向声源一面加铺吸声材料以提高减噪效果。

室外的声屏障一般采用砖或混凝土结构，室内的声屏障引用钢板、木板、塑料扳、石膏板和泡沫铝等结构。表 4-8 为声屏障的结构类型和特点。

表 4-8　声屏障的结构类型

类型	特点
土堤结构	用于地广人稀的区域，是经济减噪办法，降噪效果约为 3～5dB
混凝土砖石结构	适用于郊区和农村区域，易与周围自然环境相协调，价格便宜，且便于施工与维护。降噪效果约 10～13dB
木质结构	适用于农村、郊区个人住宅或院落且木材资源比较丰富的地区的减噪
金属和复合材料结构	世界各国最普遍使用的结构。材料易于加工，可加工成各种形式，安装简易，易于景观设计和规模制造生产，降噪效果也很好
组合式结构	必须根据现场条件、周围环境、景观要求和经济性决定
新型材料结构	由于传统声屏障中内置的超细玻璃棉在耐侯性上有它固有的劣势，2000 年左右新开发出的几种吸声材料得到了较广泛的应用

屏障表面宜布置吸声材料。在现代办公室的设计中，不到顶的屏障的应用尤多，但隔声量不足，应配以强吸声的吊顶，以降低吊顶的反射传声从而提高隔声量。欲隔绝某些高噪声设备（如风机）所发出的噪声时，可采用将高噪声设备封闭在内的隔声罩，罩内应做强吸声处理，隔声罩本身应有足够的隔声量。对于某些要求背景噪声特别低的房间（如播音室、录音室），可采用不连续的围护结构，做成“房中房”（如图 4-11）的形式，以利隔声和隔振。

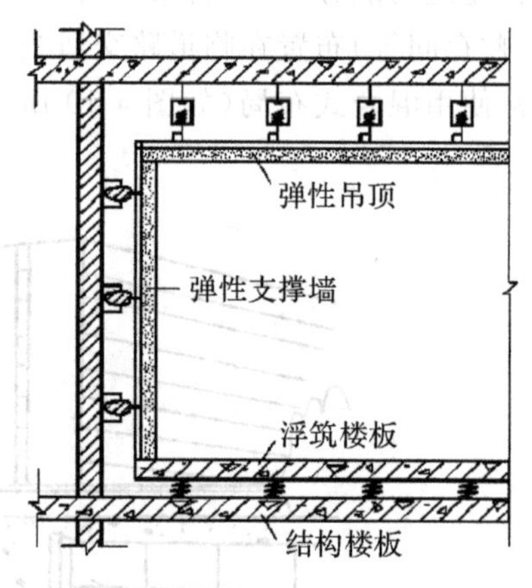

图 4-11　不连续的围护结构

4.4　建筑中的吸声减噪

建筑环境噪声的声源分为室内和室外噪声。前者包括来自人的活动和卫生设备、通风系统、电梯等产生的噪声；后者主要是交通噪声、工业噪声和人群喧闹声。根据噪声源的不同，建筑环境噪声控制可分为室外噪声控制和建筑噪声控制。室外噪声控制主要通过制定合理的城市规划、设置人造或天然的隔声屏障、设置绿化带等措施降低噪声。建筑噪声控制主要的措施是控制建筑设备的噪声，包括建筑设备隔振、空气声隔声、固体声隔声、吸声降噪等措施。

4.4.1　吸声减噪的原理

由于混响声与直达声的共同作用，使得离开同一噪声源一定距离的接受点的声压级，在室内比室外要高出 10～15dB，如果在室内的顶棚和墙面上布置吸声装置（吸声饰面、空间吸声体等），可使反射声减弱，噪声降低，这种方法称为“吸声减噪”。

吸声减噪是噪声控制技术中一项被广泛采用的措施，在工业与民用建筑中均有大量的应用。吸声减噪特点如下：

(1)只能降低混响声，对直达声无效；

(2)一般只适用于房间处理前平均吸声系数很小的房间；

(3)一般降噪量在 6～10dB，很难超过 10dB。几何形状特殊(声聚焦)、混响极严重的建筑物，降噪量可达 12dB 左右。

4.4.2 吸声降噪量的计算

从第三章的介绍可知，对于稳态噪声，距离声源 r 米处的声压级与直达声和混响声的关系式如下：

$$L_p = L_w + 10\lg\left(\frac{Q}{4\pi r^2} + \frac{4}{R}\right) \tag{4-5}$$

式中，L_p 为距声源 r 处的声压级，L_w 为声源声功率级，R 为房间常数，Q 为声源指向性因数。

设室内减噪前后的声压级分别 L_{p1} 和 L_{p2}，房间平均吸声系数分别为$\overline{\alpha_1}$和$\overline{\alpha_2}$，相应的房间常数分别为 $R_1 = \dfrac{S\overline{\alpha_1}}{1-\overline{\alpha_1}}$和 $R_2 = \dfrac{S\overline{\alpha_2}}{1-\overline{\alpha_2}}$，如果进行吸声处理，处理前后该点的声级差(降噪量)为：

$$\Delta L_p = L_{p1} - L_{p2} = 10\lg\left(\left(\frac{Q}{4\pi r^2} + \frac{4}{R_1}\right)\Big/\left(\frac{Q}{4\pi r^2} + \frac{4}{R_2}\right)\right) \tag{4-6}$$

以直达声为主：即$\dfrac{Q}{4\pi r^2} \gg \dfrac{4}{R}$时，则 $\Delta L_p \approx 0$。

以混响声为主：即$\dfrac{Q}{4\pi r^2} \ll \dfrac{4}{R}$时，则 $\Delta L_p = 10\lg\dfrac{R_2}{R_1}$，则

$$\Delta L_p = 10\lg\frac{\overline{\alpha_2}S(1-\overline{\alpha_1})}{\overline{\alpha_1}S(1-\overline{\alpha_2})} = 10\lg\frac{\overline{\alpha_2}(1-\overline{\alpha_1})}{\overline{\alpha_1}(1-\overline{\alpha_2})} \tag{4-7}$$

在作吸声减噪前，α_1 较小，则$\overline{\alpha_1}\cdot\overline{\alpha_2} \ll \overline{\alpha_1}$，略去，吸声减噪量的计算公式可以简化如下：

$$\Delta L_p = 10\lg\frac{\alpha_2}{\alpha_1} = 10\lg\frac{A_2}{A_1} = 10\lg\frac{T_1}{T_2} \tag{4-8}$$

式中符号的含义如下表：

	房间平均吸声量(m^2)	房间混响时间(s)	房间平均吸声系数
加入吸声材料前	A_1	T_1	$\overline{\alpha_1}$
加入吸声材料后	A_2	T_2	$\overline{\alpha_2}$

4.4.3 吸声降噪的设计步骤与处理方法

吸声降噪的设计步骤归纳如下：

(1)了解噪声源的声学特性。如声源总声功率级为 L_w，测定距声源一定距离处的各个频带声压级的总声压级 L_p，以及确定声源指向性因数 Q。

(2)了解房间的声学特性。估算各个壁面各个频带的吸声系数 α_1，相应房间常数 R_1 以

及总吸声量 A_1，并根据噪声标准求出需要的降噪量 ΔL_p。

(3)根据 ΔL_p 求出房间平均吸声系数和房间常数 R_2。

(4)合理选择吸声材料和吸声结构。当大于 0.5 时，则在经济上已经很不合理，必须采取其他的补充措施。

吸声装置的声学设计主要根据噪声源的频谱特性。吸声减噪的处理方式通常有以下几种：

(1)房间面积较小的吸声减噪，宜对天花板、墙面同时作吸声处理。

(2)车间面积较大时，尤其是扁平状车间，一般只作平顶吸声处理。

(3)声源集中在车间局部区域而噪声影响整个车间时，应在声源所在区域的天花板及墙面作局部吸声处理，且应同时设置隔声屏障。

(4)吸声降噪效果并不随吸声处理面积成正比增加，空间吸声体面积宜取房间平顶面积的 40%左右或室内总表面积的 15%左右。空间吸声体的悬挂高度宜低些，离声源近些。吸声减噪设计应同时满足防火、防潮、防尘等工艺与安全卫生的要求，同时还应兼顾通风、采光等。

4.5 建筑隔振与消声

在各类现代建筑设备所引起的噪声中，机械通风设备和空气调节系统是主要的噪声源，其所发出的噪声经过通风管道和建筑围护结构传播，还可经过隔声能力差的管壁沿管道传播，产生房间之间的串音干扰。因此，需要进行隔振和消声。

4.5.1 建筑隔振

隔振(vibration isolation)就是将振动源与基础或其他物体的刚性连接改成弹性连接，以隔绝或减弱振动能量的传递，从而实现减振降噪的目的。建筑隔振是在机器下面垫以弹性材料(如钢丝弹簧、橡皮、软木等)，使机器的振动不易通过地面传声。

机械设备与地基之间是近刚性的连接，当设备运转产生一个干扰力时，这个干扰力便会百分之百地传给地基，由地基向四周传播。如果将设备与地基的连接变成弹性连接，由于弹性装置的隔振作用，设备产生的干扰力便不再全部传递给地基，只传递一部分或完全被隔绝。由于振动传递被隔绝了，固体声被降低，因而也就起到了降低噪声的效果。

凡是能支承运转设备动力负载、又有良好弹性的材料或装置，均可用作隔振材料或隔振元件。工程上常用的隔振材料(或隔振元件)主要有金属弹簧、橡胶、软木、毛毡、空气弹簧、泡沫塑料等。此处不再一一介绍。

4.5.2 建筑消声

消声是利用各种消声器使声源发出的声音变弱或消失，主要用于控制通风、排气和风机等噪声。实现消声的主要方法是安装消声器，一般用消声器可降低噪声 20～40dB(A)。消声器是一种阻止声音传播而允许气流通过的器件，是降低空气动力性噪声的常用装置。

消声器的型式很多，工程实践中常使用的主要有阻性消声器、抗性消声器以及阻抗复合型消声器等，部分消声器型式如图 4-12 所示。

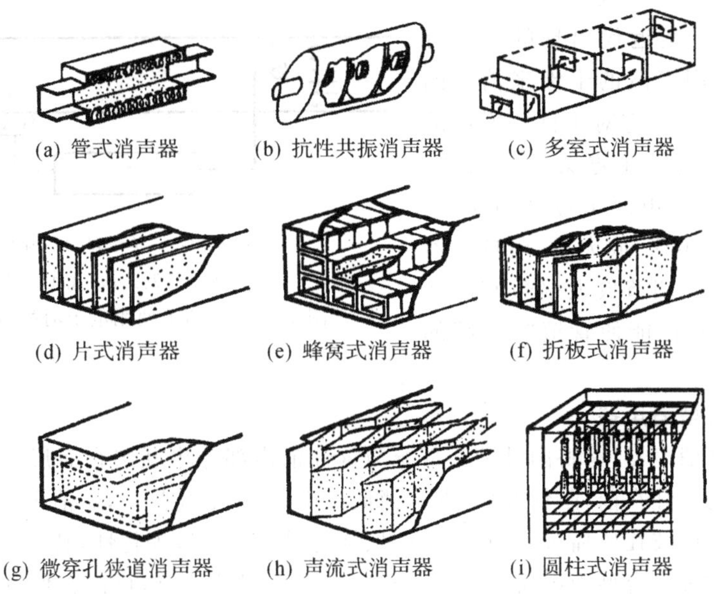

图 4-12　几种常见的消声器

1. 阻性消声器

阻性消声器，亦称吸收消声器，是利用装置安装在通风管道内壁的吸声材料，使沿管道传播的噪声随与声源的距离的增加而减弱，从而降低了噪声级。其消声原理是：当声波进入消声器，便引起阻性消声器内多孔材料中的空气和纤维振动，由于摩擦阻力和粘滞阻力，使一部分声能转化为热能而散失掉，从而起到消声作用。

阻性消声器对中高频范围的噪声具有较好的消声效果，应用范围很广。如图 4-12 所示，管式(a)、片式(d)、蜂窝式(e)、折板式(f)、声流式(h)等均为阻性消声器的型式。

2. 抗性消声器

抗性消声器，亦称反应消声器，是利用管道截面的突然扩展或收缩，或借助旁接共振腔，对沿管道传播的噪声在突变处向声源反射回去达到消声的目的。抗性消声器的特点是：它不使用吸声材料，而是在管道上连接截面突变的管段或旁接共振腔，利用声阻抗失配，使某些频率的声波在声阻抗突变的界面处发生反射、干涉等现象，从而达到消声的目的。抗性消声器对低中频范围的噪声具有较好的消声效果。它的型式有扩张室式、共振腔式、微穿孔板式和干涉型等多种。

如图 4-12(b)，共振腔消声器消声原理是利用声波频率与共振腔固有频率一致时对声能的衰减达到最大进行消声。共振腔消声器具有消声频带较窄，在共振频率附近消声量较大的特点，适用于具有单峰值频率、且峰值较突出的高噪声场合。设计时要求共振腔消声器的共振频率与声波的主频率一致。

图 4-12(g)所示的微穿孔板消声器是利用微穿孔板吸声结构制成的消声器，是我国噪声控制工作者研制成功的一种新型消声器。它的消声原理实际上与共振腔消声器相同，其特点是不采用任何多孔吸声材料，而是在薄金属板上钻许多微孔起到吸声作用，故可作为阻性消声器处理。通过选择微穿孔板上的不同穿孔率与板后的不同腔深，能够在较宽的频率

范围内获得良好的吸声效果。

图4-13所示是近代出现的电子有源消声器，是利用声波的干涉来消声的一种干涉型消声器。它对于低频噪声的控噪、个人防噪和局部防噪尤为合适。传声器2接受从噪声源1传来的噪声，经过电子线路的相移、放大后，由扬声器3辐射二次噪声。调节放大倍数和改变相移(延迟时间)，便能使管道"下游"的噪声得到控制。

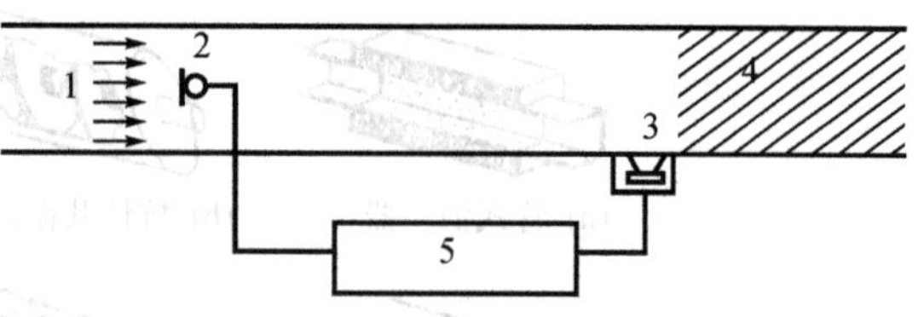

1—噪声源；2—传声器；3—扬声器；
4—噪声控制区；5—相移放大

图4-13 管道上使用电子消声器原理图

3. 阻抗复合型消声器

阻抗复合型消声器，是将阻性消声部分与抗性消声部分串联组合而形成的。一般阻抗复合型消声器的抗性在前，阻性在后，即先消低频声，然后消高频声，总消声量可以认为是两者之和。但由于声波在传播过程中具有反射、绕射、折射、干涉等特性，其消声量并不是简单的叠加关系。阻抗复合型消声器兼有阻性和抗性消声器的特点，可以在低、中、高的宽广频率范围获得较好的消声效果。

对于消声器的设计基本有三个方面的基本要求：一是要有较好的消声频率特性；二是空气阻力损失要小；三是结构简单，施工方便，使用寿命长。作为建筑师主要需要了解消声器的概念和用途。

复习思考题

1. 什么叫做噪声？噪声对人体有何危害？

2. 吸声降噪、隔声降噪、消声降噪有哪些类型？

3. 试论述解决建筑中噪声的途径。

4. 阻性消声器和抗性消声器的消声原理是什么？

5. 如何评价吸声降噪效果和隔声降噪效果？

6. 有一大教室，平面尺寸为15m×6m，高4.5m，室内总吸声量为$10m^2$，墙面可铺吸声材料的面积约为$100m^2$。试问：(1)如顶棚上全铺以吸声系数为0.5的材料，室内总噪声级能降低多少分贝？(2)如墙面$100m^2$也全铺上同样材料，又可降低多少分贝？

7. 某车间中，工作人员在一个工作日内噪声暴露累积时间分别为90分贝计4小时，75分贝计2小时，100分贝计2小时，求该车间的等效连续声级。

第二篇　建筑光学

建筑光学是建筑物理的一个组成部分，主要研究建筑物内部的采光和人工照明，创造良好的光环境。它是研究天然光和人工光在建筑中的合理利用，满足人们工作、生活、审美和保护视力等良好的光环境要求的应用学科。

自从玻璃大量生产，特别是19世纪发明白炽电灯以后，才使建筑采光和照明技术的理论和实践进入一个新的阶段，并逐步形成建筑光学。现代建筑光学理论日趋完善，天然光的变化规律逐步为人们所掌握，各类建筑的采光方法和控光设备相继研究成功，各种新型电光源和灯具也在建筑中得到广泛的应用，从而使这一学科在建筑功能和建筑艺术中发挥日益重要的作用。

本篇着重介绍与建筑有关的光度学基本知识；各种采光窗的采光特性，采光设计及其计算方法；人工光源和灯具的光学特性，基本的照明设计和简单的计算方法。最后还介绍绿色照明工程的一些原则。在掌握这些知识的基础上，才有可能设计出优良的室内光环境，并且能够节约资源，保护环境。

建筑光学在研究剧场建筑、展览馆建筑、体育建筑、精密仪表厂生产车间和地下工程的采光照明问题以及编制中国工业企业采光照明标准、探讨光气候规律、提高建筑光学测试技术等方面都取得较显著的成效。今后，建筑光学的主要研究方向是：综合研究建筑物室内外光环境的理论和综合评价建筑采光、照明的设计方法；天然光的利用技术；研制和使用功率小、光效高、寿命长和显色性能好的气体放电灯；发展电子计算机技术在采光照明计算、设计和设备控制上的应用；研究采光照明测试仪表和测试方法等。

第 5 章　建筑光学基本知识

学习目标：了解眼睛与视觉的特点，材料的光学性质；基本掌握光的度量单位的概念；掌握基本光度量的名称、符号和计算公式。

5.1　眼睛与视觉

5.1.1　可见光

严格地说，光是人类眼睛所能观察到的一种辐射。由实验证明光就是电磁辐射，这部分电磁波的波长范围约在红光的 0.77 微米到紫光的 0.39 微米之间。波长在 0.77 微米以上到 1000 微米左右的电磁波称为“红外线”。在 0.39 微米以下到 0.04 微米左右的称“紫外线”。红外线和紫外线不能引起视觉，但可以用光学仪器或摄影方法去量度和探测这种发光物体的存在。所以在光学中光的概念也可以延伸到红外线和紫外线领域，甚至 X 射线均被认为是光，而可见光的光谱只是电磁光谱中的一部分。可见光是一种能够在人的视觉系统上引起光感觉的电磁辐射能。可见光的波长范围是 390～770nm（纳米，$1nm=10^{-9}m$）。如图 5-1 所示。

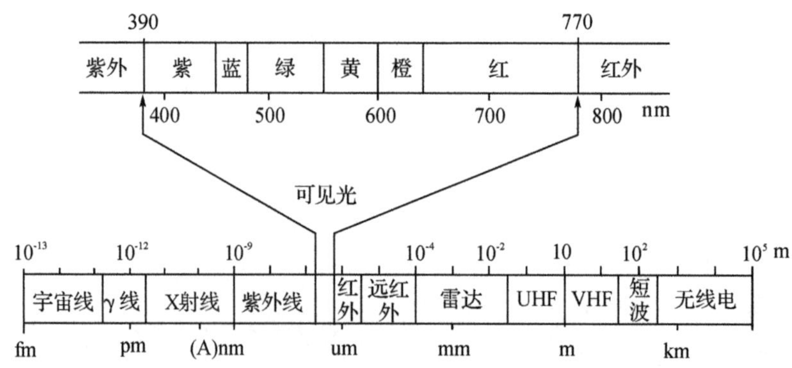

图 5-1　光谱图

5.1.2　光的颜色

白光是由光谱中的多种色光所构成。来自热辐射、太阳或白炽灯的光，可分析出完整的光谱：红、橙、黄、绿、蓝和紫。并不是所有的光源都可分析出完整的光谱；但如果可分析出完整的光谱，就必需含盖多样色彩的光。

我们习惯以色彩表面来分析色光；当白光照射在平面上，通常不会反射出构成此光在光谱内所有的色光，或不会以相同的角度反射。大部分反射的光将决定此平面的色彩效果；因此，一个绿色表面将反射光谱中绿色的部分，蓝和黄光会以较小角度反射，而红和紫光就被吸收了。

不同波长的光在视觉上形成不同的颜色，单色光是单一波长的光，如 70nm 的单色光呈红色；复合光是不同波长混合在一起的光。

由红绿蓝三原色光可以得其他颜色光，色彩加法混合(指色光混合)将会产生以下效果：红光＋绿光产生黄光；红光＋蓝光产生紫红光，或称品红光；绿光＋蓝光产生天蓝光，又称青绿光；红光＋绿光＋蓝光产生白光。其中，黄色、品红色和青绿色被称作三次色，因为它们是由两种原色所组合成，但同时，它们也被称为互补色。当两色光混合可产生白光，这两色彩彼此就称为互补色，例如：黄光＋蓝光产生白光，品红光＋蓝光产生白光，青绿光＋红光产生白光。

5.1.3　人的视觉

人的视觉感觉只能通过眼睛来完成。眼睛的构造和照相机相似，图 5-2 是人的右眼剖面图，其主要的组成部分和功能有：

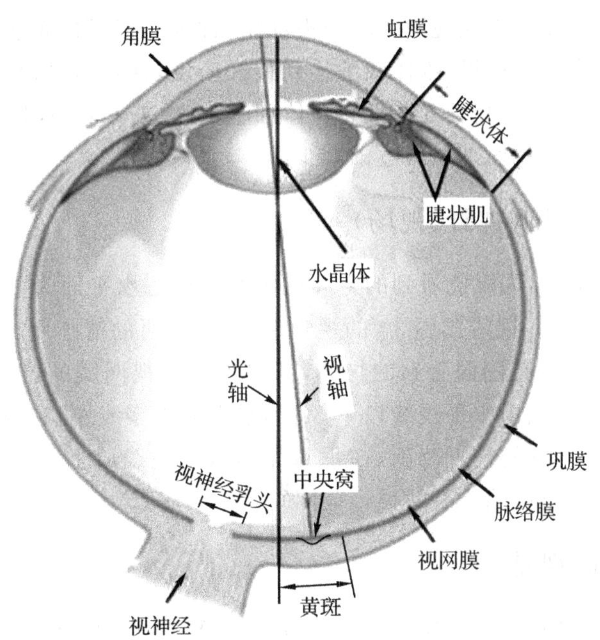

图 5-2　人的右眼剖面图

1. 瞳孔

瞳孔为虹膜中央的圆形孔，它可根据环境的明暗程度自动调节其孔径，以控制进入眼球的光能数量。相当于起到了照相机中光圈的作用。

2. 水晶体

水晶体为一扁球形的弹性透明体，它受睫状肌收缩或放松的控制，使其形状改变，从而改变其屈光度，使远近不同的外界景物都能在视网膜上形成清晰的影像。它起照相机的透镜作用，不过水晶体具有自动聚焦功能。

3. 视网膜

光线经过瞳孔、水晶体在视网膜上聚焦成清晰的影像。它是眼睛的视觉感受部分，相当于照相机中的胶卷。视网膜上布满了感光细胞——锥体和杆体感光细胞。光线射到它们上面就产生光刺激，并把光信息传输至视神经，再传至大脑，产生视觉感觉。

4. 感光细胞

人眼对光的感知反应称为视觉。它主要通过人眼的感光细胞来实现。生理学告诉我们，人的视网膜上分布有两类感光细胞：一种为锥状感光细胞，主要在明亮环境中起作用，给人以光明的感觉，称为明视觉，具有分辨物体颜色及巨细的本领；另一种为杆状细胞，主要在黑暗环境中起作用，给人以模糊、黑暗的感觉，称为暗视觉。

上述两种感光细胞有它们各自的功能特征：锥体细胞在明亮环境下对色觉和视觉敏锐度起决定作用，即这时它能分辨出物体的细部和颜色，并对环境的明暗变化作出迅速的反应，以适应新的环境；而杆体细胞在黑暗环境中对明暗感觉起决定作用，它虽能看到物体，但不能分辨其细部和颜色，对明暗变化的反应缓慢。

锥体细胞和杆体细胞处在视网膜最外层上接受光刺激，但它们在视网膜上的分布是不均匀的。锥体细胞主要集中在视网膜的中央部位，称为“黄斑”的黄色区域。黄斑区的中心有一小凹，称“中央窝”，在这里，锥体细胞达到最大密度，在黄斑区以外，锥体细胞的密度急剧下降。与此相反，在中央窝处几乎没有杆体细胞，自中央窝向外，其密度迅速增加，在离中央窝 20°附近达到最大密度，然后又逐渐减少。

5.1.4 视看范围(视野、视场)

当头和眼睛不动时，人眼能看到的空间范围叫视野。水平面为 180°，垂直面 130°，其中向上为 60°，向下为 70°。视线周围 30°的视觉范围，看东西的清晰度比较好。人眼在垂直方向 30°和水平方向 30°的范围内看到的物体，其映象落在视网膜的黄斑中央的中央凹上，这就是最佳视区，在垂直面内水平视线以下 30°和水平面内零线左、右两侧各 15°的范围内，获得的物像最清晰，为良好的视野范围，在垂直面内水平视线以上 25°，以下 35°，在水平面内零线左、右各 35°的视野范围为有效视野范围。

5.1.5 明、暗视觉

(1)明视觉。明亮环境，锥体细胞起作用，可分辨细节，有颜色感觉，对亮度变化适应性强。

(2)暗视觉。黑暗环境，杆体细胞起作用，不辨细节，无颜色感觉，对亮度变化适应性低。

5.1.6　光谱光视效率

人眼对不同波长的单色光敏感程度不同，在光亮环境中人眼对 555nm 的黄绿光最敏感；在较暗的环境中对 507nm 的蓝绿光最敏感。人眼的这种特性用光谱光视效率曲线表示(见图 5-3)。这两条曲线又叫 $V(\lambda)$和 $V'(\lambda)$曲线。

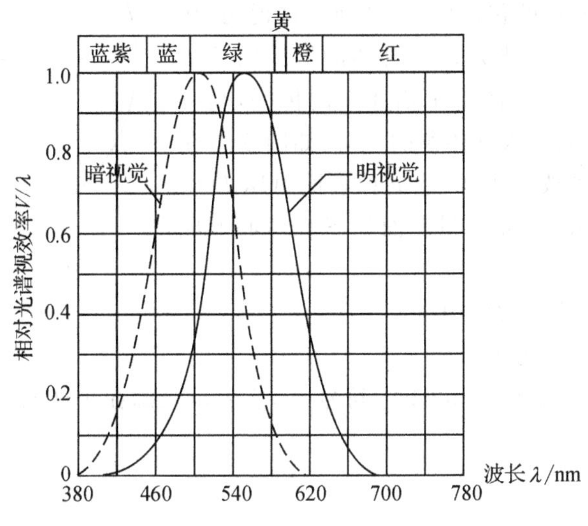

图 5-3　光谱光视效率曲线

5.2　光的度量单位

1967 年法国第十三届国际计量大会规定了以坎德拉、坎德拉/平方米、流明、勒克斯分别作为发光强度、光亮度、光通量和光照度等的单位，为统一工程技术中使用的光学度量单位有重要意义。

5.2.1　光通量与流明

光源所发出的光能是向所有方向辐射的，对于在单位时间里通过某一面积的光能，称为通过这一面积的辐射能通量。各色光的频率不同，眼睛对各色光的敏感度也有所不同，即使各色光的辐射能通量相等，在视觉上并不能产生相同的明亮程度，在各色光中，黄、绿色光能激起最大的明亮感觉。如果用绿色光作基准，令它的光通量等于辐射能通量，则对其他色光来说，激起明亮感觉的本领比绿色光为小，光通量也小于辐射能通量。

光通量(Φ)的单位是流明，是英文 lumen 的音译，简写为 lm。绝对黑体在铂的凝固温度下，从 $5.305\times103\text{cm}^2$ 面积上辐射出来的光通量为 1lm。为表明光强和光通量的关系，发光强度为 1 坎德拉的点光源在单位立体角(1 球面度)内发出的光通量为 1 流明。一只 40W 的日光灯输出的光通量大约是 2100 流明。

光通量是反映光源发光效率(能力)的基本量，Φ 越大，说明光源的发光效率越高。例如，辐射功率同为 40W 的白炽灯和日光灯，前者的光通量为 350lm，后者则为 2100lm，这说明，日光灯的发光效率要比白炽灯高得多。

5.2.2 发光强度

1. 立体角

如图 5-4，物体（点光源）的发光是以该物体为中心，向四面八方同时进行的，因此，点光源发出的光波面（同一时刻光波到达空间各点的包迹面）为球面。这说明，从某一方面来看，点光源的发光是以圆锥体的形式向外辐射的。若用与此相关的几何图形来描述光的传播，则可能带来方便。由此，我们引入立体角的概念：如图 5-4，在一半径为 r 的球心 O 处放一光源，它向球表面 $ABCD$ 所包围面积 S 上发出 F lm 的光通量。面积 S 在球心形成的立体角为 Ω。则，

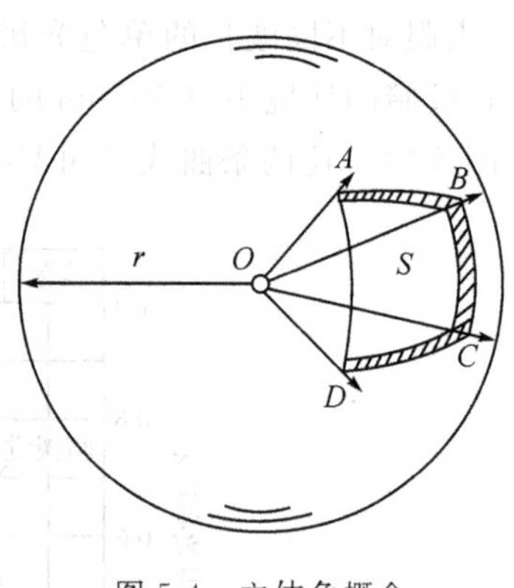

图 5-4 立体角概念

这一方向的发光强度为 $\Omega=A/r^2$

这一方向的发光强度为 $I=F/\Omega$

发光强度的单位：坎德拉（candela），符号 cd，它表示光源在 1 球面度立方角内均匀发出 1lm 的光通量。

$$1\text{cd}=1\text{lm}/1\text{sr}$$

2. 发光强度

发光强度（I）的定义为：点光源在某一方向上的发光强度，即是发光体在单位时间内所射出的光量，也简称为光度。

发光强度简称光强，国际单位是 candela（坎德拉），简写为 cd。Lcd 是指光源在指定方向的单位立体角内发出的光通量。

光源辐射是均匀时，光强为 $I=F/\Omega$。Ω 为立体角，单位为球面度（sr），F 为光通量，单位是流明。

例 一半圆球吸顶灯均匀发出 3528lm 的光通量，求灯正下方的发光强度。

解 $I=F/\Omega=3528/2\pi=518(\text{cd})$

40W 白炽灯泡正下方具有约 30cd 的发光强度。而在它的正上方，由于有灯头和灯座的遮挡，在这方向上没有光射出，故此方向的发光强度为零。如加上一个不透明的搪瓷伞形罩，向上的光通量除少量被吸收外，都被灯罩朝下面反射，因此，向下的光通量增加，而灯罩下方立体角未变，故光通量的空间密度加大，发光强度由 30cd 增加到 73cd。

5.2.3 照度与亮度

照度的定义为：被照物体单位受照面积上所接受的光通量，或者说受光照射的物体在单位时间内每单位面积上所接受的光强。

照度（E）可用照度计直接测量。光照度的单位是勒克斯，是英文 lux 的音译，也可写为 lx。被光均匀照射的物体，在 1 平方米面积上得到的光通量是 1 流明时，它的照度是 1 勒克斯（lux）。

$$1\text{lux}=1\text{lm}/1\text{m}^2$$

当光通量均匀分布在被照表面 A 上时，则此被照面的照度为：

$$E=\Phi/A \tag{5-1}$$

以下是各种环境照度值，单位 lux。

黑夜：0.001～0.02；月夜：0.02～0.3；阴天室内：5～50；阴天室外：50～500；晴天室内：100～1000；夏季中午太阳光下的照度：约为 10^9 次方；阅读书刊时所需的照度：50～60；家用摄像机标准照度：1400。

粗略地说，亮度就是物体表面的明亮程度，它既与物体表面的照度有关，但又不能全由它来决定。例如，若将黑、白两种物体分别置于房间的同一位置，则可发现，白色物体的表面要比黑色物体的表面亮一些，但是，它们得到的照度却是一样的。这说明，照度不能直接反映人眼对物体的明亮感觉，必须引入一个能直接反映物体表面明亮程度的物理量。

亮度（L）是表示发光面明亮程度的，指发光表面在指定方向的发光强度与垂直且指定方向的发光面的面积之比，单位是坎德拉/平方米（尼提）。对于一个漫散射面，尽管各个方向的光强和光通量不同，但各个方向的亮度都是相等的。电视机的荧光屏就是近似于这样的漫散射面，所以从各个方向上观看图像，都有相同的亮度感。

表 5-1　常见物体的亮度

光源名称	亮度（尼提）
地球上看到的太阳	1.5×10^9
地球大气层外看到的太阳	1.9×10^9
普通碳弧的喷头口	1.5×10^8
超高压球状水银灯	1.2×10^9
钨丝白炽灯	$(0.5\sim1.5)\times10^7$
乙炔焰	8×10^4
太阳照射下的洁净雪面	3×10^4
距太阳 75°角的晴朗天空	0.15×10^4

5.2.4　烛光、国际烛光、坎德拉(candela)的定义

在每平方米 101325 牛顿的标准大气压下，面积等于 1/60 平方厘米的绝对“黑体”（即能够吸收全部外来光线而毫无反射的理想物体），在纯铂（Pt）凝固温度（约 2042K 获 1769℃）时，沿垂直方向的发光强度为 1 坎德拉。并且，烛光、国际烛光、坎德拉三个概念是有区别的，不宜等同。从数量上看，60 坎德拉等于 58.8 国际烛光，亥夫纳灯的 1 烛光等于 0.885 国际烛光或 0.919 坎德拉。

5.2.5　基本光度单位的相互关系

1. 定义、符号、单位、公式(见表 5-2)

表 5-2　基本光度量的名称、符号和定义方程

名称	符号	定义方程	单位	单位符号
光通量	Φ	$\Phi=\mathrm{d}Q/\mathrm{d}t$	流明	lm
发光强度	I	$I=\mathrm{d}Q/\mathrm{d}\Omega$	坎德拉	cd
（光）亮度	L	$L=\mathrm{d}^2\Phi/\mathrm{d}\Omega\mathrm{d}A\cos\theta=\mathrm{d}I/\mathrm{d}A\cos\theta$	坎德拉每平方米	cdm^{-2}
（光）照度	E	$E=\mathrm{d}\Phi/\mathrm{d}A$	勒克斯（流明每平方米）	lx

表中 Φ_v 是光通量，Φ_e 是辐通量。

2. 距离平方反比定律

一个点光源在被照面上形成的照度，可从发光强度和照度这两个基本量之间的关系求出。如图 5-5，表面 A_1、A_2、A_3 距点光源 O 分别为 r、$2r$、$3r$，在光源处形成的立体角相同，则表面 A_1、A_2、A_3 的面积比为它们距光源的距离平方比，即 1∶4∶9。设光源 O 在这三个表面方向的发光强度不变，即单位立体角的光通量不变，则落在这三个表面的光通量相同，由于它们的面积不同，故落在其上的光通量密度也不同，即照度是随它们的面积而变，由此可推出发光强度和照度的一般关系。某表面的照度 E 与点光源在这方向的发光强度 I 成正比，与距光源的距离 r 的平方成反比。这就是计算点光源产生照度的基本公式，称为距离平方反比定律。

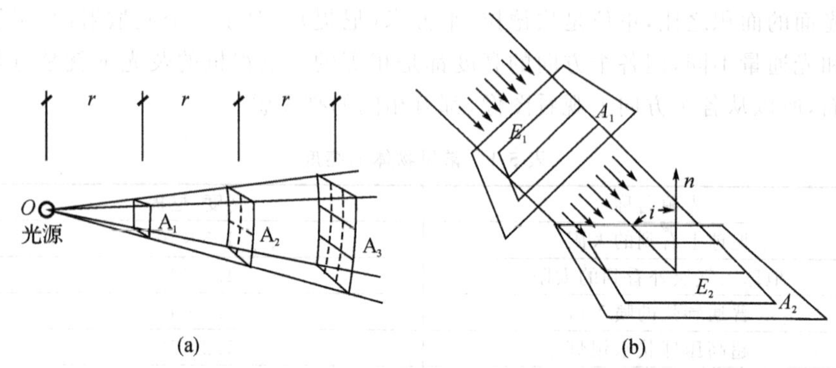

图 5-5　点光源照度示意

$$E=\frac{I}{r^2}\cdot\cos i \tag{5-2}$$

式中：E——受照表面照度，lx；

I——点光源在照射方向上发光强度，cd；

r——点光源到受照面距离，m；

i——入射光线与受照面法线的夹角，deg。

若光线垂直照射到被照面，则有

$$E=\frac{I}{r^2} \tag{5-3}$$

式(5-3)即为距离平方反比定律。

例　有一点光源，其下方 30°方向的光强是 375cd，求在这个方向上 5m 远处水平面的照度。

解

$$E=\frac{I}{r^2}\cdot\cos i=375\times\cos 30^\circ/5^2=13(\text{lx})$$

3. 立体角投影定律

$$E=L_a\cdot\Omega\cdot\cos i \tag{5-4}$$

式中：E——发光面在受照面形成的照度，lx；

L_a——发光面的亮度，cd/m²；

Ω——发光面在被照面口形成的立体角，单位为球面度，符号为 sr；$\Omega=\frac{S\cdot\cos a}{r^2}$，其中 S 为发光面面积，r 为发光面到受照面距离，a 为发光面法线与发光面同受照面的连线的夹角。

i——入射光线与受照面法线的夹角；

这就是常用的立体角投影定律，它表示某一亮度为 L_a 的发光表面在被照面上形成的照度值的大小，等于这一发光表面的亮度 L_a，与该发光表面在被照点上形成的立体角 Ω 的投影($\Omega\cos i$)的乘积。这一定律表明：某一发光表面在被照面上形成的照度，仅和发光表面的亮度及其在被照面上形成的立体角投影有关。

5.3　材料的光学性质

光与材料相互作用时所发生的一些特有现象称为材料的光学性质，它是影响光环境的重要因素。

5.3.1　光的反射、透射和吸收比

无论哪一种物体，只要受到外来光波的照射，光就会和组成物体的物质微粒发生作用。由于组成物质的分子和分子间的结构不同，使入射的光分成几个部分：一部分被物体吸收，一部分被物体反射，再一部分穿透物体，继续传播。如图 5-6 所示。图中 Φ_i 为入射光通量；Φ_τ 为透射光通量；Φ_ρ 为反射光通量；Φ_a 为物体吸收的光通量。

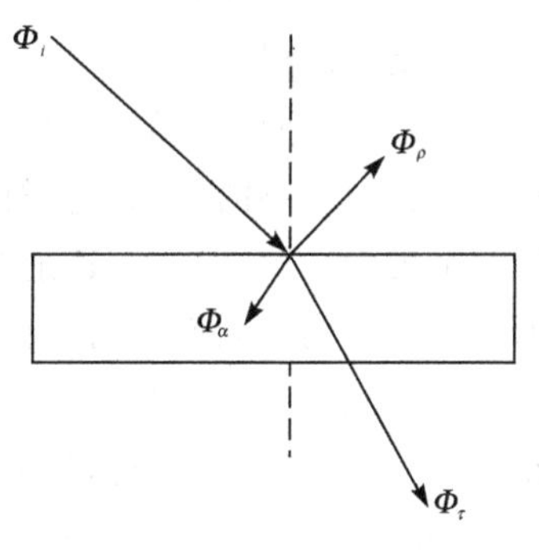

图 5-6　光的透射

透射是入射光经过折射穿过物体后的出射现象。被透射的物体为透明体或半透明体，如玻璃、滤色片等。若透明体是无色的，除少数光被反射外，大多数光均透过物体。为了表示透明体透过光的程度，通常用入射光通量 Φ_i 与透过后的光通量 Φ_τ 之比 τ 来表征物体的透光性质，τ 称为光透射率。

同样，我们可以分别把反射、吸收光通量与入射光通量之比，分别称为光反射比 ρ、光吸收比 α。

材料光学性质参数的定义、符号、公式见表 5-3。

表 5-3　材料光学性质参数的定义、符号、公式

反射比	被照面反射光通量和入射光通量之比	ρ	无量纲	$\rho=\Phi_\rho/\Phi_i$
透射比	被照面(物)透射光通量和入射光通量之比	τ	无量纲	$\tau=\Phi_\tau/\Phi_i$
吸收比	被照面(物)吸收光通量和入射光通量之比	a	无量纲	$a=\Phi_a/\Phi_i$

5.3.2　定向反射和透射

当光从一种介质射入另一种介质，例如从空气射入玻璃或水里时，在两种介质的界面上，光的传播方向发生改变，一部分光返回原来介质中，这种现象叫做光的反射。

光的反射遵循如下的规律：反射光线跟入射光线和法线在同一平面内，反射光线和入射光线分别位于法线的两侧，反射角等于入射角。这就是我们初中学过的光的反射定律。据光的反射定律，如果使光线逆着原来的反射光线射到界面上，反射光线就逆着原来的入射光线射出，就是说，在反射现象中光路是可逆的。

依据反射光分布情况的不同，材料反射可分为定向（规则）反射与非定向（扩散）反射两大类。

1. 定向反射

反射光分布的立体角无变化的反射称为定向反射。其主要特征是遵守光的反射定律：反射线与入射线分居法线的两侧，且位于入射线与法线所决定的平面内；反射角等于入射角。

光线照射到玻璃镜、磨光的金属等表面产生定向反射。这时在反射角的方向能清楚地看到光源的影像，入射角等于反射角，入射光线、反射光线和法线共面。它主要用于反光线反射到需要的地方如灯具；扩大空间如卫生间、小房间；化妆；地下建筑采光等。具有这种特性的材料称为定向反射材料，其特点是在反射方向上可以看见光源清晰的像，但眼睛移动到非反射方向便看不到。根据这一特性，若将定向反射材料置于适当位置，则可使需要增加照度的地方增加照度，但又不会在视线中出现光源的形象。

2. 定向透射

透射光方向一致的透射称为定向透射，亦称规则透射。其特点是通过这样的透射，可以看到材料另一侧的景物，这样的材料称为定向透射材料，如玻璃就是这样的材料。如果玻璃的两个表面彼此平行，则透射光与入射光方向基本一致（材料内部略有小折射），否则，便会因为折射角的不同而使另一侧的景物看不清楚，但透射光强大致不变。因此，一些既要获得一定的采光，又不希望室内外有视线干扰的建筑物常利用这一特性，将玻璃的表面刻成各种花纹，使两侧表面不平行，致使透过玻璃观察的外界形象模糊不清，可防止它们分散注意力。

光线照射玻璃、有机玻璃等表面会产生定向透射，这时它遵循折射定律。用平板玻璃能透过视线采光；用凹凸不平的压花玻璃能隔断视线采光。

经定向反射和定向透射后光源的亮度和发光强度，比光源原有的亮度和发光强度有所降低。

$$L_\rho = L\rho \quad 或 \quad L_\tau = L\tau \tag{5-5}$$

$$I_\rho = I\rho \quad 或 \quad I_\tau = I\tau \tag{5-6}$$

式中：L_ρ、L_τ——经过反射或透射后的光源亮度；

I_ρ、I_τ——经过反射或透射后的发光强度；

L、I——光源原有亮度或发光强度；

τ、ρ——材料的反射比或透射比。

5.3.3 扩散反射和透射

半透明材料使入射光线发生扩散透射，表面粗糙的不透明材料使入射光线发生扩散反射，使光线分散在更大的立体角范围内。这类材料又可按它的扩散特性分为均匀扩散材料和定向扩散材料两种。

1. 均匀扩散透射

光线射入材料后向四面八方发生透射(透射光的方向不一致)的现象称为扩散透射。若从各个方向观察,材料的亮度均相同,这样的透射称为均匀扩散透射。具有这种性能的材料称为均匀扩散透射材料,其亮度与发光强度的分布如图 5-7 所示。乳白色玻璃、半透明塑料均属这样的材料。

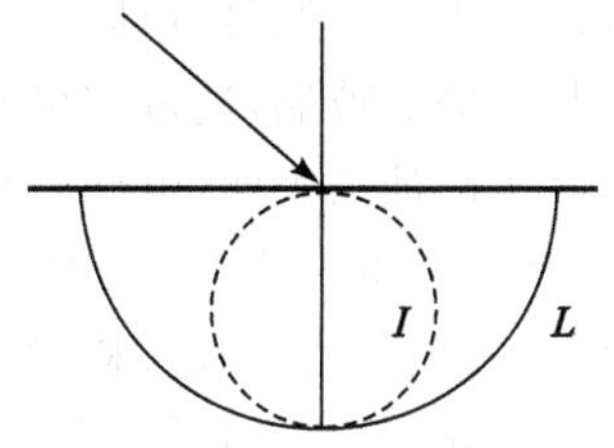

图 5-7　均匀扩散透射的 L 和 I 分布

光线照射到乳白玻璃、乳白有机玻璃、半透明塑料等表面时,透过的光线各个角度亮度相同,看不见光源的影像。均匀扩散材料这类材料将入射光线均匀地向四面八方反射或透射,从各个角度看,其亮度完全相同,看不见光源形象。均匀扩散反射(漫反射)材料有氧化镁、石膏等。但大部分无光泽、粗糙的建筑材料,如粉刷、砖墙等都可以近似地看成这一类材料。均匀扩散透射(漫透射)材料有乳白玻璃和半透明塑料等,透过它看不见光源形象或外界景物,只能看见材料的本色和亮度上的变化,常将它用于灯罩、发光顶棚,以降低光源的亮度,减少刺眼程度。

表 5-4　常见材料的光投射比

材料	颜色	厚度(mm)	τ 值	材料	颜色	厚度(mm)	τ 值
普通玻璃	无	3～6	0.78～0.82	聚苯乙烯板	无	3	0.78
钢化玻璃	无	5～6	0.78	聚氯乙烯板	本色	2	0.60
磨砂玻璃(花纹深密)	无	3～6	0.55～0.60	聚碳酸酯板	无	3	0.74
压花玻璃(花纹深密)	无	3	0.57	聚酯玻璃钢板	本色	3～4层布	0.73～0.77
(花纹浅稀)	无	3	0.71		绿	3～4层布	0.62～0.67
夹丝玻璃	无	6	0.76	小波玻璃钢瓦	绿	—	0.38
压花夹丝玻璃(花纹浅稀)	无	6	0.66	大波玻璃钢瓦	绿	—0.48	
夹层安全玻璃	无	3+3	0.78	玻璃钢罩	本色	3～4层布	0.72～0.74
双层隔热玻璃				钢窗纱	绿	—	0.70
(空气层厚 5mm)	无	3+5+3	0.64	镀锌铁丝网		—	
吸热玻璃	蓝	3～5	0.52～0.64	(孔 20mm×20mm)	—	—	0.89
乳白玻璃	乳白	3	0.60	茶色玻璃	茶色	3～6	0.08～0.50
有机玻璃	无	2～6	0.85	中空玻璃	无	3+3	0.81
乳白有机玻璃	乳白	3	0.20	安全玻璃	无	3+3	0.84

注:①表中所列 τ 值系在扩散光条件下测定的。
②双层中空玻璃厚度系指平板玻璃尺寸,中间空隙为 5mm。

2. 定向扩散反射和透射

在某一反射方向上有最大亮度,而在其他方向上也有一定亮度的反射称为定向扩散反射,具有这种反光特性的材料称为定向扩散反射材料,它实际上是定向反射与扩散反射的综合。

某些材料同时具有定向和扩散两种性质。它在定向反射(透射)方向,具有最大的亮度,而在其他方向也有一定亮度。具有这种性质的反光材料有光滑的纸、较粗糙的金属表面、油漆表面等。这时在反射方向可以看到光源的大致形象，但轮廓不像定向反射那样清晰，而在其他方向又类似扩散材料具有一定亮度，但不像定向反射材料那样没有亮度。这种性质的透光材料如磨砂玻璃，透过它可看到光源的大致形象，但不清晰。常见的办公桌表面处理方式——深色的油漆表面，由于它具有定向扩散反射特性，在桌面上看到两条明显的荧光灯反射形象，但边沿不太清晰。在深色桌面衬托下感到特别刺眼，很影响工作。如果在办公桌的一侧，用一浅色均匀扩散材料代替原有的深色油漆表面，由于它的均匀扩散性能，使反射光通量均匀分布，故亮度均匀，看不见荧光灯管形象，给工作创造了良好的视觉条件。

复习思考题

1. 名词解释：

   光通量；发光强度；照度；亮度

2. 当采光面积相同和相对尺寸一样时，侧窗和平天窗的采光效率哪个高？为什么？
3. 亮度和照度之间的关系是什么？
4. 建筑中常见的定向反射和定向透射材料有哪些？它们各有什么特点？
5. 建筑中常见的均匀扩散反射材料有哪些？它们多用在建筑中的哪些构件上？

第6章 天然采光

学习目标：了解光气候的组成和影响因素，理解采光系数概念，了解采光标准。掌握不同采光口的特点以及采光设计的步骤和方法。

6.1 光气候与采光标准

在天然采光的房间里，室内的光线随着室外天气的变化而改变。因此，要设计好室内采光，必须对当地的室外照度状况以及影响它变化的气象因素有所了解，以便在设计中采取相应措施，保证采光需要。所谓光气候就是由太阳直射光、天空漫射光和地面反射光形成的天然光平均状况。下面简要地介绍一些光气候知识。

6.1.1 天然光的组成和影响因素

由于地球与太阳相距很远，故可认为太阳光是平行地射到地球上。太阳光穿过大气层时，一部分透过它射到地面，称为太阳直射光，它形成的照度大，并具有一定方向，在被照射物体背后出现明显的阴影；另一部分碰到大气层中的空气分子、灰尘、水蒸气等微粒，产生多次反射，形成天空漫射光，使天空具有一定亮度，它在地面上形成的照度较小，没有一定方向，不能形成阴影；太阳直射光和天空漫射光射到地球表面上后产生反射光，并在地球表面与天空之间产生多次反射，使地球表面和天空的亮度有所增加。在进行采光计算时，除地表面被白雪或白沙覆盖的情况外，可不考虑地面反射光影响。因此，全云天时只有天空漫射光；晴天时室外天然光由太阳直射光和天空漫射光两部分组成。这两部分光的比例随天空中的云量和云是否将太阳遮住而变。太阳直射光在总照度中的比例由无云天时的90%到全云天时的零；天空漫射光则相反，在总照度中所占比例由无云天的10%到全云天的100%。随着两种光线所占比例的不同，地面上阴影的明显程度也改变，总照度大小也不一样。现在分别按不同天气来看室外光气候的变化情况。

6.1.2 晴天

天空无云或很少云(云量为0～3级)。晴天天然光由太阳直射光和天空扩散光两部分组成。直射光占90%，天空扩散光占10%。天空最亮处在太阳附近，亮度最低值在与太阳成90°角处。太阳亮度为20×10^4sb(1sb=104cd/m^2)，无云蓝天亮度为0.2～2.0sb。

6.1.3 全云天

全云天是指天空全部为云所遮盖，看不见太阳，因此室外天然光全部为漫射光，物体后面没有阴影。这时地面照度取决于：

(1)太阳高度角。阴天中午仍然比早晚的照度高。

(2)云状。不同的云由于它们的组成成分不同，对光线的影响也不同。低云云层厚，位置靠近地面，主要由水蒸气组成，故遮挡和吸收大量光线，如下雨时的云，这时天空亮度降低，地面照度也很小。高云是由冰晶组成，反光能力强，此时天空亮度达到最大，地面照度也高。

(3)地面反射能力。由于光在云层和地面间多次反射，使天空亮度增加，地面上的漫射光照度也显著提高，特别是当地面积雪时，漫射光照度比无雪时可提高达 8 倍以上。

(4)大气透明度。如工业区烟尘对大气的污染，使大气杂质增加，大气透明度降低，于是室外照度大大降低。以上四个因素都影响室外照度，而它们本身在一天中也是变化的，必然也使室外照度随之变化，只是其幅度没有晴天那样剧烈。至于全云天的天空亮度，则是相对稳定的，它不受太阳位置的影响，近似地按下式变化：

$$L_\theta=\frac{1+2\sin\theta}{3}\cdot L_z \tag{6-1}$$

式中：L_z——天顶亮度，天顶亮度是接近地平线处天空亮度的 3 倍；

L_θ——与地面呈 θ 角处的天空亮度。

这样的天空叫 CIE 全云天空。采光设计与采光计算都假设天空为全云天空，计算起来比较简单。

在全云天空下，地平面的照度用下式计算：

$$E_{地}=\frac{7}{9}\cdot\pi\cdot L_z \tag{6-2}$$

式中：$L_{地}$——地面照度，lx；

L_z——天顶亮度，cd/m^2。

6.1.4 采光系数

我国目前采光设计依据是 2001 年 07 月 31 日发布的《建筑采光设计标准》(GB/T50033—2001)。它是建设部会同有关部门共同对《工业企业采光设计标准》(GB50033—91)进行修订后，更名为《建筑采光设计标准》，经有关部门会审，批准为国家标准，编号为 GB/T 50033—2001，自 2001 年 11 月 1 日起施行，原《工业企业采光设计标准》(GB 50033—91)同时废止。

室外照度是经常变化的，这必然使室内照度随之而变，不可能是一固定值，因此对采光数量的要求，我国和其他许多国家都用相对值。这一相对值称为采光系数(C)，它是在全阴天空漫射光照射下，室内某一点给定平面上的天然光照度(E_n)和同一时间、同一地点，在室外无遮挡水平面上的天空漫射光照度(E_w)的比值，即采光系数计算公式为

$$C=\frac{E_n}{E_w}\cdot 100\% \tag{6-3}$$

式中：C——采光系数，%；

E_n——室内某一点的天然光照度，lx；

E_w——同一时间室外天无云遮挡情况下的水平照度，lx。

利用采光系数这一概念，就可根据室内要求的照度换算出需要的室外照度，或由室外照度值求出当时的室内照度，而不受照度变化的影响，以适应天然光多变的特点。

6.1.5 采光系数标准值

不同情况的视看对象要求不同的照度，而照度在一定范围内是愈高愈好，照度愈高，工作效率愈高。但高照度意味着投资大，故它的确定必须既考虑到视觉工作的需要，又照顾到经济上的可能性和技术上的合理性。采光标准综合考虑了视觉试验结果、对已建成建筑的采光现状进行的现场调查、采光口的经济分析、我国光气候特征，以及我国国民经济发展等因素，将视觉工作分为Ⅰ～Ⅴ级，提出了各级视觉工作要求的天然光照度最低值为 250、150、100、50、25lx。

我们把室内天然光照度等于采光标准规定的标准值时的室外照度称为"临界照度"，用 E_t 表示，也就是开始需要采用人工照明时的室外照度值，E_t 值的确定影响开窗大小、人工照明使用时间等，有一定的经济意义。经过不同临界照度值对各种费用的综合比较，考虑到开窗的可能性，采光标准规定我国Ⅲ类光气候区的临界照度值为 5000lx。确定这一值后就可将室内天然光照度换算成采光系数。由于不同的采光类型在室内形成不同的光分布，故采光标准按采光类型，分别提出不同的要求。顶部采光时，室内照度分布均匀，采用采光系数平均值。侧面采光时，室内光线变化大，故用采光系数最低值。采光系数标准值见表 6-1。

表 6-1　视觉作业场所工作面上的采光系数标准值

采光等级	视觉作业分类		侧面采光		顶部采光	
	作业精确度	识别对象的最小尺寸 d (mm)	采光系统最低值 C_{min} (%)	室内天然光临界照度 (lx)	采光系数平均值 C_{av} (%)	室内天然光临界照度 (lx)
Ⅰ	特别精细	$d \leqslant 0.15$	5	250	7	350
Ⅱ	很精细	$0.15 < d \leqslant 0.3$	3	150	4.5	225
Ⅲ	精细	$0.3 < d \leqslant 1.0$	2	100	3	150
Ⅳ	一般	$1.0 < d \leqslant 5.0$	1	50	1.5	75
Ⅴ	粗糙	$d > 5.0$	0.5	25	0.7	35

注：表中所列采光系数标准值适用于我国Ⅲ类光气候区。采光系数标准值是根据室外临界照度为 5000lx 制定的。亮度对比小的Ⅱ、Ⅲ级视觉作业，其采光等级可提高一级采用。

不同建筑的采光系数标准值应分别符合表 6-2，表 6-3，表 6-4 的规定。

表 6-2 居住建筑的采光系数标准值

采光等级	房间名称	侧面采光	
		采光系数最低值 C_{min}(%)	室内天然光临界照度(lx)
Ⅳ	起居室(厅)、卧室、书房、厨房	1	50
Ⅴ	卫生间、过厅、楼梯间、餐厅	0.5	25

表 6-3 医院建筑的采光系数标准值

采光等级	房间名称	侧面采光		顶部采光	
		采光系数最低值 C_{min}(%)	室内天然光临界照度(lx)	采光系数平均值 C_{av}(%)	室内天然光临界照度(lx)
Ⅲ	诊室、药房、治疗室、化验室	2	100	—	—
Ⅳ	候诊室、挂号处、综合大厅病房、医生办公室(护士室)	1	50	1.5	75
Ⅴ	走道、楼梯间、卫生间	0.5	25	—	—

表 6-4 图书馆建筑的采光系数标准值

采光等级	房间名称	侧面采光		顶部采光	
		采光系数最低值 C_{min}(%)	室内天然光临界照度(lx)	采光系数平均值 C_{av}(%)	室内天然光临界照度(lx)
Ⅲ	阅览室、开架书库	2	100	—	—
Ⅳ	目录室	1	50	1.5	75
Ⅴ	书库、走道、楼梯间、卫生间	0.5	25	—	—

表 6-5 办公建筑的采光系数标准值

采光等级	房间名称	侧面采光	
		采光系数最低值 C_{min}(%)	室内天然光临界照度(lx)
Ⅱ	设计室、绘图室	3	150
Ⅲ	办公室、视屏工作室、会议室	2	100
Ⅳ	复印室、档案室	1	50
Ⅴ	走道、楼梯间、卫生间	0.5	25

表 6-6 学校建筑的采光系数标准值

采光等级	房间名称	侧面采光	
		采光系数最低值 C_{min}(%)	室内天然光临界照度(lx)
Ⅲ	教室、阶梯教室实验室、报告厅	2	100
Ⅴ	走道、楼梯间、卫生间	0.5	25

6.1.6 光气候分区

为了获得较长期完整的光气候资料，中国气象科学研究院和中国建筑科学研究院于1983年到1984年期间组织了北京、重庆等气象台（站）对室外地面照度进行了两年的连续观测。在观测中还对日辐射强度和照度进行了对比观测，并搜集了观测时的各种气象因素。通过这些资料，回归分析出日辐射值与照度的比值——辐射光当量 K 与各种气象因素间的关系。利用这种关系就可算出各地区的辐射光当量值。通过各地区的辐射光当量值与当地多年日辐射观测值换算出该地区的照度资料。

根据天然光的分布情况，标准将我国光气候分为五区。用光气候系数与相应室外临界照度表示该区天然光的高低。如北京为Ⅲ类光气候区，重庆为Ⅴ类光气候区。北京的光气候系数为1.0。要取得同样照度，Ⅰ类光气区开窗面积最小，Ⅴ类光气候区开窗面积最大。各区具体采光系数标准为表6-1"视觉作业场所工作面上的采光系数标准值"中所列值乘上各区的光气候系数。

6.1.7 照度均匀度

视野内照度分布不均匀，易使人眼疲乏，视功能下降，影响工作效率。因此，要求房间内照度分布应有一定的均匀度（照度均匀度是指在距地面1m高的假想水平面上，即在假定工作面上的采光系数的最低值与平均值之比；也可认为是室内照度最低值与室内照度平均值之比），故标准提出顶部采光时Ⅰ～Ⅳ级采光等级的采光均匀度不宜小于0.7。

6.1.8 眩光限制

侧窗位置较低，对于工作视线处于水平的场所极易形成不舒适眩光。故宜考虑侧窗不舒适眩光情况，具体值见表6-7。

表 6-7　眩光的评价

眩光评价等级	眩光等级	眩光评价值		适用场所举例
		窗亮度（cd/m^2）	窗眩光指数（DGI）	
A	刚好无感觉	2000	20	精密仪器、仪表加工和装配车间，光学仪器精加工和装配车间，工艺美术工厂雕刻、绘画车间
B	刚好有轻感觉	4000	23	精密机械加工和装配车间，纺织厂精纺、织造及检验车间，设计室，绘图室
C	刚好可接受	6000	25	机电装配车间，机修、电修车间，印刷厂装订车间，木工车间，电镀车间，漆漆车间
D	刚好不舒适	7000	27	焊接车间，钣金车间，冲压剪切车间，有色冶金工厂冶炼车间，玻璃厂退火车间
E	刚好能忍受	8000	28	造纸厂原料处理车间，化工厂原料准备车间、配料间、原料间、大、小作贮存库

6.2 采光口

为了获得天然光，人们常在建筑物的外围护结构(墙或屋顶)上开设各种洞口，装上各种透明材料(如玻璃等)做的窗扇，以起采光、通风、保温、隔热、隔声、泄爆等作用，这样的洞口称为采光口，亦称窗口。依据窗口所处位置的不同，采光窗口可分为侧窗及天窗两大类。

6.2.1 侧窗

侧窗是在房间的一侧或两侧墙上开的采光口，是最常见的一种采光形式，如图 6-1 所示。它一般放置在 0.9m 左右高度。有时为了争取更多的可用墙面，或提高房间深处的照度，以及其他原因，将窗台提高到 2m 以上，称为高侧窗。高侧窗常用于展览建筑，以争取更多的展出墙面；用于厂房以提高房间深处照度；用于仓库以增加贮存空间。

侧窗构造简单，布置方便，造价低，光线的方向性好，有利于形成阴影，适于观看立体感强的物体，并可通过窗看到室外景观，扩大视野，在大量的民用建筑和工业建筑中得到广泛的应用。侧窗的主要缺点是照度分布不均匀，近窗处照度高，照度沿房间进深方向下降很快。改进侧窗采光特性的措施有：使用扩散透光材料(乳白玻璃、玻璃砖)；使用折射玻璃；采用倾斜顶棚；调节小区布局，减轻挡光影响；与周围物体保持适当距离，防止遮挡等。

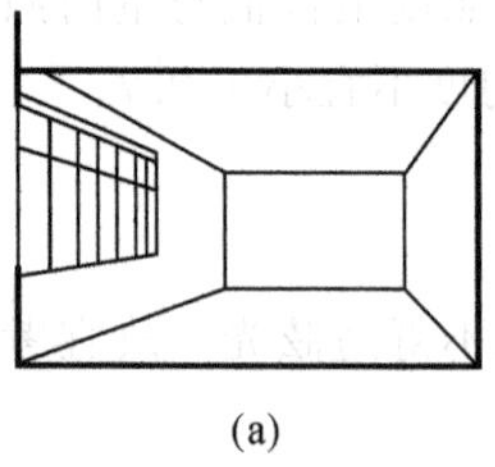

(a)

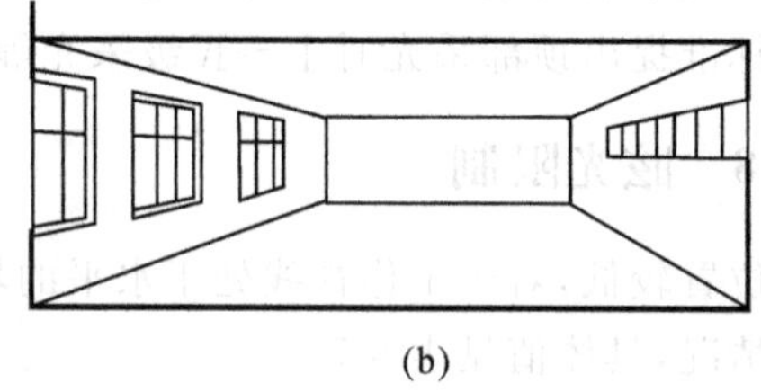

(b)

图 6-1　侧窗的形式

依据窗面的几何形状，侧窗又可分为方形窗(窗面呈正方形的窗)、竖长方形窗(窗面呈竖长方形的窗)、横长方形窗(窗面呈横长方形的窗)。从采光量来说，在窗面积相等的情况下，方形窗采光量最大，竖长方形窗次之，横长方形窗最小；从照度的均匀性来讲，竖长方形窗在进深方向上均匀性较好，适合于窄而深的房间；横长方形窗在宽度方向上均匀性较好，适合于宽而浅的房间；方形窗的情况居中，适合于方形房间，在实际中，这样的房间较为少见。

侧窗位置的高低对房间纵向采光的均匀性有很大的影响。一般而言，低窗时，近窗处照度较高，往里则迅速下降，至对面内墙处照度最低。若窗户位置提高，则近窗处照度与低窗时相比会有所下降，但离窗口稍远一点的地方则照度大为提高，且均匀性亦较低窗情况大大提高。

影响房间横向采光均匀性的主要因素是窗间墙，窗间墙愈宽，横向均匀性愈差，特别是靠近外墙区域。由于窗间墙的存在，靠墙地带照度很不均匀，如在这里布置工作台(一般都有)，光线就很不均匀。如采用通长窗，靠墙区域的采光系数虽然不一定很高，但很均匀。因此沿墙边布置连续的工作台时，应尽可能将窗间墙缩小，以减少不均匀性，或将工作台离墙布置,避开不均匀区域。

下面分析侧窗的尺寸、位置对室内采光的影响。窗面积的减少,肯定会减少室内的采光量,但不同的减少方式,却对室内采光状况带来不同的影响。图 6-2 表示窗上沿高度不变,用提高窗台来减少窗面积。从图中不同曲线可看出,随着窗台的提高,室内深处的照度变化不大,但近窗处的照度明显下降,而且出现拐点(空心圈,它表示这里出现照度变化趋势的改变)往内移。

图 6-3 表示窗台高度不变,窗上沿高度变化对室内采光分布的影响。这时近窗处照度变小,但不像图 6-2 变化大,而且未出现拐点,但离窗远处照度的下降逐渐明显。

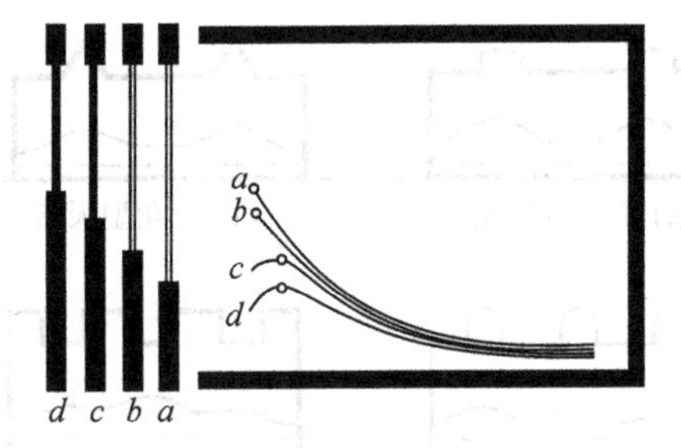

图 6-2　窗台高度变化对室内采光的影响

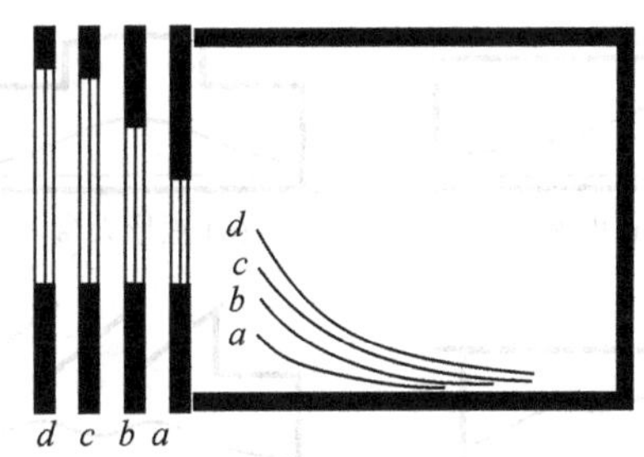

图 6-3　窗上沿高度变化对室内采光的影响

高侧窗常用在美术展览馆中,以增加展出墙面,这时,内墙(常在墙面上布置展品)的墙面照度对展出的效果影响较大。随着内墙面与窗口距离的增加,内墙墙面的照度降低,并且照度分布也有改变。离窗口愈远,照度愈低,照度最高点(圆圈)也往下移,而且照度变化趋于平缓。还可以调整窗洞高低位置,使照度最高值处于画面中心。

图 6-4 表明窗高不变,改变窗的宽度使窗面积减小。这时的变化情况可从平面图上看出:随着窗宽的减小,墙角处的暗角面积增大。从窗中轴剖面来看,窗无限长和窗宽为窗高 4 倍时差别不大,特别是近窗处。但当窗宽小于 4 倍窗高时,照度变化加剧,特别是近窗处,拐点往外移。

以上是阴天时的情况,这时窗口朝向对室内采光状况无影响。但在晴天,不仅窗洞尺度、位置对室内采光状况有影响,而且不同朝向的室内采光状况不大相同。

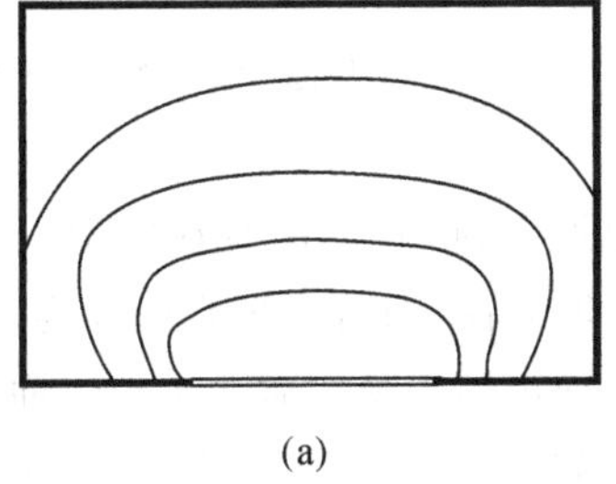

(a)

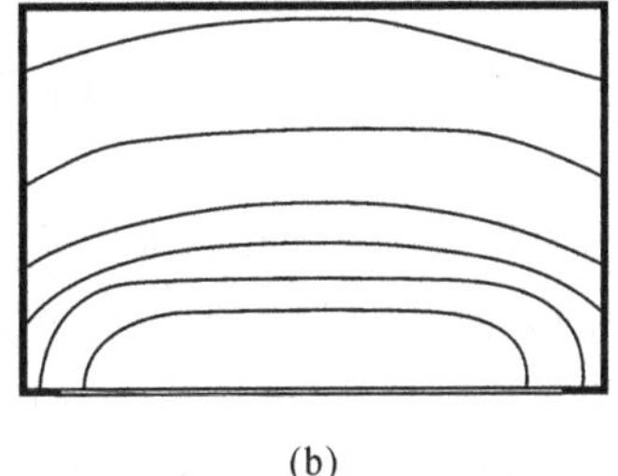

(b)

图 6-4　窗长变化对室内采光的影响

由上述可知,侧窗的采光特点是照度沿房间进深下降很快,分布很不均匀,虽然可用提高窗位置的办法来解决一些,但这种办法又受到层高的限制,故这种窗只能保证有限进深的采光要求,一般不超过窗高的 2 倍;更深的地方宜采用人工照明补充。

为了克服侧窗采光照度变化剧烈，在房间深处照度不足的缺点，除了提高窗位置外，还可采用乳白玻璃、玻璃砖等扩散透光材料，或采用将光线折射至顶棚的折射玻璃。这些材料在一定程度上能提高房间深处的照度，有利于加大房屋进深，降低造价。

6.2.2 天窗

随着建筑物室内面积的增大，用单一的侧窗已不能满足生产需要，故在单层房屋中出现顶部采光形式，通称天窗。由于使用要求不同，产生各种不同的侧窗和天窗形式(见图6-5)，下面分别介绍它们的采光特性。

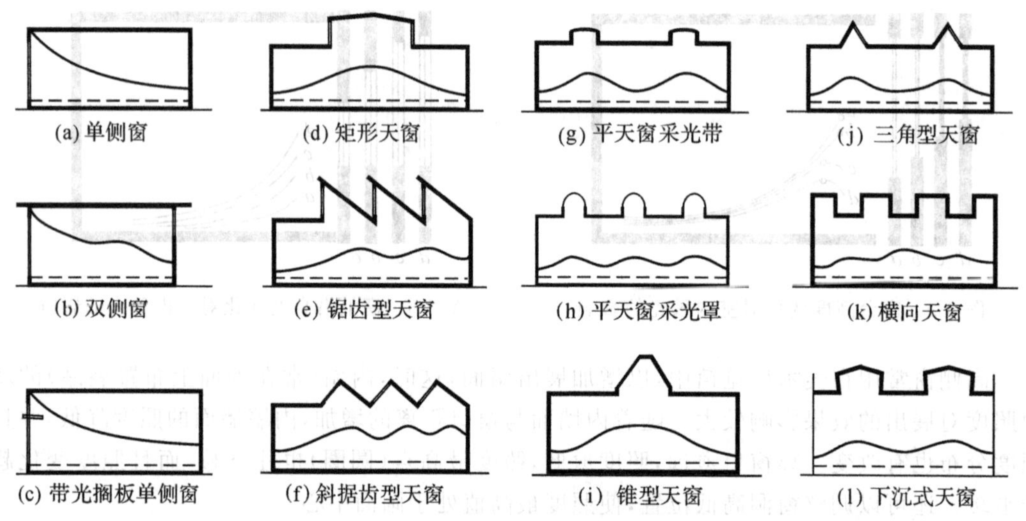

图 6-5 天窗的形式

1. 矩形天窗

矩形天窗采光口呈矩形的天窗称为矩形天窗，常由装在屋架上的天窗架和天窗架上的窗扇所组成，其窗扇一般可以开启，既起采光作用，又起通风作用。矩形天窗是一种常见的天窗形式。实质上，矩形天窗相当于提高位置(安装在屋顶上)的高侧窗，它的采光特性也与高侧窗相似。

矩形天窗有很多种，名称也不相同，如纵向矩形天窗、梯形天窗、横向矩形天窗和井式天窗等。

其中纵向矩形天窗是使用得非常普遍的一种矩形天窗，它是由装在屋架上的一列天窗架构成的，窗的方向垂直于屋架方向，故称为纵向矩形天窗，通常又把它简称为矩形天窗；如将矩形天窗的玻璃倾斜放置，则称为梯形天窗；另一种矩形天窗的做法是把屋面板隔跨分别架设在屋架上弦和下弦的位置，利用上、下屋面板之间的空隙作为采光口，这种天窗称为横向矩形天窗，简称为横向天窗，有人又把它称为下沉式天窗；井式天窗与横向天窗的区别仅在于后者是沿屋架全长形成巷道，而井式天窗为了通风上需要，只在屋架的局部作成采光口，使井口较小，起抽风作用。

这种天窗的突出特点是采光比侧窗均匀，即工作面照度比较均匀，天窗位置较高，不易形成眩光，在大量的工业建筑，如需要通风的热加工车间和机加工车间应用普遍。为了避免直射阳光射入室内，天窗的玻璃最好朝向南北，这样阳光射入的时间少，也易于遮挡。

影响矩形天窗照度分布的因素主要有三个方面：

(1)天窗宽度(两天窗间距)

一般而言，宽度越大，照度的均匀性就越好，但宽度过大会导致结构复杂，且会造成相邻两跨天窗相互遮挡。因此，天窗宽度一般以取建筑跨度值的50%为好。

(2)天窗位置的高度(天窗下沿至工作面的高度)

一般而言，位置越高，照度的均匀性越好。但是，位置过高将会导致照度平均值下降，因此，天窗位置高度一般宜取建筑跨度值的35%～70%。

(3)天窗的窗地比(窗面积与地面积的比值)

一般而言，比值越大，室内照度越高。但是，试验表明，当比值达到35%时，再增加窗面积，则室内照度几乎无变化。因此其窗地比值常取35%左右。

2. 锯齿形天窗

这种天窗有倾斜的顶棚作反射面，增加了反射光分量，采光效率比矩形天窗高，窗口一般朝北，以防止直射阳光进入室内，而不影响室内温度和湿度的调节，光线均匀，方向性强，在纺织厂大量使用这种天窗，轻工业厂房也常采用这种天窗。

锯齿形天窗与单侧高侧窗效果相似，其采光系数的平均值约为7%，能满足精密工作的采光要求，常用于一些需要调节温度与湿度的车间，如纺织车间等。无论是矩形天窗还是锯齿形天窗，均需使用天窗架，因此，其构造复杂，造价高，且不能保证高采光系数，于是便产生了其他的天窗类型。

3. 平天窗

平天窗是在屋面直接开洞，铺上透光材料(如钢化玻璃、夹丝平板玻璃、玻璃钢、塑料等)。由于不需特殊的天窗架，降低了建筑高度，简化结构，施工方便，据有关资料介绍，它的造价仅为矩形天窗的20%～30%。由于平天窗的玻璃面接近水平，故它在水平面的投影面积较同样面积的垂直窗的投影面积大。这种天窗的特点是采光效率高，从照度和亮度之间的关系式看出，对计算点处于相同位置的矩形天窗和平天窗，如果面积相等，平天窗对计算点形成的立体角大，所以其照度值就高。根据立体角投影定律，如天空亮度相同，则平天窗在水平面形成的照度比矩形天窗大，它的采光效率比矩形天窗高2～3倍。

另外平天窗采光均匀性好，布置灵活，不需要天窗架，能降低建筑高度，在大面积车间和中庭常使用平天窗。设计时应注意采取防止污染、防直射阳光影响和防止结露措施。

4. 井式天窗

它利用屋架上、下弦之间的空间，将几块屋面板放在下弦杆上，形成井口状的采光口，称为井式天窗。井式天窗与横向天窗不同，横向天窗是沿屋架全长形成井口，而井式天窗则是在屋架局部形成井口，且井口面积较小，起抽风作用，利于车间通风。

井式天窗主要用于热车间。为了通风顺畅，开口处常不设玻璃窗扇。为了防止飘雨，除屋面作挑檐外，开口高度大时还在中间加几排挡雨板。这些挡雨板挡光很厉害，光线很少能直接射入车间，而都是经过井底板反射进入，因此采光系数一般在1%以下。虽然这样，在采光上仍然比旧式矩形避风天窗好，而且通风效果更好。如车间还有采光要求时，可将挡雨板做成垂直玻璃挡雨板，这样对室内采光条件改善很多。但由于它处于烟尘出口处，较易积尘，如不经常清扫，仍会影响室内采光效果。也可在屋面板上另设平天窗来解决采光需要。

6.3 采光设计

采光设计的目的是使室内获得一个良好的光环境，保证视觉工作的顺利进行，有时还必须同时考虑通风、泄爆、经济等问题，为此必须根据用户的要求，综合考虑，以提出最佳的设计方案(包括采光口的最佳形式、位置及尺寸等)。

采光设计通常可按如下方法及步骤来进行。

6.3.1 收集资料

为了做到有的放矢，心中有数，设计前进行资料收集是非常必要的。这一工作通常包含如下内容：

1. 了解客户的采光要求

(1)了解房间的工作特点及精密度

同一个房间的工作不一定是完全一样的。我国对此已有了明确规定(参见表6-8)，必须依照标准执行。

表6-8 房间采光等级举例

采光等级	工业建筑	其他各类建筑
Ⅰ	精密机械和精密机电成品检验车间 精密仪表加工和装配车间 光学仪器精加工和装配车间 印刷厂锈版车间 工艺美术厂木工雕刻、刺绣、绘画车间 毛纺厂选毛车间	
Ⅱ	精密机械加工和装配车间 精密机电装配车间 光学元件抛光车间 造纸厂选纸车间 纺织厂精纺、织造及检验车间	工艺室、设计室、绘图室、打字室、阅览室、陈列室、医务所的诊察室、包孔室
Ⅲ	印刷厂装订车间 造纸厂造纸车间 纺织厂前纺、上浆车间 机械加工和装配车间 机电装配车间	厂部及车间办公室、资料室、会议室、报告厅、广播室、托儿所、幼儿园的活动室、哺乳室、餐厅、厨房、理发室
Ⅳ	焊接、钣金、冲压剪切车间 锻工、热处理车间 食品厂糖果、饼干加工、包装车间 卷烟厂制丝车间 纺织厂清花、包装车间	车间休息室、吸烟室、浴室、更衣室、盥洗室、门厅
Ⅴ	压缩机、风机、锅炉、泵房 汽车库 大、中件贮存库 配料、原料间 耐火材料加工车间	楼梯间、走道、储藏室、库房

注：详见《建筑采光设计标准》。

(2)工作区域和工作面位置

不同的工作区域往往对采光有不同的要求，因此，应考虑将对照度要求高的布置在窗口附近，要求不高的则应离窗口远一些。

了解工作面位置。工作面有垂直、水平或倾斜的，它与选择窗的形式和位置有关。例如侧窗在垂直工作面上形成的照度高，这时窗至工作面的距离对采光的影响较小，但正对光线的垂直面光线好，背面就差得多。对水平工作面而言，它与侧窗距离的远近对采光影响就很大，不如平天窗效果好。值得注意，我国采光设计标准推荐的采光计算方法仅适用于水平工作面。

(3)了解工作对象的表面状况

工作表面是平面或是立体，是光滑的(镜面反射)或粗糙的，对于确定窗的位置有一定意义。例如对平面对象(如看书)而言，光的方向性无多大关系；但对于立体零件，一定角度的光线，能形成阴影，可加大亮度对比，提高视度。而光滑的零件表面，由于镜面反射，若窗的位置安设不当，可能使明亮的窗口形象恰好反射到工作者的眼中，严重影响视度，需采取相应措施来防止。

(4)工作中是否允许光线直接进入室内

光线直接射入室内，易生眩光及产生过热，应通过窗口选型、朝向、安装等措施加以避免。

(5)其他要求

很多房间，除了考虑满足光环境要求外，还须同时考虑其他要求，例如：

a)采暖

窗的大小及朝向对热损失有很大的影响，在北方采暖地区，必须认真考虑这一问题，适当控制北向窗口面积的大小。

b)通风

有的房间(车间)在生产中会产生大量的热量，必须随时排出，这时宜在热源附近就地设置通风孔洞。若有尘埃与热量同时相伴，则应将排风孔与采光口分开，并留有适当距离，否则便可合二为一，得而兼之。

c)泄爆

有些房间，如粉尘很多的铝粉加工车间，储存有易燃、易爆物的仓库等，具有爆炸的危险，这时泄爆往往超过采光要求，应设大面积泄爆窗以解决减压问题，并适当注意解决眩光及过热的问题。

d)造型

窗户的形式与尺寸直接关系到建筑物的立面造型，设计时，既不能只考虑采光而忽视了建筑物的立面形象，也不能过分强调立面格调而使采光不足，或采光过度而刺眼。

e)经济

窗户的形式与大小直接关系到建筑物的造价，窗户过大，势必导致造价增加。因此，从经济角度考虑，应适当限制窗户的面积(在保证采光要求的前提下)。

f)周围环境

房间周围建筑物、构筑物、山丘、树木的高度以及它们到房间的距离等均会影响房间的采光、窗户的布置及开启，设计前必须先对它们有所了解。

6.3.2　选择采光口形式

根据房间的朝向、尺度、生产状况、周围环境，结合上一节介绍的各种采光口的采光特性来选择适合的采光口形式。采光口的形式主要有侧窗及天窗之分，宜根据客户要求、房间大小、朝向、周围环境及生产状况等条件综合而定。在一幢建筑物内可能采取几种不同的采光口形式，以满足不同的要求。例如在进深大的车间，往往边跨用侧窗，中间几跨用天窗来解决中间跨采光不足。又如车间长轴为南北向时，则宜采用横向天窗或锯齿形天窗，以避免阳光射入车间。

采光设计主要体现在采光口上，它对室内光环境的优劣起着决定的作用。采光口的确定主要包含如下内容：

确定采光口的位置侧窗常置于南北侧墙之上，具有建造简便、造价低廉、维护方便、经济实用等优点，宜尽量多开。

天窗常作侧窗采光不足之补充，其位置与大致尺寸（宽度、面积、间距等）宜根据车间剖面形式以及与相邻车间的关系来综合确定。

6.3.3　估算采光口的尺寸、采光口的面积(尺寸)

采光口的面积（尺寸）主要根据房间的视觉工作分级，按照相应的窗地比（参见表 6-9）来确定。若房（车）间既有侧窗，又有天窗，则宜先按侧窗查出窗地比，根据实际来布置侧窗，不足之处再用天窗来补充。对于长度超过 20m 的内走道，其两端均应布置采光口（窗地比不应小于 1/14）；超过 40m 的，则还应在中间加装采光口，或者采用人工照明来替代。

表 6-9　部分民用建筑主要用房窗地比

建筑类别	房间名称	窗地比
疗养院	疗养员活动室	1/4
	疗养室、调剂制剂室、医护办公室及治疗、诊断、检验等用房	1/6
	浴室、盥洗室、厕所（不包括疗养室附设的卫生间）	1/10
住宅	卧室、起居室、厨房	1/7
	厕所、卫生间、过厅	1/10
	楼梯间、走廊	1/14
托、幼建筑	音体活动室、活动室、乳儿室	1/5
	寝室、喂奶室、医务保健室、隔离室	1/6
	其他房间	1/8
文化馆	展览、阅览用房 美术书法工作室、美术书法教室	1/4
	游艺、交谊用房 文艺、音乐、舞蹈、戏曲等工作室 站室指导、群众文化研究部 普通教室、大教室、综合排练室	1/5

6.3.4 布置采光口

采光口的布置宜根据采光、通风、泄爆、日照、美观、维护方便等要求来综合考虑，先拟就几种方案，经过比较、择优，然后付诸实施。

经过以上步骤，确定了采光口形式、面积和位置，基本上达到初步设计的要求。由于它的面积是估算的，位置也不一定确定不变，故在进行技术设计之后，还应进行采光验算，以便最后确定它是否满足采光标准的各项要求。

6.3.5 采光计算

采光计算的目的在于验证所作的设计是否符合采光标准中规定的各项指标。其方法较多，下面仅择要介绍我国《工业企业采光标准》推荐的方法，其要点是利用图表，按房间的窗地比，查出各相关系数的值来进行计算。

设计时，可用以上某一种采光窗，也可同时使用几种窗，即混合采光方式。

采光窗洞口面积可按标准给出的窗地面积比估算。《建筑采光设计标准》(GB/T50033—2001)给出了适用于Ⅲ类气候区的普通玻璃单层铝窗的窗地面积比估算表(见表6-10)。建筑尺寸对应的窗地面积比，可按标准查相关表格的规定取值。

表 6-10　窗地面积比估算表

采光等级	侧面采光		顶部采光					
	侧窗		矩形天窗		锯齿形天窗		平天窗	
	民用建筑	工业建筑	民用建筑	工业建筑	民用建筑	工业建筑	民用建筑	工业建筑
Ⅰ	1/2.5	1/2.5	1/3	1/3	1/4	1/4	1/6	1/6
Ⅱ	1/3.5	1/3	1/4	1/3.5	1/6	1/5	1/8.5	1/8
Ⅲ	1/5	1/4	1/6	1/4.5	1/8	1/7	1/11	1/10
Ⅳ	1/7	1/6	1/10	1/18	1/12	1/10	1/18	1/13
Ⅴ	1/12	1/10	1/14	1/11	1/19	1/15	1/27	1/23

注：计算条件：民用建筑：Ⅰ～Ⅳ级为清洁房间，取 $\rho_j=0.5$；Ⅴ级为一般污染房间，取 $\rho_j=0.3$。

工业建筑：Ⅰ级为清洁房间，取 $\rho_j=0.5$；Ⅱ和Ⅲ级为清洁房间，取 $\rho_j=0.4$；Ⅳ级为一般污染房间，取 $\rho_j=0.4$；Ⅴ级为一般污染房间，取 $\rho_j=0.3$。

《建筑采光设计标准》(GB/T50033—2001)规定，采光设计时，宜进行采光系数计算，采光计算点应符合标准的规定，采光系数值可按下列公式计算：

1. 顶部采光

$$C_{av}=C_d \cdot K_\tau \cdot K_\rho \cdot K_g \cdot K_d \cdot K_f \tag{6-4}$$

式中：C_{av}——顶部采光平均采光系数，%；

C_d——天窗采光口的采光系数，%，按下图顶部采光计算图表确定，从图中看到采光系数和窗地面积比 A_c/A_d 成正比；

K_τ——顶部采光的总透光比：

$$K_\tau=\tau\cdot\tau_c\cdot\tau_w\cdot\tau_j \tag{6-5}$$

式中：τ——采光材料的透光比；

τ_c——窗结构的挡光折减比；

τ_w——窗玻璃污染折减比；

τ_j——室内构件的挡光折减比；

K_ρ——顶部采光的室内反射光增量系数；

K_g——高跨比修正系数。

2. 侧面采光

$$C_{\min}=C'_d\cdot K'_\tau\cdot K'_\rho\cdot K'_g\cdot K'_d\cdot K'_f \tag{6-6}$$

式中：$C_{\min}$——侧窗采光系数最低值；

C'_d——侧面采光窗洞口的采光系数。

K'_τ——侧面采光的总透光系数

$$K'_\tau=\tau\cdot\tau_c\cdot\tau_w \tag{6-7}$$

式中：τ、τ_c、τ_w 的含义与求法和顶部采光相同；

K'_ρ——侧面采光的室内反射光增量系数；$K'_\rho\geqslant1$；

K_w——侧面采光室外建筑物挡光折减系数；

K_c——侧面采光的窗宽修正系数，取建筑物的长度方向一面墙上的窗宽总和 $\sum b_c$ 与建筑物的长度 l 之比 $K_c=\sum b_c/l$；

K_f——晴天方向系数，北向垂直窗 $K_f=1$，其他方向都大于1。

对既有侧面采光，又有顶部采光的建筑要分别计算其采光系数的最低值 $C_{\min}$ 和平均值 C_{av}。

3. 美术展览馆采光设计举例

(1)适宜的照度：$C_{\min}=1\%$，$C_{av}=1.5\%$；

(2)避免直接眩光：观看展品时，窗口应处在视野范围之外，从参观者的眼睛到画框边缘和窗口边缘的夹角大于14°，见图6-6；

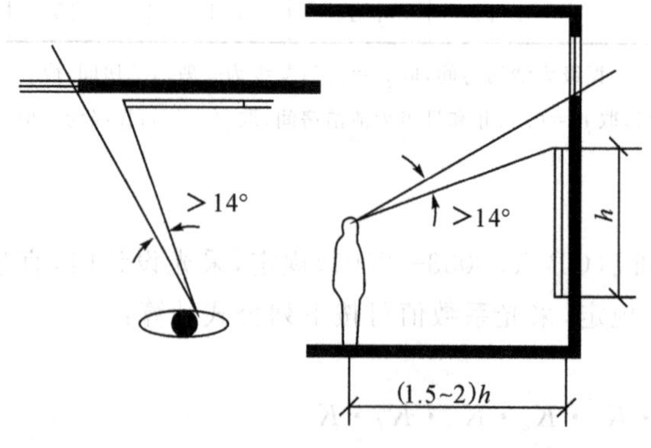

图6-6 避免直接眩光

(3)避免一、二次反射眩光：对面高侧窗的中心和画面中心连线和水平线的夹角大于50°(见图6-7)，二次反射眩光(见图6-8)可通过控制反射形象进入视线或减弱二次反射形象的亮度来避免；

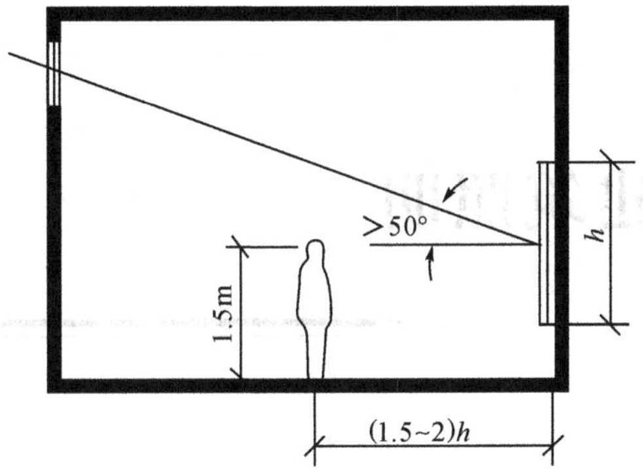

图 6-7　避免一次反射眩光

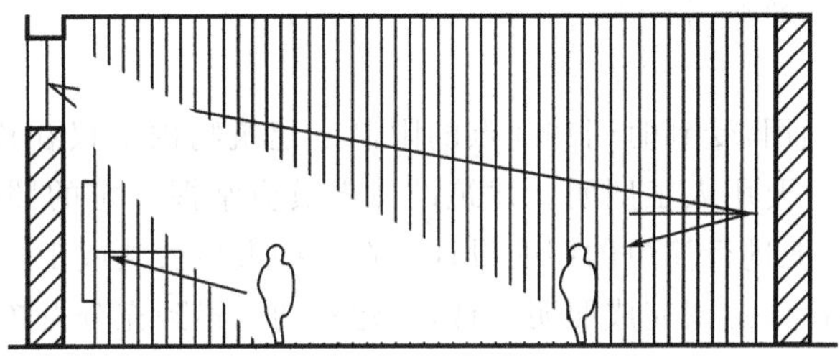

图 6-8　侧窗展室的一、二次反射图

(4)墙面的色调应采用中性，其反射比取 0.3 左右。

复习思考题

1. 什么是 CIE 全云天空，它的主要特点是什么？
2. 名词解释：采光系数，临界照度
3. 为改善侧窗沿房间进深方向采光不均，可以采用的主要措施有哪些？
4. 影响矩形天窗照度分布的因素有哪些？
5. 住宅、办公楼，教学楼主要使用房间，交通空间，卫生间等辅助房间的窗地比分别是多少？
6. 采光设计的主要步骤和内容是什么？

第7章　建筑照明

学习目标：了解人工光源的发光原理、灯具的分类、开关调光控制原理以及光学特性，室内外光环境设计和绿色照明的含义。掌握照明标准、照明质量的要求、灯具的选择，能够利用灯数概算法进行简单的照明计算。

人们对天然光的利用，受到时间和地点的限制。建筑物内不仅在夜间必须采用人工照明，在某些场合，白天也要用人工照明。建筑设计人员应掌握一定的照明知识，以便能在设计中考虑照明问题，并能进行简单的照明设计。在一些大型公共或工业建筑设计中，能协助电气专业人员按总的设计意图完成照明设计，使建筑功能得到充分发挥，并使室内显得更加美观。

7.1　人工光源

随着生产的发展，人类从利用篝火照明，逐渐发展到使用油灯、烛、煤气灯，直至现在使用电光源。电光源由于它们的发光条件不同，故其光电特性也各异。为了正确地选用电光源，必须对它们的光电特性、适用场合有所了解。建筑物内常用的几种光源的光电特性如下。

7.1.1　热辐射光源

任何物体的温度高于绝对温度零度，就向四周空间发射辐射能。当金属加热到1000K以上时，就发出可见光。温度愈高，可见光在总辐射中所占比例愈大。人们利用这一原理制造的照明光源称为热辐射光源。

1. 白炽灯

白炽灯是利用电流通过细钨丝所产生的高温而发光的热辐射光源。由于钨是一种熔点很高的金属（熔点3417℃），故白炽灯灯丝可加热到2300K以上。为了避免热量的散失和减少钨丝蒸发，将灯丝密封在一玻璃壳内；为了提高灯丝温度，以便发出更多的可见光，提高其发光效率，一般将灯泡内抽成真空，或充以惰性气体，并将灯丝做成双螺旋形（大功率灯泡采用此法）。即使这样，白炽灯的发光效率仍然不高，仅12～18.6lm/W左右。也就是说，只有2%～3%的电能转变为光，其余电能都以热辐射的形式损失掉了。表7-1列出白炽灯的光电参数和寿命。

由于材料、工艺等的限制，白炽灯的灯丝温度不能太高，故它发出的可见光以长波辐射为主，与天然光相比，白炽灯光色偏红。白炽灯的光谱特性如图 7-1 所示。

表 7-1　白炽灯光电参数和寿命

灯泡型号	额定值			
	电压(V)	功率(W)	光通量(lm)	寿命(h)
PZ220-15	220	15	110	1000
PZ220-25		25	220	
PZ220-40		40	350	
PZ220-60		60	630	
PZ220-100		100	1250	
PZ220-150		150	2090	
PZ220-200		200	2920	
PZ220-300		300	4610	
PZ220-500		500	8300	
PZ220-1000		1000	18600	

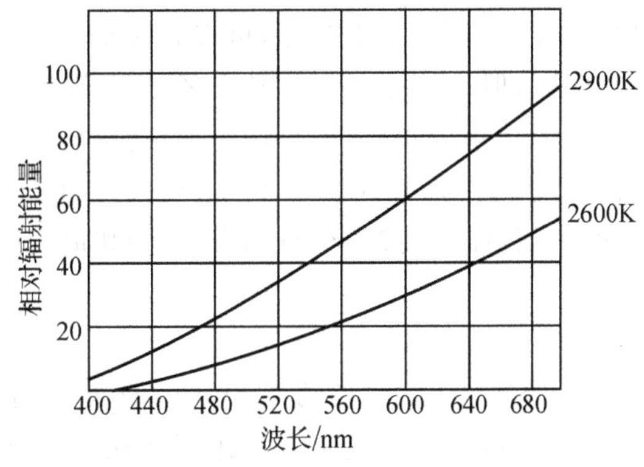

图 7-1　白炽灯的光谱特性

为了适应不同场合的需要，白炽灯有不同的品种和形状。

(1)反射型灯

这类灯泡的泡壳是由反射和透光两部分组合而成，按其构造不同又可分为：

1)投光灯泡。英文缩写为 PAR 和 EAR 型灯。这种灯是用硬料玻璃分别做成内表面镀铝的上半部和透明的下半部，然后将它们密封在一起，这样可使反光部分保持准确形状，并且可保证灯丝在反光镜中保持精确位置，从而形成一个光学系统，有效地控制光线。利用反光镜的不同形状就可获得不同的光线分布。

2)反光灯泡。英文缩写为 R 灯，它与投光灯泡的区别在于采用吹制泡壳，因而不可能精确地控制光束。

3)镀银碗形灯。这种灯在灯泡玻壳内表面下半部镀银或铝，使光通量向上半部反射并透出。这样不但使光线柔和，而且将高亮度的灯丝遮住，很适合于台灯用。

(2)异形装饰灯

将灯泡泡壳做成各种形状并具有乳白色或其他颜色。它们可单独使用，或组成各种艺术灯具,省去灯罩,美观大方(见图 7-2)。

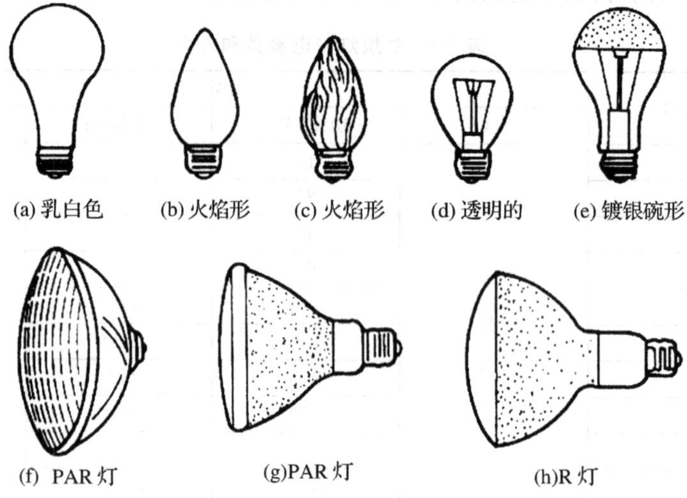

图 7-2 各种白炽灯泡

白炽灯虽然具有体积小,灯丝集中,易于控光,可在很宽的环境温度下工作,结构简单,使用方便,没有频闪现象等优点;但是也存在着红光较多,灯丝亮度高(达 500sb 以上),散热量大,寿命短(1000h),玻璃壳温度高(可达 250~121℃),受电压变化和机械振动影响大等缺点,特别是发光效率很低,浪费能源,故我国节电办公室已强调在宾馆、饭店、商场、招待所、写字楼,以及工矿企业的车间、体育场馆、车站码头、广场和道路照明等公共场所,尽量取消白炽灯照明。

2. 卤钨灯

卤钨灯也是热辐射光源。它是一个直径约 12mm 的石英玻璃管,管内充有卤族元素(如碘、溴),在管的中轴支悬一根钨丝。卤族元素的作用是在高温条件下,将钨丝蒸发出来的钨元素带回到钨丝附近的空间,甚至送返钨丝上(这种现象称为卤素循环)。这就减慢了钨丝在高温下的挥发速度,为提高灯丝温度创造了条件,而且减轻了钨蒸发对泡壳的污染,提高了光的透过率,故其发光效率和光色都较白炽灯有所改善。卤钨灯的发光效率约 20lm/W,寿命约 1500h。卤钨灯的光电参数和寿命见表 7-2。

卤钨灯使用场合与白炽灯相同。为了保证卤素循环的正常进行和防止灯丝振断,使用过程中,应注意保持灯管与水平面的倾角不大于 4°,并注意防振。

表 7-2 卤钨灯的光电参数和寿命

型号	电压(V)	功率(W)	光通量(lm)	寿命(h)
LZG220-200	220	200	3000	800
LZG220-300		300	4500	1000
LZG220-500		500	8000	1000
LZG220-1000		1000	20000	1500
LZG220-1500		1500	30000	2000
LZG220-2000		2000	40000	1500

7.1.2 气体放电光源

气体放电光源是利用某些元素的原子被电子激发而产生光辐射的光源。

1. 荧光灯

这是一种在发光原理和外形上都有别于白炽灯的气体放电光源。它的内壁涂有荧光物质，管内充有稀薄的氩气和少量的汞蒸气。灯管两端各有两个电极，通电后加热灯丝，达到一定温度就发射电子，电子在电场作用下逐渐达到高速，轰击汞原子，使其电离而产生紫外线。紫外线射到管壁上的荧光物质，激发出可见光。根据荧光物质的不同配合比，发出的光谱成分也不同。

为了使光线更集中往下投射，可采用反射型荧光灯，即在玻璃管内壁上半部先涂上一层反光层，然后再涂荧光物质。它本身就是一只射型灯具，光通利用率高，灯管上部积尘对光通的影响小。

由于发光原理不同，荧光灯与白炽灯有很大区别，其特点如下：

1)发光效率较高。一般可达45lm/W，比白炽灯高3倍左右。在国外有的达到70lm/W以上。

2)发光表面亮度低。荧光灯发光面积比白炽灯大，故表面亮度低，光线柔和，不用灯罩，也可避免强烈眩光出现。

3)光色好且品种多。根据不同的荧光物质成分，产生不同的光色，故可制成接近天然光光色的荧光灯灯管，见图7-3。

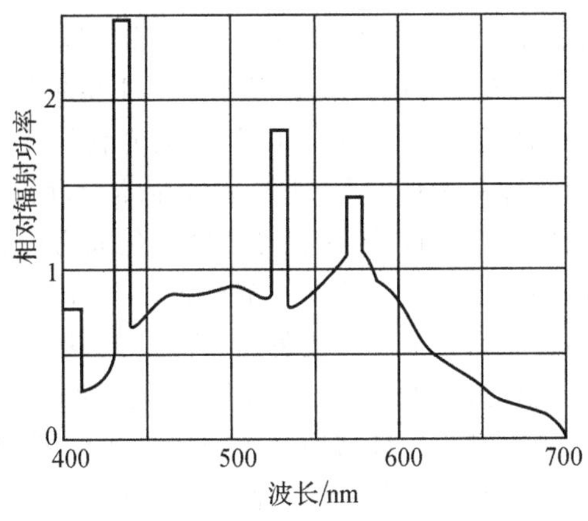

图7-3 荧光灯光谱(日光色)能量分布

4)寿命较长。国内灯管为1500～5000h。国外有的已达到10000h以上。

5)灯管表面温度低。

荧光灯目前尚存在着初始投资高；对温湿度较敏感；尺寸较大，不利于对光的控制；有射频干扰和频闪现象等缺点，这些缺点已随着生产的发展逐步得到解决。至于初始投资可从光效较高、寿命较长的受益中得到补偿。故荧光灯已在一些用灯时间长的单位中得到广泛运用。普通照明用管形荧光灯基本参数见表7-3所示。

表 7-3 荧光灯基本参数

型号	功率(W)	管径(mm)	管长(mm)	光通量(lm)	寿命(h)
YZ6RR(日光)	6	15	226	190	1500
YZ6RL(冷光)				240	
YZ6RN(暖光)				240	
YZ8RR	8	15	302	280	1500
YZ8RL				350	
YZ8RN				350	
YZ15RR	15	32	451	510	3000
YZ15RL				560	
YZ15RN				580	
YZ20RR	20	32	604	880	3000
YZ20RL				1020	
YZ20RN				1060	
YZ30RR	30	32	908	1580	5000
YZ30RL				1860	
YZ30RN				1930	
YZ40RR	40	32	1213	2300	5000
YZ40RL				2440	
YZ40RN				2540	

2. 紧凑型荧光灯

紧凑型荧光灯的发光原理与荧光灯相同，区别在于以三基色荧光粉代替普通荧光灯使用的卤磷化物荧光粉。紧凑型荧光灯的灯管直径小，如 H 型单端内启动荧光灯(YDN5-H～YDN11-H)的灯管直径为 12.5±0.5mm，所以单位荧光粉层受到的紫外辐射强度大，若仍沿用卤磷化物荧光粉，则使灯的光衰很大，即灯的寿命缩短；而三基色荧光粉能够抗高强度的紫外辐射，改善了荧光灯的维持特性，使荧光灯紧凑化成为可能。

对人眼的视觉理论研究表明，在三个特定的窄谱带(450nm、540nm、610nm 附近的窄谱带)内的色光组成的光源辐射也具有很高的显色性，所以用三基色荧光粉制造的紧凑型荧光灯不但显色指数较好，一般显色指数 R_a 大于 80，而且发光效率较高，一般为 60lm/W 左右，因此它是一种节能荧光灯；紧凑型荧光灯结构紧凑，灯管、镇流器、起辉器组成一体化，灯头也可以做成白炽灯那样，使用起来很方便；紧凑型荧光灯的单灯光通量可小于 200lm，完全满足小空间照明对光通量大小(小于 200lm)的要求，总之，紧凑型荧光灯可直接替代白炽灯。

紧凑型荧光灯的品种很多，如 H 型、2H 型、2D 型、U 型、2U 型、3U 型、7c 型、2 型、环型、球型、方型、柱型等。部分型号的紧凑型荧光灯基本参数见表 7-4，外形如图 7-4 所示。

表 7-4　紧凑型荧光灯基本参数

型号	电压（V）	功率（W）	光通量（lm）	显色指数（R_a 不小于）	色温（K）	寿命（h）
YDN9-2U	220	9	500	80	2900	3000
YDN11-2U		11	780			
YDN13-2U		13	850			
YDN9-H		9	415			
YDN11-H		11	650			
YDN10-2H		10	550			
YDN13-2H		13	780			
YDN15-2H		15	900			
YDN18-2H		18	1100			
YDN16-2D		16	871			

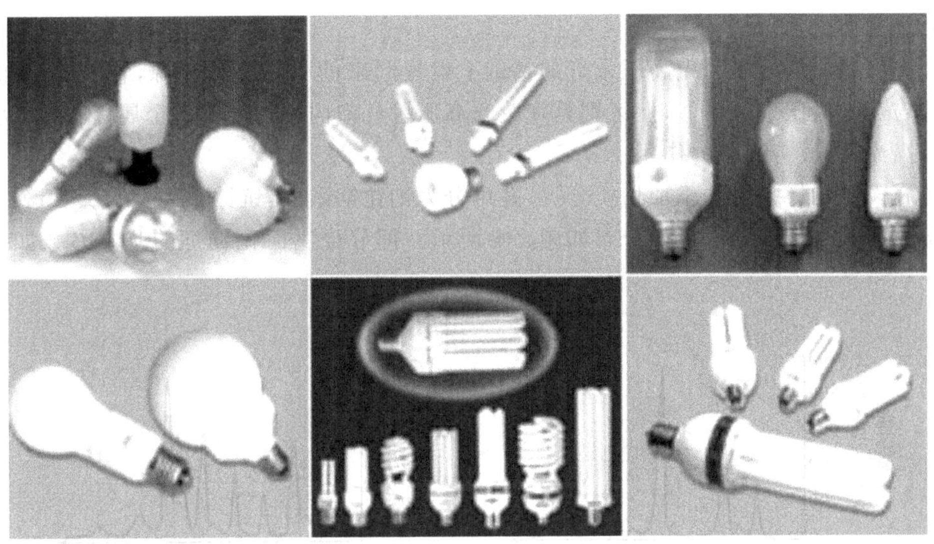

图 7-4　紧凑型荧光灯

3. 荧光高压汞灯

荧光高压汞灯的发光原理与荧光灯相同，只是构造不同。因管内工作气压为 1～5 个大气压，比荧光灯高得多，故名荧光高压汞灯。内管为放电管，发出紫外线，激发涂在玻璃外壳内壁的荧光物质，使其发出可见光。荧光高压汞灯具有下列优点：

1）发光效率较高。一般可达 50lm/W 左右。

2）寿命较长。一般可达 6000h，国外已达到 16000h 以上。

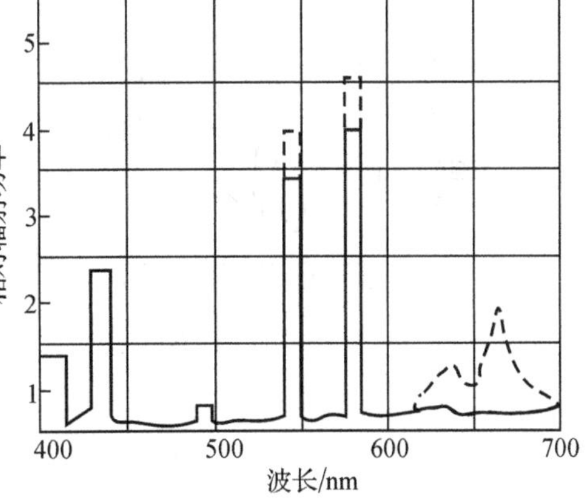

图 7-5　荧光高压汞灯灯光光谱能量分布

荧光高压汞灯的最大缺点是光色差，主要

发绿、蓝色光(见图 7-5)。在此灯光照射下,物件都增加了绿、蓝色色调,使人们不能正确地分辨颜色,故通常用于街道、施工现场和不需要认真分辨颜色的大面积照明场所,其光电参数和寿命见表 7-5 所示。

表 7-5 荧光高压汞灯光电参数和寿命

<table>
<tr><th>型号</th><th>功率(W)</th><th>光通量(lm)</th><th>寿命(h)</th></tr>
<tr><td>GGY-50</td><td>50</td><td>1650</td><td>4300</td></tr>
<tr><td>GGY-80</td><td>80</td><td>3200</td><td>5800</td></tr>
<tr><td>GGY-125</td><td>125</td><td>5500</td><td rowspan="3">6000</td></tr>
<tr><td>GGY-175</td><td>175</td><td>8000</td></tr>
<tr><td>GGY-250</td><td>250</td><td>12000</td></tr>
<tr><td>GGY-400</td><td>400</td><td>22000</td><td rowspan="2">9000</td></tr>
<tr><td>GGY-1000</td><td>1000</td><td>56000</td></tr>
</table>

4. 金属卤化物灯

金属卤化物灯是在荧光高压汞灯的基础上发展起来的一种高效光源,它的构造和发光原理均与荧光高压汞灯相似,但区别是在荧光高压汞灯泡内添加了某些金属卤化物,从而起到了提高光效、改善光色的作用。

金属卤化物灯一般按添加物质分类,并可分为钠铊铟系列、钪钠系列、锡系列、镝铊系列等。金属卤化物灯的光谱能量分布如图 7-6 所示。部分金属卤化物灯的基本参数如表 7-6 所示。

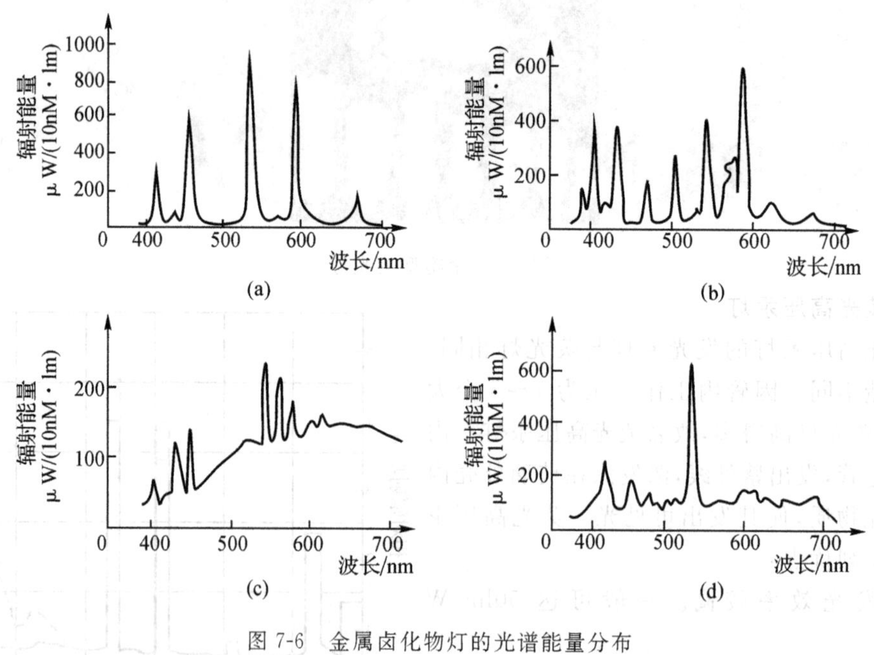

图 7-6 金属卤化物灯的光谱能量分布

表 7-6　部分金属卤化物灯的基本参数

型号		电压	功率	光通量	寿命	显色指数
钠铊铟灯	NTY250	220	250	16250	100	60～70
	NTY400		400	24000		
	NTY1000		1000	75000	约 2000	
	NTY2000	380	2000	140000	1000	
	NTY3500		3500	240000		
钪钠灯	KNG150	220	150	11500	10000	60～70
	KNG175		175	14000		
	KNG250		250	20500		
	KNG400		400	36000		
	KNG1000		1000	110000		
	KNG1500		1500	155000	3000	
锡钠灯	XNG250	220	250	13500	2000	85～95
	XNG400		400	24000		
管形镝灯	DDG125	220	125	6500	1500	不小于 75
	DDG250		250	16000		
	DDG400		400	28000	2000	
	DDG1000		1000	70000	300	
	DDG2000	380	2000	150000	500	
	DDG3500		3500	280000		

5. 钠灯

根据钠灯泡中钠蒸气放电时压力的高低，把钠灯分为高压钠灯和低压钠灯两类。

高压钠灯是利用在高压钠蒸气中放电时，辐射出可见光的特性制成的。其辐射光的波长主要集中在人眼最灵敏的黄绿色光范围内。由于其具有光效高、寿命长、透雾能力强等特点，所以户外照明和道路照明，均宜采用高压钠灯。高压钠灯的光谱能量分布见图 7-7。

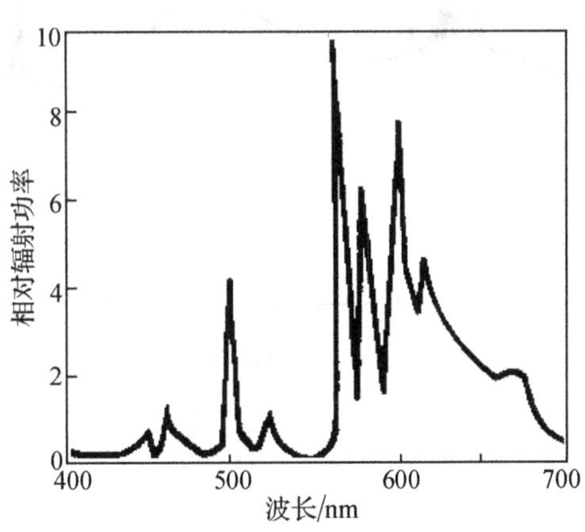

图 7-7　高压钠灯的光谱能量分布

一般高压钠灯的一般显色指数 R_a 小于 40，显色性较差，但当钠蒸气压增加到一定值(约 63kPa)时，R_a 可达 85。用这种方法制成中显色型和高显色型高压钠灯，这些灯的显色性比普通高压钠灯高，并可以用于一般性室内照明。从高压钠灯的基本参数(见表 7-7)中看出，在高压钠灯的显色性改善的同时，它的发光效率却有所下降。

低压钠灯是利用在低压钠蒸气中放电，钠原子被激发而产生(主要是)589nm 的黄色光。低压钠灯虽然透雾能力强，但显色性极差，在室内极少使用。

表 7-7 高压钠灯的基本参数

<table>
<tr><th>类型</th><th>型号</th><th>电压(V)</th><th>功率(W)</th><th>光通量(lm)</th><th>显色指数(R_a)</th><th>寿命(h)</th></tr>
<tr><td rowspan="8">普通型</td><td>NG35</td><td rowspan="13">220</td><td>35</td><td>2000</td><td rowspan="8"><40</td><td rowspan="3">6000</td></tr>
<tr><td>NG50</td><td>50</td><td>3200</td></tr>
<tr><td>NG70</td><td>70</td><td>5160</td></tr>
<tr><td>NG100</td><td>100</td><td>8180</td><td>7000</td></tr>
<tr><td>NG150</td><td>150</td><td>13350</td><td rowspan="2">8000</td></tr>
<tr><td>NG250</td><td>250</td><td>23140</td></tr>
<tr><td>NG400</td><td>400</td><td>41800</td><td>9000</td></tr>
<tr><td>NG1000</td><td>1000</td><td>106800</td><td>10000</td></tr>
<tr><td rowspan="3">中显色型</td><td>NGZ150</td><td>150</td><td>11570</td><td rowspan="3">40～60</td><td rowspan="2">8000</td></tr>
<tr><td>NGZ250</td><td>250</td><td>20020</td></tr>
<tr><td>NGZ400</td><td>400</td><td>33820</td><td>9000</td></tr>
<tr><td rowspan="2">高显色型</td><td>NGG250</td><td>250</td><td>18690</td><td rowspan="2">>60</td><td rowspan="2">8000</td></tr>
<tr><td>NGG400</td><td>400</td><td>31150</td></tr>
</table>

6. 氙灯

氙灯是利用在氙气中高电压放电时，发出强烈的连续光谱这一特性制成的。其光谱和太阳光极相似。由于它功率大，光通大，又放出紫外线，故安装高度不宜低于 20m，常用在广场大面积照明场所(长弧氙灯)。其光谱特性见图 7-8，光电参数和寿命见表 7-8。

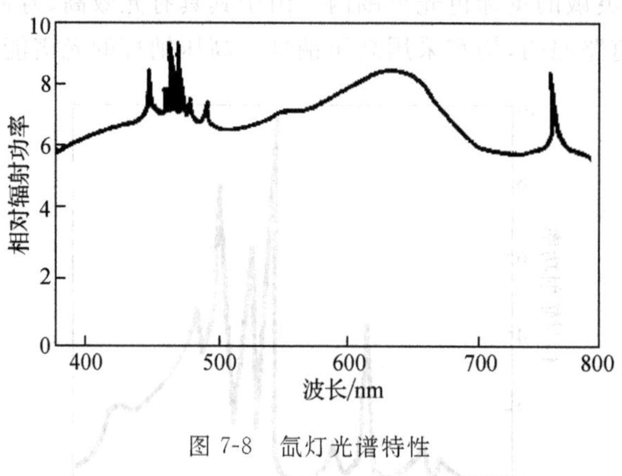

图 7-8 氙灯光谱特性

表 7-8　氙灯光电参数和寿命

型号	功率(W)	电压(V)	光通量(lm)	寿命(h)
SZ-1500	1500	220	30000	1000
SZ-3000	3000		72000	
SZ-6000	6000		144000	
SZ-8000	8000		200000	
SZ-10000	10000		270000	
SZ-20000	20000		580000	

7. 无电极荧光灯

无电极荧光灯简称为无极灯，它是一种新颖的微波灯。无电极荧光灯的发光原理与上述人工光源的发光原理均不相同，它是由高频发生器产生的高频电磁场能量，经过感应线圈耦合到灯泡内，使汞蒸气原子电离放电而产生紫外线，并射到管壁上的荧光物质，激发出可见光。因此，也有人把它称为感应荧光灯。

无电极荧光灯的光效和光色较好，特别是寿命很长。如荷兰飞利浦(Philips)生产的 QL 型无电极荧光灯，型号为 QL85/83 和 QL85/84 两种，功率均为 85W，辐射出的光通量均为 5500lm，光效约为 64.7lm/W，一般显色指数 R_a 均为 80，额定寿命均是 60000h。

从上述各种灯的优缺点中可看出，光效高的灯，往往单灯功率大，光通量因而很多，这样使它们在一些小空间(如住宅)中就难于应用。

图 7-9 表明常用照明灯发出的光通量范围，图中的虚线所框范围为在小空间适用的光通量范围(400～2000lm)。近年来国际上先后出现了一些功率小、光效高、显色性能好的新光源，如紧凑型荧光灯、无电极荧光灯等，它们的体积小，和 100W 白炽灯相近，灯头有时也做成白炽灯那样，附属配件安置在灯内，可以直接替换白炽灯，其显色指数达 80 左右，单灯光通在 425～1200lm 范围内，很适宜用于低、小空间内，故在欧美已广泛地取代白炽灯，应用于居住、公共建筑中。常用照明点光源的主要特性见表 7-9。

表 7-9　常用照明点光源的主要特性比较

特性＼光源 项目	普通白炽灯	卤钨灯	荧光灯	荧光高压汞灯	金属卤化物灯	高压钠灯
光效(lm/W)	7～19	15～21	32～70	35～56	52～110	57～107
色温(K)	2800	2850	3000～6500	6000	4500～7000	≥2000
显色指数 R_a	95～99	95～99	50～93	40～50	60～95	>20
平均寿命(h)	1000	800～2000	2000～5000	3500～12000	300～20000	3000～24000
表面亮度	较大	大	小	较大	较大	较大
启动及再启动时间	瞬时	瞬时	较短	长	长	长
受电压波动的影响	大	大	较大	较大	较大	较大
受环境温度的影响	小	小	大	较小	较小	较小

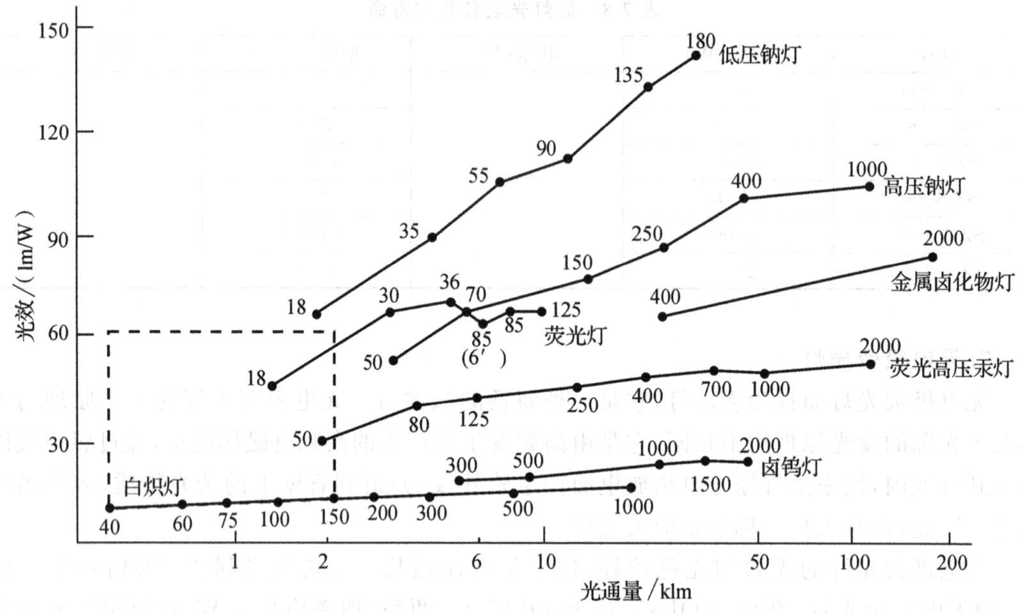

图 7-9 常用照明灯发出的光通量和光效的关系

7.1.3 其他光源

1. 发光二极管

发光二极管(Light Emitting Diode)是一种半导体固体发光器件,它是利用固体半导体芯片作为发光材料,当两端加上正向电压,半导体中的少数截流子和多数截流子发生复合,放出过剩的能量而引起光子发射,直接发出红、橙、黄、绿、青、蓝、紫、白色的光。

光效强。荧光灯为 50～120 流明/瓦、LED 为 50～200 流明/瓦、光谱窄、单色性好。

高节能。直接驱动、超低功耗(单管 0.03～0.06 瓦,电光功率转换接近 100%,同样照明效果比传统光源节能 80%以上。

寿命长。电子光场辐射发光、环氧树脂封装、无灯丝发光易烧、热沉淀、光衰等缺点,单管寿命 10 万小时,比传统光源寿命长 5 倍以上。

光色好。直接发出有色光、色彩柔和丰富、内置微型处理芯片,可控制发光强弱、切换发光方式和顺序、实现多色变化。

环保。眩光小,发热量极低,无辐射,不含汞元素,冷光源可以安全触摸。

随着该光源在技术上的发展,尤其是白光 LED,大有取代众多传统光源之势(白炽灯、荧光灯、HID 灯、素灯等),引领全球进入绿色照明新时代。

2. 霓虹灯和冷阴极灯

霓虹灯和冷阴极灯在工作原理上与荧光灯有些相近。它们主要用在标志照明、建筑轮廓勾边等一些特殊形式的照明中。二者的寿命大约为 20000～40000h,光效适中,可以调光,而且开启和关闭引起的频闪也不会影响其寿命。

霓虹灯和冷阴极灯均为管形灯,可以制成任何形状,产生任何颜色的光。霓虹灯和冷阴极灯在外观上比较相像,但霓虹灯直径较细,主要用在标志照明上,而冷阴极灯直径较粗,更多用于建筑照明中。另外，霓虹灯主要靠连接线来固定，而冷阴极灯有固定的灯头。

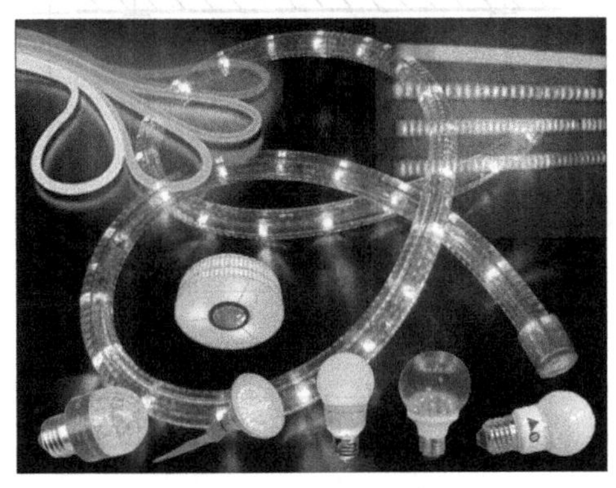

图 7-10　发光二极管

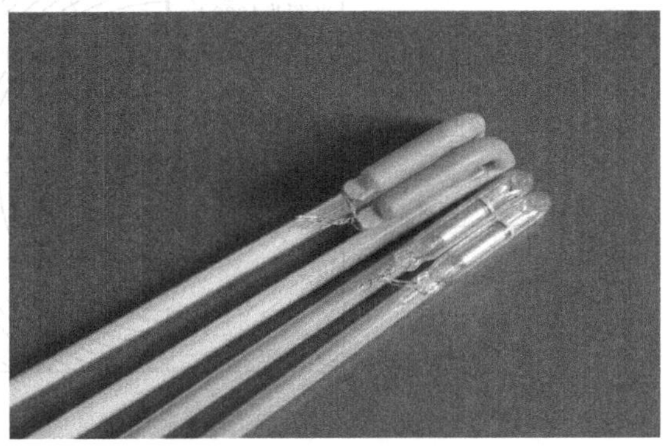

图 7-11　霓虹灯管

7.2　灯具、开关和调光

灯具是光源、灯罩及其附件的总称。灯具可分为装饰灯具和功能灯具两大类。灯具的特性是由光的分布方式决定的。

7.2.1　灯具的光特性

任何光源或灯具一旦处于工作状态，就必然向周围空间投射光通量。我们把灯具各方向的发光强度在三维空间里用矢量表示出来，把矢量的终端连接起来，则构成一封闭的光强体。当光强体被通过 Z 轴线的平面截割时，在平面上获得一封闭的交线。此交线以极坐标的形式绘制在平面图上，这就是灯具的配光曲线，见图 7-12。

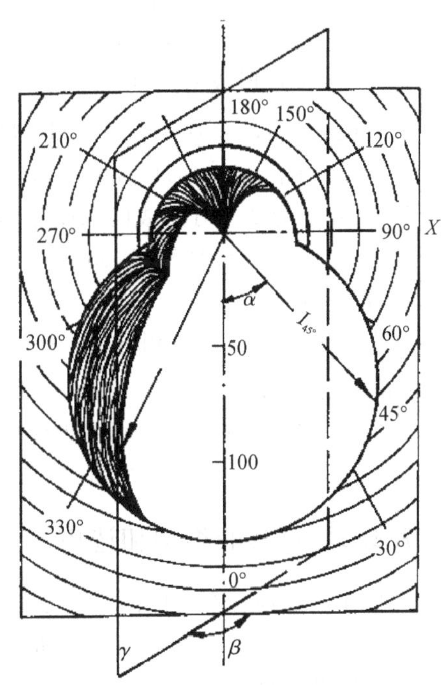

图 7-12　光强体与配光曲线

配光曲线上的每一点，表示灯具在该方向上的发光强度。因此知道灯具对计算点的投光角 α，就可查到相应的发光强度 I，利用公式 $E=I\cos\alpha/r^2$ 就可求出点光源在计算点上形成的照度。

为了使用方便，通常配光曲线均按光源发出的光通量为 1000lm 来绘制。而实际光源发出的光通量不是 1000lm，这就需要对查出的发光强度，乘以一个修正系数，即实际光源发出的光通量与 1000lm 之比。图 7-13 所示是扁圆吸顶灯的配光曲线。

对于非对称配光的灯具，则用一组曲线来表示不同剖面的配光情况。荧光灯灯具常用两根曲线分别给出平行于灯管（“∥”符号）和垂直于灯管（“⊥”符号）剖面的光强分布。

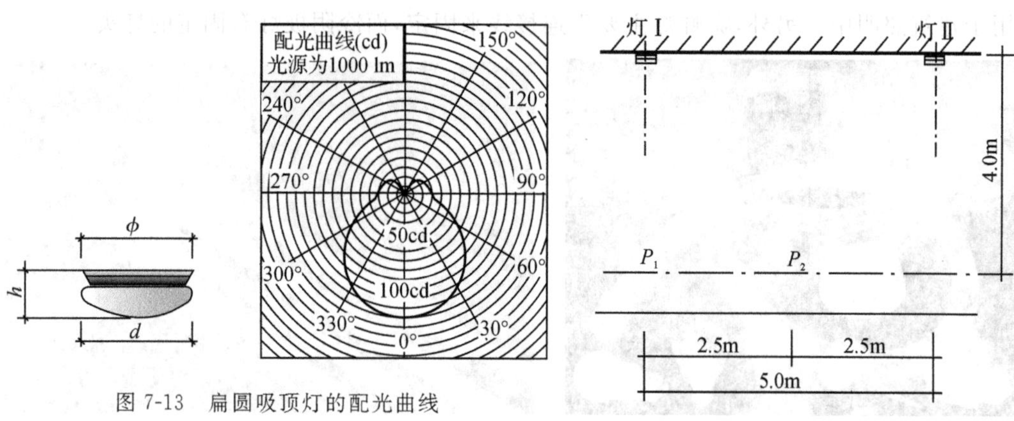

图 7-13 扁圆吸顶灯的配光曲线

图 7-14 例题 7-1 灯具布置图

【例 7-1】 有 2 个扁圆吸顶灯，距离工作面 4.0m，2 个灯距离 5.0m。工作台布置在灯下和 2 个灯之间的位置（见图 7-14）。如果光源为 100W 白炽灯，求 P_1、P_2 点的照度（不计反射光影响）。

【解】 (1)P_1 点照度

灯Ⅰ在 P_1 点形成的照度：

点光源形成的照度计算公式 $E=I_\alpha \cos i/r^2$，找出式中各项值。$\alpha=0$ 时，从图 7-14 查出 $I_0=130$cd，灯距工作面距离为 4.0m。则

$$E_{\mathrm{I}}=130\cos 0°/4^2=8.125(\mathrm{lx})$$

灯Ⅱ在 P_1 点形成的照度

由 $\tan\alpha=5/4$，$\alpha\approx 51°$，$I_{51}=90$cd。灯Ⅱ至 P_1 点的距离为 $\sqrt{41}$m。

$$E_{\mathrm{II}}=90\cos 51°/41\approx 1.38(\mathrm{lx})$$

P_1 点照度为 2 个灯形成的照度之和，并考虑到灯泡光通量修正 1250/1000，则

$$E_1=(8.125+1.381)\times(1250/1000)=12(\mathrm{lx})$$

(2)P_2 点照度

灯Ⅰ、灯Ⅱ与 P_2 点的相对位置相同，故两灯在 P_2 形成的照度相同。

$\tan\alpha=2.5/4$，$\alpha\approx 32°$，$I_{32}=110$cd，灯至 P_2 点的距离为 $\sqrt{22.25}$m。则

$$E_2=110/22.25\cos 32°\approx 4.19(\mathrm{lx})$$

P_2 点的照度为 $2\times 4.19\times(1250/1000)\approx 10.5(\mathrm{lx})$

7.2.2 灯具的类型和选用

灯具在不同场合有不同的分类方法，国际照明委员会按光通量在上、下半球的分布将灯具划分为五类：直接；半直接；均匀扩散；半间接；间接。

1. 直接型灯具

直接型灯具是指 90%～100%的光通量向下半球照射的灯具。灯罩常用反光性能良好的不透光材料做成（如搪瓷、铝、镜面等）。灯具外形及配光曲线见图 7-15。按其光通量分配的宽窄，又可分为广阔（$I_{\max}$ 在 50°～90°范围内）、均匀（$I_0=I_\alpha$）、余弦（$I_\alpha=I_0\cos a$）和窄（$I_{\max}$在 0°～40°范围内）配光，见图 7-16。

用镜面反射材料做成抛物线形的反射罩，能将光线集中在轴线附近的狭小立体角范围

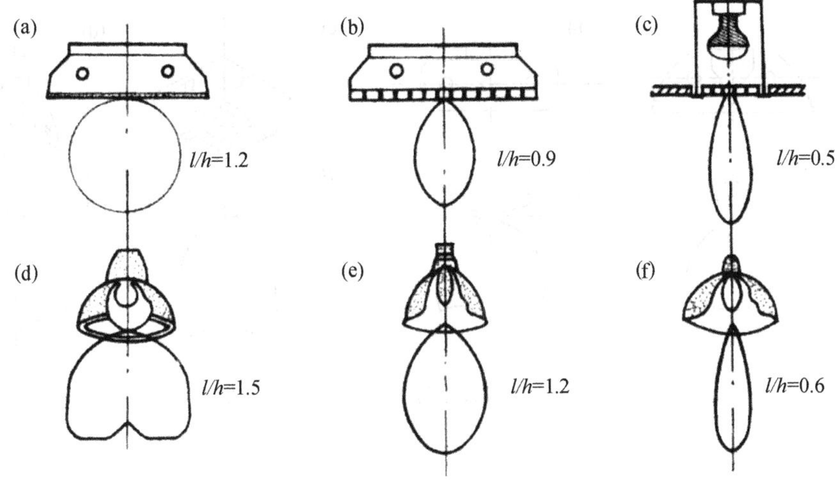

图7-15　直接型灯具外形及配光曲线

内，因而在轴线方向具有很高的发光强度。典型例子是工厂中常用的深罩型灯具(见图7-15(e)、(f))，它适用于层高较高的工业厂房中。用扩散反光材料或均匀扩散材料都可制成余弦配光的灯具(见图7-15(a))。

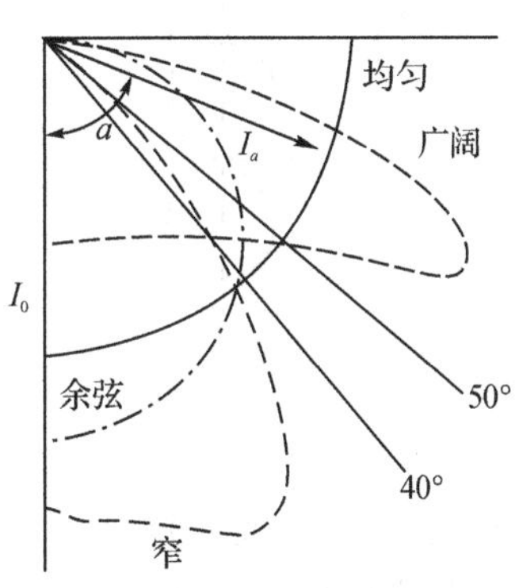

图7-16　直接型灯具配光分类

广阔配光的直接型灯具，适用于广场和道路照明。公共建筑中常用的暗灯，也属于直接型灯具(见图7-15(c))，这种灯具装置在顶棚内，使室内空间简洁。其配光特性受灯具开口尺寸、开口处附加的棱镜玻璃、磨砂玻璃等散光材料或格片尺寸的影响。

直接型灯具虽然效率较高，但也存在两个主要缺点：

(1)由于灯具的上半部几乎没有光线，顶棚很暗，它和明亮的灯具开口形成严重的对比眩光。

(2)光线方向性强，阴影浓重。当工作物受几个光源同时照射时，如处理不当就会造成阴影重叠，影响视看效果。

2. 半直接型灯具

为了改善室内的空间亮度分布，使部分光通量射向上半球，减小灯具与顶棚亮度间的强烈对比，常用半透明材料作灯罩或在不透明灯罩上部开透光缝，这就形成半直接型灯具(见图7-17)。这一类灯具下面的开口能把较多的光线集中照射到工作面，具有直接型灯具的优点。又有部分光通量射向顶棚，使空间环境得到适当照明，改善了房间的亮度对比。

3. 扩散型灯具

最典型的扩散型灯具是乳白球形灯(图7-18(d))。此类灯具的灯罩多用扩散透光材料制成，上、下半球分配的光通量相差不大，因而室内得到优良的亮度分布。

直接—间接型灯具是直接和间接型灯具的组合，在一个透光率很低或不透光的灯罩里，上、下各安装一个灯泡。上面的灯泡照亮顶棚，使室内获得一定的反射光。下面的灯泡则用来直接照明工作面，使之获得高的照度，既满足工作面上的高照度要求，整个房间亮度又比

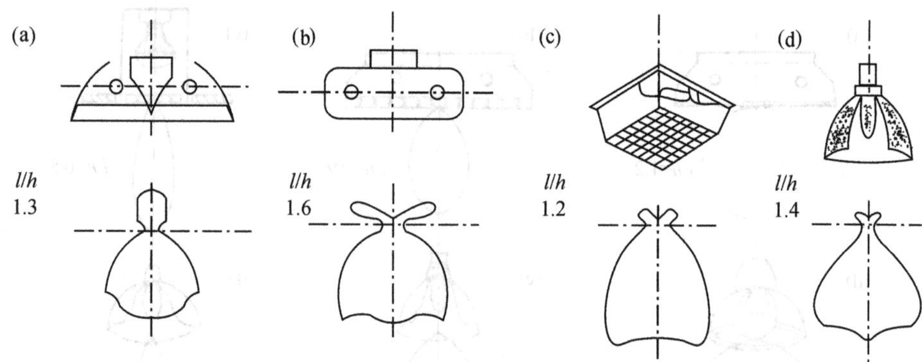

图 7-17 半直接型灯具外形及配光曲线

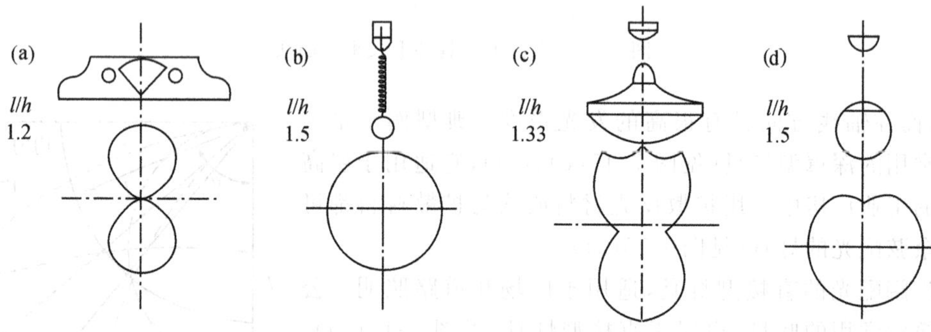

图 7-18 扩散型灯具外形及配光曲线

较均匀，避免形成眩光。

4. 半间接型灯具

这种灯具的上半部是透明的（或敞开），下半部是扩散透光材料。上半部的光通量占总光通量的60%以上，由于增加了反射光的比例，房间的光线更均匀、柔和（见图7-19）。这种灯具在使用过程中，透明部分很容易积尘，使灯具的效率降低。另外下半部表面亮度也相当高。因此，在很多场合（教室、实验室）已逐渐用另一种"环形格片式"的灯代替（见图7-19(d)）。

5. 间接型灯具

如图7-20所示，间接型灯具是用不透光材料做成，几乎全部光线都射向上半球。由于光线是经顶棚反射到工作面，因此扩散性很好，光线柔和而均匀，并且完全避免了灯具的眩光作用。但因有用的光线全部来自反射光，故利用率很低，在要求高照度时，使用这种灯具很不经济。故一般用于照度要求不高，希望全室均匀照明、光线柔和宜人的情况，如医院和一些公共建筑较为适宜。

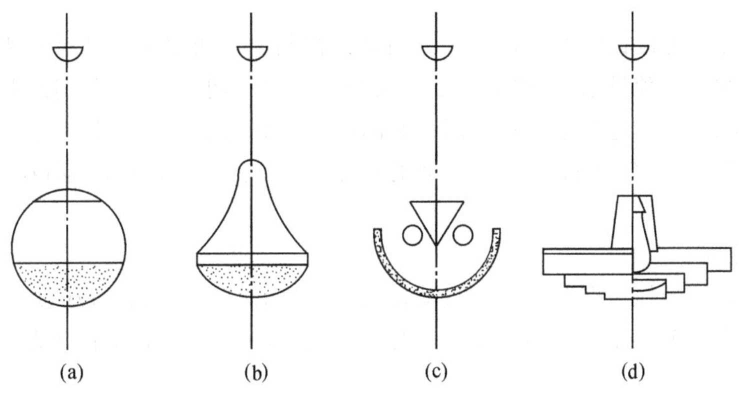

图 7-19　半间接型灯具外形

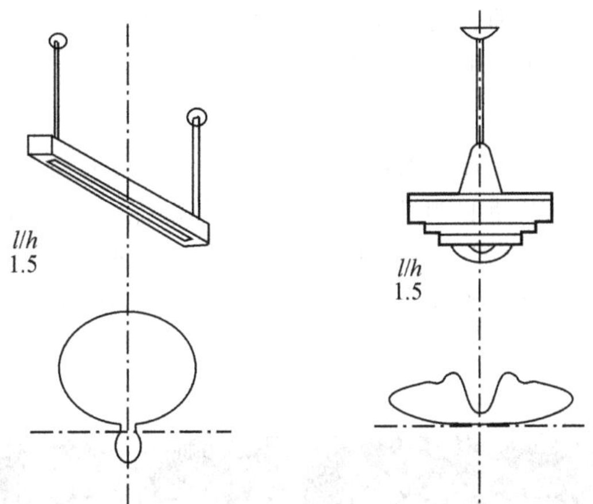

图 7-20　间接型灯具外形及配光曲线

7.2.3　开关和调光

自从有了人工照明以来，开关控制就十分重要。连蜡烛和煤油灯都需要点燃和熄灭，甚至有时还需要调整光的大小，电器照明中的开关和调光就更是很自然的事情了。

1. 控制原理

(1)控制运行时间

首先，为了便利和节能而控制灯光的开启时间。通过关灯，不仅减少电能的消耗，也延长了光源的使用寿命。这通常叫做开关控制。

(2)功率控制

大多数光源在功率变化时仍然能够工作。其结果是光源的亮度会低于正常情况，我们称之为调光。调光常用于产生一种象餐厅或旅馆一样的亲密气氛。另外，现在常用这种手段来节约能源。在许多场所，有足够的光线由窗户进入室内，使得人们可以调暗室内灯光；昼光与调暗的电器照明灯光共同作用，仍然可以提供足够的照度。

(3)预设调光

预设调光器组可以设定并记忆每一个调光器控制的照明水平。然后只需按一个键，调光器就会将光线调至预设水平，建立一个照明场景。预设调光系统用于控制住宅的大起居室、旅馆的舞厅和餐厅，这些地方在不同的时间或不同的用途下需要不同的灯光组合。每个场景都是预先设定并储存的；当按下正确的按钮时，就会调出相应场景设定，灯光会据此调整。

(4)时间控制

许多照明系统最好根据时间进行自动控制。简单的时钟控制装置通过在设定的时间断开接触器来完成开关操作。人们常使用适合于住宅的时控开关来控制灯光，并把这作为一项安全措施。

在大型建筑中，计算机能源管理系统可以对不同的照明系统提供许多个时间表。虽然这些系统操作较复杂，但具有计算机控制的优势，可集中管理而且方便。大多数建筑使用这样的控制方法，仅用一个工程师就能有效地管理设备。有些时间控制系统能根据一年中季节变化来调整设定时间，以此来取代光电感应器。

(5)动作感应

动作传感器侦知是否有人员在场，并做出反应，自动打开灯光(见图 7-21)。使用一个动感开关取代普通开关，可以使照明控制不需手控，并确保人员离开后灯光关闭。安装在天花板上的动作传感器可以连接到继电器上，并且一个继电器可以连接数个传感器。这保证了在一个相对较大的空间(如食堂或体育馆)内发生任何动作，都可以使整个空间的灯光保持点亮。

图 7-21　动作传感器

(6)昼光控制

昼光控制通过光电感应器，在昼光充足的情况下关灭或调暗灯光。光电开关的主要作用是在白天关闭停车场和街道灯光。在一部分室内空间里，平时实际需要的大部分照明光由侧窗或天窗提供，光电调光器可节约这部分空间的电灯能耗，在晚上或阴暗的天气时还能增加照度水平。

(7)适应性补偿

适应性补偿是和晚间较暗的光线有关的自然反应。特别是在杂货店等商业建筑中，晚间光线可以作适当程度的调暗，因为购物者的眼睛已经适应了暗的环境。适应性补偿可以通过一个光电感应器，或根据一个当地已知的日落和日出时间而编制的计算机程序来实现。

2. 控制设备

(1)开关

开关可以开启和关闭灯光。大多数开关是杠杆类的机械装置，可以连接或切断灯具供电电路中的电气接触。

最常用的两种开关形式是拉线开关和按键开关。有些开关带有指示灯(在黑暗中亮显开关)或引导灯(灯光开启时亮显开关)。你进入一个房间时，开关应该设在门边，最好是在门锁那一侧，安装在距地面 1m 的位置。房间的所有入口都应当设置开关。需要在多个位置设开关的，叫作三联或四联开关，可以在任何开关位置开关灯光。

对希望同时控制的一组灯具使用一个开关。例如，在办公建筑里，在窗附近布置的灯具的开关应和那些房间深处的灯具的开关分开设置。这样，通过使用者在白天关闭靠窗灯具，能达到节能的目的。

(2)调光器

调光器是改变光源功率和照明水平的控制设备(见图 7-22)。对白炽灯来说，调光器或调光开关经常设在普通开关的位置，可能是装在墙上，也可能和灯具本身结合。对荧光灯来说，必须采用调光型镇流器，并与兼容的调光开关联结。

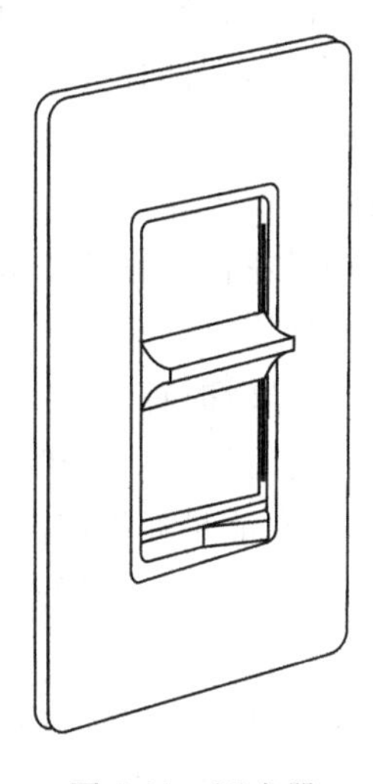

图 7-22　调光器

调光器一般是把电子调光设备与开关结合在一起，所以实际上它们是调光开关。开关部分的工作方式和调光部分密切关联。在一个单功能调光器里，灯光必须在开关操作之前完成调光。对于可预设调光器，开关与调光器则需要分别操作。一般预设型要更好一些，因为它们与三联或四联开关适配，而且即使灯具没有打开，它们也可以设置需要的照明水平，然后存储起来。

在几种类型调光器中，最常见的是旋钮式调光器和滑杆式调光器(见图 7-23)。旋钮式调光器通常有一个亮度调节操纵盘。

滑杆式调光器中，预设型可能有一个杠杆式开关和一个亮度调节开关，或一个接触式开关和一个独立的调光滑杆。照明设计者除了考虑调光器形式上的不同，还应该根据它们的负荷能力，即调光参数来进行选择。下面是最常用的一些调光器类型：

1)供白炽灯使用的标准调光器。其最小额定值为 600W，最高可达 2000W。

2)供低功率白炽灯使用的调光器。这些调光器“调节”为灯具供电的变压器，可分为适用于磁变压器与电子变压器的两种类型。它们也可用于常规白炽灯的调光以及常规白炽灯与低压白炽灯的混合调光，通常按伏安分类，这个参数大致等同于功率。电感类的调光器最小为 600V · A，电子类的最小为 325V · A。

3)荧光灯用调光器。为了对荧光灯进行调光，光源必须配有调光镇流器。另外，调光器

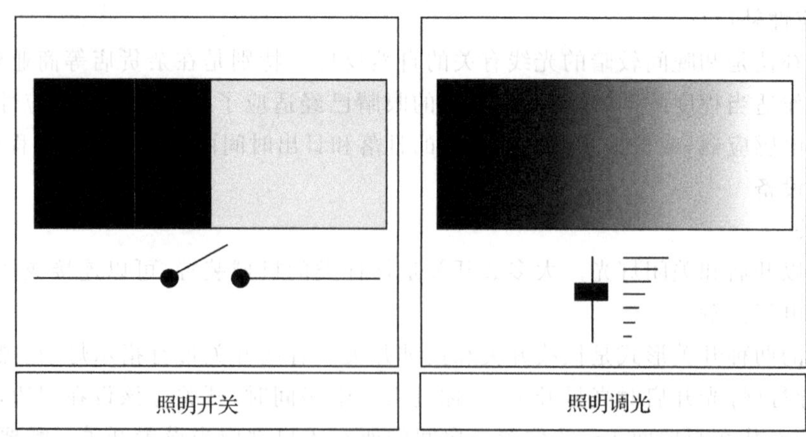

图 7-23 调光器控制键

必须选用与使用的调光镇流器能匹配工作的型号。

4)霓虹灯和冷阴极管灯使用的调光器。

(3)动作传感器

动作传感器是一种当监测到动作时，能打开灯光，而且能使它们在最后一次监测到动作以后，在一定时间内保持开启的自动开关。动作传感器能节约能源，方便使用。

最普通的动作传感器是墙面开关类型，用于取代普通的手动开关。动作传感器也有制作成安装在天花板上，墙顶部、角落或工作隔间挡板上的类型。这些类型的传感器通常操动安装于天花板上方的继电器。有一种型号可用于连接到一个特殊的插接口上，以控制作业照明和计算机终端、打印机等办公设备。

(4)计时时钟

计时时钟是一个机电计时器，可以在每天特定的时间开关电路。一些类型的时钟备有电源，可在能量耗损期内维持时间计量；另外有一些配有天文时钟，自动调整一年中日出日落的时间变化。现代的计时时钟用可编程的电子时钟取代了时间计量机械装置。

(5)时控开关

时控开关可以控制在一定时间以后自动关闭灯光。在过去，时控装置使用发条机械装置。最常见的一个应用是关闭浴室取暖灯。现代时控开关使用按钮启动，延续时间可以设定。

(6)光控开光

对从黄昏到黎明的基本照明控制，可以使用一个简单的光控开关，它内部的光电池在环境光水平相当低的时候，会发送开启信号。光控开关在路灯和停车场照明中应用最为普遍，但它们也可以用于室内灯光的开关，特别是在商场和大厅等需要白天照明的地方。

(7)控制系统

在大型设施中，通常最好将照明控制设备相互连接，使它们成为一个系统来工作。系统能使建筑管理者更好地控制照明。对于一些非常大和复杂的设施，如大型运动场和舞台，照明控制是至关重要的。

(8)继电系统

一个低压控制系统可以通过继电设备来进行照明远程控制。继电器是根据从低压摇臂开关、计时时钟或计算机能量控制系统发送来的信号，通过机械开关控制照明的供电设备。继电系统通常在大型商业和公共建筑(如高层办公楼、会议中心和机场)中使用。在继电系统中，每一组同时开关的灯光必须连接到同一个继电器。诸多继电器通常汇集在一个位于电路断路器面板旁边的面板上。继电系统最适用于拥有大房间而无需调光的大型设施，如学校、实验楼、工厂和会议中心。

(9)能量管理系统

能量管理系统使用计算机来控制多个继电电路板、机械电动机、节气闸等。继电系统与能量管理系统最本质的区别在于，后者控制的不仅仅是照明，还包括建筑中所有的能耗方式。

(10)预设调光系统

预设调光系统包含有一定数量的调光器，通常做成柜式，被设计用于协同工作以形成灯光场景。这些合成系统用于旅馆中的功能场所、机场、会议中心、娱乐场和其他拥有一定数量的房间或空间的建筑设施，由中心计算机的预设控制器来进行控制。这些系统的功能特别强大，有下列特点：

1)调光器能设定每一个场景照明的每一个信道。

2)对每一个房间都设有成组的独特照明场景。

3)可以手动选择场景，而且能在很多情况下变换场景设置。

4)分隔开关，根据可变分区的不同位置，保证照明控制系统与之协同运作，如在旅馆舞厅中的情况。

5)根据时间、季节、动作感应、昼光等来达到可编程自动操作，或允许手动优先操作。

(11)昼光控制系统

自动昼光控制系统有一个光电传感器，当有足够的昼光通过窗户和天窗进入房间时，就会产生一个信号来对室内照明进行调光。现代设计将传感器和荧光灯调光镇流器直接连接，保证在办公室、学校、保健机构或有临近窗口的中小空间的其他建筑中能够自动调光。

7.3　工作照明设计

工厂、学校等场所的照明，以满足视觉作业要求为主，这种照明方式称为工作照明。大型公共建筑的门厅、休息厅等，它们的照明除了满足休息、娱乐要求外，还应该强调艺术效果，这种以艺术观感为主的照明方式称为艺术照明。

7.3.1　选择照明方式

1. 正常照明

按照灯具的布局正常的照明方式一般分为一般照明、分区一般照明、局部照明、混合照明等四种(见图7-24)。

(1)一般照明(general lighting)。在工作场所内不考虑特殊的局部需要，为照亮整个被照面而设置的照明装置称为一般照明，灯具均匀分布在被照场所上空，在工作面上形成均匀的照度。这种照明方式，适合于对光的投射方向没有特殊要求；在工作面上没有特别需要提高照度的工作点；工作点很密或不固定的场所。当房间高度大，照度要求又高时，单独采用一般照明，就会造成灯具过多，功率很大，导致投资和使用费都高，这是很不经济的。

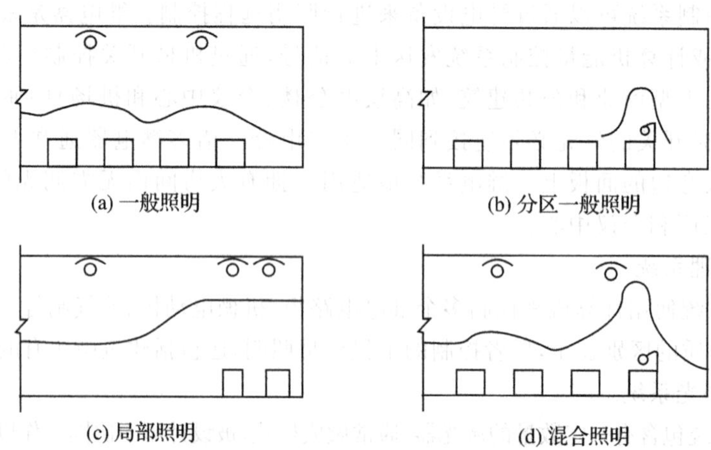

图 7-24 不同照明方式及照明分布

(2)分区一般照明(localized lighting)。当房间内各个区域要求不同的照度时可采用分区一般照明。分区一般照明就是根据需要,提高特定区域照度的一般照明。例如在开敞式办公室中有办公区、休息区等,它们要求不同的一般照明的照度,就常采用这种照明方式。

(3)局部照明(local lighting)。在工作点附近,专门为照亮工作点而设置的照明装置,即为满足某些部位的特殊需要而设置的照明。局部照明常设置在要求照度高或对光线方向性有特殊要求处。但不允许单独使用局部照明,因为这样会造成工作点与周围环境间极大的亮度对比,不利于视觉工作。

(4)混合照明(mixed lighting)。混合照明就是一般照明与局部照明组成的照明。它是在同一工作场所,既设有一般照明,解决整个工作面的均匀照明;又有局部照明,以满足工作点的高照度和光方向的要求。在高照度时,这种照明方式是较经济的,也是目前工业建筑和照度要求较高的民用建筑中大量采用的照明方式。

2. 应急照明

应急照明是正常照明的电源失效而启用的照明。大型公共建筑、工业建筑都应设置独立的应急照明系统,以保障人身安全,减少经济损失。应急照明按照其用途可分为疏散照明、安全照明和备用照明三类。

(1)疏散照明。为了确保疏散通道被有效地辨别而使用的照明称为疏散照明。其照度值不应低于 0.5lx。在安全出口和疏散通道的明显位置必须设置信号标志灯。

(2)安全照明。对有潜在危险场所,为避免正常照明突然熄灭、保证工作人员人身安全而设置的照明称为安全照明。安全照明在工作面上提供的照度不应小于正常照明系统提供照度的 5%,在正常照明系统电源中断 0.5s 内,必须给安全照明系统供电。

(3)备用照明。为保证正常照明发生事故时,室内活动能继续进行而设置的照明称为备用照明。备用照明往往由一部分或全部正常照明灯具提供,其照度一般不低于正常照度的 10%。

7.3.2 照明标准

确定照明方式之后,就应依据《建筑照明设计标准》GB 50034—2004 考虑房间照明数量和照明质量,同时必须考虑照明节能的问题。

1. 照明数量

《建筑照明设计标准》中对照明数量的规定是用维持平均照度描述的。维持平均照度是在照明装置必须进行维护的时刻在规定表面上的平均照度，规定表面上的照度不应低于此值。居住建筑照明标准值宜符合表 7-10，办公建筑照明标准值宜符合表 7-11。其他公共建筑、工业建筑、公共场所等照明标准值详见现行《建筑照明设计标准》。在选择照度时，应符合下列分级：0. 5lx、1lx、3lx、5lx、10lx、15lx、20lx、30lx、50lx、75lx、100lx、150lx、200lx、300lx、500lx、750lx、1000lx、1500lx、2000lx、3000lx、5000lx。

符合下列条件之一及以上时，作业面或参考平面的照度，可按照标准值分级提高一级。

1)视觉要求高的精细作业场所，眼睛至识别对象的距离大于 500mm 时。

2)连续长时间紧张的视觉作业，对视觉器官有不良影响时。

3)识别移动对象，要求识别时间短促而辨认困难时。

4)视觉作业对操作安全有重要影响时。

5)识别对象亮度对比小于 0.3 时。

6)作业精度要求较高，且产生差错会造成很大损失时。

7)视觉能力低于正常能力时。

8)建筑等级和功能要求高时。

符合下列条件之一及以上时，作业面或参考平面的照度，可按照标准值分级降低一级。

1)进行很短时间的作业时。

2)作业精度或速度无关紧要时。

3)建筑等级和功能要求较低时。

表 7-10　居住建筑照明标准

房间或场所		参考平面及其高度	照度标准值(lx)	Ra
起居	一般活动	0.75m 水平面	100	80
	书写、阅读		300	
卧室	一般活动	0.75m 水平面	75	80
	床头、阅读		150	
餐厅		0.75m 餐桌面	150	80
厨房	一般活动	0.75m 水平面	100	80
	操作台	台面	150	
卫生间		0.75m 水平面	100	80

表 7-11　办公室建筑照明标准

房间或场所	参考平面及其高度	照度标准值(lx)	UGR	Ra
普通办公室	0.75m 水平面	300	19	80
高档办公室	0.75m 水平面	500	19	80
会议室	0.75m 水平面	300	19	80
接待室、前台	0.75m 水平面	300	—	80
营业厅	0.75m 水平面	300	22	80
设计室	实际工作面	500	19	80
文件整理、复印、发行室	0.75m 水平面	300	—	80
资料、档案室	0.75m 水平面	200	—	80

2. 照明质量

照明质量包括要在工作面上创造合适的照度,保证室内照度的均匀度,限制眩光,保证光色和灯的显色性与房间使用性质相适应,保证房间表面的反射比满足工作要求等。

(1)合适的均匀度

实践证明,作业区域的视野内亮度应达到足够均匀,特别是在教室、办公室一类长时间使用视力工作的场所中,工作面的照明应该非常均匀。工业企业室内作业区域采用一般照明时,给定平面上最小照度与平均照度之比,即照度均匀度不宜小于0.7。工作场所内走道和非作业区域一般照明的照度值,不宜小于作业区域一般照明照度的1/3。

(2)限制眩光

为了提高室内照明质量,不但要限制直接眩光,而且还要限制工作面上的反射眩光和光幕反射。详见《建筑照明设计标准》(GB50034—2004)。

(3)光色

光源的相关色温不同,产生的冷暖感也不同。当光源的相关色温大于5300K时,人们会产生冷的感觉;当光源的相关色温小于3300K时,人们会产生暖和的感觉。光源的相关色温和主观感觉效果如表7-12所示。冷色一般用于高照度水平、热加工车间等,暖色一般用于车间局部照明、工厂辅助生活设施等,中间色适用于其余各类车间。

光源的颜色主观感觉效果还与照度水平有关。在低照度下,采用低色温光源为佳;随着照度水平的提高,光源的相关色温也应相应提高。表7-13说明观察者在不同照度下,光源的相关色温与感觉的关系。

物体的颜色在一定程度上要取决于照明光源发射的光的颜色,所以应根据视觉作业对颜色辨别的要求,选用不同显色性的光源。表7-14中给出光源一般显色指数类别,以及它们的适用范围。

表7-12　光源的相关色温和主观感觉效果

相关色温(K)	主观感觉效果	适合场所举例
>5300	冷	高照度水平、热加工车间等
3300～5300	中间	除要求使用冷色、暖色以外的各类车间
<3300	暖	车间局部照明、工厂辅助生活设施等

表7-13　不同照度下光源的相关色温遇感觉的关系

照度	光源色的感觉		
(lx)	低色温	中等色温	高色温
≤500	舒适	中等	冷
500～1000	刺激	舒适	中等
1000～2000	刺激	舒适	中等
2000～3000	刺激	舒适	中等
≥3000	不自然	刺激	舒适

表7-14　光源一般显色指数类别

显色类别		一般显色指数范围	适用场所
Ⅰ	A	$R_a \geqslant 90$	颜色匹配、颜色检验等
	B	$90 > R_a \geqslant 80$	印刷、食品分检、油漆等
Ⅱ		$80 > R_a \geqslant 60$	机电装配、表面处理、控制室等
Ⅲ		$60 > R_a \geqslant 40$	机械加工、热处理、铸造等
Ⅳ		$40 > R_a \geqslant 20$	仓库、大件金属库等

(4)反射比

当环境内各表面的亮度比较均匀,视觉作业才会达到最舒服和最有效率,故希望室内各表面亮度保持一定比例。为了获得比较均匀的亮度比,必须使室内各表面有适当的光反射比。工作房间表面的光反射比推荐值见表 7-15。

表 7-15　工作房间表面的光反射比

表面名称	光反射比	表面名称	光反射比
顶棚	0.6～0.9	地面	0.1～0.5
墙面	0.3～0.8	作业面	0.2～0.6

(5)阴影

在作业面上或其附近出现阴影,就会减弱工作物件上的亮度和对比。因此在安排室内的大设备位置时,应注意避免对邻近工作面上形成阴影,并在室内提供足够的漫射光。需要借助阴影来提高立体物件的视度时,可以设置一定数量的指向性照明。

(6)照度的稳定性

供电电压的波动使照度不稳定,影响视觉功能。一般工作场所的室内照明,灯具的端电压与额定电压相差不得超过±5%。条件允许的话,尽量把动力电源和照明电源分开,最好在照明电源上增设稳压装置。

(7)消除频闪效应

为了消除频闪效应,可以采取许多方法。比如,在频闪效应对视觉条件有影响的场所,应将相邻灯管(泡)或灯具,分别接到不同的相位线路上,或尽可能选择无频闪效应的光源。

7.3.3　光源和灯具的选择

1. 光源的选择

不同光源在光谱特性、发光效率、使用条件和价格上都有各自的特点,应根据不同场所的具体情况,来确定光源的类型。附录中列出了适用于各种场合的光源类型和性能(CIE 推荐),可供设计时参考。

2. 灯具的选择

不同灯具的光通量空间分布不同,因此,在工作面上形成的照度值也不同,表 7-16 给出不同类型的灯具在工作面上形成相同照度时所需的安装功率比(表中是以顶棚和墙的光反射比均为 0.5 为例)。

不同灯具不仅在室内形成不同的照度,而且形成不同的亮度分布,产生完全不同的主观感觉。

表 7-16　不同类型灯具的安装功率比

房间特征	灯具类型			
	直接型	均匀扩散	格片发光顶棚	反光檐口
面积小,顶棚高	0.15	0.27	0.29	0.6
面积大,顶棚低	0.20	0.47	0.43	1.0

图 7-25 给出直接型灯具(暗灯)、均匀扩散型(乳白玻璃球灯)和格片发光顶棚三种不同类型灯具在不同房间大小,不同地面反射,当地面照度为 100 英尺烛光(约 1076lx)时,室内各界面的亮度比。从图中可看出:①房间大小影响室内亮度分布,特别是在直接型窄配光灯

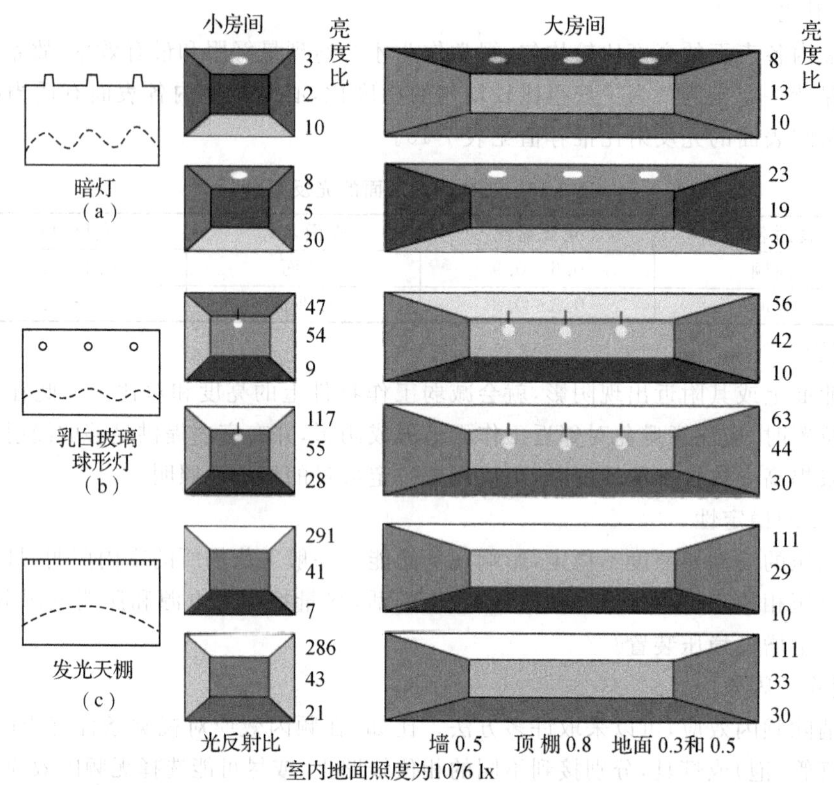

图 7-25 不同类型灯具对室内亮度分布的影响

具时;②地面光反射比在直接型灯具时,对顶棚亮度起很大作用,而对其他两种则作用很小;③室内墙面亮度绝对值,以(a)时最暗,(b)时最亮。这对评价室内空间光的丰满度起很大作用。④从室内亮度均匀度来看也是以(b)时为最佳。

3. 灯具的布置

这里是指一般照明的灯具布置。它要求均匀照亮整个工作场地,故希望工作面上照度均匀。这主要从灯具的计算高度(h_{rc})和间距(l)的适当比例来获得,即通常所谓距高比 l/h_{rc}。它是随灯具的配光不同而异,具体值见有关灯具手册(图 7-16～图 7-21 中已给出一些常用灯具的距高比)。

布置灯具时应注意以下几点。

1)避免产生阴影。用直接型或半直接型灯具时,应避免人和工件形成阴影而影响工作。面积不大的房间,不要只安装一盏灯,而是用 2～4 盏瓦数较小的灯代替,以避免产生显著的阴影。

2)考虑检修的方便与安全。

3)高大房间布置灯时可以采取顶灯和壁灯相结合的方式。一般房间常用顶灯照明。单纯用壁灯照明,房间昏暗,不利于视觉工作,一般不采用。两者可以配合使用。

7.3.4 照明计算

照明计算是室内工作照明设计不可缺少的一个环节。当明确了设计要求,选择了合适的照明方式，确定了所需的照度和各种照明质量要求，并选择了相应的光源和灯具后，接下来需要进行照明计算来确定所需的光源功率，或者对事先确定的功率进行核算室内平均照度和检验某些点的照度是否符合条件。

照明计算的内容非常多，包括照度计算、亮度计算、眩光相关计算、显色指数计算、经济分析与节能分析等，计算方法较多。这里简要介绍照度计算中常用的利用灯数概算曲线计算灯数的方法。

灯数概算法简便易行，比较准确。灯具概算曲线见附录 4 灯具概算图表。应用灯数概算法须注意以下几点。

1)如果照度不是 100lx，求出的灯数应按比例增减。如照度设计时为 75lx，应乘上 0.75。

2)曲线上所标的高度为计算高度，即灯具到工作面上的高度。

3)当光源瓦数不同时，灯数应乘以概算曲线图中说明表给出的系数。

4)曲线的使用范围不满足要求时，可以用曲线的外推法求灯数。不同计算高度之间的数值允许以内插值法查找。

【例题】 有一个教室长、宽、高各为 12m、6m、4m，双侧开窗，玻璃占总面积的 50%，顶棚和墙面用白色涂料粉刷。试用灯数概算法计算灯数。

【解】

(1)确定照度。查附录 3“部分民用建筑各类房间照明标准”，确定为 300lx。

(2)确定灯型。选 YG6－2 2×40W 日光色吸顶式荧光灯。

(3)确定计算高度 h 和房间面积 S。课桌高度为 0.75m，灯具吸顶，$h=4\text{m}-0.75\text{m}=3.25\text{m}$。教室面积 $S=12\text{m}\times 6\text{m}=72\text{m}^2$。

(4)查概算图表(见附录-4“灯具概算表”)。用内插值法在曲线 $h=3\text{m}$ 及 $h=4\text{m}$ 之间求出灯数：$N=5.3$ 套。

因为确定的照度为 300lx，所以实际所需灯数为：

$$N=5.3\text{套}\times 300\text{lx}/100\text{lx}=15.9\text{套}。$$

取 $N=16$ 套。

随着计算机技术的发展与应用，许多软件开发人员对照明计算软件进行研究和开发，使得照明计算无需繁复的手算过程，在计算机中以极短的时间得出计算结果。这些照明计算软件无疑是设计师的福音，通过它们，设计师可以专注于设计，十分便捷地通过计算结果不断调整方案，使得设计更有根据，更具科学性。

照明计算软件作为一种专业软件，往往由一些知名的或有相当实力的灯具厂商针对自己的产品进行开发，由于这些软件专业性强，对于非开发人员来说不易掌握，因此，目前被较为广泛使用的照明计算软件当数 Dialux 和 Agi32 了。Dialux 是由德国的 DIAL 公司进行开发设计的，目前主要应用于欧洲。近些年，Dialux 已进入中国的市场，目前已有中文简体版本，由于其免费的策略已有很多国人在使用。

7.4　环境照明设计

灯具不仅是一种满足生活、工作等视觉功能方面要求的技术装备，而且还起一定的装饰作用。这种作用不仅通过灯具本身的造型和装饰表现出来，而且在一些艺术要求高的建筑物内、外，还与建筑物的装修和构造处理有机地结合起来，利用不同的光分布和构图，形成特有的艺术气氛，以满足建筑物的艺术要求。这种与建筑本身有密切联系并突出艺术效果的照明设计，称为“环境照明设计”。光环境的营造引起建筑师、规划师的重视。光环境受到社会的关注——夜景照明、绿色照明、保护青少年视力……城市夜景照明的兴起引发了规划师、建筑师对城市夜景观的关注和研究；一些城市和地区在城市规划和城市设计中开始引入“夜景照明规划”的内容。

7.4.1 室内环境照明设计

处理室内环境照明时，必须充分估计到光的表现能力。要结合建筑物的使用要求、建筑空间尺度及结构形式等实际条件，对光的分布、光的明暗构图、装修的颜色和质量做出统一的规划，使之达到预期的艺术效果，并形成舒适宜人的光环境。

图 7-26 所示是一个教堂照明改装前后的效果，其中(a)是照明改装前的情况。灯具是孤立地设置，各个灯具发出的光“自由”地分布到各处，将柱子分成明、暗不同的几段，使人感觉不到是一根完整的柱子。美丽的顶棚在明亮的灯具对比下显得很暗，显不出它的装饰效果。(b)是经过改装后的情况。首先，用柱头上的反光檐照亮顶棚，不但充分展现了美丽的顶棚装饰物，而且使整个大厅获得柔和的反射光，美丽的柱式也得到充分而完整的表现，气氛完全改变。这说明照明对室内建筑艺术表现具有很大的影响。

(a)

(b)

图 7-26 照明对室内空间艺术表现的影响

照明还可创造出各种气氛，如图 7-27 所示的两种照明方法，使人们产生完全不同的感觉。图(a)是利用顶棚暗灯照明，它在水平面形成高照度，但顶棚和墙的亮度却很低，产生夜间神秘的气氛。图(b)则将墙面照得很亮，利用它的反射光照亮房间，产生开敞、安宁的气氛。而迪斯科舞厅闪动的灯光，形成热烈、活跃的气氛，这是另一类突出的例子。

(a)

(b)

图 7-27 照明形成不同气氛

1. 室内环境照明处理方法

(1)以灯具的艺术装饰为主的处理方法

1)吊灯

将灯具进行艺术处理，使之具有各种形式，满足人们对美的要求。这种灯具样式和布置方式很多，最常见的是吊灯，图 7-28 所示是几种吊灯的形式。多数吊灯是由几个单灯组合而成，又在灯架上加以艺术处理，故其尺度较大，适用于层高较高的厅堂。若放在较矮的房间里，则显得太大，不适合。故在层高低的房间里，常采用其他灯具，如暗灯。

图 7-28 吊灯形式

2)暗灯和吸顶灯

它是将灯具放在顶棚里(称为暗灯，见图 7-29)或紧贴在顶棚上(称吸顶灯，见图 7-30)。顶棚上作一些线脚和装饰处理，与灯具相互合作，构成各种图案，可形成装饰性很强的照明环境。图 7-31 所示为北京人民大会堂宴会厅的照明形式。这里将吸顶灯组成图案，并和顶棚上的建筑装修结合在一起，形成一个非常美观的整体。

图 7-29　暗灯（筒灯）

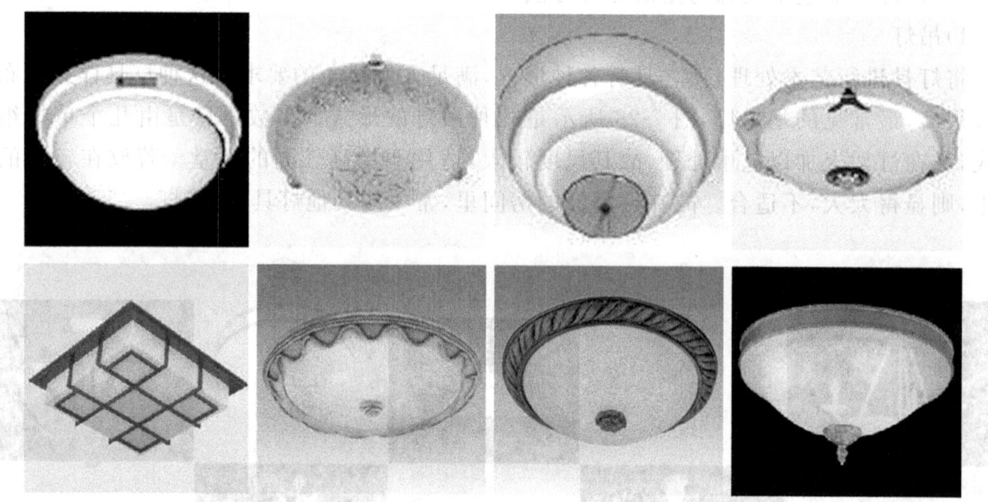

图 7-30　吸顶灯

图 7-31　人民大会堂宴会厅照明

由于暗灯的开口处于顶棚平面，直射光无法射到顶棚，故顶棚较暗。而吸顶灯由于突出于顶棚，部分光通量直接射向它，增加了顶棚亮度，减弱了灯和顶棚间的亮度差，有利于协调整个房间的亮度对比。

3)壁灯

它是安装在墙上的灯(如图7-32)，用来提高部分墙面亮度，主要以本身的亮度和灯具附近表面的亮度，在墙上形成亮斑，以打破一大片墙的单调气氛，对室内照度的增加不起什么作用，故常用在一大片平坦的墙面上。也用于镜子的两侧或上面，既照亮人又防止反射眩光。

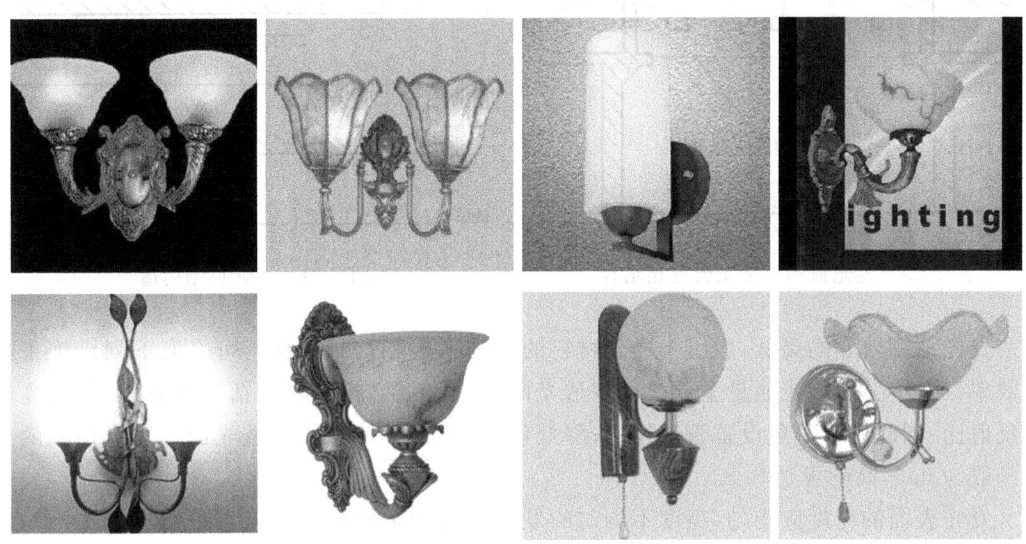

图7-32　壁灯

(2)用多个简单而风格统一的灯具排列成有规律的图案，通过灯具和建筑的有机配合取得装饰效果。

(3)“建筑化”大面积照明艺术处理

这是将光源隐蔽在建筑构件之中，并和建筑构件(顶棚、墙、梁、柱等)或家具合成一体的一种照明形式。它可分为两大类：一类是透光的发光顶棚、光梁、光带等；另一类是反光的光檐、光龛、反光假梁等。它们的共同特点是：

①发光体不再是分散的点光源，而扩大为发光带或发光面，因此能在保持发光表面亮度较低的条件下，在室内获得较高的照度；

②光线扩散性极好，整个空间照度十分均匀，光线柔和，阴影浅淡，甚至完全没有阴影；

③消除了直接眩光，大大减弱了反射眩光。

1)发光顶棚

它是由天窗发展而来。为了保持稳定的照明条件，模仿天然采光的效果，在玻璃吊顶至天窗间的夹层里装灯，便构成发光顶棚。图7-33所示为常见的一种与采光窗合用的发光顶棚。

发光顶棚的构造方法有两种，一种是把灯直接安装在平整的楼板下表面，然后用钢框架做成吊顶棚的骨架，再铺上某种扩散透光材料，如图 7-34(a)所示。为了提高光效率，也可以使用反光罩，使光线更集中地投到发光顶棚的透光面上，如图 7-34(b)所示。也可把顶棚上面分为若干小空间，它本身既是反光罩，又兼作空调设备的送风或回风口。这样做，可以有效地利用反射光。无论上述何种方案，都应满足三个基本要求，即效率要高，发光表面亮度要均匀且维修、清扫方便。

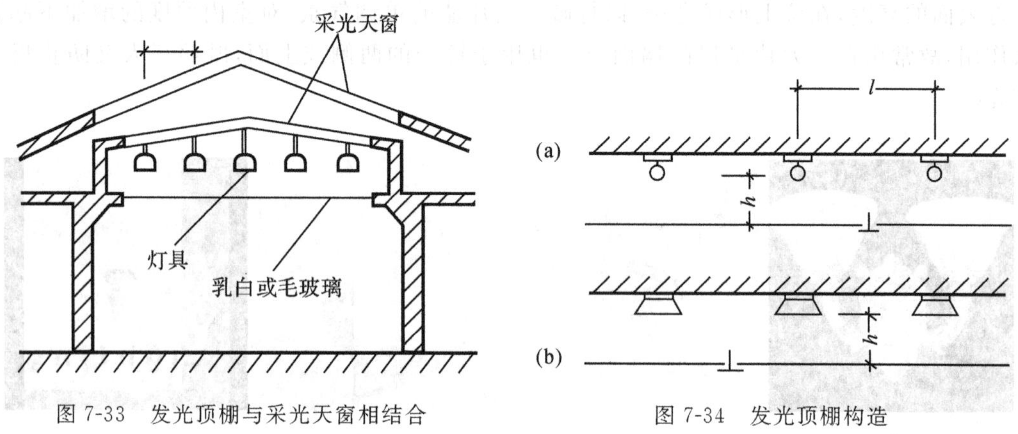

图 7-33　发光顶棚与采光天窗相结合　　　图 7-34　发光顶棚构造

发光顶棚效率的高低，取决于透光材料的光透射比和灯具结构。可采取下列措施来提高效率：加反光罩，使光通量全部投射到透光面上；设备层内表面(包括设备表面)保持高的光反射比，同时还要避免设备管道挡光；降低设备层层高，使灯靠近透光面。发光顶棚的效率一般为 0.5，高的可达 0.8。

发光表面的亮度应均匀，亮度不均匀的发光表面严重影响美观。人眼能觉察出不均匀的亮度比为 1∶1.4。为了不超过此界限，应使灯的间距 l 和它至顶棚表面的距离 h 之比(l/h)保持在一定范围内。适宜的 l/h 比值见表 7-17。

表 7-17　各种情况下适宜的 l/h

灯具类型	$\frac{L_{max}}{L_{min}}=1.4$	$\frac{L_{max}}{L_{min}}\approx 1.0$
窄配光的镜面灯	0.9	0.7
点光源余弦配光灯具	1.5	1.0
点光源均匀配光和线光源余弦配光灯具	1.8	1.2
线光源均匀配光灯具(荧光灯)	2.4	1.4

L_{max}：表面亮度最值，L_{min}：表面亮度最小值。

发光顶棚的表面一般采用均匀透光材料，表面亮度均匀，很容易失之于单调，故需要在选用材料、分格形状和尺度，甚至颜色上与房间的功能、尺度相协调，力求避免雷同和单调。图 7-35 所示为一商场，这里将发光顶棚用方形框架划分成小块，并将室内表面采用不同色调和质地的材料，以打破发光顶棚的单调气氛。

从表 7-17 中可看出，为了使发光表面亮度均匀，就需要把灯装得很密或者离透光面远些。当室内对照度要求不高时，需要的光源数量减少，为了照顾透光面亮度均匀，采取抬高灯的位置，或选用小功率灯泡等措施，都会降低效率，在经济上是不合理的。因此这种照明

图 7-35　发光顶棚

方式，只适用于照度较高的情况。如每平方米只装一支 40W 白炽灯，室内照度就可达到 120lx 以上。由此可见在低照度时，使用它是不合理的，这时可采用光梁或光带。

2）光梁和光带

将发光顶棚的宽度缩小为带状发光面，就成为光梁和光带。光带的发光表面与顶棚表面平齐（见图 7-36(a)、(b)），光梁则凸出于顶棚表面（见图 7-36(c)、(d)）。它们的光学特性与发光顶棚相似。其发光效率见表 7-18。

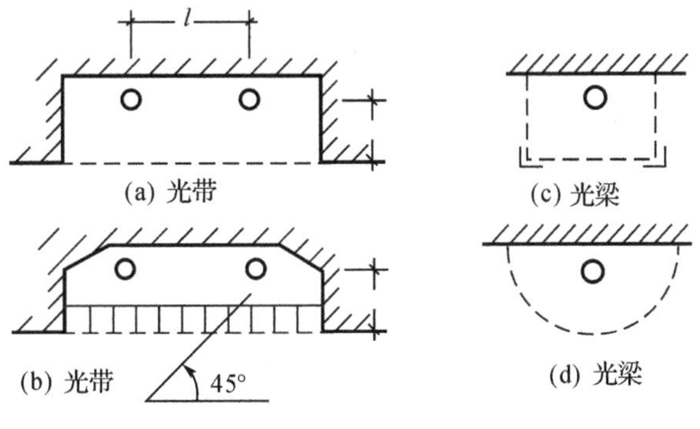

图 7-36　光梁和光带

表 7-18 光带、光梁的光效率

序号	光效率(%)
a	54
b	63
c	50
d	62

光带的轴线最好与外墙平行布置，并且使第一排光带尽量靠近窗子，这样人工光和天然光线方向一致，减少出现不利的阴影和不舒适眩光的机会。光带之间的间距，应不超过发光表面到工作面距离的 1.3 倍为宜，以保持照度均匀。至于发光面的亮度均匀度，同发光顶棚一样，是由灯的间距(l)和灯至玻璃表面的高度(h)之比值来确定的。白炽灯泡的 l/h 值约为 2.5；荧光灯管为 2.0。由于空间小，一般不加灯罩。

光带的缺点：由于发光面和顶棚处于同一平面，无直射光射到顶棚上，使二者的亮度相差较大。为了改善这种状况，把发光面降低，使之突出于顶棚，这就形成光梁。光梁有部分直射光射到顶棚上，降低了顶棚和灯具间的亮度对比。

发光带由于面积小、灯密，因此表面亮度容易达到均匀。从提高效率的观点来看，采取缩小光带断面高度，并将断面做成平滑曲线，反射面保持高的光反射比，以及透光面有高的光透射比等措施是有利的。

图 7-37 所示为咖啡店中的光梁，形状独特，具有明显的导向作用。

图 7-37 咖啡店中的光梁

3)格片式发光顶棚

前面介绍的发光顶棚、光带、光梁，都存在表面亮度较大的问题。随着室内照度值的提高，就要求按比例地增加发光面的亮度。虽然在同等照度时与点光源比较，以上几种做法的发光面亮度，相对来说还是比较低的(见图 7-38)；但是如要达到几百勒克斯以上的照度，发光面仍有相当高的亮度，易引起眩光。

为了解决这一矛盾，采用了许多办法，其中最常用的便是格片式发光顶棚。这种发光顶棚的构造见图 7-39，格片是用金属薄板或塑料板组成的网状结构。它的遮光角 γ，由格片的

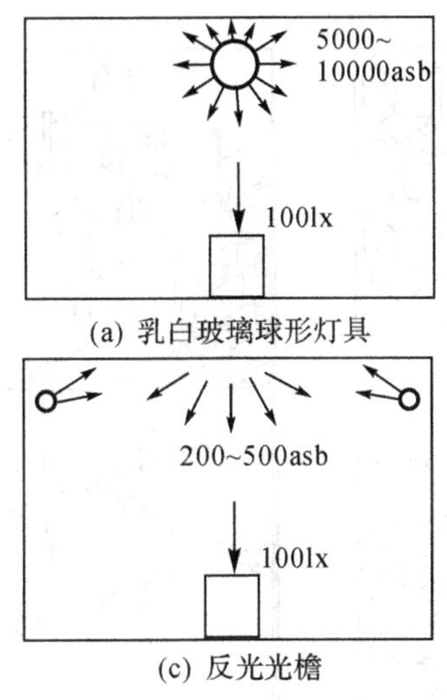

(a) 乳白玻璃球形灯具

(c) 反光光檐

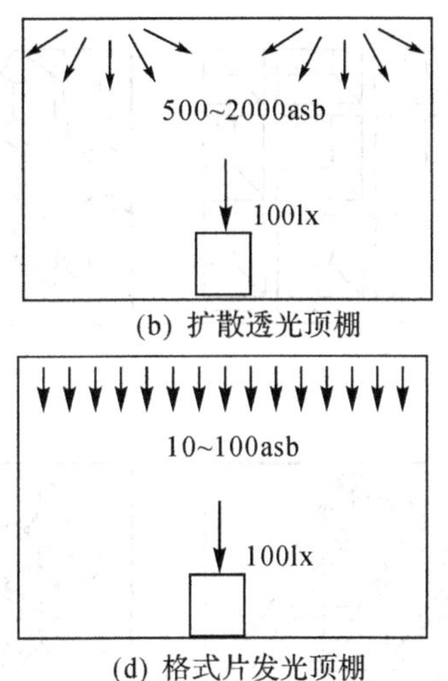

(b) 扩散透光顶棚

(d) 格式片发光顶棚

图 7-38　几种照明形式的光源表面亮度比较

高(h')和宽(b)形成,这不仅影响格片式发光顶棚的透光效率(γ 愈小,透光愈多),而且影响它的配光。随着遮光角的增大,配光也由宽变窄,格片的遮光角常做成 30°～45°。格片上方的光源,把一部分光直射到工作面上,另一部分则经过格片反射(不透光材料)或反射兼透射(扩散透光材料)后进入室内。因此格片顶棚除了反射光外,还有一定数量的直射光,所以,即使格片表面涂黑(表面亮度接近于零),室内仍有一定照度。它的光效率取决于遮光角 γ 和格片所用材料的光学性能。

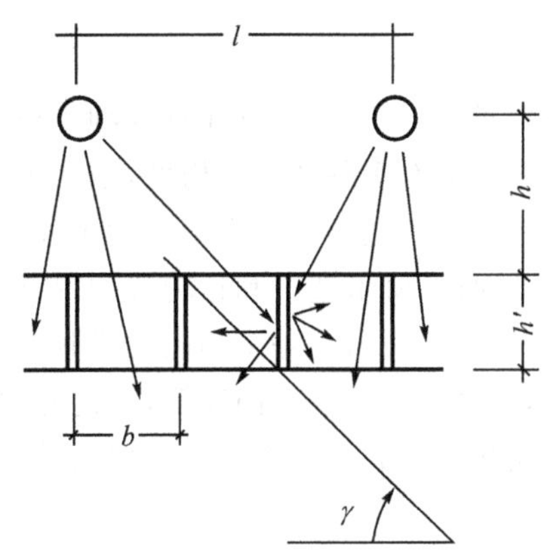

图 7-39　格片式发光顶棚构造简图

格片顶棚除了亮度较低,并可根据不同材料和剖面形式来控制表面亮度的优点外,它还具有另外一些优点,如很容易通过调节格片与水平面的倾角,得到指向性的照度分布;直立格片比平放的发光顶棚积尘机会少;外观比透光材料做成的发光顶棚生动;亮度对比小。由于有以上的优点,格片顶棚照明形式在现代建筑中极为流行。

格片多采用工厂预制,现场拼装的办法,所以使用方便。格片多以塑料、铝板为原材料,制成不同高、宽,不同孔形的组件,形成不同的遮光角和不同的表面亮度及不同的艺术效果,还可以用不同的表面加工处理,获得不同的颜色效果。图 7-40 表示几种不同孔洞的方案,其中方案(b)由于采用抛物面,使光线向下反射,因此与垂直轴成 45°以上的方向亮度很低,故形成直接眩光的可能性很少。

格片顶棚表面亮度的均匀性,也是由它上表面照度的均匀性来决定的,它是随灯泡的间距(l)和它离格片的高度(h)而变。采用裸灯泡(灯管)时,如格片用不透明材料做成,则 $l/h < \cot\gamma$;用半透明材料做格片时,$l/h \leqslant 2$ 就可以了。

4)多功能综合顶棚。随着生产的发展、生活水平的提高,对室内照度的要求也日益提高,照明系统发出更多的热量,这给房间的空调、防火等带来了新的问题。此外对声学方面

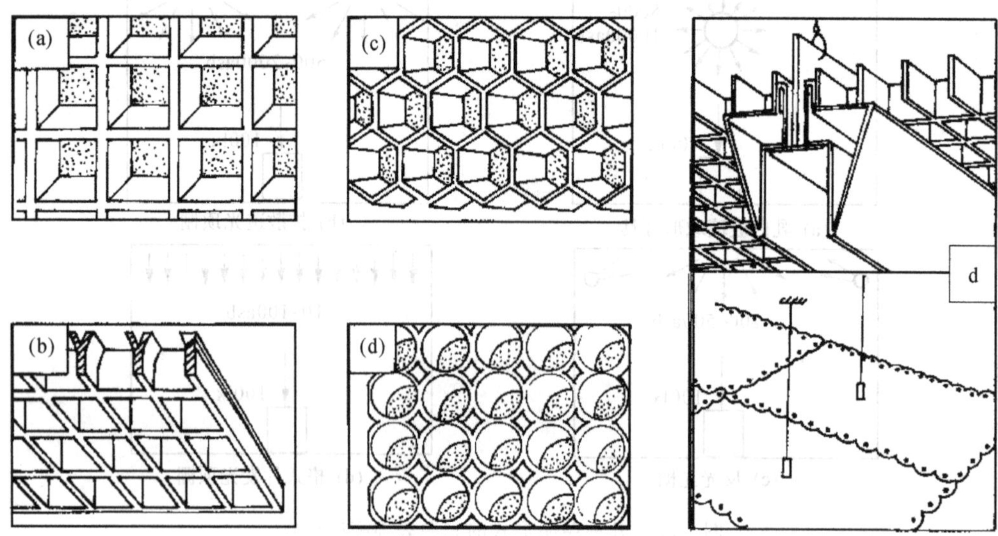

图 7-40 格片形式及安装方法

的要求，也应予以充分注意，因此要求建筑师对这些问题作综合的考虑。这就提出将顶棚做成一个具有多种功能的构件，把建筑装修、照明、通风、声学、防火等功能都综合在统一的顶棚结构中。这样的体系不仅满足环境舒适、美观的需要，而且节省空间，减少构件数量，缩短建造时间，降低造价和运转费用，故已被广泛地应用于实际。

图 7-41 所示是多功能发光顶棚体系的处理实例，这里主要是将回风管与灯具联系起来，回风经灯具进入回风管，带走光源发出的热量，大大有利于室温控制，还可以利用回收的照明热量作其他用途。顶棚内还贴有吸声材料作吸声减噪用，并设置防火的探测系统和喷水器。

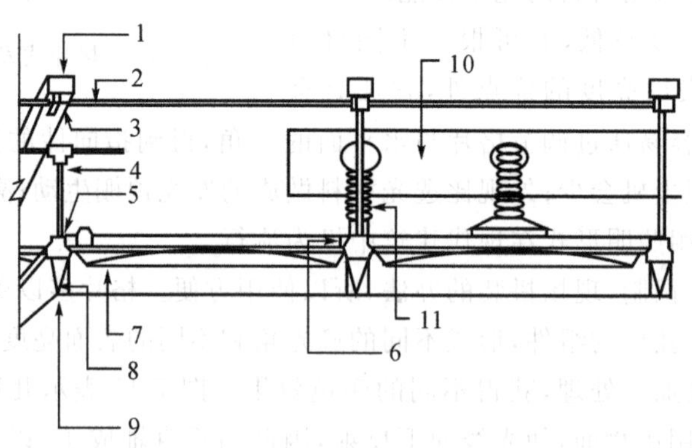

1—各种线路综合管道；2—荧光灯管；3—灯座；4—喷水水管；5—支承管槽；6—铰链；7—刚性弧形扩散器；8—装有吸声材料的隔板；9—喷水头；10—供热通风管道；11—软管

图 7-41 多功能综合顶棚

5）反光照明设施。这是将光源隐藏在灯槽内，利用顶棚或别的表面（如墙面）做成反光表面的一种照明方式。它具有间接型灯具的特点，又是大面积光源。所以光的扩散性极好，可以使室内完全消除阴影和眩光。由于光源的面积大，只要布置方法正确，就可以取得预期的效果。光效率比单个间接型灯具高一些。反光顶棚的构造及位置处理原则见图 7-42。图 7-43 为几种反光顶棚的实例。

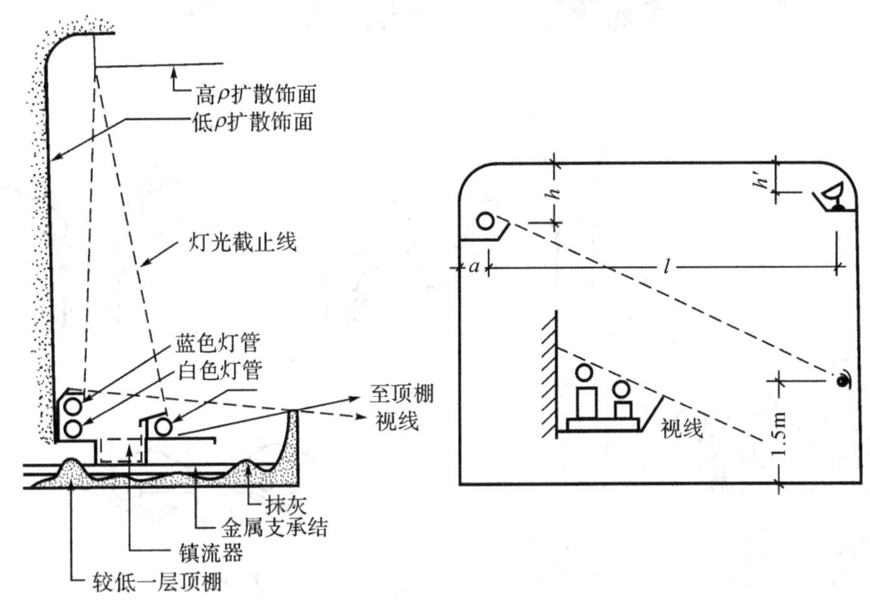

图 7-42　反光顶棚的构造及位置

设计反光照明设施时，必须注意灯槽的位置及其断面的选择，反光面应具有很高的光反射比。以上因素不仅影响反光顶棚的光效率，而且还影响它的外观。影响外观的一个主要因素是反光面的亮度均匀性，因为同一个物体表面亮度不同，给人们的感觉也就不同。而亮度均匀性是由照度均匀性决定的，后者又与光源的配光情况和光源与反光面的距离有关，它是由灯槽和反光面的相对位置所决定。因此灯槽至反光面的高度(h)不能太小，应与反光面的宽(l)成一定比例。合适的比例见表 7-19。此外，还应注意光源在灯槽内的位置，应保证站在房间另一端的人看不见光源(见图 7-43)。还有光源到墙面的距离口不能太小，如荧光灯管，应不小于 10～15cm，荧光灯管最好首尾相接。

表 7-19　反光顶棚的 l/h 值

光檐形式	灯具类型		
	无反光罩	扩散反光罩	投光灯
单边光檐	1.7～2.5	2.5～4.0	4.0～6.0
双边光檐	4.0～6.0	6.0～9.0	9.0～15
四边光檐	6.0～9.0	9.0～12.0	15.0～20.0

从上述可知，为了保持反光面亮度均匀，在房间面积较大时，就要求灯槽距顶棚较远，这就增加了房间层高。对于层高较低的房间，就很难保证必要的遮光角和均匀的亮度，一般是中间部分照度不足。为了弥补这个缺点，可以在中间加吊灯，也可以将顶棚划分为若干小格，这样 l 变小，因而 h 就可小一些，达到降低层高的目的，如图 7-43(d)所示。

图 7-44 所示为一个典型的反光照明装置。这里利用结构上需要的圆穹形房顶做成反

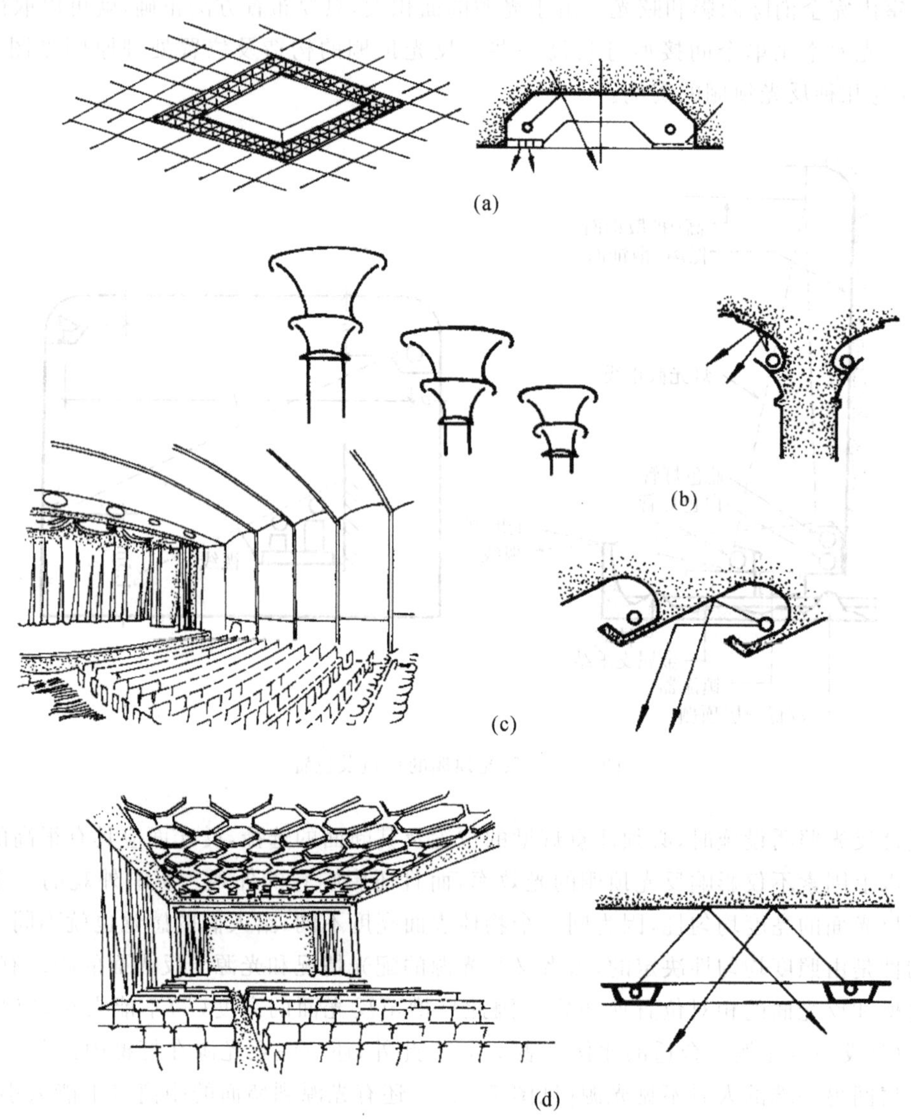

图 7-43 反光顶棚实例

光照明设施中的反光面，形成一个大的发光面，在空间中获得柔和的照明环境。另外利用支承圆穹的环形支架，装设暗灯，以照亮周围流动区域，并缓和了单一反光顶棚带来的单调气氛。

反光顶棚的维修、清扫问题在设计时应引起特别注意，因灯槽口朝上，非常容易积尘。如果不为经常清扫提供方便，它的光效率可能降低到原来的 40%以下。

这种装置由于光线充分扩散，阴影很少，一些立体形象在这里就显得平淡，故在那些需要辨别物体外形的场合不宜单独使用它。

图 7-44　反光照明设施实例

2. 室内环境照明设计实例

一个人对空间体形的视感,不仅出自物体本身的外形,而且也出自被光线“修饰”过的外形,突出的例子是人们利用光线使人或物出现或消失在舞台上。在建筑中,设计者可通过照明设施的布置,使某些表面被照明,突出它的存在,而将另一些处于暗处,使之后退,处于次要位置,用以达到预期的空间艺术效果。下面举一些例子来说明如何处理空间各部分的照明。

一般将室内空间划分为若干区,按其使用要求给予不同的亮度处理。

(1)视觉注视中心。人们习惯于将目光转向较亮的表面,我们也就利用这种习性,将房间中需要突出的物体与其他表面在亮度上区别开来。根据其重要程度,可将其亮度超过相邻表面亮度的 5～10 倍。图 7-45 中的毛泽东雕像,除利用顶棚的葵花灯照亮外,还特别用三组小型聚光灯从不同方向投射在雕像上。这样不但在亮度上突出,而且突出雕像的轮廓起伏。

(2)活动区。这是人们工作、学习的区域。它的照度应符合照明标准的规定值,亮度不应变化太大,以免引起视觉疲劳。图 7-46 所示为一会议室实例,这里整个房间由反光光檐照亮的墙面提供一定的反射光和适当的亮度,使房间显得柔和安静。为了满足会议桌上工作的需要,在会议桌上面的顶棚设置暗灯,集中照明会议桌,提供较高的照度。也由于有墙面和窗帘的反射光,冲淡了由于头顶上的暗灯所引起的与会者脸上的浓影,获得更好的外观。

(3)顶棚区。这部分在室内起次要和从属作用,故其亮度不宜过大,形式力求简洁,要与房间整个气氛统一。图 7-47 为一按摩室。这里采用半间接型灯具,柔和的光线经过顶棚反

图 7-45 视觉中心处理

图 7-46 会议室照明

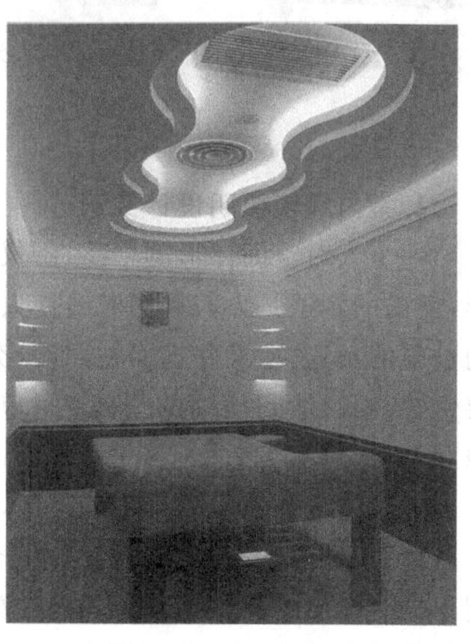

图 7-47 按摩室

射到工作面，在工作面上形成柔和的扩散光，造型简洁，与墙面、地面相互呼应，获得非常协调一致的效果。

(4)周围区域。一般不希望它的亮度超过顶棚区，不作过多的装饰，以免影响重点突出。图 7-48 所示为办公室照明实例，它利用格栅降低了顶棚亮度，而稍有起伏的顶棚格片，打破了顶棚平坦单调的气氛。墙和顶棚式样的协调一致给人以深刻印象。

当室内周围表面亮度低于 34cd/m^2，而在亮度上又无变化，就会使人产生昏暗感。人们长期活动在这种条件下是不舒服的，故宜提高整个环境或局部的亮度。

图 7-48　办公室照明

7.4.2　室外环境照明

在城市现代化建设的进程中，道路照明、广场照明、建筑物照明、园林绿地照明及景点，景区照明构成了城市夜晚环境的一道丰富多彩的亮丽风景线，使城市构成与白天完全不同的景象。它在美化城市、丰富和促进城市生活中，占有很重要的地位，因此，在城市规划和一些重要的建筑物单体设计中，建筑师应能配合电气专业人员考虑室外环境照明设计。

1. 建筑物夜景照明

夜间的光环境条件与白天完全不同。在白天，明亮的天空是一个扩散光源，将建筑物均匀照亮，整个建筑立面具有相同亮度。太阳是另一天然光源，太阳光具有强烈的方向性，使整个建筑立面具有相当高的亮度和明显的阴影，而且随着太阳在天空中位置的移动，阴影的方向和强度也随之而变。在夜间，天空是漆黑一片，是一暗背景，建筑物立面只要稍微亮一些，就和漆黑的夜空形成明显对比，使之显现出来，因而夜间的建筑立面就不需要形成白天那样的高亮度。建筑物的阴影，也不一定做到与白天一样，因为那样需要将灯具放置在很高位置上，这在实际中往往很难办到。我们应根据夜间条件，结合建筑物本身特点，在物质条件许可下，给建筑物一个新的面貌。

建筑立面照明可采取三种方式：轮廓照明、泛光照明、透光照明。在一幢建筑物上可同时采用其中一、二种，甚至三种方式同时采用。

(1)轮廓照明。城市中心区的照明主要是建筑物的轮廓照明。它是以黑暗夜空为背景，利用沿建筑物周边布置的灯，将建筑物的轮廓勾画出来。这种照明方式应用到我国古建筑上，由于它那丰富的轮廓线，在夜空中勾出非常美丽动人的图形，获得很好的效果。图 7-49 所示是北京天安门的轮廓照明。

轮廓照明一般都是利用 40～60W 白炽灯泡沿建筑物轮廓线安装，为了达到连续光带效果，灯距一般为 30～50cm。外面加防止雨水等外界侵袭的玻璃罩。

(2)泛光照明。对于一些体形较大，轮廓不突出的建筑物可用灯光将整个建筑物或建筑

图 7-49 北京天安门的轮廓照明

物某些突出部分均匀照亮，以它的不同亮度层次，各种阴影变化，在黑暗中获得非常动人的效果。

泛光照明设计的基本问题是选择合适的光线投射角和在表面上形成的适当亮度。前者影响表面质感，图 7-50 所示为上海博物馆建筑夜景，灯具放在建筑前的灯柱上和屋顶平台上，以小角度斜射到石墙上，突出石墙凹凸不平的特点，获得很好效果。泛光照明灯具可放在下列位置。

图 7-50 上海博物馆夜景

图 7-51 利用挑出造型放置泛光照明灯具

①建筑物本身内，如阳台、挑出造型、雨篷上，利用阳台的栏杆将灯具隐藏。这时注意墙面的亮度应有一定的变化，避免大面积相同亮度所引起的呆板感觉。图 7-51 所示为利用挑出造型放置泛光照明灯具的实例。

②灯具放在建筑物附近的地面上。这时由于灯具位于观众附近，特别要防止灯具直接暴露在观众视野范围内，更不能看到灯具的发光面，形成眩光。一般可采用绿化或其他物件加以遮挡。这时应注意不宜将灯具离墙太近，以免在墙面上形成贝壳状的亮斑。

③放在路边的灯杆上。这特别适用于街道狭窄、建筑物不高的条件，如旧城区中的古建筑。它可以在路灯灯杆上安设专门的投光灯照射建筑立面，亦可用扩散型灯具，既照亮了旧城的狭窄街道，也照亮了低矮的古建筑立面。

④放在邻近或对面建筑物上。

建筑物泛光照明所需的照度取决于建筑物的重要性，建筑物所处环境（明或暗的程度）和建筑物表面的反光特性。具体可参考表 7-20 中所列的数值。

表 7-20　建筑物泛光照明照度建议值

建筑物立面材料	光反射比	照度建议值(lx)	
		周围环境	
		明亮	暗
浅色大理石、白色面砖或塑料贴面	0.70～0.80	1500	50
混凝土、浅色或浅黄色石灰石	0.45～0.70	200	100
沙石、红陶瓷面砖	0.20～0.45	300	150

表中所列明亮环境是指城市热闹区，暗环境是指郊区或绿化稠密的公园环境。当墙面光反射比低于 0.20（如一般红砖、深色砖、石）时，一般不宜采用泛光照明方式。除非墙面拥有大量的高光反射比材料的装修。

现在常利用发光效率高的高强气体放电灯作室外泛光照明光源。它不但耗费较少的电能，就能在墙面形成高照度，而且利用它产生的不同光色，在建筑物立面上形成不同的颜色，更加丰富城市夜间面貌，效果很好。

(3)透光照明。它是利用室内照明形成的亮度，透过窗口，在漆黑的夜空上形成排列整齐的亮点，也别有风趣。这时，应在窗口设置浅色窗帘，夜间只开启临窗的灯具，就能获得必要的亮度。（见图 7-52）。

图 7-52　透光照明效果

在建筑立面照明实践中，常常在一幢建筑物上，利用上述方法的两种或多种方式。

2. 城市广场照明和道路照明

(1)城市广场照明

城市的广场包括站前广场、机场前广场、交通转盘、立交桥等。它们的形状与面积的差别很大，因此，必须依据广场的特征、功能考虑照明设计。主要要求是：足够明亮；整个广场的明亮程度均匀一致；力求不出现眩光；结合环境造型美观；设置灯杆要考虑周围情况，不影响广场的使用功能。有些广场是作为城市的标志，所使用的特殊设计的照明器，同样应重视其光学、机械性能，且便于维护管理。

(2)道路照明

它的主要作用是在夜间为司机及行人提供良好的视看条件，以保证安全、迅速、舒适地运行。对道路照明的基本要求包括：

①路面平均亮度（照度）。在道路照明中，司机观察障碍物的背景主要是路面。因此，当障碍物表面亮度的背景（路面）之间具有一定的亮度差，障碍物才可能被发现。路面平均亮

度即代表背景亮度的平均值。

②路面亮度均匀度。道路照明不可能做到完全均匀，对路面的最小亮度须有限值。

③眩光限制。按道路类别，提出容许使用的灯具类型，达到限制眩光的目的。

④诱导性。它由道路视觉诱导设施，如路面中心线、路缘、两侧路面标志，以及沿道路恰当地安装灯杆、灯具等，可以给司机提供有关道路前方走向、线型、坡度等视觉信息。

7.5 绿色照明简介

绿色照明是指通过科学的照明设计，采用效率高、寿命长、安全和性能稳定的照明电器产品（电光源、灯用电器附件、灯具、配线器材，以及调光控制调和控光器件），改善提高人们工作、学习、生活的条件和质量，从而创造一个高效、舒适、安全、经济、有益的环境并充分体现现代文明的照明。

近年来国内外开展的绿色照明工程旨在节约资源和保护环境。实施绿色照明必须重视照明工程设计和运行维护管理。必须树立全民的环境文明意识，节约资源，保护环境，使环境与经济协调发展；同时还要加强领导和管理，在科学地预测和评价的基础上，制订出一整套有效的措施、标准、政策和法规，加大实施绿色照明工程的力度。由此可见，绿色照明工程是一项复杂的社会系统工程。同时，绿色照明工程又是一项复杂的技术系统工程，它包含光源等照明器材的清洁生产、绿色照明、光源等照明器材废弃物的污染防治这三个复杂的子系统。总之，绿色照明工程是一项复杂的系统工程。

实施绿色照明工程必须采用绿色照明技术。绿色照明技术就是把绿色技术用于照明工程中的一种技术，而绿色技术则是根据环境价值并利用现代科学技术的全部潜力的技术。绿色技术的内涵广泛，它不但包含高新技术，而且还包含行之有效的传统的“低技术”。因而在绿色照明技术中不但包含了已有的照明节能的成功经验和方法，而且还强调了采用一切科学技术的潜力来节约资源和保护环境。

在制造光源等照明器材时应采用绿色照明技术，生产出高效节能的、不污染环境的光源等照明器材；而当光源等照明器材废弃后，要便于回收和综合利用，尽量使废弃物变成二次资源，此外还要采用固体废物污染防治新技术，使其对环境无害。在照明过程中也要做到节约资源和保护环境，即要达到绿色照明的要求。绿色照明的目的是使照明达到高效、节能、安全、舒适和有益于环境。绿色照明包含的具体内容是：照明节能、采光节能、管理节能、污染防止和安全舒适照明。

照明节能的重点是照明设计节能，即在保证不降低作业的视觉要求的条件下，最有效地利用照明用电。其具体措施有：

(1)采用高光效长寿命光源；

(2)选用高效灯具，对于气体放电灯还要选用配套的高质量电子镇流器；

(3)选用配光合理的灯具；

(4)根据视觉作业要求，确定合理的照度标准值，并选用合适的照明方式；

(5)室内顶棚、墙面、地面宜采用浅色装饰；

(6)工业企业的车间、宿舍和住宅等场所的照明用电均应单独计量；

(7)大面积使用气体放电灯的场所，宜在灯具附近单独装设补偿电容器，使功率因数提高至 0.85 以上；并减少非线性电路元件——气体放电灯产生的高次谐波对电网的污染，改善电网波形；

(8)室内照明线路宜分细、多设开关，位置适当，便于分区开关灯；

(9)进行室内照明设计时，一般照明的照明功率度(简称 LPD)应符合《建筑照明设计标准》要求。

(10)室外照明和道路照明宜采用高压钠灯，并采用自动控制方式等节电措施；

(11)近窗的灯具应单设开关，并采用自动控制方式，充分利用天然光。

在白昼时，应大力提倡室内充分利用安全的清洁光源——天然光，这是一项十分重要的节能措施。为此，必须在进行采光设计时遵循《建筑采光设计标准》中的规定，并应充分考虑当地的光气候情况，充分利用天然光；还应利用采光新技术，在充分利用天空扩散光的同时，尽可能进行日光采光，以改善室内光环境，进一步提高采光节能效果。

在照明管理方面同样需要采用绿色照明技术，应研制智能化照明管理系统，创造出安全舒适的光环境，提高工作效率，节约电能；同时还要制订有效的管理措施和相应的法规、政策，达到管理节能的目的。

在采光、照明过程中，还要解决好防止电网污染、防止过热、防止眩光、防止紫外线和防止光污染这五个污染防止的主要问题，提高光环境质量，节约资源。

目前，在大力开展绿色照明工程的同时，还应该强调发展生产和经济，兼顾生态效益、环境效益和社会效益，实现经济可持续发展。

复习思考题

1. 简述不同类型照明光源的发光机制。
2. 为什么一些功效高的灯在一些小空间中难于应用？
3. 描述灯具光电特性的主要技术指标有哪些？
4. 如何提高室内工作照明的质量？
5. 灯具的选择与布置应注意哪些问题？
6. 正常照明系统分哪几类？
7. 检查一下你们教室中采用灯具挂高是否符合最低悬挂高度的规定。
8. 简述绿色照明的含义。

第三篇　建筑热工学

建筑热工学是研究建筑物室内外热湿作用对建筑围护结构和室内热环境的影响，是建筑物理的组成部分。

建筑物常年经受室内外各种气候因素的作用。属于室外的气候因素有太阳辐射、室外空气的温湿度、风、雨、雪和地下建筑物周围的土壤或岩体的温度和裂隙水等。这些因素所起的作用，统称为室外热湿作用。由于室外热湿作用经常变化，建筑物围护结构本身及由其围成的内部空间的室内热环境也随之产生相应的变化。

属于室内的气候因素有进入室内的阳光、空气温湿度、生产和生活散发的热量和水分等。这些因素所起的作用，统称为室内热湿作用。室内外热湿作用的各种参数是建筑设计的重要依据，它不仅直接影响室内热环境，而且在一定程度上影响建筑物的耐久性。

建筑热工学的主要任务是研究如何创造适宜的室内热环境，以满足人们工作和生活的需要。建筑物既要抗御严寒、酷暑，又要把室内多余的热量和湿气散发出去。对于特殊建筑，如空调房间、冷藏库等不仅要考虑热工性能，而且还要考虑投资和节能等问题。

建筑热工学的研究范围包括：室外热湿参数及其对室内热环境的影响，建筑材料热物理性能，房屋热稳定性，建筑热工测试的技术以及特殊建筑热工，如空调房间热工设计、地下建筑传热等。

现代人对居住、劳动生产场所的热环境要求不断提高，建筑技术和设备不断改进，建筑热工学的研究内容也不断深化。早期的建筑热工设计一般都采用简化的稳定或非稳定传热理论计算，现在逐步被更精确的动态模拟计算所替代。

建筑热工学领域应用电子计算机技术后，又使过去若干难以计算的热工课题，如墙和屋顶等转角处三维温度场的计算、房间内部热环境变化等，都可以用电子计算机获得迅速和精确的计算结果。此外，随着城市、乡镇建设的发展，以及城市热环境的改变，建筑热工学研究领域逐步扩大到建筑群热环境的改善和利用。

第 8 章　建筑热工学基础知识

学习目标：了解人体舒适度与室内气候的关系，湿空气的物理性质。熟悉影响人体热舒适的因素，室外气候与热工分区。掌握四种传热方式的特点，能进行简单的计算。

8.1　人体舒适度与室内气候

8.1.1　室内气候

1. 室内气候

室内气候指的是由空气温度、空气湿度、空气流动速度及围护结构内表面之间的辐射热等综合组成的一种室内环境（亦称室内热环境），它是建筑环境科学重要的研究内容之一。各种室内气候因素的不同组合，形成不同的室内气候。我们所希望的室内气候，当然应该是在热湿效果方面适合人们生活、工作和生产需要的。

2. 影响室内气候的因素

影响室内气候的因素有很多，如室内外的热湿作用与风速、建筑的规划与设计、建筑构造的处理方法、建筑材料的性能、设备措施等。

室外热湿作用对室内气候的影响是人所共知的，特别是在寒冷或炎热地区，其影响更为明显。一定的室外热湿作用对室内气候影响的程度和过程，主要取决于围护结构材料的热物理性质（传热、传湿、透气等）及构造方法。如果围护结构抵抗热湿作用的性能良好，室外热湿作用对室内的影响就比较小。但必须指出，房屋的朝向、间距、环境绿化以至单体建筑的平剖面形式，都对室内气候有不同程度的影响。如果这一系列问题未能很好综合处理，即使围护结构热工性能良好，也难以实现所需的室内气候。

房间内部热湿散发量的多少及其分布状况，在某些建筑中也可能成为决定室内气候的主要因素。例如冶炼、铸造、热轧等车间，由于生产中散发大量热量，因而尽管采取建筑和设备上的一系列措施，车间内的温度仍然是很高的。相反，一般民用建筑和冷加工车间，则只有人体及生活、生产设备散发的为数不多的热量和水分，其室内气候主要决定于室外热湿作用。对于内部热湿作用严重的房间，主要是如何迅速排除余热和多余的水分；对内部热湿产量不大的房间，则主要是防止室外热湿作用对室内气候的不利影响。

室外气象条件的变化直接影响室内的微气候，特别是在门窗开启、自然通风的情况下，影响更大。在炎热的夏天，房屋在强烈的太阳辐射和较高的气温共同作用下，通过屋面和外墙把大量的热量传到室内。开敞的门窗使室内外空气进行热交换，并使室内的空气温度接近于室外空气温度。太阳光通过开启的门窗或透过窗玻璃把辐射热传到室内。在冬季，即使门窗紧闭，但由于室外温度低于室内，致使室内的热量透过外墙、屋面传到室外。同时，往往门窗还存在一些缝隙，使得室内的暖空气渗透到室外，散失部分热量。

3. 对室内气候的要求

对室内气候的要求取决于房间的使用性质。以满足生产工艺和科学实验要求为主的房间，其室内气候标准在相应的规范或文献中都有具体的规定，这里不加论述。以满足人体生理卫生需要为主的房间(如居住、公共和一般生产房间)，其室内气候主要是保证人的正常生活和工作，以维护人体的健康。

室内气候对人体舒适的影响主要表现为冷热感。冷热感取决于人体新陈代谢产生的热量(简称为人体产热量)和人体向周围环境散热量之间的平衡关系，这种关系可用图 8-1 及式(8-1)表示：

$$\Delta q = q_m - q_w \pm q_r \pm q_c \tag{8-1}$$

式中：q_m——人体产热量，Wh；

q_w——人体蒸发散热量，Wh；

q_r——人体辐射散热量，Wh；

q_c——人体对流散热量，Wh；

Δq——人体得失的热量，Wh；

$\Delta q=0$ 时，体温恒定不变；

$\Delta q>0$ 时，体温上升；

$\Delta q<0$ 时，体温下降。

人体产热量 q_m 取决于机体活动的剧烈程度。在常温下，处于安静状态的成年人，每小时的产热量为 95～115Wh，而当他从事重体力劳动时，每小时的产热量可达 580～700Wh。在人体尚未出汗时，蒸发散热量 q_w 是通过呼吸和无感觉的皮肤蒸发进行的。当劳动强度变大或环境较热时，人体大量出汗，随汗液的蒸发而显著增加。

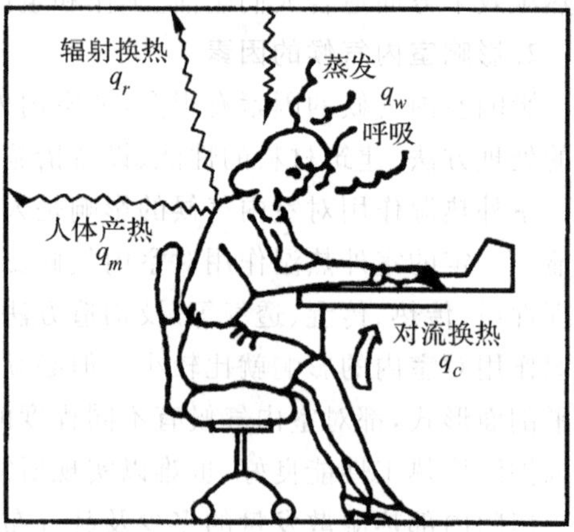

图 8-1 人与环境之间的热交换

辐射换热量 q_r 主要是在人体表面与周围墙壁、天花板、地面以及窗玻璃之间进行的。如果室内有火墙、壁炉、辐射采暖板之类的装置，q_r 则包括与这些装置的辐射换热。当人体表面温度高于周围表面温度时，辐射换热的结果是人体失热，q_r 为负值；反之，则人体得热，q_r 为正值。

对流换热量 q_c 是当人体表面与周围空气之间存在温度差时的热交换值。当体表温度高于气温时，对流换热的结果为人体散热，q_c 为负值，这时要是在夏季人会感到凉爽，而在冬季人则会感到寒冷。反之，则人体得热，q_c 为正值。

当 $\Delta q=0$ 时，人体处于热平衡状态，体温维持正常不变(约为 36.5℃)，在这种情况下，人的健康不会受到损害。但必须指出，$\Delta q=0$ 并不一定表示人体处于舒适状态。因为各种热量之间许多不同的组合都可以使 $\Delta q=0$，也就是说，人们会遇到各种不同的热平衡，然而只有那种能使人体按正常比例散热的热平衡，才是舒适的。人体正常散热比例是指人体通过各种散热方式的散热量占人体总散热量的比例为：

对流换热占 25%～30%；

辐射散热占 45%～50%；

呼吸和无感觉蒸发散热占 25%～30%。

这种处于舒适状态下的人体热平衡，称之为人体正常热平衡。

当劳动强度或室内气候发生变化时，本来是正常的热平衡就可能被破坏，但并不至于立即使体温发生变化。这是因为人体有一定的代谢率的调节功能。当环境过冷时，皮肤毛细血管收缩，血流减少，皮肤温度下降以减少散热量；当环境过热时，皮肤血管扩张，血流增多，皮肤温度升高，以增加散热量，甚至大量出汗使散热量增大，以争取新的热平衡。这时的热平衡称为人体负荷热平衡。

在人体负荷热平衡下，虽然 Δq 仍然等于零，但人体却已不在舒适状态。不过只要分泌的汗液量仍在生理允许的范围内，则负荷热平衡仍是可以忍受的。

人体的物质代谢调节能力是有一定限度的，它不可能无限制地通过减少输往体表血量的方式来抵抗过冷环境，也不可能无限制地借助于汗液蒸发来适应过热环境。当室内气候恶化到一定程度之后，终将出现 $\Delta q\neq 0$ 的情况，于是体温开始发生升降现象。虽然当体温变化不大，持续时间不长时，在改变环境后仍然可以恢复正常体温，但从生理卫生方面来看，这已是不能允许的了。

从人体热平衡的角度来说，建筑师的任务就是为人类营造良好的室内热环境，使生活、工作在其中的人们保持舒适状态下的人体热平衡，即正常热平衡，以利于人们的身体健康。

8.1.2　室内气候的舒适性

室内气候的舒适性是指室内人的热舒适和室内人对建筑环境的要求。建筑科学中对人体的热舒适问题进行了长期的探讨和实验。研究指出，生活在全世界各地的人对热舒适有几乎同样的要求，无论是生活在亚热带地区的还是生活在寒冷地带的人，也无论是白种人还是黄种人，男性还是女性，年纪大的还是年纪轻的，对热舒适的要求也几乎相同。人体对热舒适的感受与周围的噪声、色彩没有直接关系。

1. 影响人体热舒适的因素

现代科学已经证明，影响室内人体热舒适的因素有六个，其中两个是主观因素，四个是客观因素。主观因素之一是人体所处的活动状态，如站、跑、运动或静坐。这与人的新陈代谢有关，可以用人的新陈代谢率来代表人体的活动状态。主观因素之二是人体的衣着状态。夏天人们穿得薄，冬天穿得厚，衣着状态可以用服装的热阻来描述。影响人体热舒适的四个客观影响因素都是室内的气象参数。它们分别是室内空气温度、空气湿度、室内风速和室内的平均辐射温度。室内平均辐射温度是表示室内辐射的一个综合指标，计算比较复杂，这里将不作详细介绍。人的热舒适感是在上述六个因素的共同影响下的一种综合效果。

室内气候参数对人体热舒适的影响的各要素之间在很大程度上是可以互换的。一个参数的变化所造成的影响常常可以为另一个因素的变化所补偿。例如，室内温度升高了，人感到热了，但增加空气流动，如开电风扇，人的感觉就没有那么热了。

在影响人体热舒适感的四个客观参数之中，气温对人体的热舒适感起主要的作用。当气温升高时，人体的皮肤温度升高，从而使人体对周围环境的辐射和对流散热增加。气温继续增加时，蒸发散热逐渐成为主要散热方式。当气温在 32℃以上时，人体出汗开始增加。当气温达到 33℃以上时，出汗几乎成为惟一的散热方式。反之，气温很低时，人体对周围的传热增多。这时，人要添加衣服，减少传热。因此，进行建筑设计时，要对建筑物的各项防热保温措施给予充分考虑，减少室外过热或过冷气温对室内环境的影响，把室内气温维持在舒适温度的附近。

空气湿度对人体热舒适有重大的影响。特别是高温高湿对人体的热平衡有不利的影响。因为高温时，人体主要依靠蒸发散热来维持热平衡，此时如果湿度增高，将妨碍出汗的蒸发，影响人体的散热。

空气加速流动使得人体热舒适有明显的改变。在炎热的夏天，电风扇使用非常普遍，这是因为此时气温和湿度都很高，人要保持热平衡，只好借助电风扇加速与环境的对流换热。应当指出，温度和湿度都高时，室内空气流速的微量增加对人体的热舒适有明显的改善。但空气温度高于皮肤温度时，增加室内空气流动速度对人体热舒适的改善不大。由于通风有降温作用，对于炎热地区的建筑设计，要组织好室内的自然通风。

人体与其周围环境也通过辐射进行热交换，处于室内的人就和室内四周墙壁(包括门窗)、地板及天花板进行热交换。当壁面温度高于人体皮肤温度时，四周墙壁及地板天花板就向人体辐射热量，使人受热。反之，当壁面温度低于人体皮肤温度时，热流从人体向四周辐射，这时人体在散热。如果壁面温度高于人体温度 5℃以上时，人受热辐射的感觉比较明显。

2. 达到室内热环境舒适性的热环境的设计

人的生活能力很强，可以在－20℃到＋40℃的范围内生活。然而，人体感到舒适的范围却在 22℃到 28℃的范围之间。人体最舒适的温度范围是 24～26℃之间。为了达到满意的舒适温度范围，我们应该从几个层次上进行热环境设计。

第一个层次为小区热环境的设计。小区规划中建筑群的布局合理，间距适当，有利于寒冷地区争取日照或炎热地区组织自然通风；小区环境优美，良好的绿化可以使小区的热环境和微气候有较大的改善。

第二个层次是合理设计建筑物。如从围护结构上确保达到保温隔热的要求，正确选择朝向以争取日照或主导风向的来风，合理组织室内自然通风，处理好窗户保温、热桥保温、遮阳等与室内热环境密切相关的构造问题，进一步创造较好的室内热环境。

若建筑手段仍未能使室内达到舒适温度范围，则第三个层次就是要采用空气调节或采暖等设备方法满足人体热舒适的要求。

3. 室内环境与室内空气质量

在我国北方，冬季漫长，人们在紧闭门窗的房子中依靠取暖来维持人体的舒适性。由于不少家庭(特别在农村)仍然使用煤炉取暖，造成室内空气污染严重，空气质量很差。近年来，随着空调技术的发展和我国人民生活水平的提高，很多办公楼、宾馆、医院等民用建筑广泛使用空调、采暖、通风设备。同时，空调设备已逐步进入了居民家庭。空调设备的使用消耗大量的能源，不但经济上负担沉重，还导致全球环境的恶化。由于空调建筑是封闭的高气密建筑，室内缺乏新鲜空气，因此，其室内的空气质量变成了受人关注的问题。

室内空气质量与人们的健康、舒适有着密切的关系。有人抱怨长期生活在室内有时会眼睛干燥，喉咙疼痛，或者头痛、头昏。这些现象可能与空气中所含的污染物有关。室内空气中的污染物可以是无机污染物如一氧化碳、二氧化碳、二氧化硫、臭氧等，有机污染物如易挥发性有机物、福尔马林、杀虫剂等，也可以是物理性的污染物如尘埃、人造矿物纤维、石棉、氡等。而抽烟所散布的烟雾则是室内最大的污染物，不但吸烟者自己受害，周围的人也要受害。

室内空气中污染物一般是由居住者的活动和使用建筑物时所产生的。根据统计，生活炉灶和吸烟是室内空气最大的两个污染源。人的呼吸也在不断排出二氧化碳。室内的建筑材料、家具也可能是污染源，如果室内建筑材料和家具是由天然材料如天然木材制造的话，一般来说产生的污染就会少一些。室内空气污染物的浓度主要取决于室内容积的大小，室内污染物产生的频率和程度，室内外空气对流的快慢以及室外空气中是否有污染物质。控制室内污染物的有效方法是除去室内污染物，加强室内通风，对人体的活动进行管理，多搞清洁卫生，以创造一个健康舒适的热环境。

8.1.3　室内热环境的评价指标

前面介绍了人的热舒适受六个因素影响。室内气候各因素对人体热调节的作用是综合的，用一个综合性指标来衡量室内热环境将带来方便。室内热环境指标就是根据这一需要而产生的。从 20 世纪 30 年代直到现在，科学工作者一直致力于室内热环境评价指标的研究，产生了一系列的热环境指标，在这里，仅介绍两个有代表性的热环境评价指标：预计热指标和标准有效温度。

1. 预计热指标

预计热指标(Predicted Mean Vote, PMV)是由丹麦范格尔(P. O. Fanger)教授提出来的。该指标以人体热平衡方程式以及生理学主观感觉的等级作为出发点，综合反映了人的活动、衣着及环境的空气温度、相对湿度、平均辐射温度和室内风速等因素的关系及影响，是迄今为止考虑人体热舒适诸多有关因素中最全面的评价指标。因此，被国际标准化组织(ISO)确定为评价室内热环境指标的国际标准(ISO-DIS7730)。预计热指标 PMV 是 Predicted Mean Vote 的缩写，其意是指一大群人对给定的环境热感觉进行投票所得到的投票平均值。范格尔经过大量的人群试验，提出了各 PMV 值所对应的冷热感，如表 8-1。

表 8-1　PMV 值与对应的冷热感

PMV 值	冷热感觉
−3	冷(cold)
−2	凉爽(cool)
−1	稍凉(slightly cool)
0	热舒适(neutral comfort)
+1	稍暖(slightly warm)
+2	暖(warm)
+3	热(hot)

PMV值评价室内热环境在全世界应用广泛。而且丹麦B&K公司根据范格尔教授的热舒适方程，研制出热舒适测定仪(Thermal comfort meter)，其型号为1212的产品正式用于热舒适的测定。只要设定人的活动强度和衣服热阻，该仪器能立即给出室内热环境的PMV值。但在该仪器的说明书中指出，它仅适用于封闭空间的热环境测定，且室内的相对湿度不超过90%。事实上，把PMV指标列为国际标准的ISO 7730只是一个适用于适度热环境的标准。其标准正文建议，仅在PMV值在－2至＋2之间使用PMV指标，并对六个因素的适用范围给予了界定(见表8-2)，该标准还声明，对于极端的热环境，应使用其他标准。

表8-2 ISO对PMV指标适用范围的建议

气温	平均辐射温度	水蒸气分压力	风速	人体活动量	服装热阻
10～30℃	10～40℃	0～2700 Pa	0～1m/s	46.4～232 W	0～0.31 $m^2\cdot K/W$

2. 标准有效温度

标准有效温度(Standard Effective Temperature，SET)是由美国学者盖奇(Gagge)和他的同事们提出的。这个指标是根据人体的生理条件，综合考虑了物理学、生理学和心理学三个方面的因素提出来的。虽然它特别适合评价高温高湿的热环境，但是它实际上是通用的，不受限制的。标准有效温度的定义是这样的：标准环境的条件是平均辐射温度与气温相同，相对湿度为50%，低风速(小于0.1m/s)，人的衣着热阻为0.093$m^2\cdot K/W$。当人体在实际环境及标准环境中的活动量相同，并且具有相同的皮肤温度和皮肤湿润度时，那么，这种标准环境的一致温度就定义为实际环境的标准有效温度(SET)。例如：假设在当前环境下的标准有效温度为25℃，这就表示人在这种环境下，与空气温度及平均辐射温度都为25℃、相对湿度为50%、室内几乎无风时，穿便衣坐着休息时所感受到的热环境一样。图8-2表示对各种变量组合方式之一的标准有效温度SET，简称为热舒适图。

SET指标是基于分析人体内热调节系统，根据人体皮肤温度和湿度对环境的反应提出来的指标，从原理上来说，它无限制性，是通用指标。比较SET与PMV值，我们知道PMV值仅在－3到＋3之间有定义，超过＋3，它就没有定义了。而SET值就没有这方面的限制。对于南方自然通风的住宅，在夏季，其室内的PMV值是有可能超过＋3的。此时，使用PMV指标来评价室内热环境已经不可能，而以SET值来评价室内热环境更接近实际情况。同时SET值与人体机能的关系有数据可参考，如表8-3所示，使人们更了解在不同的环境下人体的反应特征。随着计算机技术的发展，已经有了用计算机计算SET值的程序，但是，目前还没有厂家生产测量SET值的仪器，这是SET指标的使用受到限制的原因之一。

表8-3 SET值和热感觉的关系(人着轻装，静坐)

SET(℃)	热感觉	人体的反应
高于37.5	非常热，极不舒适	失去热调节功能
34.5～37.5	热，极不可接受	大汗
30.0～34.5	热，不舒适，不可接受	出汗
25.6～30.0	稍热，稍不可接受	微汗
22.2～25.6	热舒适	中和
17.5～22.2	稍冷，稍不可接受	毛细血管收缩
14.5～17.5	冷，不可接受	身体变冷
10.0～14.5	寒冷，极不可接受	颤抖

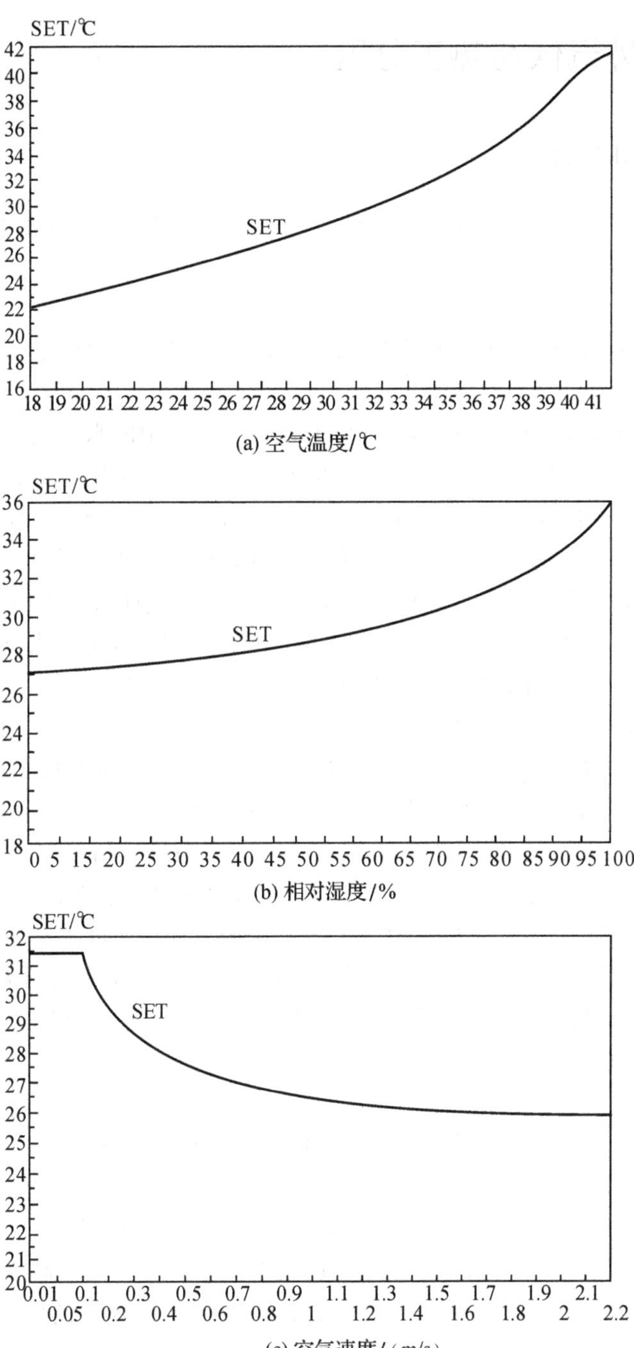

图 8-2　标准有效温度热舒适图

8.2 室外气候与热工分区

8.2.1 室外气候

对建筑密切相关的气候要素有太阳辐射、气温、空气湿度、风、降水等。下面分别作扼要介绍。

1. 太阳辐射

太阳辐射能量是地球上热量的基本来源，是决定气候的主要因素，也是建筑物外部最主要的气候条件之一。

当太阳辐射通过大气层时，一部分辐射能量为大气层中的水蒸气、二氧化碳和臭氧等吸收；一部分被云层反射回外层空间；还有一部分被空气分子、尘埃微粒、微小水珠等折射或散射，因而削弱了到达地面的辐射。照射到地球表面的太阳辐射分为两部分：一是从太阳直接照射到地面的部分称为直射辐射；一是经大气散射后到达地面的部分称为散射辐射。

影响太阳辐射强度的因素主要有太阳高度角、大气透明度、地理纬度、云量和海拔高度等。由于太阳的高度角不同，太阳穿透大气层的厚度亦不同，由于大气层中所含的云、烟、雾、尘及各种气体不一，太阳射线被反射、吸收、散射的量和比例也不一。用大气透明度来表征依地点、时间和位置不同，导致大气层透过阳光程度的差异。地表水平面的太阳辐射强度与太阳高度角、大气透明度成正比。由于高纬度地区的太阳高度角小，且太阳斜射地球表面，而光线通过的大气层较厚，所以直接辐射弱。低纬度地区则相反，故直接辐射强。在夏季的一天中，中午太阳高度角大，太阳辐射强，早晚太阳斜射，高度角小，太阳辐射较弱。在云量少的地方，直接辐射量较大。在海拔较高地区，大气中的水汽、尘埃较少，且太阳光线所通过的大气层也较薄，所以太阳辐射也较大。农村的大气透明度大于城市，故太阳辐射也较强。散射辐射与太阳高度角成正比，与大气透明度成反比。在多云的天气较无云的天气散射辐射强度大，同时海拔高的地方较海拔低的地方散射强度小，都是由于云的扩散作用引起的。

2. 气温

气温是评价气候的主要指标之一，也是热工设计的重要依据。

气温一般是指距地面 1.5m 高处的空气温度。影响地面附近气温的因素主要如下：

(1)入射到地面上的太阳辐射热量，它起着决定性的作用。例如气温有四季变化、日变化以及随地理纬度分布之变化，都是由于太阳辐射热量的变化而引起的。

(2)地面覆盖面(如草原、森林、沙漠和河海等)及地形对气温的影响也很重要。不同的地形及地表覆盖面对太阳辐射的吸收及反抗本身温度变化的性质均不同，所以地面的增温也不同，结果就造成气温有差别。

(3)大气的对流作用也以最强的方式影响气温。不管是水平方向或垂直方向的空气流动，都会使两地空气混合，而减小两地的气温差别。

气温有明显的日变化与年变化。图 8-3 所示为气温日变化曲线。从图中可以看出，气温日变化中有一个最高值和最低值。最高值通常出现在午后 2 时左右，而不在正午太阳高度角最大的时刻；最低气温一般出现在日出前后，而不是在午夜。这是由于空气与地面间因辐射换热而增温或降温都需要经历一段时间。一日内气温的最高值与最低值之差叫做气温的日较差，通常用它来表示气温的日变化。

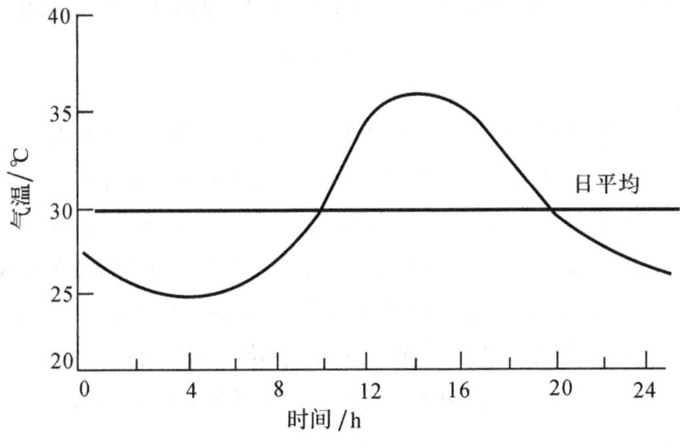

图 8-3　气温日变化曲线

一年中各月平均气温也有最大值与最低值。对北半球来说，年最高气温出现在 7 月（大陆上）或 8 月（沿海地方或岛屿上），而年最低气温出现在 1 月或 2 月。一年内最热月与最冷月的平均气温差叫做气温的年较差。我国气温的年较差自南到北、自沿海到内陆逐渐增大。华南和云贵高原约为 10～20℃，长江流域增到 20～30℃，华北和东北的南部约为 30～40℃，东北的北部与西北部则超出 40℃。

3. 空气湿度

空气湿度是指空气中水蒸气的含量，通常以相对湿度来表示。相对湿度的日变化受地面性质、水陆分布、季节寒暑、天气阴晴等因素影响，一般是大陆大于海面，夏季大于冬季，晴天大于阴天。相对湿度日变化趋势与气温日变化趋势相反（见图 8-4）。在晴天，其最高值出现在黎明前后，虽然此时空气中的水汽含量少，但温度最低，故相对湿度最大；最低值出现在午后，此时虽然空气所含的水蒸气量较多（因蒸发较强），但温度已达最高，故相对湿度低。

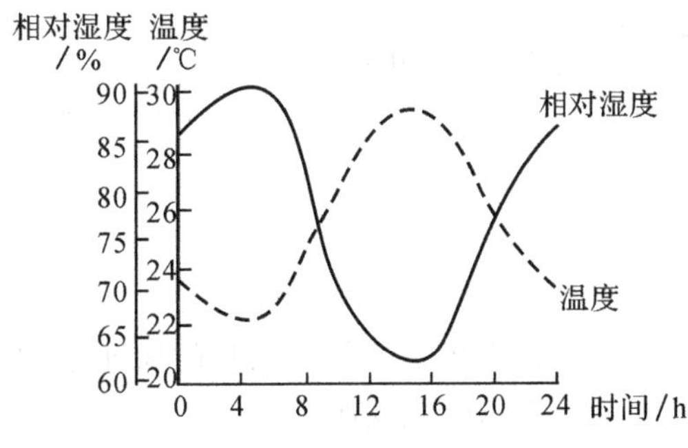

图 8-4　相对湿度的日变化

在一年中，最热月的绝对湿度最大，最冷月的绝对湿度最小。这是因为蒸发量随温度变化而变化的缘故。一般来说，一年中相对湿度的大小和绝对湿度相反，相对湿度在冷季最大，在热季最小，但在季风区有些例外。我国因受海洋气候影响，南方大部分地区相对湿度在一年内以夏季为最大，秋季最小。华南地区和东南沿海一带，因春季海洋气团侵入，且此时气温还不高，故形成较大的相对湿度，大约以 3～5 月为最大，秋季最小，所以在南方地区春夏之交气候较潮湿，室内地面常产生泛潮（凝结水）现象。

4. 风

风是指由大气压力差所引起的大气水平方向的运动。风可分为大气环流与地方风两大类。由于太阳辐射热在地球上照射不均匀，引起赤道和两极间出现温差，从而产生大气环流。大气环流是造成各地气候差异的主要原因之一。由于地表水陆分布、地势起伏、表面覆盖等地方条件的不同而引起的风叫地方风，如海陆风、季风、山谷风、庭院风及巷道风等。上述地方风除季风外，都是由局部地方昼夜受热不均引起的，所以都以一昼夜为周期，风向产生日夜交替的变化。季风是因海陆间季节气温的差异而引起的。冬季大陆强烈冷却，气压增高，季风从大陆吹向海洋；夏季大陆强烈增温，气压降低，季风由海洋吹向大陆。因此，季风的变化以年为周期。我国广大地区（主要是东部地区），夏季湿润多雨而冬季干燥，就是受了强大季风的影响。我国的季风大部分来自热带海洋，故多为东南风和南风。

为了直观地反映一个地方的风速和风向，通常用风玫瑰图（见图 8-5）来表示。图中(a)是某地七月的风向频率分布，由图可知该地七月以东南风最盛。图(b)表示各方位的风速。其作图方法是：先统计其出现次数，然后计算它占总次数的百分比（频率），按照定比例点在风向方位射线上，用符号将不同速度区分开来。由图可见，某地一年中以东风为最多，风速也较大，西北风发生频率虽较少，但高风速的次数有一定比例。

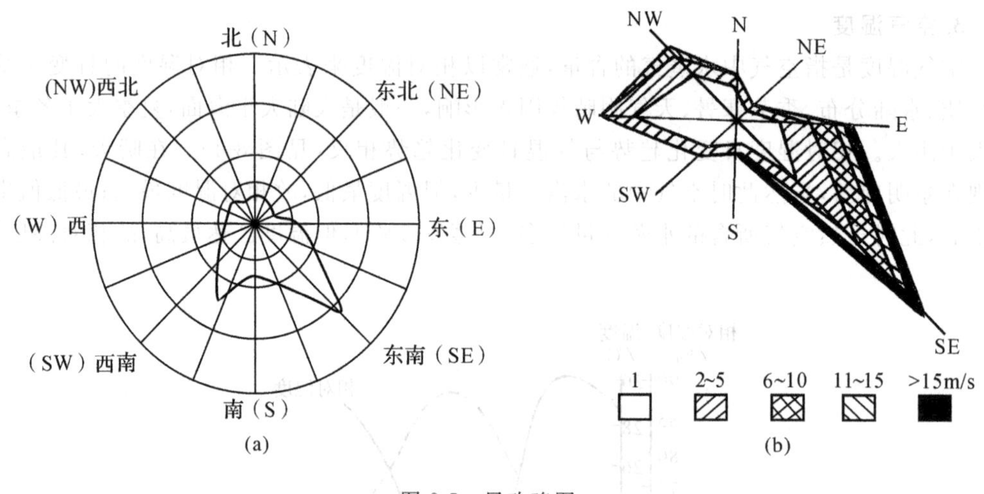

图 8-5 风玫瑰图

在城市规划和建筑设计中，应根据各地的年、季、月的风速平均值及最大值以及风向的平均数据，合理选择房屋的平面分布、朝向、间距等。

5. 降水

从海洋、大地蒸发出来的水汽进入大气层，经过凝结后又降到地面上的液态或固态水分，简称降水。雨、雪、冰雹等都属降水现象。降水性质包括降水量、降水时间和降水强度等方面。降水量是指降落到地面的雨、雪、雹等融化后，未经蒸发或渗透流失而积累在水平面上的水层厚度，以 mm 为单位。降水时间是指一次降水过程从开始到结束的持续时间，用时，分(h，min)来表示。降水强度是指单位时间内的降水量。降水量的多少是用雨量筒和雨量计测定的。降水强度的等级，以 24h 的总量(mm)来划分：小雨<10；中雨 10～25；大雨 25～50；暴雨 50～100。

我国的降雨状况的主要特点是：由于季风影响，雨量多集中在夏季。华南地区六月份的最大降雨量一般在 200mm 以上；长江流域地区在夏初(五月下旬至六月中旬，或六月上旬至七月中旬)将出现一个特定的长时间降雨过程称为梅雨现象，雨期约 20～25 天；珠江口和台湾南部在七、八月间多暴雨，暴雨一般作用范围小，持续时间短，但其降水强度大，有时 1h 降水量将近冬季一周的降水量，对建筑产生一定的影响。我国降雪量在不同地区出入很大，以北纬 35°以北至 45°地段为降雪或多雪地区。

8.2.2　建筑热工设计分区

我国幅员辽阔，地形复杂。由于地理纬度、地势和地理条件的不同，各地气候相差悬殊。南、北最冷月平均温差可达 50℃左右。当北方海拉尔地区气温已低于－28℃时，海南岛则尚在 21℃以上。青藏高原最热月平均仅 10～20℃，常年无夏；而广东地区最冷月平均气温不低于 10℃，全年无冬。北部最大积雪深度可达 70cm；而南岭以南则为无雪地区。台湾地区年降水量多达 3000mm；而塔里木盆地仅 10mm。新疆地区全年日照时数达 3000h 以上，四川、贵州部分地区只有 1000h 左右。

为了有适宜的热环境，不同的气候条件对房屋建筑的设计提出不同的要求。炎热地区的建筑需要遮阳、隔热和通风，以防室内过热；寒冷地区的建筑则要防寒和保温。为了明确建筑和气候两者的科学联系，使各类建筑能更充分地利用和适应气候条件，做到因地制宜，我国《民用建筑热工设计规范》(GB 50176—93)，从建筑热工设计角度把我国各地气候划分为五个气候分区，并直观地称之为严寒地区、寒冷地区、夏热冬冷地区、夏热冬暖地区、温和地区，这就是建筑热工设计分区，具体作如下划分并提出了相应的设计要求。

严寒地区：指累年最冷月平均温度低于或等于－10℃的地区。主要包括内蒙古和东北北部、新疆北部地区、西藏和青海北部地区。这一地区的建筑必须充分满足冬季保温要求，加强建筑物的防寒措施，一般可不考虑夏季防热。

寒冷地区：指累年最冷月平均温度为 0～－10℃地区。主要包括华北地区、新疆和西藏、南部地区及东北南部地区。这一地区的建筑应满足冬季保温要求，部分地区兼顾夏季防热。

夏热冬冷地区：指累年最冷月平均温度为 0～－10℃，最热月平均温度 25～30℃地区。主要包括长江中下游地区，即南岭以北、黄河以南的地区。这一地区的建筑必须满足夏季防热要求，适当兼顾冬季保温。

夏热冬暖地区：指累年最冷月平均温度高于 10℃，最热月平均温度 25～29℃的地区。包括南岭以南及南方沿海地区。这一地区的建筑必须充分满足夏季防热要求，一般可不考虑冬季保温。

温和地区：指累年最冷月平均温度为 0～13℃，最热月平均温度 18～25℃的地区。主要包括云南、贵州西部及四川南部地区。这一地区中，部分地区的建筑应考虑冬季保温，一般可不考虑夏季防热。

需要说明的是，以上分区的地理区划非常明确，读者可以从《民用建筑热工设计规范》的条文和附图中得到更为清楚的了解。

8.3 传热方式

传热是指物体内部或者物体与物体之间热能转移的现象。凡是一个物体的各个部分或者物体与物体之间存在着温度差，就必然有热能的传递、转移现象发生。根据传热机理的不同，传热的基本方式分为导热、对流和辐射 3 种。

8.3.1 导热

1. 导热的机理

导热是由温度不同的质点（分子、原子、自由电子）在热运动中引起的热能传递现象。在固体、液体和气体中均能产生导热现象，但其机理却并不相同。固体导热是由于相邻分子发生的碰撞和自由电子迁移所引起的热能传递；在液体中的导热是通过平衡位置间歇移动着的分子振动引起的；在气体中则是通过分子无规则运动时互相碰撞而导热。单纯的导热仅能在密实的固体中发生。

2. 棒的导热

若一根密实固体的棒，除两端外周围用理想的绝缘材料包裹，其两端的温度分别为 θ_1 和 θ_2，如图 8-6 所示。如 θ_1 大于 θ_2，则有热量 Q 通过截面 F 以导热方式由 θ_1 端向 θ_2 端传递。

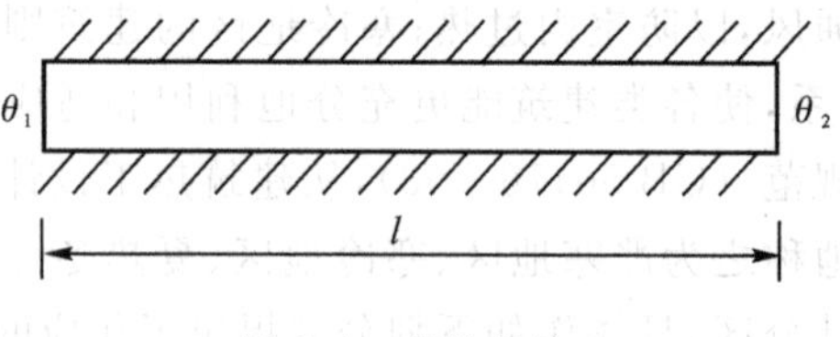

图 8-6 棒的导热

依据实验可知：

$$Q=\lambda\frac{\theta_1-\theta_2}{l}F \tag{8-2}$$

式中：Q——棒的导热量，J；

F——棒的截面积，m^2；

θ_1，θ_2——分别为棒两端的温度，K；

l——棒长，m；

λ——导热系数，W/(m·K)。

由上式可知，棒在单位时间内的传热量 Q 与两端温度差（$\theta_1-\theta_2$）、截面面积 F 及棒体材料的导热系数 λ 成正比，而与传热距离即棒长 l 成反比。

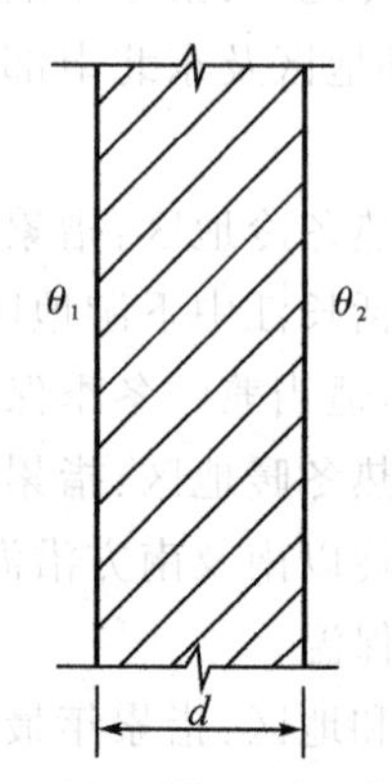

图 8-7 平壁的导热

在建筑工程中，通常将固体材料组成的壁体内部的传热也看成导热。如图 8-7 所示，壁体厚度为 d，两表面的温度分别为 θ_1 和 θ_2，若 θ_1 大于 θ_2，则热流将以导热方式从 θ_1

侧传向 θ_2 侧，其单位面积、单位时间的热流量为

$$q=\frac{\lambda}{d}(\theta_1-\theta_2) \tag{8-3}$$

式中：q——单位面积、单位时间的热流量，W/m^2；

θ_1，θ_2——分别为壁两侧的温度，K；

d——壁体的厚度，m；

λ——壁体材料的导热系数，W/(m·K)。

从上式可以看出，导热系数 λ 值反映了壁体材料的导热能力，在数值上等于：当材料层单位厚度内的温度差为 1K 时，在 1h 内通过 $1m^2$ 表面积的热量。常用建筑材料的导热系数查附录 5(建筑材料热物理性能计算指标参数)。

8.3.2　对流

1. 对流和对流换热概念

对流是指流体各部分之间发生相对位移，依靠冷热流体互相掺混和移动所引起的热量传递方式。对流只能发生在流体中，但实际工程上，往往更多的是涉及到流体和围护结构表面直接接触式的换热，这种情况下，热量传递过程就不再是单纯的对流作用，而且还必然伴随着导热作用。壁面和流体之间在对流和导热同时作用下进行的热量传递称之为对流换热。从引起流体流动的原因上看，对流可分为自然对流和强制对流两大类。自然对流是由于流体冷、热各部分的密度不同而引起的，如散热器表面空气受热向上流动，城市中心区域空气受建筑物和城市非绿地表面的加热升温后上升，形成城市热岛环流等都属于自然对流现象。如果流体的流动是在水泵或风机等的驱动下造成的，则称之为强制对流。

壁面和流体主流区之间的换热过程，是在边界层中进行的。

一般认为，当流体和壁面之间有相对位移，即流体在壁面上流动时，流体一侧就会形成两个区域，即边界层区和主流区，如图 8-8 所示。由于壁面摩擦力和流体粘滞力的作用，在壁面上会形成一个流态平稳、体积很薄的流动层，称之为层流区或层流边界层。层流区以外，则是一个流态紊乱、体积较薄的流动层，称之为紊流区或称之为紊流边界层，层流边界层与紊流边界层就构成了壁面与流体对流换热的边界层或边界层区。边界层区以外就是流体的主流区。尽管对流体对流时所表现出的形态按区来划分，但实际上，相对于壁面或主流区的空间尺度来说，边界层的厚度是相当薄的，例如 20℃的空气沿着壁面流动，当主流区的流速为 0.5m/s 时边界层厚度约为 30mm，1m/s 时约为 20mm，4m/s 时约为 10mm，16m/s 时则只有约 5mm，而层流边界层就更薄了。但是，对流换热主要是在这一很薄的边界层中进行的，当壁面—边界层—流体主流区处在稳定传热条件下，温度分布只在边界层中发生变化，如图 8-8 所示，其中，在层流区，热量传递主要是靠导热进行，因而温度分布是一条斜直线；而在紊流区，热量传递主要是靠对流进行，温度分布可以近似看作是抛物线；边界层以外的主流区的温度可以认为是相同的，温度分布是一条直线。

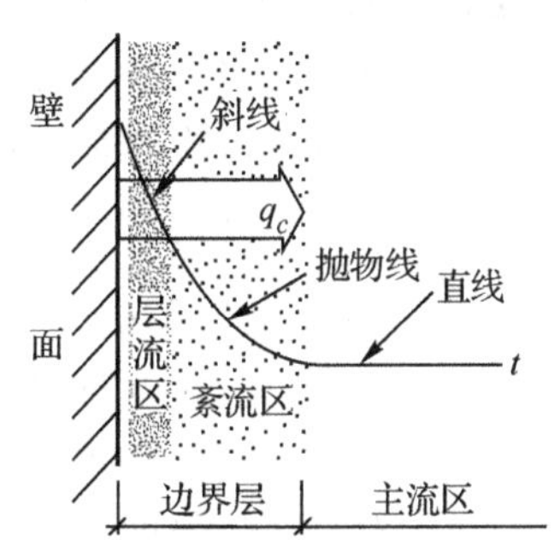

图 8-8　壁面上的对流换热

2. 对流换热的简单计算

对流换热的传热量常用下式计算：

$$q_c = \alpha_c(\theta - t) \tag{8-4}$$

式中：q_c——对流换热强度，W/m²；

α_c——对流换热系数，W/(m²·K)；

θ——壁面温度，℃；

t——流体主体部分温度，℃。

值得注意的是：对流换热系数不是固定不变的常数，而是一个取决于许多因素的物理量。建筑热工中常遇到的对流，通常只考虑气流状况是自然对流还是强制对流；构件是处于垂直的、水平的或是倾斜的；壁面是有利于气流流动还是不利于流动；传热方向是由下而上或是由上而下等主要影响因素。常用表 8-4 中的经验公式计算对流换热系数。

表 8-4 对流换热系数的计算公式

空气运动发生的原因	壁面位置	表面状况	热流方向	计算公式
自然对流	垂直壁			$\alpha_c=2.0\sqrt[4]{\theta-t}$
	水平壁		由下而上	$\alpha_c=2.5\sqrt[4]{\theta-t}$
			由上而下	$\alpha_c=1.3\sqrt[4]{\theta-t}$
强制对流	内表面	中等粗糙度		$\alpha_c=2.5+4.2v$
	外表面	中等粗糙度		$\alpha_c=(2.5\sim6.0)+4.2v$

注：表中公式中的 v 表示风速，当表面与周围温差较小时取 2，当温差较大时取 5。

【例 8-1】 某地夏季测得室外平均风速为 3m/s，水泥屋面的温度为 47℃，空气温度为 26℃，试计算此时水泥屋面的对流换热强度。

解 (1)求对流换热系数：因已知壁面与空气的温差，故使用表 8-4 中计算公式可得

$$\begin{aligned}\alpha_c &= 2.5\times\sqrt[4]{\theta-t}+4.2v\\ &= 2.5\times\sqrt[4]{47-26}+4.2\times3\\ &= 2.69(\text{自然对流部分})+13.2(\text{强制对流部分})\\ &= 15.89\text{W/(m}^2\cdot\text{K)}\end{aligned}$$

(2)求对流换热强度：

$$\begin{aligned}q_c &= \alpha_c(\theta-t)\\ &= 15.89\times(47-26)\\ &= 333.69(\text{W/m}^2)\end{aligned}$$

8.3.3 辐射

1. 热辐射与辐射换热的概念

物体通过电磁波来传递能量的方式称为辐射。物体会因为各种原因发出辐射能，其中因为自身温度的原因发出辐射能的现象称之为热辐射，建筑热工学中所提到的辐射一般都指热辐射。显然，通过热辐射方式传递的热量称为辐射热。自然界中的各个物体都在不停

地向空间散发出辐射热，同时又在不停地吸收其他物体散发出的辐射热，这种在物体表面之间由辐射与吸收综合作用下完成的热量传递就是辐射换热。

热辐射与导热、对流有三点区别，这也是辐射换热的三个特点：

(1)热辐射可以在真空中传播，而导热、对流却不能，例如地球和太阳之间不会发生导热和对流，只能进行辐射换热；

(2)热辐射不仅产生热量传递，而且在传递过程中还伴随着能量形式的转换，即发射时是从热能转化为电磁波能，吸收时是把电磁波能转换成热能；

(3)一切物体，不论温度高低都在不停地发射辐射热。

因此，辐射换热是两个物体互相辐射的结果。在两个物体温度不同的情况下，高温物体辐射给低温物体的辐射热，大于低温物体辐射给高温物体的辐射热，其结果就是高温物体把热能传递给了低温物体。

如图 8-9 和图 8-10 所示，物体发射的电磁波一般以波长来识别，波长的不同决定了电磁波的作用不同。有实际意义的热辐射的波长范围在 0.38～1000μm 之间。常温物体发射的热辐射能量绝大部分是集中在红外线区段的长波范围内；而太阳辐射则是一种高温物体的热辐射，它的辐射能主要集中在短波范围内，且其中位于 0.39～0.76μm 这一狭窄的可见光区段的辐射能约占总辐射能的 52%。因此，建筑热工中，习惯把太阳辐射称为短波辐射，而把常温物体的辐射称为长波辐射。

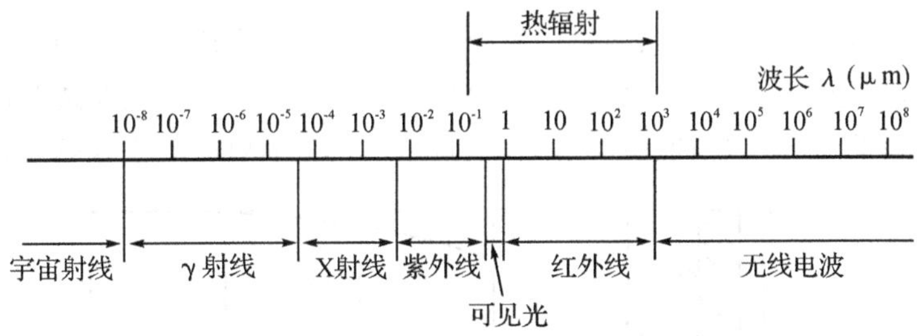

图 8-9　电磁波谱

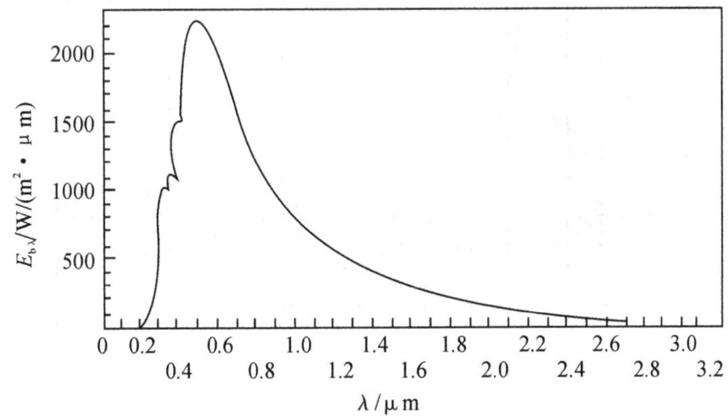

图 8-10　大气层外太阳辐射光谱

2. 辐射能的吸收、反射和透射

当能量为 I_0 的热辐射能投射到一物体的表面时，其中一部分 I_α 被物体表面吸收，一部分 I_γ 被物体表面反射，还有一部分 I_τ 可能透过物体从另一侧传出去，如图 8-11 所示。根据能量守恒定律：

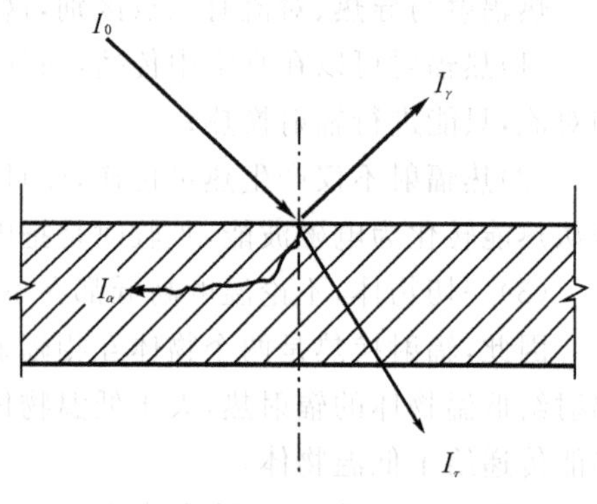

图 8-11 辐射热的吸收、反射与透射

$$I_\alpha + I_\gamma + I_\tau = I_0$$

若等式两侧同除以 I_0，则

$$\frac{I_\alpha}{I_0} + \frac{I_\gamma}{I_0} + \frac{I_\tau}{I_0} = 1$$

令 $\rho_h = \frac{I_\alpha}{I_0}, \gamma_h = \frac{I_\gamma}{I_0}, \tau_h = \frac{I_\tau}{I_0}$，分别称为物体对辐射热的吸收系数、反射系数及透射系数，于是：

$$\rho_h + \gamma_h + \tau_h = 1 \tag{8-5}$$

各种物体对不同波长的辐射热的吸收、反射及透射性能不同，这不仅取决于材质、材料的分子结构、表面光洁度等因素，对于短波辐射热还与物体表面的颜色有关。图 8-12 表示几种表面对不同波长辐射热的反射性能。凡能将辐射热全部反射的物体（$\gamma_h = 1$）称为绝对白体，能全部吸收的物体（$\rho_h = 1$）称为绝对黑体，能全部透过的物体（$\tau_h = 1$）则称为绝对透明体或透热体。

在自然界中并没有绝对黑体、绝对白体及绝对透明体。在应用科学中，常把吸收系数接近于 1 的物体近似地当作黑体。而在建筑工程中，绝大多数材料都是非透明体，即 $\tau_h = 0$，故而 $\gamma_h + \rho_h = 1$。由此可知，对辐射能反射越强的材料，其对辐射能的吸收越少；反之亦然。

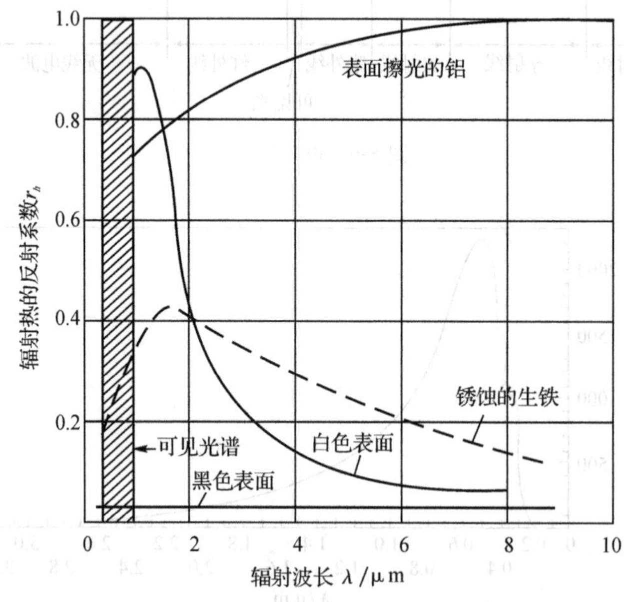

图 8-12 表面对辐射热的反射系数

3. 辐射力、辐射系数和黑度

为了计算物体向外界发射辐射热的数量，用辐射力表示物体对外放射辐射能的能力。

辐射力是指单位时间内在物体单位表面积上辐射的波长从 0 到∞范围的总能量，又称作物体的全辐射本领，通常用 E 表示，单位为 W/m^2。单位时间内在物体单位表面积上辐射的某一波长的能量称为单色辐射力，通常用 E_λ 表示，其单位为 $W/(m^2 \cdot \mu m)$。

应该指出，物体的辐射力是随波长变化的，其数量等于单色辐射力在全波长（0～∞）范围内的积分值。

黑体的单色辐射力 $E_{b\lambda}$ 随波长 λ 和温度 T 的变化情况，能从经典的黑体发射光谱上得到认识，如图 8-13 所示。当黑体温度升高时，黑体单色辐射的最大值也升高并且向短波方向移动。

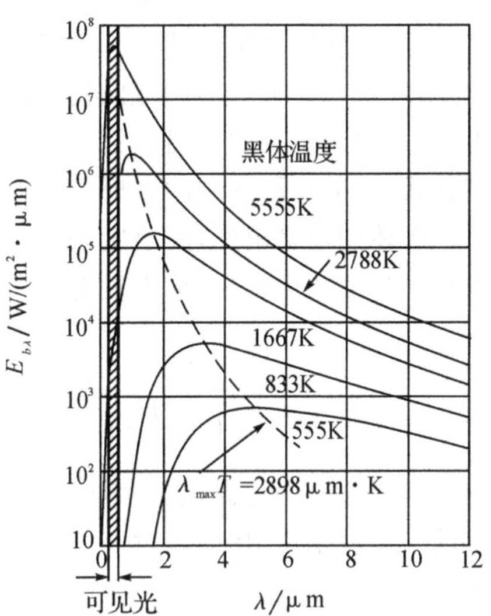

图 8-13　黑体单色辐射的变化

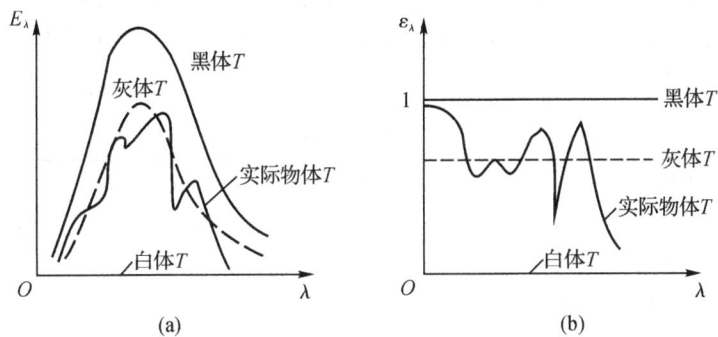

黑体的辐射力随波长的分布形状是规则的，而实际物体的辐射力随波长的分布形状是不规则的，并且还要比黑体的辐射力小。因此，为了方便研究实际物体辐射问题，理论上又把相同温度条件下辐射力分布形状和黑体的辐射力分布形状相似，并且两者辐射力之比是一个常数的物体，称为灰体。从特征上看，灰体是一种有规则地介于黑体和白体之间的假想物体，很大程度上，它概括了实际物体的辐射性质。在相同温度条件下，实际物体与黑体、灰体、白体的辐射力分布表现如图 8-14所示，可见，同温度的一切物体中，黑体的辐射力最大。黑体的辐射力用 E_b 表示，它与黑体的绝对温度 T 的四次方成正比，其关系为

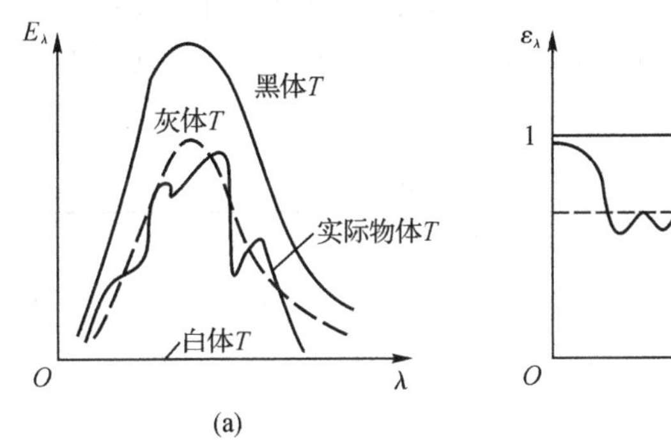

图 8-14　同温物体的辐射频谱

$$E_b = C_b \left(\frac{T_b}{100}\right)^4 \tag{8-6}$$

式中：E_b——绝对黑体全辐射本领，W/m^2；

T_b——绝对黑体的绝对温度，K；

C_b——绝对黑体的辐射系数，$W/(m^2 \cdot K^4)$。

由于灰体的辐射光谱形状与黑体相似，且两者的单色辐射本领的比值为常数，故灰体的全辐射本领 E 也可按斯蒂芬—波尔兹曼定律来计算：

$$E=C\left(\frac{T}{100}\right)^4 \tag{8-7}$$

式中：E——灰体的辐射本领，W/m²；

T——灰体的绝对温度，K；

C——灰体的辐射系数，W/(m²·K⁴)。

灰体的辐射系数在 0～5.67W/(m²·K⁴)范围内变化，越接近黑体辐射系数越大，反之，越接近白体辐射系数越小，实际物体的辐射系数与物体的温度及物体表面的光洁度、颜色、化学性质等有关，一般通过实验方法确定，表 8-5 列出几种物体常温下的辐射系数。事实上，在建筑热工中的常温热辐射范围里，大多数的建筑材料都可以近似地看作灰体，可以使用公式(8-8)计算它们的辐射力。

从灰体的定义出发，同温度条件下，灰体的辐射力与黑体的辐射力之比为一常数，这个常数称为物体的黑度(或称为发射率)，用 ε 表示，即

$$\varepsilon=\frac{E}{E_b}=\frac{C\left(\frac{T}{100}\right)^4}{C_b\left(\frac{T_b}{100}\right)^4} \tag{8-8}$$

根据克希荷夫定律，在一定温度下，物体对辐射热的吸收系数 ρ_s 在数值上与其黑度 ε 是相等的。这就是说，物体辐射能力愈大，它对外来辐射的吸收能力也愈大；反之，若辐射能力愈小，则吸收能力也愈小。

值得注意的是，建筑围护结构对太阳辐射热的吸收系数 ρ_s 并不等于其黑度值，这是因为太阳的表面温度比地球上普通物体的表面温度高得多，太阳辐射能主要处于短波范围，而围护结构表面的黑度是反映长波热辐射的物理参数。各种建筑材料的太阳辐射热吸收系数 ρ_s 均通过实测确定。在表 8-5 中列举了若干材料的辐射系数 C、黑度 ε 和太阳辐射热吸收系数 ρ_s 值，以供参考。

表 8-5 材料的 ε、C、值 ρ_s

序号	材料类别和表面状况	ε(25℃)	$C=\varepsilon C_b$	ρ_b
1	黑体	1.00	5.67	1.00
2	高度抛光的铝表面	0.04	0.23	0.15
3	高度抛光的铜表面	0.03	0.17	0.18
4	失去光泽的铜表面	0.75	4.25	0.65
5	铸铁	0.2l	1.19	0.94
6	白色大理石	0.95	5.39	0.46
7	窗玻璃	0.90～0.95	5.10～5.39	大部分透过
8	沥青	0.90	5.10	0.90
9	镀锌铁皮	0.20～0.30	1.13～1.70	0.40～0.65
10	红砖	0.93	5.27	0.75
11	砾石	0.85	4.82	0.29
12	黑色喷漆	0.95	5.39	0.96
13	白色油漆	0.92	5.22	0.12
14	混凝土	0.85～0.95	4.82～5.39	0.65～0.80

4. 辐射换热的计算

在建筑工程中，围护结构表面与其周围其他物体表面之间的辐射换热是一个应当研究的重要问题。由于建筑材料大多可看作灰体，因此，物体表面间的辐射换热量主要取决于各个表面的温度、发射和吸收辐射热的能力以及它们之间的相对位置(见表 8-6)。图 8-15 所示为两个一般位置的灰体表面 1 和 2 之间的辐射换热情况，设 F_1 表面温度 T_1 大于 F_2 表面温度 T_2，则热流的走向是从表面 F_1 至表面 F_2，(反之，如 $T_1<T_2$，则热流方向相反)，记为 $q_{1\text{-}2}$，即

$$q_{1\text{-}2}=C_{12}\left[\left(\frac{T_1}{100}\right)^4-\left(\frac{T_2}{100}\right)^4\right]\varphi_{12} \tag{8-9}$$

式中：$q_{1\text{-}2}$——F_1 表面辐射给 F_2 表面的辐射热流，W/m^2；

T_1，T_2——分别为两表面的绝对温度，K；

C_{12}——当量辐射系数，$W/(m^2\cdot K^4)$；

φ_{12}——F_1 表面对 F_2 表面的辐射角系数。

表 8-6　几种典型辐射换热情况计算式

图示	$q_{1\text{-}2}$	C_{12}	φ_{12}	说明
图 8-15　任意位置表面间的辐射换热	$q_{1\text{-}2}=C_{12}[(T_1/100)^4-(T_2/100)^4]\varphi_{12}$	$C_{12}=\frac{C_1C_2}{C_b}$	根据表面几何位置确定	
图 8-16　平行平板间的辐射换热		$C_{12}=\frac{1}{\frac{1}{C_1}+\frac{1}{C_2}+\frac{1}{C_b}}$	1	考虑了两表面多次的吸收和反射，可用于围护结构内部空气层表面的辐射换热计算
图 8-17　平行平板间插入遮热板后的辐射换热		$C_{12}=\frac{1/(n+1)}{2/C-1/C_b}$ 注：物体表面和遮热板的辐射系数均等于 C	1	考虑了两表面多次的吸收和反射，可用于围护结构内部空气层表面的辐射换热计算
图 8-18　F_2 包围 F_1 时的辐射换热		$C_{12}=\frac{1}{\frac{1}{C_1}+(\frac{1}{C_2}-\frac{1}{C_b})\frac{F_1}{F_2}}$	1	考虑了多次反射和吸收，可用于室内物体与包围空间内表面之间的辐射换热计算。当 $F_2\rightarrow\infty$ 时，则可计算屋面或地面等与天空大气层的辐射换热

注：图中的 1、2 分别表示有互为辐射关系的两个表面；c_1、c_2、c_b 分别是 1、2 两个表面和黑体的辐射系数；F_1、F_2 分别表示 1、2 两个表面的面积；n 是插入的遮热板的个数。

辐射换热计算式(8-9)也可以表示成温差与辐射换热系数乘积的形式，以便和对流换热计算公式(8-4)的格式相对应，即

$$q_r = q_{1\text{-}2} = \alpha_r(\theta_1 - \theta_2) \tag{8-10}$$

式中：q_r，$q_{1\text{-}2}$——表面1、2的辐射热流，W/m^2；

α_r——表面1、2的辐射换热系数，W/(m^2·K)。

辐射换热系数是一个用来概括物体表面之间辐射换热能力大小的系数，具有的物理意义可以表述为当表面之间的温差为1℃时，单位时间通过单位表面积的辐射换热量。

8.4 湿空气的物理性质

8.4.1 湿空气的组成

包围着地球的空气层称为大气，对地面天气有直接影响的大气层的平均总厚度约为30km。从建筑热工或通风空调技术的角度来看，大气是由于空气和水蒸气组合而成的混合物，称之为湿空气，其组成如图8-19所示。

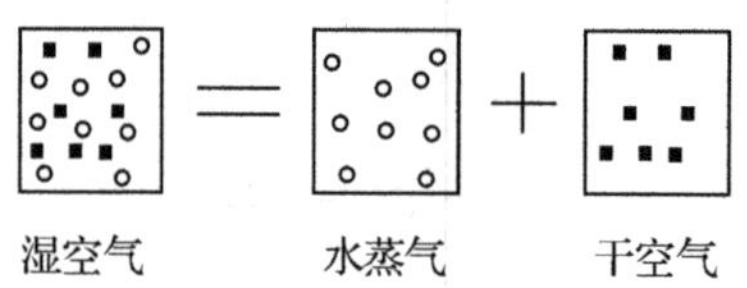

图8-19 湿空气的组成

湿空气中的主要成分是干空气，干空气中除了CO_2外，其他气体成分的含量是非常稳定的。CO_2含量增加是导致地球温室效应的主要因素，大气中CO_2含量是受工业生产排放、气象条件变化、地表植被层的变化等因素的影响。

湿空气中水蒸气含量很少，它主要来源于地球上的海洋、河湖、农田、植被表面水分的蒸发或蒸腾。湿空气中水蒸气所占的比例是不稳定的，随海拔、地理、气候、水蒸气发生源等条件发生变化。尽管它的含量很少，但却对湿空气的状态变化有着很大的影响，它可以引起湿空气干、湿程度的改变，会使湿空气的热物理性质发生变化，而湿空气状态的这些变化过程，会直接影响到建筑物围护结构的潮湿状况，更会明显地给人们对建筑环境的潮湿感觉带来影响。因此，了解和掌握湿空气状态的变化规律，对创造舒适健康的建筑热环境十分重要。

8.4.2 湿空气的状态参数

1. 大气压力

环绕地球的空气层对单位地球表面积形成的压力称为大气压力(或湿空气总压力)。大气压力通常用p表示，单位是Pa(帕)或kPa(千帕)。大气压力不是一个定值，随各地的海拔高度的不同而存在差异。通常以北纬45°处海平面的全年平均气压作为一个标准大气压，其值为1.01325×10^5Pa。海拔高度越高，当地的大气压力就越低。例如天津海拔高度3.3m，夏季大气压力为1.00480×10^5Pa，冬季大气压力为1.02660×10^5Pa，拉萨市海拔3658m，夏季大气压力为0.65230×10^5Pa，冬季大气压力为0.65000×10^5Pa。可见，高原地

区要比沿海地区的大气压力低很多。

2. 水蒸气分压力与饱和水蒸气分压力

湿空气中，当水蒸气单独占有湿空气的容积，并且具有与湿空气相同的温度时所产生的压力称之为水蒸气分压力，用 p_q 表示。一般工程上，可以把湿空气看作是理想气体，由于湿空气是干空气和水蒸气的混合物，因此，湿空气压力，即大气压力应是这两种气体分压力之和，即

$$p=p_g+p_q \tag{8-11}$$

式中：p——湿空气压力(或大气压力)，Pa；

p_g——干空气分压力，Pa；

p_q——水蒸气分压力，Pa。

在一定温度下，空气的水蒸气含量越多，空气就越潮湿，水蒸气分压力也就越大，当湿空气中水蒸气的含量超过某一限量时，多余的水蒸气就会凝结成水从空气中析出，例如我们所熟悉的空气中的降雾现象、浴室内的雾气、窗玻璃上的雾滴等。这说明，在一定温度条件下，湿空气中的水蒸气含量有一个最大限度值，此时的湿空气处于饱和状态，称之为饱和湿空气，对应的水蒸气分压力称为饱和水蒸气分压力，用 $p_{q\cdot b}$ 表示。

3. 空气湿度

空气湿度是用来表示空气干湿程度的热物理参量，空气湿度的表示方法有多种，各有各的用处。

(1)绝对湿度

单位容积湿空气中所含水蒸气的质量称为绝对湿度，用 f 表示，即

$$f=\frac{m_q}{V} \tag{8-12}$$

式中：f——湿空气的绝对湿度，$\mathrm{kg/m^3}$；

V——湿空气的容积，$\mathrm{m^3}$；

m_q——水蒸气的质量，kg。

(2)含湿量

单位质量的干空气所含水蒸气的质量称为含湿量，用 d 表示，即

$$d=\frac{m_q}{m_g} \tag{8-13}$$

式中：d——湿空气的含湿量，$\mathrm{kg/kg_{干空气}}$；

m_g——湿空气中干空气的质量，kg；

m_q——湿空气中水蒸气的质量，kg。

显然，绝对湿度和含湿量有下面的关系

$$\rho=\frac{f}{d} \tag{8-14}$$

式中：ρ——同温度下干空气的密度，$\mathrm{kg/m^3}$。

(3)相对湿度

在一定大气压力下，温度一定时，湿空气的绝对湿度与同温度下饱和湿空气的绝对湿度之比称为相对湿度。从含湿量的定义出发，也可以说是一定大气压力下温度一定时，湿空气的含湿量和同温度下饱和湿空气含湿量之比。一般用 φ 表示，即

$$\varphi=\frac{f}{f_b}\times 100\%=\frac{d}{d_b}\times 100\% \tag{8-15}$$

式中：f_b，d_b——分别是同温度下饱和湿空气的绝对湿度和含湿量，单位分别是 kg/m^3、$kg/kg_{干空气}$。

在温度一定的情况下，水蒸气分压力与湿空气的绝对湿度成正比，两者之间的关系可以近似表示成下式：

$$p_q=461Tf \tag{8-16}$$

式中：T——空气的绝对温度，K。

因此，相对湿度也可以用湿空气中的水蒸气的分压力与同温度下饱和水蒸气分压力之比来表示，即

$$\varphi=\frac{p_q}{p_{q\cdot b}}\times 100\% \tag{8-17}$$

显然，φ 的变化范围介于 0～100%之间，$\varphi=0$ 时是干空气状态，$\varphi=100\%$ 则是饱和湿空气状态，因此，用相对湿度来评价环境空气的干、湿程度简单明了。尽管绝对湿度 f 和含湿量 d 也能够清楚地说明湿空气在一定温度条件下所含蒸汽的多少，但却不能说明湿空气的干、湿程度，所以在建筑热工设计计算中广泛使用相对湿度来评价环境的潮湿程度。

4. 露点温度

在湿空气的压力和含湿量保持不变的情况下冷却空气，这时湿空气的相对湿度会随着温度的下降而提高，当相对湿度达到 100%时湿空气就成了饱和湿空气，此时的温度就是湿空气的露点温度，用 t_d 表示。此后如果继续冷却，则空气中就会有多余的水分析出。因此，露点温度是一个用来判断湿空气结露与否的重要参数，我们熟悉的墙体内表面、窗玻璃内表面、地面上出现的结露现象，或空气中出现雾气、墙体的多孔材料层内部等出现冷凝受潮等自然现象，都是因为该部位的湿空气处于露点温度以下造成的。因此，掌握露点温度的确定方法，是正确处理好建筑防潮设计的重要前提。

复习思考题

1. 人体的热舒适受哪几个因素的影响？为什么要以热环境指标来评价室内的热环境？

2. 室内空气的污染物有哪几类？如何创造一个良好的、舒适的、健康的室内环境？

3. 试述 PMV 指标的适用范围。

4. 影响室内热环境的四个客观因素是什么？

5. 处于室内热环境之中的人体，在下列哪一种情况下才能保持体温不变？

(a)人体的蓄热量大于零　　(b)人体的蓄热量等于零

(c)人体的蓄热量小于零　　(d)人体出汗时

6. 若达到人体的热舒适，除了要满足人体的热平衡以外，人体还要做到哪一种散热比例？

7. 简述传热的三种基本方式。

8. 如何理解湿空气的露点温度？

第 9 章　建筑围护结构的传热

学习目标：了解稳定传热、周期性传热与热惰性指标、简谐热作用下平壁、温度波在平壁内的衰减和延迟等特点、湿空气的物理性质。掌握稳定传热与各部分热阻，能进行平壁内部温度、围护结构的传热阻简单的计算。

无论是传统建筑还是现代建筑，就建筑物本身而言，都是要依靠自身的围护结构（墙体、门窗、屋顶等）去防御各种气候因素的不利影响。围护结构所具备的保温、隔热、防潮等一系列的防护性能，保证了建筑物能够形成一个良好的室内环境。如图 9-1 所示，建筑物的室内与室外环境之间的热量交换是通过围护结构完成的。这种室内空气通过围护结构与室外空气进行热量传递的过程，称为围护结构的传热过程。如图 9-2 所示，整个传热过程又可以分成三个阶段：

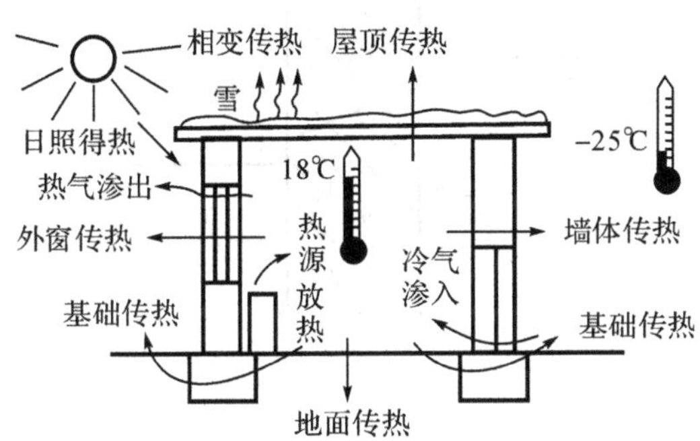

图 9-1　建筑围护结构传热的概念

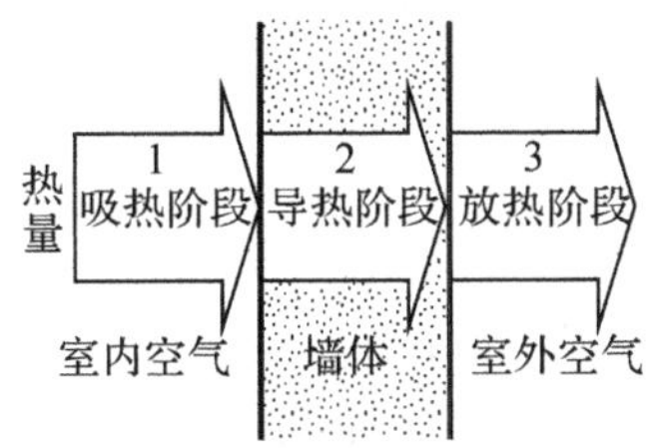

图 9-2　围护结构传热的三个阶段

(1)吸热阶段：室内空气以对流和热辐射方式向墙体内表面传热；

(2)导热阶段:在墙体内部以固体导热方式由墙体内表面向外表面传热;

(3)放热阶段:以对流和热辐射方式由墙体外表面向室外空气放热。

可见,围护结构传热过程是通过导热、对流和热辐射三种方式进行的。因此可以概括为,传热是包括各种方式热能传递现象的总称,传热的三种基本方式为导热、对流和热辐射。

传热的动力是温差。建筑热工中,经常以围护结构及其两侧空气环境为传热的研究对象。一般情况下,构造与两侧空间上各点的温度是不同的,它是时间和空间的函数,某一时刻所有各点的温度分布叫做温度场。温度场也是时间和空间的函数。如果温度场不随时间变化,则称为稳定温度场,在稳定温度场中发生的传热过程称为稳定传热过程;同理,温度场随时间变化时,称为不稳定温度场,在不稳定温度场中发生的传热过程称为不稳定传热过程。本章只讨论稳定传热过程。

9.1 稳定传热与各部分热阻

9.1.1 稳定传热

当室内外温度不同时,室内外空气通过围护结构进行热量交换,这就是一个典型的围护结构传热过程,整个传热过程要经历三个阶段,即内表面的换热阶段、平壁内部的导热阶段和外表面的换热阶段。由于每个阶段的传热方式有所不同,需要采取不同的计算方法。图9-3所示是考察一个不随时间变化的稳定传热过程。

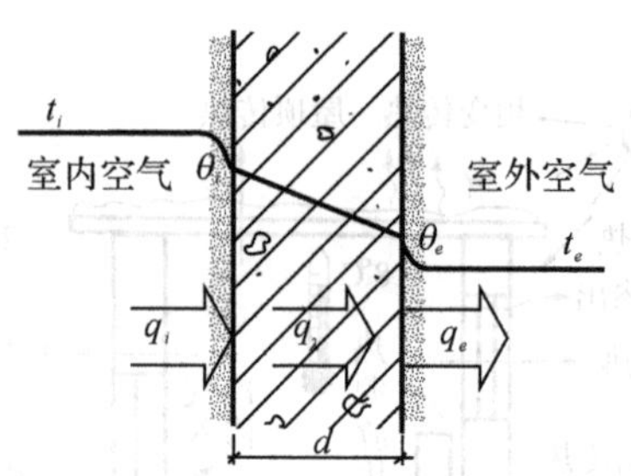

图 9-3 围护结构稳定传热过程

1. 计算内表面换热热流

在内表面的换热阶段里包括两种传热方式,即表面上的空气对流和表面与室内环境的热辐射,显然,表面与环境的换热热流量也应该是这两种方式换热量之和,即

$$q_i = q_{i \cdot c} + q_{i \cdot r} \tag{9-1}$$

由式(8-4)和式(8-10)易得

$$q_i = (\alpha_{i \cdot c} + \alpha_{i \cdot r})(t_i - \theta_i) = \alpha_i (t_i - \theta_i) \tag{9-2}$$

式中:q_i——内表面换热热流密度,W/m^2;

$q_{i \cdot c}$——内表面对流换热热流密度,W/m^2;

$q_{i \cdot r}$——内表面辐射换热热流密度,W/m^2;

$\alpha_{i \cdot c}$——内表面对流换热系数,$W/(m^2 \cdot K)$;

$\alpha_{i \cdot r}$——内表面辐射换热系数，$W/(m^2 \cdot K)$；

α_i——内表面换热系数，$W/(m^2 \cdot K)$；

θ_i——内表面温度，℃；

t_i——室内空气温度，℃。

显然，

$$\alpha_i = (\alpha_{i \cdot c} + \alpha_{i \cdot r}) \tag{9-3}$$

内表面换热系数 α_i 概括了内表面与环境之间通过对流和辐射方式综合换热的能力。其物理意义是指围护结构内表面温度与室内空气温度之差为 1℃，单位时间里通过 $1m^2$ 表面积传递的热量。

式(9-2)也可以表示成下面的形式：

$$q_i = (t_i - \theta_i)/R_i \tag{9-4}$$

式中：R_i——内表面换热阻，$m^2 \cdot K/W$。

显然，

$$R_i = 1/\alpha_i$$

内表面换热阻 R_i 是内表面换热系数的倒数，它说明了围护结构内表面与室内空气环境之间传热时所受到的阻力。

2. 围护结构导热热流

(1)单层平壁的导热

考察如图 9-4 所示的单层平壁的导热，平壁的两个表面的温度 θ_i 和 θ_e 均不随时间变化，且 $\theta_i > \theta_e$，属稳定导热过程。此时通过平壁的热流密度为

$$q_\lambda = \frac{\lambda}{d}(\theta_i - \theta_e) = \frac{\theta_i - \theta_e}{R} \tag{9-5}$$

式中：q_λ——导热热流密度，W/m^2；

d——平壁厚度，m；

θ_i——平壁内表面温度，℃；

θ_e——平壁外表面温度，℃；

λ——材料的导热系数，$W/(m \cdot K)$；

R——导热热阻，$m^2 \cdot K/W$。

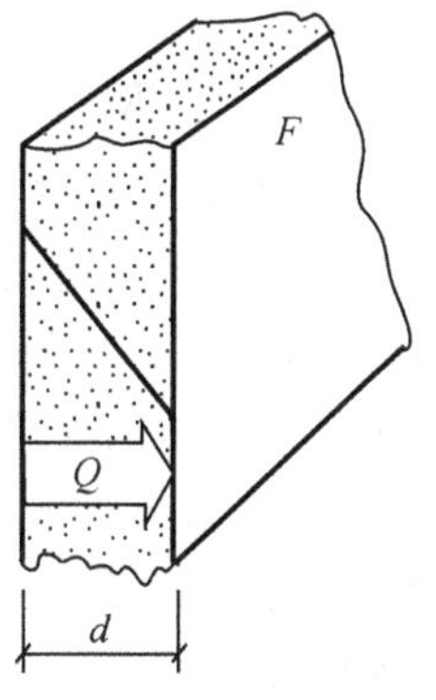

图 9-4　单层平壁导热

导热热阻的定义式为：

$$R = \frac{d}{\lambda} \tag{9-6}$$

所谓热阻是热流通过平壁时所受到的阻力，即平壁抵抗热流通过的能力。在同样温差下，导热热阻越大，通过平壁的导热热流密度就越小，反之，导热热阻越小，通过平壁的热流也就越大。由定义式可知，增大平壁层导热热阻的方法有两种，一个是可以加大平壁层的厚度，另外也可以选择导热系数较小的材料。

(2)多层平壁导热

如图 9-5 所示以三层为例的多层平壁，平壁两个表面的温度分别为 θ_i、θ_e，且 $\theta_i > \theta_e$，平壁内部各材料层界面上由内向外温度依次是 θ_2、θ_3，厚度依次是 d_1、d_2、d_3，导热系数依次是

λ_1、λ_2、λ_3。显然，各层材料的热阻按定义式可写成 $R_1=d_1/\lambda_1$、$R_2=d_2/\lambda_2$、$R_3=d_3/\lambda_3$，于是，各层导热热流按单层平壁情况可写成：

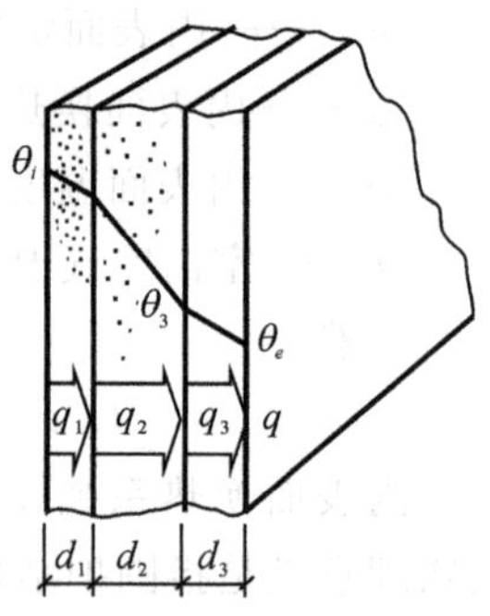

图 9-5 多层平壁导热

$$q_1=\frac{\theta_i-\theta_2}{R_2} \tag{9-7}$$

$$q_2=\frac{\theta_2-\theta_3}{R_2} \tag{9-8}$$

$$q_3=\frac{\theta_3-\theta_e}{R_3} \tag{9-9}$$

在稳定导热情况下，可以认为各层材料本身既不发热也不蓄热，平壁内部既无热源也无热汇。这样一来，由内表面进入平壁的热流密度会毫无损耗地通过各个材料层，最后由外表面流出。这一关系可写成如下形式：

$$q_1=q_2=q_3=q_\lambda \tag{9-10}$$

将式(9-7)～(9-9)代入式(9-10)可得

$$q_\lambda=\frac{\theta_i-\theta_e}{R_1+R_2+R_3} \tag{9-11}$$

依此类推，对于 n 层材料的多层平壁，必然有

$$q_\lambda=\frac{\theta_i-\theta_e}{R_1+R_2+R_3+\cdots+R_n}=\frac{\theta_i-\theta_e}{\sum R_n} \tag{9-12}$$

于是，可以得出一个结论：多层平壁的总热阻是各层材料热阻之和。即

$$R=R_1+R_2+R_3+\cdots+R_n=\sum R_n \tag{9-13}$$

(3)组合壁导热

一个材料层由几种材料搭接组合而成的构造形式也是工程中常见的，如图 9-6 所示。在组合壁内，热流密度是不均匀的，经过热阻小的部位的导热量要大于其他部位。精确的计算过程十分复杂，通常建筑热工中采用面积加权平均的方法求组合壁单元的热阻。计算时，首先要确定组合壁的单元，然后再把它按平行于热流传递的方向沿着单元内部不同材料的搭接面分成若干部分，如图中 1、2、3 部分，各部分在热流方向上的热阻分别为 R_1、R_2、R_3，各部分导热面积分别是 F_1、F_2、F_3。于是组合壁的平均热阻为

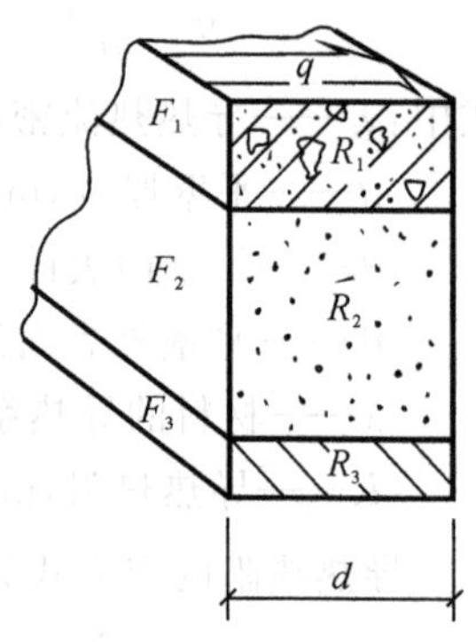

图 9-6 组合壁单元

$$\overline{R}=(F_1+F_2+F_3+\cdots)\Big/\left(\frac{F_1}{R_1}+\frac{F_2}{R_2}+\frac{F_3}{R_3}+\cdots\right) \tag{9-14}$$

如果组合壁中出现圆孔，应该首先将圆孔折算成相等面积的方孔，其他尺寸不变，再按上述方法计算。

3. 计算外表面的换热热流

基本原理和计算方法与内表面换热情况相同。于是，外表面的换热热流计算式为

$$q_e=q_{e\cdot c}+q_{e\cdot r}=(\alpha_{e\cdot c}+\alpha_{e\cdot r})(\theta_e-t_e)=\alpha_e(\theta_e-t_e) \tag{9-15}$$

或

$$q_e=\frac{\theta_e-t_e}{R_e} \tag{9-16}$$

式中：q_e——外表面换热热流密度，W/m^2；

$q_{e\cdot c}$——外表面对流换热热流密度，W/m^2；

$q_{e\cdot r}$——外表面辐射换热热流密度，W/m^2；

$\alpha_{e\cdot c}$——外表面对流换热系数，$W/(m^2\cdot K)$；

$\alpha_{e\cdot r}$——外表面辐射换热系数，$W/(m^2\cdot K)$；

α_e——外表面换热系数，$W/(m^2\cdot K)$；

θ_e——外表面温度，℃；

t_e——室外空气温度，℃；

R——外表面换热阻，$m^2\cdot K/W$。

显然，

$$\alpha_e=(\alpha_{e\cdot c}+\alpha_{e\cdot r}) \tag{9-17}$$

$$R_e=1/\alpha_e \tag{9-18}$$

外表面换热系数 α_e 概括了外表面与环境之间通过对流和辐射方式综合换热的能力。其物理意义是指围护结构外表面温度与室外空气温度之差为 1℃，单位时间里通过 $1m^2$ 表面积传递的热量。

外表面换热阻 R_e 是外表面换热系数的倒数，它说明了围护结构外表面与室外空气环境之间传热时所受到的阻力。

4. 综合上述三个阶段的计算结果

确定围护结构的传热热流计算公式：因为在稳定传热条件下，无论是围护结构还是空气都不蓄积热量，也不产生热量，也就是说，在整个传热过程中既没有热源也没有热汇，因此，上述三个阶段的传热量必然相等，即

$$q_i=q_\lambda=q_e=q \tag{9-19}$$

于是，通过联立式(9-4)、(9-12)、(9-16)及式(9-19)易得

$$q=\frac{t_i-t_e}{R_i+\sum R_n+R_e} \tag{9-20}$$

或简写成

$$q=\frac{t_i-t_e}{R_0}=K_0(t_i-t_e) \tag{9-21}$$

式中：q——围护结构的传热热流密度，W/m^2；

R_0——围护结构的传热阻，$m^2\cdot K/W$；

K_0——围护结构的传热系数，$W/(m^2\cdot K)$。

围护结构的传热阻 R_0 表示围护结构和两侧空气边界层共同阻抗热量传递的能力，在数值上，它等于传热过程中热流沿途所受到的阻力之和，亦即

$$R_0=R_i+\sum R_n+R_e \tag{9-22}$$

围护结构的传热系数 K_0 表示围护结构两侧空气温度差为 1℃，单位时间内通过 $1m^2$ 面积传递的热量。数值上，它等于围护结构传热阻的倒数，即

$$K_0=\frac{1}{R_0} \tag{9-23}$$

9.1.2　围护结构的传热阻

从式(9-21)可见，围护结构的传热阻越大，传热系数就越小。亦即是，在相同的室内外

空气温差条件下，传热阻大的围护结构保温、隔热性能就好。因此，在建筑热工计算中确定这个指标十分重要。

围护结构的传热阻是指围护结构传热过程中热流沿途所受到的热阻之和，它主要包括两部分的内容，一部分是表面换热阻；另一部分是围护结构的热阻。表面换热阻分为内表面换热阻和外表面换热阻；围护结构热阻则分为单层材料热阻、多层材料热阻、组合壁热阻、构造中封闭空气层的热阻等。

1. 表面换热阻

因为有式(9-22)的关系存在，围护结构的传热阻值大小必然要受到围护结构表面换热阻的直接影响。根据围护结构表面状况和环境条件，可以利用本章第一节的有关公式计算出表面换热系数和表面换热阻。建筑热工计算中，除特殊情况外，一般都是直接采用《民用建筑热工设计规范》推荐的数据，如表9-1、表9-2所示。

表9-1　内表面换热系数 α_i 及内表面换热阻 R_i

适用季节	表面特征	α_i(W/(m² · K))	R_i(m² · K/W)
冬季和夏季	墙面、地面、表面平整或有肋状突出物的顶棚，当 $h/s\leqslant 0.3$ 时	8.7	0.11
	有肋状突出物的顶棚，当 $h/s>0.3$ 时	7.6	0.13

注：表中 h 为肋高，s 为肋间净距。

表9-2　内表面换热系数 α_e 及内表面换热阻 R_e

适用季节	表面特征	α_e(W/(m² · K))	R_e(m² · K/W)
冬季和夏季	外墙、屋顶、与室外空气直接接触的表面	23.0	0.04
	与室外空气相通的不采暖地下室上面的楼板	17.0	0.06
	闷顶、外墙上有窗的不采暖地下室上面的楼板	12.0	0.08
	外墙上无窗的不采暖地下室上面的楼板	6.0	0.17
	外墙和屋顶	19.0	0.05

2. 围护结构的热阻

(1)材料层热阻

在建筑工程中，常见的围护结构材料层可分为单层材料层、多层材料层和组合材料层三类。

①单层材料层的热阻

对于如图9-2所示单层材料层的热阻计算，可以按式(9-6)中对单层热阻的定义计算：

$$R=\frac{d}{\lambda} \tag{9-24}$$

式中：R——单层材料层的热阻，m² · K/W；

d——材料层的厚度，m；

λ——材料的导热系数，W/(m² · K)。

②多层材料层的热阻

对于如图9-5所示多层材料层的热阻计算，可以按式(9-13)中对多层热阻的定义计算：

$$R=R_1+R_2+R_3+\cdots+R_n=\sum R_n \tag{9-25}$$

③组合材料层的热阻

对于如图 9-6 所示组合材料层的热阻计算，可以按式(9-14)中对组合层热阻的定义计算：

$$\bar{R}=(F_1+F_2+F_3+\cdots)/\left(\frac{F_1}{R_1}+\frac{F_2}{R_2}+\frac{F_3}{R_3}+\cdots\right) \tag{9-26}$$

式中：$F_1,F_2,F_3,\cdots$——各部分的导热面积，m^2；

$R_1,R_2,R_3,\cdots$——各部分在热流方向上的热阻，$m^2\cdot K/W$。

(2)封闭空气间层的热阻

对于封闭空气层来说，两个表面之间的传热过程同时包括了导热、对流、辐射三种传热方式。如图 9-7 所示为封闭的垂直空气层传热情况。研究表明，对于常温下一般的空气层传热而言，三种传热方式中，辐射换热占的比例最大，通常为总传热量的 70%以上，对流和导热共占 30%以下。

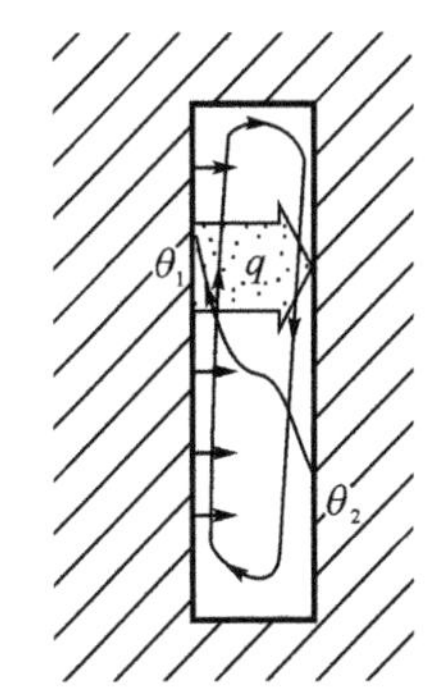

图 9-7　封闭空气层的传热过程

空气层热阻的大小主要受到空气层的表面性质、厚度、方向、密闭性的影响。在空气层的构造尺度范围内，可以认为辐射换热不受空气层厚度变化的影响，而只取决于空气层表面的辐射性质。但导热和对流却与辐射情况截然不同，对于很薄的如厚度小于 20mm 的空气层，热表面上升气流的边界层有可能和冷表面下降气流的边界层发生接触、摩擦、混合，以至于对流换热受到限制，这时可以认为空气层是以导热为主，热阻随厚度呈直线上升，如图 9-8 所示；而当厚度大于 20mm 以后，由于冷热表面的上升气流和下降气流就不再相互影响，对流作用得到强化，使得空气层的传热量增大，于是空气层的热阻也就不再随厚度的增大而增大了。在水平空气层中，热面在上则热流向下，空气层中可认为无气体的对流发生；而热面在下则热流向上，这时空气层内就会有对流发生，空气层的换热量也因此得到增大，因此，水平空气层热流向上时的热阻小于热流向下时的热阻。

提高空气层热阻可以使其发挥更大的保温、隔热等功效。如前所述，普通空气层在单位温差下辐射换热占最大比例，因此，提高空气层热阻必然要从限制其辐射换热入手。如表 9-3，所采取的有效措施是在空气层的表面上粘贴辐射系数小(即黑度小)反射率大的材料，比较典型的就是工程上常用的铝箔，它的辐射系数 C 值为 0.29～1.12W/($m^2\cdot K$)，仅为一般建筑材料的 1/5 左右，反射率 ρ 值为 70%～98%，大约是其他非金属建筑材料的 3 倍。表面粘贴了铝箔的空气层热阻会显著提高，约为原来的 3 倍。理论上，铝箔粘贴在空气层的哪个表面对热阻是没有影响的，但一般作为保温用途的空气层多处于低温或负温条件下，为了不使空气层冷表面温度过低而发生结露现象，铝箔通常是粘贴到热表面上。理论和实践还证明，空气层双面贴铝箔比单面贴铝箔热阻提高的差别不大，因此，实际工程中多采用单面贴铝箔方式提高空气层热阻。

实际热工计算中，封闭空气层热阻值 R_0 按厚度等不同条件从表 9-3 中选择，表中列出了一般空气层、单面贴铝箔空气层、双面贴铝箔空气层的热阻值。

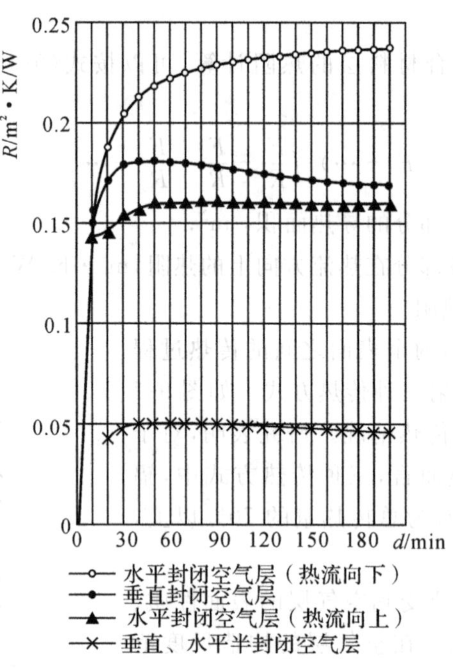

图 9-8　空气层热阻随厚度变化

表 9-3　封闭空气层热阻 R_a ($m^2 \cdot K/W$)

空气层两个表面特性	位置和热流方向	冬季状况							夏季状况						
		空气层厚度(mm)							空气层厚度(mm)						
		5	10	20	30	40	50	≥60	5	10	20	30	40	50	≥60
普通表面	水平空气层:热流向下	0.10	0.14	0.17	0.18	0.19	0.20	0.20	0.09	0.12	0.15	0.15	0.16	0.16	0.15
	热流向上	0.10	0.14	0.15	0.16	0.17	0.17	0.17	0.09	0.11	0.13	0.13	0.13	0.13	0.13
	垂直空气层	0.10	0.14	0.16	0.17	0.18	0.18	0.18	0.09	0.12	0.14	0.14	0.15	0.15	0.15
单面贴铝箔	水平空气层:热流向下	0.16	0.28	0.43	0.51	0.57	0.60	0.64	0.15	0.25	0.37	0.44	0.48	0.52	0.54
	热流向上	0.16	0.26	0.35	0.40	0.42	0.42	0.43	0.14	0.20	0.28	0.29	0.30	0.30	0.28
	垂直空气层	0.16	0.26	0.39	0.44	0.47	0.49	0.50	0.15	0.22	0.31	0.34	0.36	0.37	0.37
双面贴铝箔	水平空气层:热流向下	0.18	0.34	0.56	0.71	0.84	0.94	1.01	0.16	0.30	0.49	0.63	0.73	0.81	0.86
	热流向上	0.17	0.29	0.45	0.52	0.55	0.56	0.57	0.15	0.25	0.34	0.37	0.38	0.38	0.35
	垂直空气层	0.18	0.31	0.49	0.59	0.65	0.69	0.71	0.15	0.27	0.39	0.46	0.49	0.50	0.50

【例 9-1】　试计算图 9-9 所示的屋顶结构的热阻。

解:1. 由附录 5(建筑材料热物理性能计算参数)查出各种材料的导热系数:

钢筋混凝土　　　　　　　　$\lambda=1.74$

加气混凝土($\gamma=500kg/m^3$)　　$\lambda=0.19$

水泥砂浆　　　　　　　　　$\lambda=0.93$

油毡防水层　　　　　　　　$\lambda=0.17$

2. 求各层的热阻

(1)钢筋混凝土空心板

从中取出一个计算单元体,在垂直热流方向分割成三层,第①和第③分层是单一材料层,其热阻按(9-24)式计算:

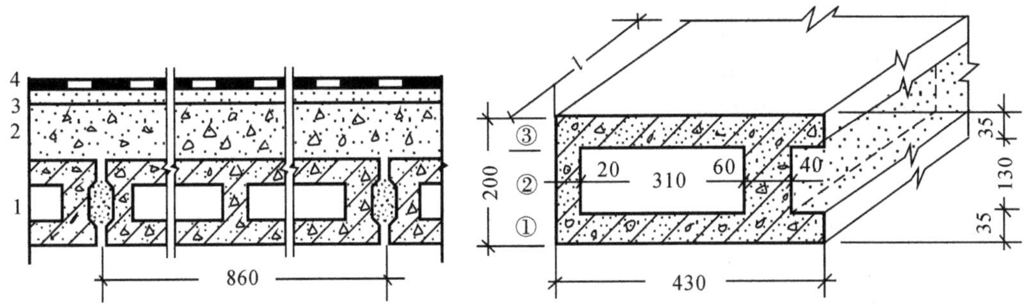

1—钢筋混凝土空心板 200 厚；2—加气混凝土 80 厚；3—水泥砂浆 20 厚；4—二毡三油 10 厚

图 9-9　围护结构热阻计算图例

$$R_{①}=R_{③}=\frac{0.035}{1.74}=0.020(\mathrm{m^2\cdot K/W})$$

第②分层是组合材料层，该层由空气间层、钢筋混凝土和填缝的水泥砂浆三部分组成。空气间层热阻为 0.17（见表 9-3）；钢筋混凝土部分 $R=0.13/1.74=0.075\mathrm{m^2\cdot K/W}$；砂浆部分 $R=0.13/0.93=0.14\mathrm{m^2\cdot K/W}$。

按式(9-25)计算共平均热阻：

$$\bar{R}_{②}=\frac{8+31+4}{8/0.075+31/0.17+4/0.14}=0.135(\mathrm{m^2\cdot K/W})$$

钢筋混凝土空心板的热阻为

$$R_1=0.020+0.135+0.020=0.175(\mathrm{m^2\cdot K/W})$$

(2)加气混凝土保温层

$$R_2=\frac{0.08}{0.19}=0.421(\mathrm{m^2\cdot K/W})$$

(3)水泥砂浆抹平层

$$R_3=\frac{0.02}{0.93}=0.022(\mathrm{m^2\cdot K/W})$$

(4)二毡三油防水层

$$R_4=\frac{0.01}{0.17}=0.059(\mathrm{m^2\cdot K/W})$$

3. 屋顶结构的总热阻 R_0

由表 9-1 和表 9-2 查得内外表面的换热阻分别为：$R_i=0.115\mathrm{m^2\cdot K/W}$，$R_e=0.043\mathrm{m^2\cdot K/W}$

故 $R_0=0.115+0.175+0.421+0.022+0.059+0.043=0.835(\mathrm{m^2\cdot K/W})$

9.1.3　平壁内部温度的计算

围护结构的表面温度及内部温度也是衡量和分析围护结构热工性能的重要依据，为判别表面和内部是否会产生冷凝水，就需要对所设计的围护结构进行温度核算。

现仍以三层平壁结构为例。在稳定传热条件下，通过平壁的热流量与通过平壁各部分的热流量彼此都是相等的。

根据 $q=q_i$ 得

$$\frac{1}{R_0}(t_i-t_e)=\frac{1}{R_i}(t_i-\theta_i)$$

由此可得出壁体的内表面温度

$$\theta_i=t_i-\frac{R_i}{R_0}(t_i-t_e) \tag{9-27}$$

根据 $q=q_1=q_2$ 得

$$\left.\begin{aligned}\frac{1}{R_0}(t_i-t_e)&=\frac{\lambda_1}{d_1}(\theta_i-\theta_2)\\\frac{1}{R_0}(t_i-t_e)&=\frac{\lambda_2}{d_2}(\theta_2-\theta_3)\end{aligned}\right\} \tag{a}$$

由此可得出

$$\left.\begin{aligned}\theta_2&=\theta_i-\frac{R_1}{R_0}(t_i-t_e)\\\theta_3&=\theta_i-\frac{R_1+R_2}{R_0}(t_i-t_e)\end{aligned}\right\} \tag{b}$$

将(9-27)式代入(b)即得

$$\left.\begin{aligned}\theta_2&=t_1-\frac{R_i+R_1}{R_0}(t_i-t_e)\\\theta_3&=t_i-\frac{R_i+R_1+R_2}{R_0}(t_i-t_e)\end{aligned}\right\} \tag{c}$$

由此可推出，对于多层平壁内任一层的内表面温度 θ_m，可写成

$$\theta_m = t_i-\frac{R_i+\sum_{j=1}^{m-1}R_j}{R_0}(t_i-t_e) \tag{9-28}$$

式中，$\sum_{j=1}^{m-1}R_j = R_1+R_2+R_3+\cdots\cdots+R_{m-1}$，即是从第 1 层到第 $m-1$ 层的热阻之和，层次编号是顺着热流方向。

根据 $q=q_e$ 得

$$\frac{1}{R_0}(t_i-t_e)=\frac{1}{R_i}(\theta_e-t_e)$$

由此可得出外表面的温度 θ_e

$$\left.\begin{aligned}\theta_e&=t_e+\frac{R_e}{R_0}(t_i-t_e)\\\theta_e&=t_i-\frac{R_0-R_e}{R_0}(t_i-t_e)\end{aligned}\right\} \tag{9-29}$$

应指出，在稳定传热条件下，当各层材料的导热系数为定值时，每一材料层内的温度分布是一直线，在多层平壁中成一条连续的折线。材料层内的温度降落程度与各层的热阻成正比，材料层的热阻越大，在该层内的温度降落也越大。也就是说，材料导热系数越小，层内温度分布的斜度越大，反之，导热系数越大，层内温度分布线的斜度越小。

【例 9-2】 已知室内气温为 15℃，室外气温为 −10℃，试计算通过图 9-10 所示的砖墙和钢筋混凝土预制板屋顶的热流量和内部温度分布。已知 $R_i=0.115\text{m}^2\cdot\text{K/W}$；$R_e=$

0.043m^2 · K/W

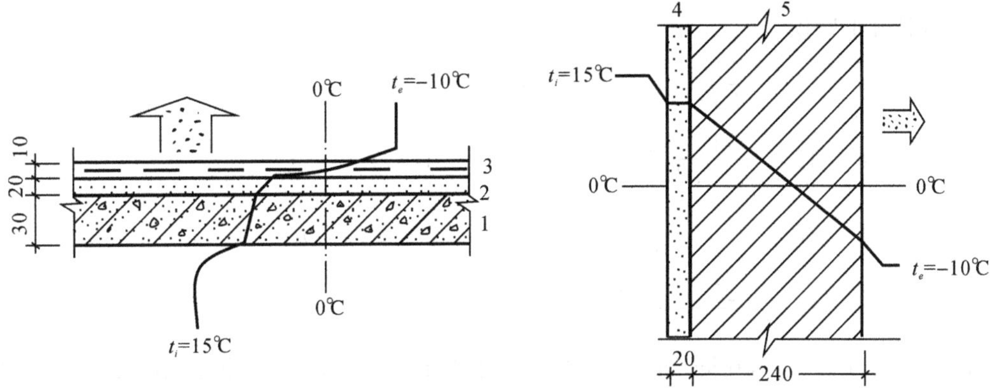

1—钢筋混凝土预制板；2—水泥砂浆；3—二毡三油防水层；4—白灰粉刷；5—砖砌体

图 9-10　砖墙和钢筋混凝土预制板屋顶

解：已知 $t_i=15℃$，$t_e=-10℃$，$R_i=0.115\text{m}^2\cdot\text{K/W}$，$R_e=0.043\text{m}^2\cdot\text{K/W}$

由附录 5 查得：砖砌体的 $\lambda=0.81$，石灰粉刷的 $\lambda=0.81$，钢筋混凝土的 $\lambda=1.74$，水泥砂浆 $\lambda=0.93$，油毡屋面的 $\lambda=0.17$。

由式(9-22)得

砖墙的总热阻

$$R_0=0.115+\frac{0.02}{0.81}+\frac{0.24}{0.81}+0.043=0.479(\text{m}^2\cdot\text{K/W})$$

钢筋混凝土屋顶的总热阻

$$R_e=0.115+\frac{0.03}{1.74}+\frac{0.02}{0.93}+\frac{0.01}{0.17}+0.043=0.256(\text{m}^2\cdot\text{K/W})$$

(1)求热流量

由式(9-21)得出

通过砖墙的热流量

$$q=\frac{1}{0.479}(15+10)=52.19(\text{m}^2\cdot\text{K/W})$$

通过钢筋混凝土屋顶的热流量

$$q=\frac{1}{0.256}(15+10)=97.66(\text{m}^2\cdot\text{K/W})$$

(2)求内部温度

砖墙结构：

按式(9-27)得

$$\theta_i=15-\frac{0.115}{0.479}(15+10)=9.0(℃)$$

按(9-28)式得

$$\theta_2=15-\frac{0.115+0.025}{0.479}(15+10)=7.7(℃)$$

按(9-29)式得

$$\theta_e=15-\frac{0.479-0.043}{0.479}(15+10)=-7.8(℃)$$

钢筋混凝土屋顶

$$\theta_i=15-\frac{0.115}{0.256}(15+10)=3.8(℃)$$

$$\theta_2=15-\frac{0.115+0.017}{0.256}(15+10)=2.1(℃)$$

$$\theta_3=15-\frac{0.115+0.017+0.022}{0.256}(15+10)=0(℃)$$

$$\theta_e=15-\frac{0.256-0.043}{0.256}(15+10)=-5.8(℃)$$

由上面的计算可知，在同样的室内外气温条件下，R_0 越大，通过围护结构的热量越少，而内表面温度则越高。

9.2 周期性传热与热惰性指标

1. 简谐热作用的概念

前面讨论的稳定传热，前提是围护结构两侧的外部热作用不随时间而变。但在建筑实践中理想的稳定传热情况是不存在的，围护结构所受到的室内外的环境热作用，都是在随时间变化的。具体地说，由于室内外空气温度随时间变化，必然决定着围护结构的温度和传热量也要随时间变化而变化，这都是不稳定传热。若外界热作用随着时间呈现周期性的变化，则叫做周期性不稳定传热。在周期性波动的热作用中，最简单最基本的是简谐热作用。即温度随时间按正弦或余弦函数作规则变化(如图 9-11 所示)。常用余弦函数的形式表示：

$$t_\tau=\bar{t}+A_t\cos\left(\frac{360\tau}{T}-\varphi\right) \tag{9-30}$$

式中：t_τ——在 τ 时刻的介质温度，℃；

$\bar{t}$——在一个周期内的平均温度，℃；

A_t——温度波的振幅，即最高温度与平均温度之差，℃；

T——温度波的周期，h；

τ——以某一指定时刻(例如昼夜时间内的零点)起算的计算时间，h；

φ——温度波的初相位(deg)；若坐标原点取在温度出现最大值处，则 $\varphi=0$。

式(9-30)也可表达成

$$t_\tau=\bar{t}+\Theta_t \tag{9-31}$$

式中：Θ_t 是以平均温度为基准的相对温度，它是一个谐量

$$\Theta_t=A_t\cos(\omega\tau-\varphi) \tag{9-32}$$

式中：ω——角速度，deg/h。

事实上，周期性热作用并不是严格按照余弦(或正弦)函数的规律变化的。例如太阳辐射造成围护结构表面温度的周期性波动、室外空气温度波动等都是如此。但经过数学上的级数展开和谐量分析，把周期性热作用变换成若干阶谐量的组合。所以通过研究简谐热作用下的传热过程，就能反映围护结构和房屋在周期性热作用下的传热特性。

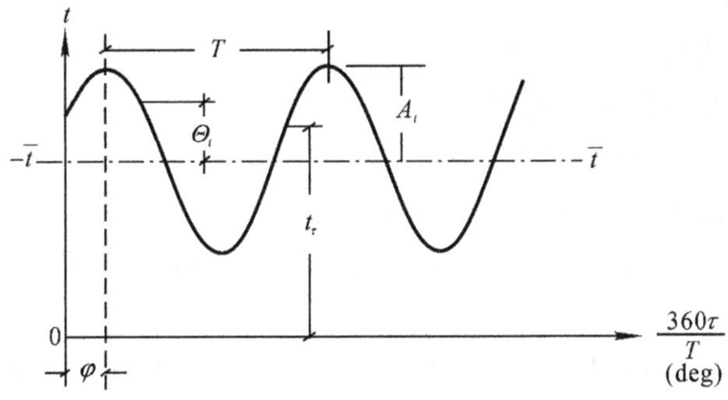

图 9-11　简谐热作用

2. 简谐热作用下的传热特征

如图 9-12 所示，平壁在简谐热作用下具有以下几个基本传热特征。

(1)室外温度和平壁表面温度、内部任一截面处的温度都是同一周期的谐波动，亦即均可用谐量表示：

室外温度　　$\Theta_e = A_e\cos(\omega\tau - \varphi_e)$

$$\varphi_e = \omega\tau_{e\cdot\max}$$

式中：Θ_e——室外的相对温度，℃；

A_e——室外温度波的振幅，℃；

φ_e——室外温度波的初相位，deg；

$\tau_{e\cdot\max}$——室外温度出现最高值时间，h。

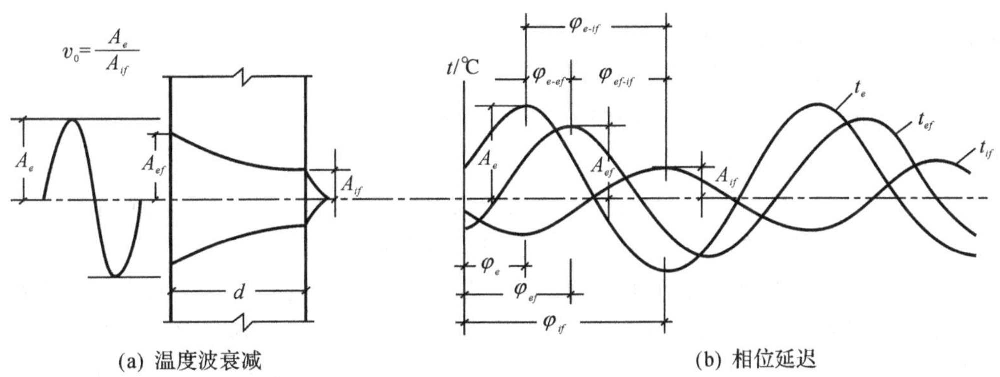

(a) 温度波衰减　　(b) 相位延迟

图 9-12　简谐热作用通过平壁时的衰减和延迟现象

平壁外表面温度　　$\Theta_{ef} = A_{ef}\cos(\omega\tau - \varphi_{ef})$

$$\varphi_{ef} = \omega\tau_{ef\cdot\max}$$

式中：Θ_{ef}——平壁外表面的相对温度，℃；

A_{ef}——外表面温度波的振幅，℃；

φ_{ef}——外表面温度波的初相位，deg；

$\tau_{ef\cdot\max}$——外表面温度出现最高值时间，h。

平壁内表面温度　　$\Theta_{if} = A_{if}\cos(\omega\tau - \varphi_{if})$

$$\varphi_{if}=\omega\tau_{if\cdot\max}$$

式中：Θ_{if}——平壁内表面的相对温度，℃；

A_{if}——内表面温度波的振幅，℃；

φ_{if}——内表面温度波的初相位，deg；

$\tau_{if\cdot\max}$——内表面温度出现最高值时间，h。

(2)从室外空间到平壁内部，温度波动振幅逐渐减小，即 $A_e>A_{ef}>A_{if}$，这种现象叫做温度波动的衰减。

在建筑热工中，把室外温度振幅 A_e 与由外侧温度谐波热作用引起的平壁内表面温度振幅 A_{if} 之比称为温度波的穿透衰减度，今后简称为平壁的总衰减度，用 υ_0 表示，即

$$\upsilon_0=\frac{A_e}{A_{if}} \tag{9-33}$$

(3)从室外空间到平壁内部，温度波动的相位逐渐向后推进，即 $\varphi_e>\varphi_{ef}>\varphi_{if}$，这种现象叫做温度波动的相位延迟，亦即出现最高温度的时间向后推延。若外部温度最大值 $A_{e\cdot\max}$ 出现的时间为 $\tau_{e\cdot\max}$，平壁内表面最高温度 $\theta_{i\cdot\max}$ 出现的时闻为 $\tau_{if\cdot\max}$，我们把两者之差值称为温度波穿过平壁时的总延迟时间，用 ξ_0 表示，即

$$\xi_0=\tau_{if\cdot\max}-\tau_{e\cdot\max} \tag{9-34}$$

总的相位延迟为

$$\varphi_0=\varphi_{if}-\varphi_e \tag{9-35}$$

ξ_0 与 φ_0 之间有如下的关系

$$\xi_0=\frac{T}{360}\varphi_0 \tag{9-36}$$

式中：T——温度波的周期，h；

φ_0——总的相位延迟角，deg。

温度波在传递过程中产生衰减和延迟现象，是由于在升温和降温过程中材料的热容作用和热量传递中材料层的热阻作用造成的。设想把一匀质实体平壁结构划分成四个厚度相同的薄层，如图 9-13 所示，即可看清热流是怎样从温度已升高的外表面通过整个壁体传递的过程。进入每一层的热流使该层的温度有所提高，为此所用的热量均贮存于该层内，多余的热便依次转移至相邻较冷的层内。因此，每一层只受到少量的热作用而其温度的提高值便比相邻的外层为低。由于在壁体内部贮热的结果，到达最内层的热量要比通过最外层的热量为少，其温度提高值也就较小。当外表面的温度达到其最高值开始冷却时，上述的过程便相反，即出现各层依次冷却的过程。由此可见，壁体的任一截面均经历着加热及冷却的周期波动过程，内表面温度的波动振幅要低于外表面的波动振幅，内表面出现最高温度的时间比外表面出现最高温度的时间要晚一些。内表面与外表面的温度振幅比，取决于壁体的热物理性能及厚度，当壁体的厚度及热容量增大而材料的导热系数降低时，内表面的波动振幅就减小，出现温度最高值的延迟时间就较长。

3. 简谐热作用下材料和围护结构的热特性指标

在稳定传热中，传热量的多少和表面、内部温度的高低与材料的导热系数和结构的传热阻密切相关。在简谐热作用下的周期性传热过程中，则与材料和材料层的蓄热系数及材料层的热惰性有关。现将周期传热中涉及的几个主要热特性指标概述如下。

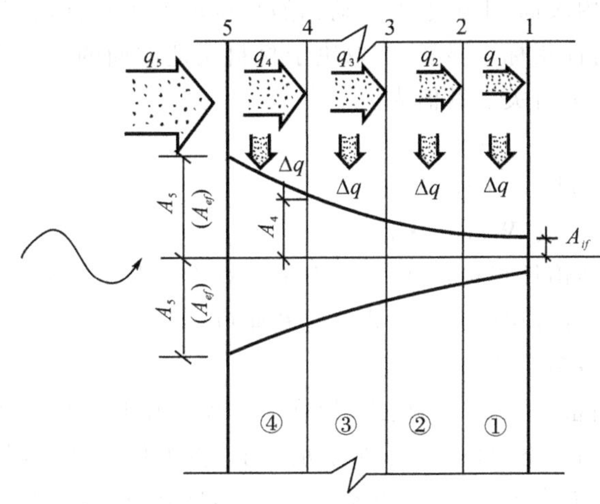

图 9-13　温度波衰减的形成

(1)材料的蓄热系数

在建筑热工中,把某一匀质半无限大体一侧受到谐波热作用时,迎波面(即直接受到外界热作用的一侧表面)上接受的热流振幅 A_q 与该表面的温度振幅 A_θ 之比,称为材料的蓄热系数,用"s"表示,单位是 W/(m^2・K)。按传热学理论,其计算式为

$$s=\frac{A_q}{A_\theta}=\sqrt{\frac{2\pi\lambda c\rho}{T}} \tag{9-37}$$

式中:λ——材料的导热系数,W/(m・K);

c——材料的比热,kJ/(kg・K);

ρ——材料的密度,kg/m^3;

T——温度波的周期,h。

当波动周期为 24 小时,则

$$s=0.51\sqrt{\lambda c\rho} \tag{9-38}$$

材料的蓄热系数是说明直接受到热作用的一侧表面,对谐波热作用反应的敏感程度的一个特性指标。也就是说,如果在同样的谐波热作用下,蓄热系数 s 越大,表面温度波动越小。由式(9-37)可知,s 不仅与材料的热物理性能(λ、c 和 ρ)有关,还取决于外界热作用的波动周期。对同一种材料来说,热作用的波动周期越长,材料的蓄热系数越小,因此引起壁体表面温度的波动也越大。

围护结构内表层材料的蓄热系数还决定着室内气温与内表面温度的关系,特别是在通风的情况下,s 值大,室温与表面温度就有着明显的差别,这是因为在通风的建筑内,室内气温接近于室外气温,而来自墙体内部的热流可使内表面保持较高的温度水平。如 s 值小,来自墙体内的热流少,材料的蓄热量也小,因此内表面温度便紧随室内气温而变动,此外,当间歇采暖或间歇供冷时,s 值也决定着室内气温的变化特性。采暖系统运转时,材料 s 值高的建筑其室温上升较慢,但系统关闭时,室温下降也较慢。反之,如 s 值小,上述情况正相反。

(2)材料层的热惰性指标

材料层的热惰性指标用"D"表示,它是表征材料层受到波动热作用后,背波面(若波动热作用在外侧，则指其内表面）上的温度波动剧烈程度的一个指标，也就是说明材料层抵抗温度波动能力的一个特性指标。显然，它取决于材料层迎波面的抗波动能力和波动作用传至背波面时所受到的阻力有关。其值为

$$D = Rs \tag{9-39}$$

式中：R——材料层的热阻，$m^2 \cdot K/W$；

s——材料的蓄热系数，$W/(m^2 \cdot K)$。

由式(9-39)可知，热惰性指标 D 是无因次量。对于由若干层材料组成的多层结构，该结构的热惰性指标可由各分层的热惰性指标总和而得。

(3)材料层表面的蓄热系数

在前面提出了材料蓄热系数 s 的概念，但在工程实践中遇到的大多是有限厚度的单平壁或多层平壁，在这种情况下，材料层受到周期波动的温度作用时，其表面温度的波动，不仅与材料本身的热物理性能有关，而且与边界条件有关，即在顺着温度波前进的方向，与该材料层相接触的介质(另一种材料或空气)的热物理性能和散热冬件，对其表面温度的波动也有影响。所以，对于有限厚度的材料层，在此引进了材料层表面的蓄热系数的概念，用“y”表示，以便与材料蓄热系数区别开来。其实，y 与 s 的定义式是相同的，都等于材料层表面的热流振幅与表面温度振幅之比值，差别只是计算式不同。当边界影响可以忽略不计时，两者在数值上就可近似取相等。

在近似计算中，当材料层的热惰性指标 $D \geqslant 1.0$ 时，则可认为材料层表面温度的波动主要与本身材料的热物理性能有关，这时可近似取 y 值等于 s 值。当材料层的 $D < 1.0$ 时，则材料层背波面的边界条件对迎波面温度的波动就有不可忽略的影响，此时 y 与 s 在数值上是不等的。

①当温度波由外向内时，计算各材料层外表面的蓄热系数 $Y_{m,e}(m=1,2,3,\cdots n)$。

计算外表面的蓄热系数时，要从内侧第一层开始，逆着温度波前进的方向，依次向外逐层推算，如图 9-14 所示。

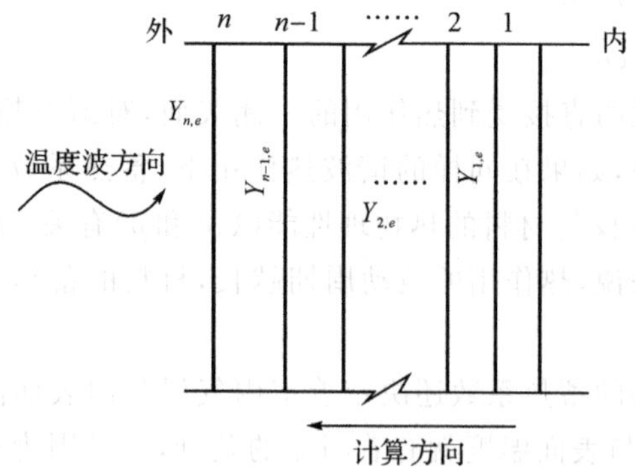

图 9-14 材料层外表面的蓄热系数的计算

第一层外表面的蓄热系数：

当 $D_1 \geqslant 1.0$ 时

$$Y_{1,e} = s_1 \tag{9-40a}$$

当 $D_1 < 1.0$ 时

$$Y_{1,e}=\frac{R_1 s_1^2+\alpha_i}{1+R_1\alpha_i} \tag{9-40b}$$

其中 a_i 是内表面的热转移系数，即是表示平壁内侧第一层的边界因素（与室内空气热交换的程度）的影响，而 R_1、s_1 均是反映该层材料热物理性能的影响。

从第二层开始以后任一层的外表面蓄热系数：

当 $D_m \geqslant 1.0$ 时

$$Y_{m,e}=s_m \tag{9-41a}$$

当 $D_m < 1.0$ 时

$$Y_{m,e}=\frac{R_m s_m^2+Y_{m-1,e}}{1+R_m Y_{m-1,e}} \tag{9-41b}$$

其中 $Y_{m-1,e}$ 表示第 $m-1$ 层的蓄热特性对第 m 层的影响。

最外一层外表面的蓄热系数，即是平壁外表面的蓄热系数。即

$$Y_{n,e}=Y_{et}$$

② 当温度波由内向外时，计算材料层内表面的蓄热系数 $Y_{m,t}$。

此时，计算顺序还是逆着温度波前进方向进行，即从外向内逐层计算。若层次编号仍同前，如图 9-14 所示，则

最外一层即第 n 层的内表面蓄热系数：

当 $D_n \geqslant 1.0$ 时

$$Y_{n,i}=s_n \tag{9-42a}$$

当 $D_n < 1.0$ 时

$$Y_{n,i}=\frac{R_n s_n^2+\alpha_e}{1+R_{n\alpha e}} \tag{9-42b}$$

其中 α_e 为平壁外表面的热转移系数。

其他各层的内表面蓄热系数：

当 $D_m \geqslant 1.0$ 时

$$Y_{m,i}=s_m \tag{9-43a}$$

当 $D_m < 1.0$ 时

$$Y_{m,i}=\frac{R_m s_m^2+Y_{m+1,i}}{1+R_m Y_{m+1,i}} \tag{9-43b}$$

$$(m=1,2,3,\cdots,n-1)$$

最内一层的内表面蓄热系数，即是平壁的内表面蓄热系数，即

$$Y_{1,i}=Y_{if}$$

在上述计算中，若遇到空气间层，则取空气间层的蓄热系数 $s=0$。若遇到某一层是由几种不同材料组成的组合材料层时，则先求出该层材料的平均热阻 $\bar{R}$ 和平均蓄热系数 $\bar{s}$。$\bar{R}$ 按式(9-26)计算，$\bar{s}$ 值按下式计算。

$$\bar{s}=\frac{S_1F_1+S_2F_2+S_3F_3+\cdots}{F_1+F_2+F_3+\cdots} \tag{9-44}$$

式中：$S_1,S_2,S_3,\cdots$——组合材料层内各分部材料的蓄热系数，$W/(m^2\cdot K)$；

$F_1,F_2,F_3,\cdots$——各分部在垂直于热流方向的表面积，m^2。

【例 9-3】 试计算图 9-15 所示的屋顶结构各层的外表面的蓄热系数。已知：$\alpha_e=23.26$

W/(m·K)，α_i=8.72W/(m·K)，T=24h。材料热工指标见下表。

序号	材料层	d	λ	$R=d/\lambda$	s	$D=Rs$
1	钢筋混凝土板	0.03	1.74	0.017	17.20	0.292
2	隔汽层(卷材)	0.005	0.17	0.029	3.33	0.097
3	矿渣棉	0.08	0.07	1.14	0.98	1.12
4	空气间层			0.16	0	0
5	波纹石棉水泥瓦	0.006	0.16	0.038	2.48	0.094

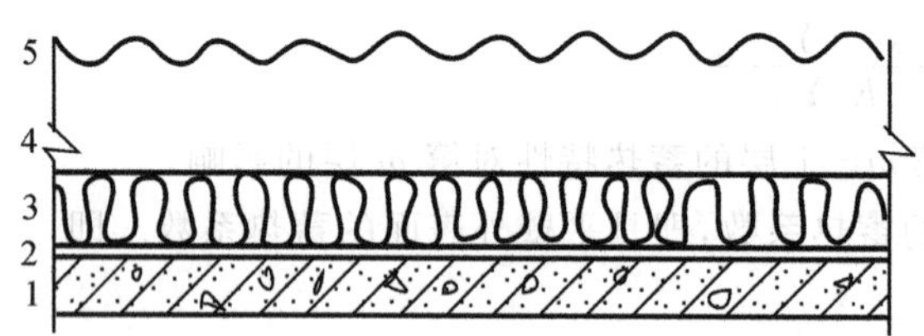

1—钢筋混凝土板 30；2—隔汽层；3—矿渣棉 30

4—空气间层；5—波纹石棉水泥板

图 9-15 屋顶构造

解：计算各材料层的热工指标

顺序从内向外计算各层外表面的蓄热系数

第一层：∵D_1<1.0，由式(9-40b)得

$$Y_{1,e}=\frac{R_1s_1^2+\alpha_i}{1+R_1\alpha_i}=\frac{0.017\times17.2^2+8.72}{1+0.017\times8.72}=11.97(\mathrm{W/(m^2\cdot K)})$$

第二层：∵D_2<1.0，由式(9-41b)得

$$Y_{2,e}=\frac{R_2s_2^2+Y_{2-1,e}}{1+R_2Y_{2-1,e}}=\frac{0.029\times3.33^2+11.97}{1+0.029\times11.97}=9.12(\mathrm{W/(m^2\cdot K)})$$

第三层：∵D_3>1.0，由式(9-41a)得

$$Y_{2,e}=s_2=0.98\mathrm{W/(m^2\cdot K)}$$

第四层：∵D_4<1.0，由式(9-41b)得

$$Y_{4,e}=\frac{R_4s_4^2+Y_{4-1,e}}{1+R_4Y_{4-1,e}}=\frac{0.16\times0+0.98}{1+0.16\times0.98}=0.85(\mathrm{W/(m^2\cdot K)})$$

第五层：∵D_5<1.0，由式(9-41b)得

$$Y_{5,e}=\frac{R_5s_5^2+Y_{5-1,e}}{1+R_5Y_{5-1,e}}=\frac{0.038\times2.48^2+0.85}{1+0.038\times0.85}=1.05(\mathrm{W/(m^2\cdot K)})$$

9.3 简谐热作用下平壁的周期传热计算

实际围护结构可能一侧或两侧同时受到周期波动的热作用。解决这类问题，可将综合过程分解成几个单一过程，分别进行计算后利用叠加原理，把各个单过程的计算结果叠加起来，即得最终结果。若平壁两侧受到的谐波热作用分别为

外侧： $t_e=\bar{t}_e+A_e\cos\left(\frac{360\tau}{T}-\varphi_e\right)$

内侧：　$t_i=\bar{t}_i+A_i\cos\left(\frac{360\tau}{T}-\varphi_i\right)$

两侧热作用的平均值 $\bar{t}_e$ 和 $\bar{t}_i$ 都是定值，则其综合过程可分解成三个分过程，如图 9-16 所示。

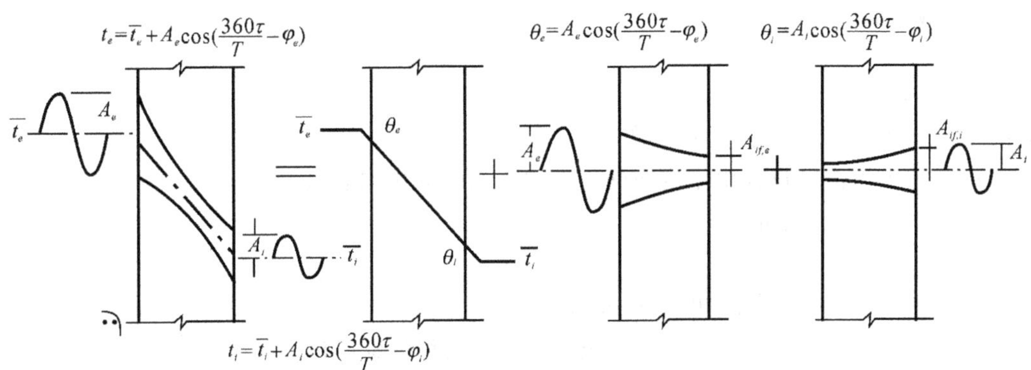

图 9-16　双向谐波热作用传热过程的分解

(1)在室外平均温度 $\bar{t}_e$ 和室内平均温度 $\bar{t}_i$ 作用下的稳定传热过程；

(2)在室外谐波热作用(即相对温度 Θ_e)下的周期性传热过程，此时室内一侧气温不变动，由此在平壁内表面引起的温度波动振幅为 $A_{if,e}$；

(3)在室内谐波热作用(即相对温度 Θ_i)下的周期性传热过程，此时室外一侧气温不变动；因此在平壁内表面引起的温度波动振幅为 $A_{if,i}$。

稳定传热的计算方法已在本章第一节中阐明。(2)、(3)两个过程同属一类，只是热作用方向和振幅大小、波动相位不同而已。

在后面讨论围护结构的热工设计问题中，关心的主要是围护结构的内表面温度。按上述的分解过程，在双向谐波热作用下，围护结构的内表面温度可按下述步骤进行计算。

(1)已知室外平均温度 $\bar{t}_e$ 和室内平均温度 $\bar{t}_i$，确定围护结构内表面的平均温度 $\bar{\theta}_i$。此时可应用公式(9-27)，即

$$\bar{\theta}_i=\bar{t}_i-\frac{R_i}{R_0}(\bar{t}_i-\bar{t}_e) \tag{9-45}$$

(2)已知室外温度波的振幅 A_e 和初相位函 φ_e，确定在外侧简谐热作用下所引起的内表面温度波的振幅 $A_{if,e}$ 和初相位移 $\varphi_{if,e}$。

按衰减度的定义可知：

$$A_{if,e}=\frac{A_e}{\upsilon_0} \tag{9-46}$$

式中：A_e——室外温度谐波的振幅，℃；

ν_0——温度波动过程由室外空间传至平壁内表面时的振幅总衰减度。

按相位延迟的定义可知：

$$\varphi_{if,e}=\varphi_e+\varphi_{e-if} \tag{9-47}$$

式中：φ_e——室外温度谐波的初相位，deg；

φ_{e-if}——温度波动过程从室外传至内表面时的相位延迟角，deg。

在外侧简谐热作用下所引起的内表面温度谐波为：

$$\Theta_{if,e}=A_{if,e}\cos(\omega\tau-\varphi_{if,e})$$

(3)已知室内温度波的振幅 A_i 和初相位 φ_i，确定在内侧简谐热作用下所引起的内表面温度波的振幅 $A_{if,i}$ 和初相位 $\varphi_{if,i}$。

按衰减度的定义可知：

$$A_{if,i}=\frac{A_i}{\upsilon_{if}} \tag{9-48}$$

式中：A_i——室内温度谐波的振幅，℃；

ν_{if}——温度波动过程由室内空间传至内表面时的振幅衰减度。

按相位延迟的定义可知：

$$\varphi_{if,i}=\varphi_i+\varphi_{i-if} \tag{9-49}$$

式中：φ_i——室内温度谐波的初相位，deg；

φ_{i-if}——温度波动过程从室内传至内表面时的相位延迟角，deg。

在内侧简谐热作用下所引起的内表面温度谐波为：

$$\Theta_{if,i}=A_{if,i}\cos(\omega\tau-\varphi_{if,i})$$

(4)确定内表面温度合成波的振幅 A_{if} 和初相位 φ_{if}。

在内外简谐热作用下实际的内表面温度谐波，乃是上述两个分谐波的合成。由于在通常情况下，相位角 $\varphi_{if,e}$ 与 $\varphi_{if,i}$ 是不等的，亦即两个温度波出现最高值的时间不一致，所以合成波的振幅 A_{if} 不能直接将 $A_{if,e}$ 与 $A_{if,i}$ 相加而得。合成波的振幅和初相位角可按下列公式确定：

为书写简便起见，令

$$A_1=A_{if,e},A_2=A_{if,i}$$

$$\varphi_1=\varphi_{if,e},\varphi_2=\varphi_{if,i}$$

$$N=A_1\sin\varphi_1+A_2\sin\varphi_2$$

$$M=A_1\cos\varphi_1+A_2\cos\varphi_2$$

则合成波的振幅为

$$A_{if}=\sqrt{A_1^2+2A_1A_2\cos(\varphi_1-\varphi_2)+A_2^2} \tag{9-50}$$

合成波的初相位为

$$\varphi_{if}=\alpha+\tan^{-1}\left(\frac{N}{M}\right) \tag{9-51}$$

其中 α 角视 φ_{if} 所在的象限而定，当

M 为(+)，N 为(+)，属第一象限，$\alpha=0°$

M 为(−)，N 为(+)，属第二象限，$\alpha=180°$

M 为(−)，N 为(−)，属第三象限，$\alpha=180°$

M 为(+)，N 为(−)，属第四象限，$\alpha=360°$

(5)最后计算围护结构的内表面温度。

任一时间的内表面温度按下式确定：

$$\theta_i=\bar{\theta}_i+A_{if}\cos(\omega\tau-\varphi_{if}) \tag{9-52}$$

内表面的最高温度为

$$\theta_{i,\max}=\bar{\theta}_i+A_{if} \tag{9-53}$$

综上所述，欲得出在简谐热作用下平壁内表面的温度，问题在于如何计算衰减度 υ_0 和 υ_{if}，以及相位延迟 φ_{e-if} 和 φ_{i-if}。

倘若热作用是非谐性的周期热作用，则根据计算精度的要求，可将非谐性的室内外周期热作用，分成若干阶谐量，针对各阶谐量分别进行计算，最后叠加起来即得综合结果。

9.4　温度波在平壁内的衰减和延迟计算

1. 室外温度谐波传至平壁内表面时的总衰减度和总延迟时间的计算

总衰减度是指室外介质温度谐波的振幅与平壁内表面温度谐波的振幅之比值，其值按下式计算：

$$\upsilon_0=0.9e^{\frac{\sum D}{\sqrt{2}}}\cdot\frac{S_1+\alpha_i}{S_1+Y_1}\cdot\frac{S_1+Y_1}{S_2+Y_2}\cdots\cdots\frac{S_n+Y_{n-1}}{S_n+Y_n}\cdot\frac{Y_n+\alpha_e}{\alpha_e} \tag{9-54}$$

式中：υ_0—— 围护结构的衰减倍数；

$\sum D$—— 平壁总的热惰性指标，等于各材料层的热惰性指标之和；

$S_1,S_2,\cdots,S_n$—— 由内到外各材料层的蓄热系数，$W/(m^2\cdot K)$；空气间层取 $S=0$；

$Y_1,Y_2,\cdots,Y_n$—— 由内到外各材料层的外表面的蓄热系数，$W/(m^2\cdot K)$；

α_i,α_e—— 分别为平壁内、外表面的换热系数，$W/(m^2\cdot K)$。

用上式计算时，要注意材料层的编号应由内向外（与温度波的前进方向相反）。即邻接平壁内表面的一层是第 1 层，而邻接外表面的一层为第 n 层。

在建筑热工设计中，习惯用总延迟时间 ξ_0 来评价围护结构的热稳定性，根据时间与相角的变换关系即可得总延迟时间：

$$\xi_0=\frac{T}{360_1}\varphi_0$$

当周期 $T=24$ 小时，则

$$\xi_0=\frac{1}{15}\left(40.5\sum D+\arctan\frac{Y_{ef}}{Y_{ef}+\alpha_e\sqrt{2}}-\arctan\frac{\alpha_i}{\alpha_i+Y_{if}\sqrt{2}}\right) \tag{9-55}$$

式中：ξ_0——总延迟时间，即室外温度谐波出现最大值的时间与内表面温度谐波出现最大值的时间差，h；

Y_e——平壁的外表面蓄热系数，$W/(m^2\cdot K)$；

Y_i——平壁的内表面蓄热系数，$W/(m^2\cdot K)$。

2. 室内温度谐波传至平壁内表面时的衰减和延迟计算

室内温度谐波传至平壁内表面时，只经过一个边界层的振幅衰减和相位延迟过程，到达内表面时的衰减度 υ_{if} 和延迟时间 ξ_{if}，按下列公式计算：

$$\upsilon_{if}=0.95\,\frac{\alpha_i+Y_{if}}{\alpha_i} \tag{9-56}$$

$$\xi_{if}=\frac{1}{15}\arctan\frac{Y_{if}}{Y_{if}+\alpha_i\sqrt{2}} \tag{9-57}$$

注意，以上诸式中计算时，arctan 项均用度数计。

【例 9-4】 试计算例 9-3 中的屋顶的总衰减度 υ_0、总延迟时间 ξ_0 和内表面的衰减度 υ_{if} 及延迟时间 ξ_{if}。

解:由例 9-3 已求得各层外表面的蓄热系数,现归纳如下:

$Y_{1,e}=11.97, Y_{2,e}=9.12, Y_{3,e}=0.98, Y_{4,e}=0.85, Y_{5,e}=1.05$

计算屋顶内表面的蓄热系数

因 $D_3>1.0$,所以可从第 3 层开始按式(9-43)顺序向内推算:

$$D_3>1.0 \quad Y_{3,i}=S_3=0.98(\mathrm{W/(m^2\cdot K)})$$

$$D_2<1.0 \quad Y_{2,i}=\frac{0.029\times 3.33^2+0.98}{1+0.029\times 0.98}=1.27(\mathrm{W/(m^2\cdot K)})$$

$$D_1<1.0 \quad Y_{1,i}=Y_{if}=\frac{0.017\times 17.2^2+1.27}{1+0.017\times 1.27}=6.17(\mathrm{W/(m^2\cdot K)})$$

计算总衰减度和总延迟时间

屋顶的热惰性指标 $\sum D=0.292+0.097+1.12+0.094=1.6$,由式(9-54)得

$$\upsilon_0=0.9e^{\frac{1.6}{\sqrt{2}}}\times\frac{17.2+8.72}{17.2+11.97_1}\times\frac{3.33+11.97}{3.33+9.12}\times\frac{0.98+9.12}{0.98+0.98}\times\frac{0.98}{0.85}\times\frac{2.48+0.85}{2.48+1.05}\times\frac{23.26+1.05}{23.26}=17.5$$

由式(9-55)得

$$\xi_0=\frac{1}{15}\times\left(40.5\times 1.6+\arctan\frac{1.05}{1.05+23.26\sqrt{2}}-\arctan\frac{8.72}{8.72+6.17\sqrt{2}}\right)=2.67(\mathrm{h})$$

计算内表面的衰减度和延迟时间

由式(9-56)得

$$\upsilon_{if}=0.95\,\frac{8.72+6.17}{8.72}=1.62$$

由式(9-57)得

$$\xi_{if}=\frac{1}{15}\arctan\frac{6.17}{6.17+8.72\sqrt{2}}=1.23(\mathrm{h})$$

【例 9-5】 试按下列已知条件计算例 9-3 中屋顶结构的内表面温度。已知:$\bar{t}_e=34.0℃, A_e=20.0℃, \tau_{e,\max}=13\mathrm{h}, \bar{t}=30_i℃, A_i=3.00℃, \tau_{i,\max}=17\mathrm{h}, T=24\mathrm{h}$

解:按例 9-3 给定的条件,屋顶的总热阻为

$$R_0=0.115+0.017+0.029+1.14+0.16+0.038+0.043=1.542(\mathrm{m^2\cdot k/W})$$

计算屋顶内表面的平均温度

$$\bar{\theta}_i=\bar{t}_i-\frac{R_i(\bar{t}_i-\bar{t}_e)}{R_0}=30+\frac{0.115\times 4}{1.542}=30.3(℃)$$

由例 9-4 已求得

$$\upsilon_0=17.85, \upsilon_{if}=1.62$$

按式(9-46)和式(9-48)得

$$A_{if,e}=\frac{20}{17.85}=1.12(℃)$$

$$A_{if,i}=\frac{3}{1.62}=1.85(℃)$$

按式(9-50)和式(9-51)计算合成波的振幅和初相角

$$A_1=1.12℃, A_2=1.85℃$$

$$\varphi_1=15\times13+40.01=235.01$$

$$\varphi_2=15\times17+18.44=273.44$$

$$N=1.12\sin(235.01)+1.85\sin(273.44)=-2.764$$

$$M=1.12\cos(235.01)+1.85\cos(273.44)=-0.531$$

属第三象限，$\alpha=180°$

$$A_{if}=\sqrt{1.12^2+2\times1.12\times1.85\cos(235.01-273.44)+1.85^2}=2.8(℃)$$

$$\varphi_{if}=180+\arctan\left(\frac{-2.764}{-0.531}\right)=259.13(\text{deg})$$

$$\therefore\theta_{i,\max}=30.3+2.8=33.1(℃)$$

$$\theta_{i,(\tau)}=30.3+2.8\cos(15\tau-259.13)$$

出现内表面最高温度的时间为

$$\tau_{if,\max}=\frac{1}{15}\left[180+\arctan\left(\frac{-2.764}{-0.531}\right)\right]=17.28(\text{h})$$

复习思考题

1. 建筑围护结构的传热过程包括哪几个基本过程，几种传热方式？分别简述其要点。

2. 为什么空气间层的热阻与其厚度不是成正比关系？怎样提高空气间层的热阻？

3. 材料导热系数、对流换热系数、辐射换热系数的物理意义各是什么？其值各与哪些因素有关？

4. 何谓稳定传热？为什么在该状态下，通过围护结构的传热量也就是通过该围护结构中任一层的传热量？

5. 试分析封闭空气间层的传热特性；在围护结构设计中应如何应用？

6. 试按当地常用墙体材料设计一多层墙体，并计算其总热阻。

7. 试确定图 9-17 中的屋顶结构在室外单向温度谐波热作用下的总衰减度和总延迟时间。

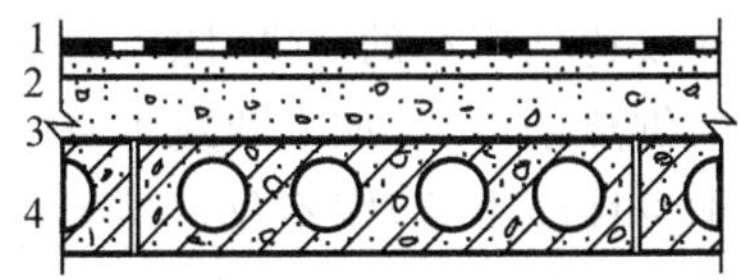

1—油毡防水层 10；2—水泥砂浆抹平层 20；3—加气混凝土 50，$\gamma=500\text{kg/m}^3$；4—钢筋混凝土多孔板 150，板宽 600，孔径 110

图 9-17

第10章　建筑保温

学习目标：了解建筑保温设计的基本原则，围护结构的防潮设计。掌握围护结构的保温设计和传热异常部位的设计要点，能进行简单的计算。特别要熟悉围护结构保温构造常用方案。

建筑保温是建筑热工设计的重要内容。我国冬季受冷空气侵袭，大部分地区在极地大陆气团控制之下，高纬度的寒冷气团通过冬季风不断输送到低纬度地区，这样使我国成为世界上同纬度地区冬季最冷的地方。我国大部分地区属于严寒和寒冷地区，不仅冬天气温较低，而且寒冷时间很长，在冬季室内需要供暖，即便是地处长江流域的夏热冬冷地区（如重庆、武汉、长沙、上海等地）冬季也相当寒冷。因此，在严寒和寒冷地区的房屋必须有足够的保温性能，在夏热冬冷地区的房屋冬季也需考虑保温。

随着工农业生产的飞速发展，能源危机和环境恶化已成为威胁人类生存的重要问题，减少能源消耗、改善环境质量已成为人类可持续发展的重要课题。建筑能耗是人类能耗的重要组成部分，建筑环境是人类生存的重要环境。因此，通过建筑保温减少建筑能耗、改善人类环境是建筑热工设计的重要目的。本章将围绕这个目的具体探讨建筑保温节能的基本原则和基本方法。

10.1　建筑保温设计的基本原则

为保证寒冷地区冬季室内气候达到应有的标准，除建筑保温外，当然首先要有必要的采暖设备来供给热量。但在同样的供热条件下，如果建筑本身的保温性能良好，就能维持所需的室内气候状况；反之，若建筑本身性能不好，则不仅达不到应有的室内气候标准，还将产生围护结构表面结露或内部受潮等一系列问题。为了充分利用有利因素，克服不利因素，从各个方面全面处理有关建筑保温问题，应注意以下几条基本原则。

10.1.1　充分利用再生能源

充分利用再生能源、减少建筑能耗、改善建筑环境已成为当今世界一大潮流，也是现代建筑技术发展的一个基本方面。

在建筑保温设计中，可以利用的再生能源主要有太阳能和地热能。大量的生土建筑、窑洞、土坯房以及各种类型的地下、半地下的覆土建筑都是对地热能的很好利用。大地的温度变化比气温的变化要小得多，覆土建筑的大部分围护结构与大地直接接触，受外界风、霜、雨、雪的影响比较小。因此覆土建筑具有冬暖夏凉、坚固适用的优点。覆土建筑不仅保温性能良好，而且可改善整个建筑环境质量，尤其像窑洞这样的覆土建筑还具有节约土地的优点。因此覆土建筑已成为可持续发展建筑的形式之一。

太阳能是人类生存之源，对它的利用不仅是建筑节能的重要手段，也是保证人类健康的重要的热、光环境因素。

在建筑保温设计中，对太阳能的利用主要考虑两个问题，一是对太阳辐射热的吸收，二是对太阳辐射热的蓄集。下面将从这两个方面考虑利用太阳能的一些具体措施。

1. 利用建筑物的南向墙面和南向窗户吸收太阳辐射热

在北半球，冬季南向窗户获得的日辐射远大于其他朝向，设计时应尽量使建筑墙体的大面积面向南方，并在南向墙面多设透光玻璃窗，以使较多的日辐射透过玻璃窗进入室内。在设置玻璃窗时，需注意加强窗户夜间的保温性能。

2. 利用高蓄热性能材料蓄热

通过南墙和南向窗户吸收的热量，一部分用来提高室温，一部分将蓄积在墙体、地面及设备家具中。那么，墙体、地面及家具等应尽量选用具有高蓄热性能的材料，这些材料可使太阳辐射热得到更好的储存并散发。储存的热量在夜间散发，可使夜间气温不至于降得太低。

3. 利用南向墙面或屋顶设置各种不同形式的集热设施

利用建筑构件通过自然方式收集和传送日辐射热量的方式称为被动式太阳能采暖，它包括集热、蓄热、保温三个方面。由于能源危机引起的节能需要，被动式太阳能利用技术得到大力发展，因此产生了各种不同形式的被动式太阳能系统。按照房间得热方式的不同，被动式太阳能系统分为直接受益式、集热蓄热墙式、附加阳光间式、蓄热屋顶式和对流环路式（如图 10-1 所示）。

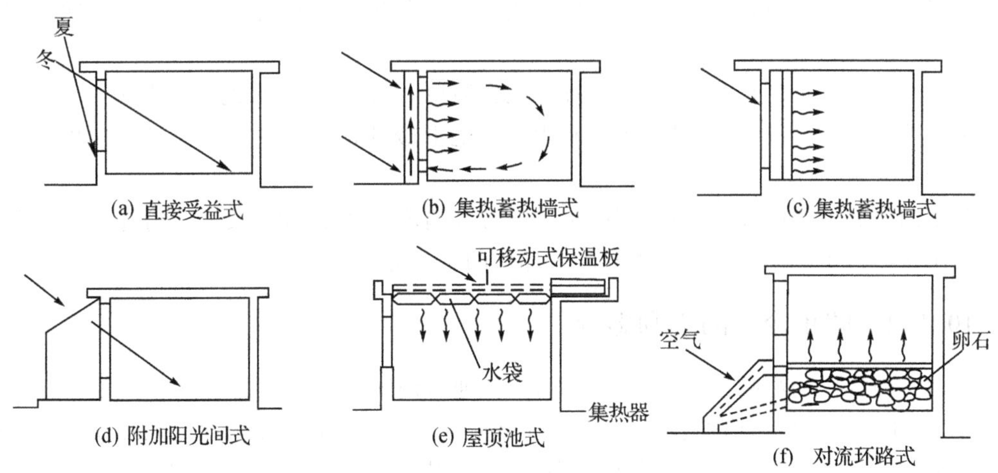

图 10-1　被动式太阳能采暖系统

(1)直接受益处

直接受益式(见图 10-1(a))与一般建筑的外形无多大差异，它利用南向大窗口，在冬季白天透入大量太阳光,夜间则用专门的保温窗帘或保温板遮挡窗口。室内地面、墙面、家具等需选用蓄热能力大的材料(如砖或混凝土等),这些材料白天吸收并储存热量,夜间不断向室内释放,使室内维持一定的温度。其他朝向的各面围护结构则尽量加强保温,减少热量损失。

(2)集热蓄热墙式

集热蓄热墙(见图 10-1(b)、(c))由透光玻璃外罩和蓄热墙体组成,其间留有空气间层,有的在墙体的下部和上部开有通向室内的进出风口,蓄热墙体的表面涂刷吸热系数大的材料。这种墙体一方面通过蓄热墙吸收热量直接传入室内,另一方面在玻璃与蓄热墙之间的空气白天吸收太阳辐射热之后变为热空气,热空气通过墙体上风口送入室内,室内冷空气则通过下风口进入空气间层,形成向室内连续送热风的对流循环;夜间则关闭上下通风口,停止工作。如在蓄热墙上下不设通风口,则热量全部由蓄热墙逐渐传入室内。这时为防止在夜间室内热量向室外散发,在玻璃外侧应设保温窗帘或保温板。

(3)附加阳光间式

附加阳光间集热方式(见图 10-1(d))采用与主体房间相邻的阳光间形成一个温室。阳光间不但有很大的窗口透入太阳光,而且地面也需做成蓄热体,阳光通过玻璃照射到蓄热体上,储存热量,提高了室内温度,而主体房间则通过与阳光间相邻的墙或窗获得热量。阳光间不仅可用来集热蓄热,还可作为休息、娱乐、养花、养鱼、种菜的场所。

(4)蓄热屋顶式

蓄热屋顶集热方式与前面提到的集热蓄热墙式和附加阳光间式的基本原理相似(见图 10-1(e))。图(e)所示的屋顶采用装满水的密封袋作为蓄热体。有的则是利用整个屋顶层来集热、蓄热、传热。

(5)对流环路式

对流环路集热方式在国外某些空旷的坡地用得比较多。它是利用房间南向的集热器收集热量,然后将热量输送到设于地板下的蓄热库中。蓄热库蓄存的热量通过地板向室内散发,以此提高室温。

以上介绍的五种集热方式,虽然原理都比较简单,但其实际效果的关键在于这种设施的集热和蓄热效果。尤其蓄热问题,更是利用太阳能取暖的最突出的关键。具体应用时可参阅有关专门文献。

除太阳能和地热能外,可以利用的再生能源还有潮汐能、风能、长波辐射能等。充分开发和利用这些再生能源是建筑节能和改善环境的重要方法。

10.1.2 防止冷风的不利影响

风对室内气候的影响主要有两个方面,一是通过门窗口或其他孔隙进入室内,形成冷风渗透;二是作用在围护结构外表面上,使对流换热系数变大,增加外表面的散热量。冷风渗透量越大,室温下降越多;外表面散热越多,房间的热损失就越多。因此,在保温设计时,应尽量避免冷风的不利影响。具体可采用以下一些措施:

1. 争取不使建筑大面积外表面朝向冬季主导风向

当受条件限制而不可能避开主导风向时,亦应在迎风面上尽量少开窗或其他孔洞。

2. 利用周围场地的地形、树木和其他建筑物来挡风

在建房场地周围现成的树丛、小丘或其他须保留的建筑物等都有可能被用来作为拟建建筑物的挡风屏障。在寒冷地区建房，事先如充分考虑到了尽可能利用各种挡风屏障，则不但可以节约相当大一部分采暖费用，并且可以提高住户的舒适程度。

3. 提高门窗密封性

空气通过围护结构的门窗缝隙适量的渗透可以使室内通风换气，是排除空气污染的一种方式，但过量的渗透，会造成热量的大量损失。据研究，一般多层砖混结构房屋因空气渗透所致的热损耗占采暖热损耗的 1/4～1/3。因此改善门窗的气密性对节能和保温有很大的作用。改善门窗的设计和制造质量、加设密封条等方法是增强门窗气密性的主要措施。如近来设计生产的一些新型木塑门窗，由于在窗扇与窗框之间采用类似飞机座舱的密封形式，窗扇与玻璃之间采用类似汽车挡风玻璃的密封设计，因而窗户具有良好的气密性。随着建筑节能技术的不断提高，许多新型高效的节能门窗已相继问世并推广应用，设计时应注意选用。密封条需选用断面准确、质地柔软、压缩性比较大、耐火性能比较好的材料。

4. 注意主要入口处的防风，减少竖向交通井的烟囱效应

建筑的主要入口处尽量不要朝向冬季主导风向。在严寒和寒冷地区，入口处应设置门斗或采取其他防风措施。

楼梯、电梯以及内天井等上下联系的空间高度大，像烟囱一样能显著增加热压引起的冷风渗透；尤其高层建筑的竖向交通井，如果正对主入口布置，将大大增加不必要的冷风渗透。因此在布置竖向交通井时不要正对入口。

10.1.3　合理进行建筑规划设计

合理的规划设计是建筑保温节能的另一个方面。考虑保温节能的规划设计应从建筑选址、分区、建筑和道路布局走向、建筑朝向、建筑体形、建筑间距、冬季主导风向、太阳辐射、建筑外部空间环境构成等方面综合处理。在规划设计中利用有利的自然因素，避免或改造不利的因素，这样，可以创造既有利于保温节能，又有利于身心健康的微气候环境。规划设计时主要应注意以下几点：

1. 向阳、避风，避免“霜洞效应”

建筑物宜布置在避风、向阳地段，不宜布置在山谷、洼地、沟底等凹地里。因冬季冷气流在凹地里积聚会形成所谓的“霜洞效应”——对保温节能很不利。

2. 建筑布局

利用特定地点的自然环境因素、气候特征、建筑物的功能、人的行为特点合理规划布置建筑群，可以形成良好的自然—人工生态环境系统，这种系统不仅有利于建筑保温节能，也有利于人的身心健康。中国许多传统的庭院建筑（如北京四合院、南方的许多庭院天井式建筑）都具有这样的环境效应。如图 10-2 所示的建筑布局正是吸收中国传统建筑的精华采用单元组团式布局，形成较封闭、完整的庭院空间，这样可以充分利用和争取日照，避免季风干扰，形成对冬季恶劣气候的有效防护，改善建筑的日照条件和风环境，以此达到保温节能的目的。

建筑布局时，应尽可能使道路走向平行于当地冬季主导风向，这样不仅可以使建筑主面避开主导风向，还可以减少路面积雪。

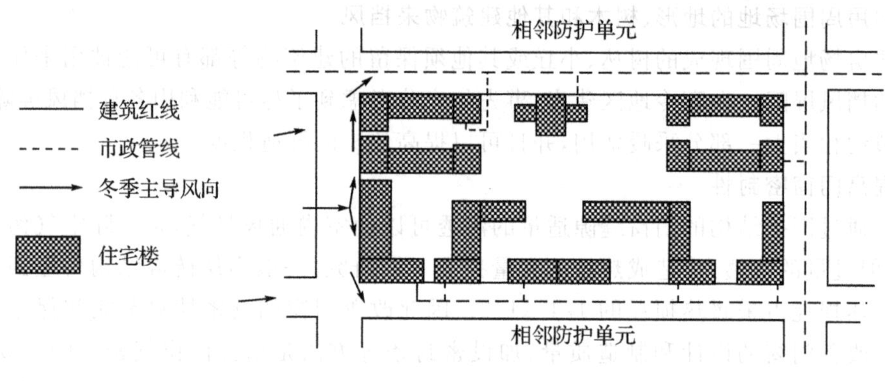

图 10-2 气候防护单元

在布局时,还应注意避免形成风漏斗。如果将高度相似的建筑排列在街道的两侧,并用宽度是其高度的 2～3 倍的建筑组合就会形成风漏斗,这种风漏斗可以形成高速风,比原来提高风速 30%,加剧了建筑物的热损失。

3. 建筑体形

从体形上考虑节能问题则主要是尽量节省外围护结构面积,建筑外表面尽量避免过多的凹凸。对同样体积的建筑物,在各面外围护结构的传热系数均相同时,外围护结构的面积愈小,则传出去的热量愈少。这一特性可用体形系数来描述。一栋建筑的外表面积 F_0 与其所包体积 V_0 之比称为体形系数 S,即 $S=F_0/V_0$。体形系数越小,传热损失越小。对寒冷地区的建筑,在《民用建筑节能设计标准》(采暖居住建筑部分)中规定,多层居住建筑的体形系数以 0.3 或 0.3 以下为宜。如大于 0.3 则不利于节能,需按该标准的规定用增加围护结构的热阻来弥补过多的热损失。对于夏热冬冷地区,《夏热冬冷地区居住建筑节能设计标准》中也规定为条式建筑物的体形系数不应超过 0.35,点式建筑物不应超过 0.40。

10.1.4 提高围护结构的保温性能

保温节能设计的重要内容是围护结构的保温设计。提高围护结构的保温性能主要从控制围护结构的传热系数和加强热桥部位保温两方面入手。在《民用建筑节能设计标准》和《夏热冬冷地区居住建筑节能设计标准》中对不同地区采暖居住建筑各部分围护结构传热系数值作了限定。

10.1.5 使房间具有良好的热特性与合理的供热系统

房间的热特性应适合其使用性质,例如全天使用的房间应有较大的热稳定性,以防室外温度下降或间断供热时,室温波动太大。所谓房间的热稳定性是指当室内采暖设备供热有波动时,室内空气温度的波动程度。在其他条件相同时,室内空气温度波动愈小,房间的热稳定性愈大。因此围护结构应具有较大的热惰性(热惰性指标较大),房间内表面材料应选用蓄热系数大的材料。对于只有白天使用(如办公室)或只有一段时间使用的房间(如影剧院的观众厅),要求在开始供热后,室温能较快地上升到所需的标准,内表面材料则应选用蓄热系数小的材料。

当室外气温昼夜波动,特别是寒潮期间连续降温时,为使室内气候维持所需的标准,除了房间(主要是外围护结构)应有一定的热稳定性外，在供热方式上也必须互相配合。我国目前供热的间歇时间普遍太长，致使室温达不到标准。因此《民用建筑节能设计标准》规定新建居住建筑的采暖供热系统，应按热水连续供暖进行设计。

10.2　围护结构的保温设计

10.2.1　围护结构保温设计的要求

围护结构的保温节能设计应符合《民用建筑热工设计规范》和《民用建筑节能设计标准》中的规定。在热工设计规范中，从控制围护结构内表面温度不低于室内露点温度，保证内表面不致结露的起码要求出发，为满足使用者的最基本卫生要求，提出围护结构的总热阻不能小于某个最低限度值。这个最低限度值称为"最小传热阻"。围护结构的实有热阻可以高于它，但不得低于它。在节能设计标准中，则从经济和节能的角度出发对不同地区的围护结构的传热系数值作了限定。在进行保温节能设计时，应使围护结构的保温性能满足"最小传热阻"和传热系数限值的要求。

10.2.2　围护结构的传热阻

1. 最小传热阻

围护结构对室内热环境的影响，主要是通过内表面温度体现的。如内表面的温度太低，不仅对人产生冷辐射，影响到人的健康，而且如温度低于室内露点温度，还会在内表面产生结露，使围护结构受潮，严重影响室内热环境并降低围护结构的耐久性。建筑保温计算是以冬季阴寒天气为准，考虑天气的不利情况。冬季阴天室外为稳定低温，并且昼夜温度波动较小，室内由供暖设备保持一定温度，热量持续由室内流向室外，因此冬季围护结构的传热可以粗略地按稳定传热计算。在稳定传热的条件下，内表面温度取决于室内外温度和围护结构的传热阻。传热阻越小，内表面温度越高。因此，为了不使围护结构内表面结露，在热工规范中规定，设置集中采暖的建筑物，其围护结构的传热阻应根据技术经济指标比较确定，且应符合国家有关节能标准的要求，其最小传热阻应按下式计算确定：

$$R_{0\cdot\min}=\frac{(t_i-t_e)n}{[\Delta t]}R_i \tag{10-1}$$

式中：$R_{0\cdot\min}$——围护结构最小传热阻，$m^2\cdot K/W$；

R_i——围护结构内表面换热阻，$m^2\cdot K/W$；

t_i——冬季室内计算温度，℃，一般居住建筑取 18℃；高级居住建筑，医疗、托幼建筑，取 20℃；

t_e——冬季室外计算温度，℃；按表 10-1 计算；

n——温差修正系数，按表 10-2 取值；

$[\Delta_t]$——室内空气与围护结构内表面之间的允许温差，℃，按表 10-3 取值。

对热稳定性要求较高的建筑(如居住建筑、医院和幼儿园等)，当采用轻型结构时，外墙的最小传热阻应在按式(10-1)计算结果的基础上进行附加，其附加值按热工规范规定的表 10-4 取值。

表 10-1 围护结构室外计算温度 t_e

类型	热惰性指标 D	t_e 的取值方法
Ⅰ	>6.0	$t_e=t_w$
Ⅱ	4.1～6.0	$t_e=0.6t_w+0.4t_{e.\min}$
Ⅲ	1.6～4.0	$t_e=0.3t_w+0.7t_{e.\min}$
Ⅳ	≤1.5	$t_e=t_{e.\min}$

注：t_w 为采暖室外计算温度，℃；$t_{e.\min}$ 为累年最低一个日平均温度，℃。

表 10-2 温差修正系数 n 值

序号	围护结构及其所处情况	n 值
1	外墙、平屋顶及与室外空气直接接触的楼板等	1.00
2	带通风间层的平屋顶、坡屋顶顶棚及与室外空气相通的不采暖地下室上面的楼板等	0.90
3	与有外门窗的不采暖楼梯间相邻的隔墙： 1～6 层建筑 7～30 层建筑	 0.60 0.50
4	不采暖地下室上面的楼板： 外墙上有窗户时 外墙上无窗户且位于室外地坪以上时 外墙上无窗户且位于室外地坪以下时	 0.75 0.60 0.40
5	与有外门窗的不采暖房屋相邻的隔墙 与无外门窗的不采暖房屋相邻的隔墙	0.70 0.40
6	伸缩缝、沉降缝墙 抗震缝墙	0.30 0.70

表 10-3 室内空气与围护结构内表面之间的允许温差 Δt

建筑物和房间类型	外墙	平屋顶和坡屋顶顶棚
居住建筑、医院和幼儿园等	6.0	4.0
办公楼、学校和门诊部等	6.0	4.5
礼堂、食堂和体育馆等	7.0	5.5
室内空气潮湿的公共建筑： 不允许外墙和顶棚内表面结露时 允许外墙内表面结露，但不允许顶棚内表面结露时	 t_i-t_d 7.0	 $0.8(t_e=t_w)$ $0.9(t_e=t_w)$

注：①潮湿房间系指室内温度为 13～24℃，相对湿度大于 75%，或室内温度高于 24℃，相对湿度大于 60%的房间。
②表中 t_i、t_d 分别为室内空气温度和露点温度，℃。
③对于直接接触室外空气的楼板和不采暖地下室上面的楼板，当有人长期停留时，取[Δt]等于 2.5℃，当无人长期停留时，取[Δt]等于 5.0℃。

表 10-4 轻质外墙最小传热阻的附加值(%)

外墙材料与构造	当建筑物处在连续供热热网中时	当建筑物处在间歇供热热网中时
密度为 800～1200kg/m³ 的轻骨料混凝土单一材料墙体	15～20	30～40
密度为 500～800kg/m³ 的轻混凝土单一材料墙体，外侧为砖或混凝土、内侧复合轻混凝土的墙体	20～30	40～60
平均密度小于 500kg/m³ 的轻质复合墙体；外侧为砖或混凝土、内侧复合轻质材料（如岩棉、矿棉、石膏板等）墙体	30～40	60～80

2. 经济传热阻

按前述围护结构最小传热阻方法进行保温设计，不仅可以防止围护结构内表面温度过低出现结露，保证起码的保温性能，并在一定程度上节约了能源，而且计算方法简捷、方便。也可以看出，若围护结构的总热阻愈大，则热损失愈小，反之亦然。这就是说，如果要能耗少、采暖费用低，围护结构的土建投资就得加大；如果降低围护结构土建费用，采暖的设备费和运行费必然增加。因此，在设计方案的比较中，难以求得一个既能保证围护结构必要的保温性能，而总投资又最省的方案。

为了求得围护结构造价、采暖设备费及运行费用之总和最为经济合理，必须采用经济传热阻方法进行围护结构保温设计。所谓经济传热阻，正如图 10-3 所示，它是指围护结构单位面积的建造费用（初次投资的折旧费）与使用费用（由围护结构单位面积分摊的采暖运行费和设备折旧费）之和达到最小值时的传热阻。其值应按下式计算。

$$R_{0\cdot E}=\sqrt{\frac{2D_{di}}{PE_I\lambda_I m}(PB+CM+\gamma mM)} \tag{10-2}$$

式中：$R_{0\cdot E}$——围护结构的经济传热阻，$m^2\cdot K/W$；

D_{di}——采暖期度日数，℃·d/a；

B——供暖系统造价，元/W；

C——供暖系统运行费，元/(a·W)；

m——采暖期小时数，h/a；

M——回收年限，a；

γ——有效热价格，元/(W·h)；

P——利息系数；

E_I——保温层造价，元/m^3；

λ_I——保温材料导热系数，W/(m·K)。

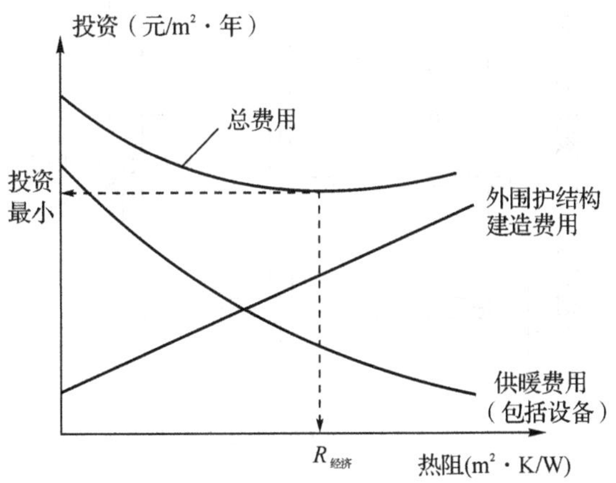

图 10-3　围护结构经济传热组

在计算出围护结构的经济传热阻 $R_{0\cdot E}$ 后，依据 $R_{0\cdot E}$ 求出保温层的经济热阻和经济厚度，并在此基础上对不同材料、不同构造围护结构的经济性进行评价。

当然，尽管目前围护结构保温设计仍只能按最小总热阻方法实施，但建筑与设备的关系、经济热阻中各种因素对围护结构经济性的影响，却是客观存在的。对这一概念有所了解，无疑将有助于全面处理设计中涉及的各个方面，使建筑设计方案更趋经济合理。

10.2.3 围护结构平均传热系数的限值

按最小传热阻确定的外围护结构，只能基本满足内表面不结露的起码卫生要求。当遇上间歇采暖的间隔时间过长，就会出现内表面温度低于露点温度的情况。按此热阻确定的外围护结构可以节省建造费用，但会增加建筑物使用时的采暖费，浪费采暖能耗。因此建筑节能标准在综合研究了建造费和采暖费之后，从经济和节能的角度对不同地区采暖居住建筑各部分围护结构传热系数值作了限定。严寒和寒冷地区围护结构传热系数值不应超过附录6(严寒和寒冷地区采暖居住建筑各部分维护结构传热系数限值)中规定的数值。夏热冬冷地区围护结构传热系数则不应超过附录7(夏热冬冷地区采暖居住建筑各部分维护结构传热系数限值)的限值。

外墙的传热系数值系指考虑周边热桥影响后的外墙平均传热系数，可按下式计算：

$$K_m=\frac{K_p F_{p1}+K_{B1}F_{B1}+K_{B2}F_{B2}+K_{B3}F_{B3}}{F_p+F_{B1}+F_{B2}+F_{B3}} \tag{10-3}$$

式中：K_m——外墙平均传热系数，W/(m^2·K)；

K_p——外墙主体部位的传热系数，W/(m^2·K)；

K_{B1}，K_{B2}，K_{B3}——外墙周边热桥部位的传热系数，W/(m^2·K)；

F_p——外墙主体部位的面积，m^2；

F_{B1}，F_{B2}，F_{B3}——外墙周边热桥部位的面积，m^2。

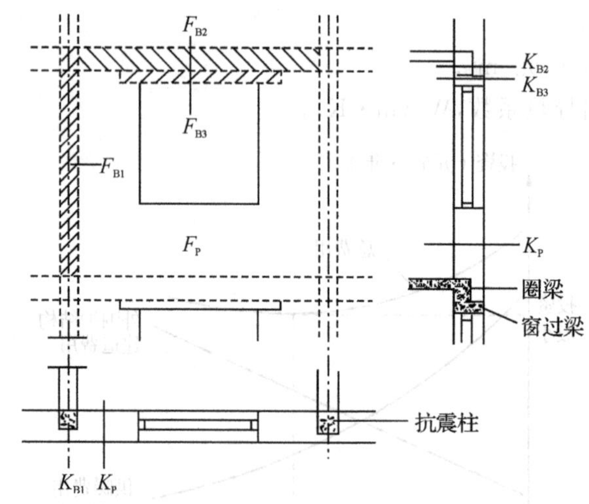

图 10-4 外墙主体部位和周边热桥部位示意图

10.2.4 围护结构保温构造方案

为达到较高的保温要求，常常在围护结构中加保温材料层。这种结构由保温材料层和主体结构复合而成。主体结构可选用各种混凝土空心砌块、非粘土砖、多孔粘土砖以及现浇混凝土等，保温层则可选用各种各样的绝热材料。当室外的气温较低，在室内需要设置采暖设施时，外围护结构中的保温材料将起巨大作用。

1. 绝热材料

围护结构所用材料的种类很多，其导热系数受本身密度、含湿量及温度等影响变化范围很大。因此，防止保温材料受潮是建筑热工设计和施工中不容忽视的问题。

绝热材料的种类很多，按材质可分为无机绝热材料、有机绝热材料、金属绝热材料三大类；按形态可分为微孔状、纤维状、气泡状、层状绝热材料等四种（见表 10-5）。

表 10-5　主要绝热材料分类

形　态	材　质		材　料
纤维状	无机质	天然	石棉纤维
		人造	矿物纤维（矿渣棉、岩棉、玻璃棉、硅酸铝棉）
	有机质	天然	软质纤维板（木纤维板、草纤维板）
微孔状	无机质	天然	硅藻土
		人造	硅酸钙、碳酸镁
气泡状	有机质	天然	软木
		人造	泡沫聚苯乙烯塑料、泡沫聚氨酯塑料、泡沫酚醛树脂、泡沫尿素树脂、泡沫橡胶、钙塑绝热板、聚乙烯
	无机质	人造	膨胀珍珠岩、膨胀蛭石、加气混凝土、泡沫玻璃、泡沫硅玻璃、火山灰微珠、泡沫粘土
层状	金属	人造	铝箔

一般地说，无机材料的耐久性好，耐化学侵蚀性强，也能耐较高的温湿度作用。有机材料则相对地差一些；无机纤维状、气泡状材料因密度比较小，导热系数也小，应用最广。材料的选择要综合考虑建筑物的使用性质，构造方案、施工方法、材料来源以及经济指标等因素，按材料的热物理指标及有关的物理化学性质，进行具体分析。

2. 保温构造方案

保温围护结构的构造必须同时考虑保温和承重的要求。根据这种特点，围护结构的保温构造方案大致可分为以下两大类：

（1）单一材料结构

空心板、空心砌块、轻质空心砌块、加气混凝土等，既能承重，又能保温。只要材料导热系数比较小，机械强度能满足承重要求，又有足够的耐久性，那么采用保温与承重相结合的单一材料结构方案，在构造上比较简单，施工亦比较方便（如图 10-5 所示）。但随着建筑节能标准的提高，许多单一材料结构已经难以达到节能标准所规定的要求。因此必须发展高效保温节能的复合保温结构。

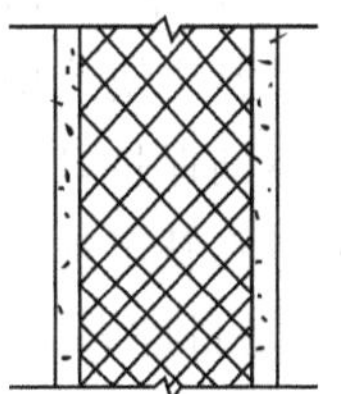

图 10-5　单一材料保温结构

（2）复合保温结构

复合保温结构由保温结构层和结构主体复合而成，保温结构层主要起保温作用，不起承重作用。它可以是单一保温材料层，也可以是复合保温材料层（如图 10-6 所示）。这种结构的保温材料选择的灵活性比较大，不论是板块状、纤维状还是松散颗粒状材料均可应用。

在这种复合结构中，有时也可用封闭空气间层作保温层；或者将空气间层和实体保温层

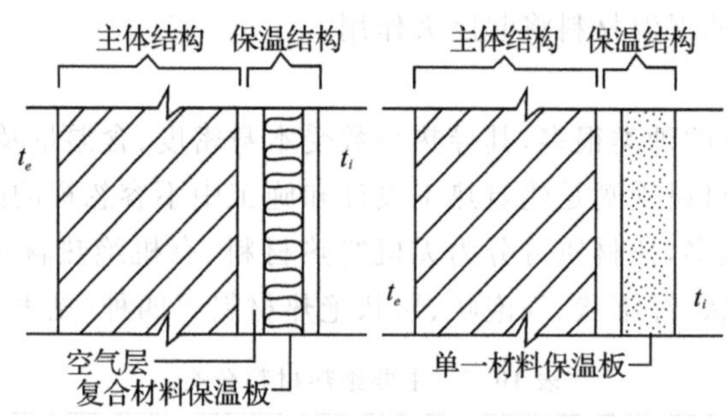

图 10-6 复合保温结构

及主体结构复合在一起以满足比较高的保温要求。封闭的空气层有良好的绝热作用。围护结构中的空气层厚度,一般以 4～5cm 为宜。为提高空气层的保温能力,间层表面可采用强反射材料,如涂贴铝箔,就可大大加强间层的保温能力。若用强反射材料分隔成两个空气层,效果更好。值得注意的是,这类反辐射材料必须有足够的耐久性。然而铝箔不仅极易被碱性物质腐蚀,而且长期处于潮湿状态也会变质。因而应采取涂塑处理等保护措施。

复合保温结构按保温层所处的位置可分为内保温(保温层在室内一侧),外保温(保温层在室外一侧),中间保温(保温层在中间夹心)几种类型。它们各有特点,但从保温节能的角度看,外保温的优点较多,因此,国内外都极力主张发展外保温围护结构。但内保温往往施工方便,中间保温则有利于松散填充材料作保温层。下面将具体分述它们的优缺点。

①内保温

作内保温的房间室温对外界的气温和供热变化的反应比较灵敏,室温波动较快。它适用于间歇使用的房间,如体育馆、影剧院、人工气候室等。这类房间往往是使用前临时供热,要求室温尽快达到所需要求。内保温室温变化特性正好符合此要求。另外,保温层在内侧,不存在雨水渗入保温材料的危险,所以对保温层面层要求不高。

②外保温

由于外保温在保温节能和防潮方面的优越性,近几年来,受到大力推广和应用,归纳起来,外保温有以下几方面的优越性:

a.外保温法使热桥处的热损失减少。内保温常常使内外墙连接部位以及外墙与楼板连接部位得不到保护,因而在内保温时,这些部位的热损失在总热损失中所占比例很大。而外保温则正好弥补了这种缺陷。它可使整个维护结构得到保护,因此热桥部位传热损失大大减少,这正是目前大力发展高效保温节能外保温墙体的主要原因之一。

b.外保温对防止或减少保温层内部产生水蒸气凝结十分有利。外保温结构的材料层次布置正好使水蒸气“进难出易”。内侧承重层为密实材料,水蒸气不易渗透。因此可防止保温材料由于蒸汽渗透积累而受潮。这是外保温作法优于内保温的又一特点。

c.外保温作法使房间的热稳定性好。由于围护结构内侧为蓄热系数大的承重结构,当供热不均匀时,承重结构较大的蓄热能力,可保证维护结构内表面温度不致急剧变化,因而可使室温避免忽冷忽热的变化。这种特性适用于经常使用的房间。

d.外保温使墙或屋顶的主要部分受到保护,大大降低温度应力的起伏(见图 10-7),提高结构的耐久性。如保温层放在内侧,则外侧的承重部分,常年经受冬夏季的很大温差(可达 80～90℃)的反复作用,引致的温度变形大。如将保温层放在承重层的外侧,承重结构所受温差作用将大幅度下降,温度变形减小。外保温还可用来保护防水层免受温度变形的破坏。根据这些特性,产生了外保温的“倒铺屋面”构造方法(见图 10-8)。

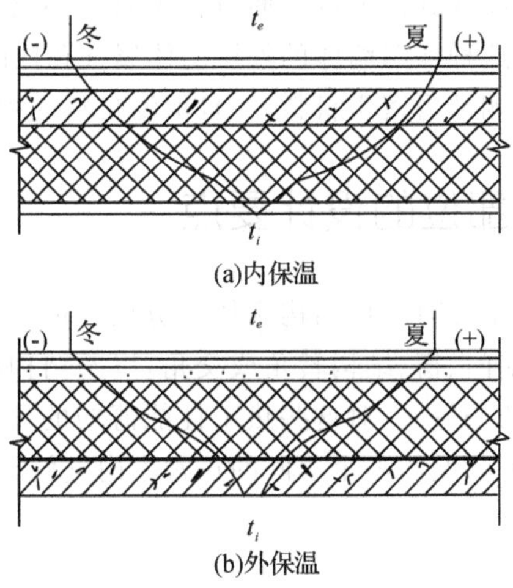

图 10-7　保温层位置不同时,屋顶的年间温度变化

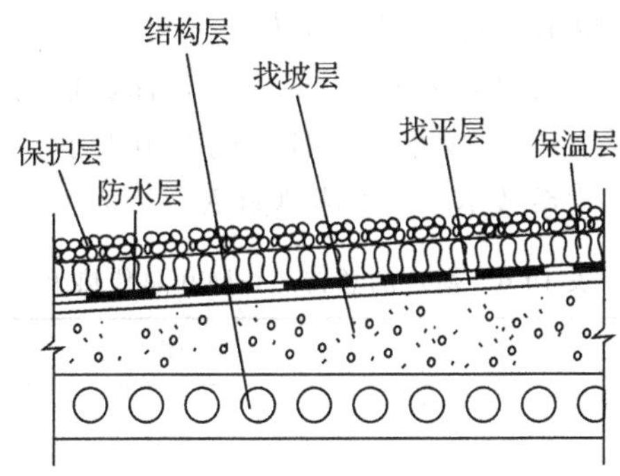

图 10-8　倒铺屋面构造方法

传统屋顶作法是在保温层上面作防水层,这种防水层的蒸汽渗透阻很大,使屋面容易产生内部结露,同时,由于防水层直接暴露在大气中,受日晒、交替冻融等作用,极易老化和破坏。而倒铺法不仅有可能完全消除内部结露,而且可使防水层得到保护,从而大大提高了耐久性,但这种方法对保温材料的要求较高。

e. 使用外保温可节省保温材料,降低建筑造价。在达到同样节能效果的条件下,采用外保温墙体,由于基本消除了热桥的影响,北京、沈阳、哈尔滨三地区,保温材料用量可分别节省 44%、48%、58%。由于保温材料贴在外侧,墙体减薄,用户的使用面积也可适当增加。因此,外保温的经济价值十分可观。

外保温作法除上述优点外,还特别适用于旧房改造。为节约能源而加强旧房的保温性能时,可在基本上不影响住户生活的情况下进行施工,并且不会占用住户的使用面积。外保温存在的缺点是保温材料需经过选择,要求不受雨水冲刷也不受大气污染的影响。大多数保温材料都有一定的吸湿性,材料吸湿以后,热阻会严重下降,因此当采用这种构造方案时,应在表面覆盖一层防水层或饰面。

③中间保温

保温材料放置在结构中间，是一种最广泛使用的墙体保温方法。它的优点是保温材料不需要具有特别高的抗压强度或其他强度。而且保温材料不会受大气侵蚀，也不致受建筑物室内潮气的侵害。但如果这种保温墙体的外层墙体属气孔性的，在大雨时，雨水往往会渗至保温层中。由于保温层两侧都为密实材料，一旦保温材料受潮，潮气则很难散发出去。

10.3 传热异常部位的设计要点

本章前述各项内容主要是针对围护结构主体部分而言的。实际上，围护结构还有不少传热异常的构件和部位，例如门、窗、结构转角或交角，以及结构内部的热桥（钢或钢筋混凝土骨架、圈梁、过梁、板材的肋条等）。对这些热工性能薄弱的环节，必须采取相应的保温措施，才能保证结构的正常热工状况和整个房间的正常室内气候。

10.3.1 窗户保温

外窗的形式、大小和构造与很多因素有关，因而单就某一方面的需要，做出某种简单的结论是不恰当的。以下仅从建筑保温一方面的需要，提出一些基本要求。

窗户（包括阳台门上部）既有引进太阳辐射热的有利方面，又有因传热损失和冷风渗透损失都比较大的不利方面。就其总效果而言，窗户仍是保温能力最低的构件。窗户保温性能低的原因，主要是缝隙透气；玻璃、窗框和窗樘等的热阻太小。表 10-6 是目前我国大量建筑中常用的各类窗户的总传热系数 K_0 和总传热阻 R_0 的值。

表 10-6 窗户的总传热系数和总传热阻

序号	窗户的类型	K_0（W/(m²·K)）	R_0（m²·K/W）
	一般窗户（包括天窗和阳台门）		
1	单层木窗	5.28	0.172
2	双层木窗	2.67	0.375
3	单层金属窗	6.40	0.156
4	双层金属窗	3.26	0.307
5	双层玻璃的单层窗	3.49	0.287
6	商店橱窗	4.65	0.215

由表 10-6 可见，单层窗的 K_0 在 6W/(m²·K)左右，约为 1 砖墙 R_0 的三倍，也就是其单位面积的传热损失约为 1 砖墙的三倍。由此可见，窗户面积的大小及其热工质量好坏，对室内环境和能源的消耗，均有重大影响。不顾气候条件、房间性质，也不顾初投资和维持费用的浪费，盲目兴建大玻璃窗建筑，是极不合理的。理论计算和调查统计表明，有必要将窗户面积控制在一个合理的范围之内。为此，我国规定窗墙面积比：北向不大于 0.20；东、西向不大于 0.25（单层窗）或 0.30（双层窗）；南向不大于 0.35。

为了提高窗户的保温性能，各国都注意新材料（包括玻璃、型材、密封材料）、新构造的开发研究。针对我国目前的情况，应从以下几方面来改善窗的保温性能。

1. 提高气密性,减少冷风渗透

除少数空调室的固定密闭窗外,一般窗户均有缝隙。特别是材质不佳,加工和安装质量不高时,缝隙更大。为加强窗生产的质量管理,我国标准规定,在窗两侧空气压差为 10 Pa 的条件下,单位时间内每米缝长的空气渗透量 ql 的标准如下:

在低层和多层建筑中应不大于 4.0 $m^2/(m \cdot h)$;

在中、高层建筑中应不大于 2.5 $m^2/(m \cdot h)$。

如果窗本身的气密性达不到上述要求,则应采取密封措施。图 10-9 所示是实腹钢窗窗缝处理方法之一。这种方法是将弹性良好的橡皮条固定在窗框上,窗扇关闭时压紧在密封条上,效果良好。同时充分发挥了钢窗本身两处压紧的密封作用,目前应用较广。

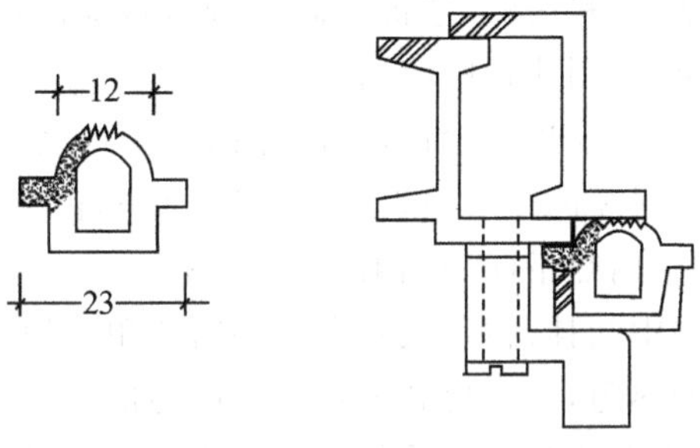

图 10-9 钢窗窗缝密封处理示例

在木窗上同时采用密封条和减压槽,效果较好。风吹进减压槽时,形成涡流,使冷风和灰尘的渗入减少(见图 10-10)。

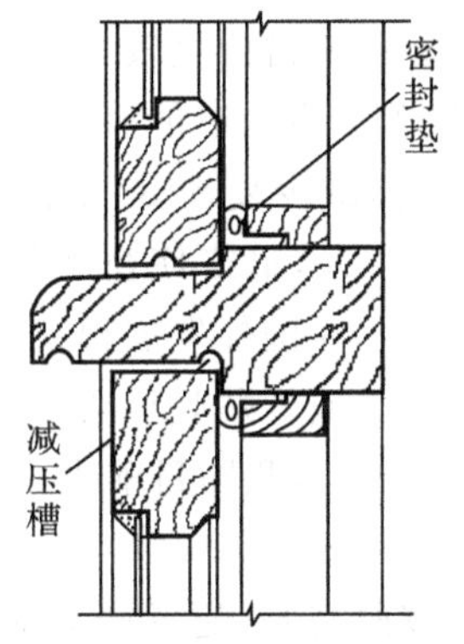

图 10-10 木窗窗缝密封处理示例

必须明确,在提高气密性的同时,不要以为气密化程度越高越好。前已指出过分气密化对人的健康是不利的。此外,也会妨碍室内空气中的水汽向室外的渗透和扩散,从而使房间湿度增高。

2. 提高窗框保温性能

窗框的热损失,在窗户的总热损失中占有一定的比例。它的数值主要取决于窗框材料的导热系数。以木材和塑料作窗框或采用复合型框如钢塑型、钢木型、木塑型窗框时,这部分的保温性能较好;采用钢或铝合金作窗框时,热损失会大大增加。为提高金属窗框的保温能力,最好做成空心断面或采用导热系数小的材料截断金属框的热桥。不论用什么材料作窗框,都应将窗框与墙之间的缝隙,用保温砂浆或泡沫塑料等填充密封。

3. 改善玻璃部分的保温能力

单层玻璃本身的热阻很小。在寒冷地区，从卫生和节能的角度考虑，往往是增加窗扇层数，采用两层或三层窗，靠两层窗扇之间形成的空气层来提高窗户的保温能力。也可以采用单扇窗上安装双层玻璃或三层玻璃的方法来增加热阻，两层玻璃的间距以 2～3cm 为最好。普通的双层玻璃构造形成的空气间层并不严密，一般不作干燥处理，窗户在严冬使用时，很难保证外层玻璃的内侧表面在任何阶段不形成冷凝。密封中空双层玻璃克服了此项缺点。这种产品在密封空间内装有一定量的干燥剂，在寒冷季节时，空气内的玻璃表面温度虽然较低，但仍然不低于其中干燥空气的露点温度。这样就避免了玻璃表面结露，并保证了窗户的洁净和透明度。中空双层玻璃内是密封、静止的空气层，所以热工性能处于较佳而又稳定的状态。这种玻璃的工艺复杂，材料昂贵，造价很高，因此，目前国内一般建筑还无法采用，仅在一些标准较高的公共建筑、民用建筑中应用。

在改善玻璃的特性方面，目前进展较快，国内除已经生产密封的中空保温玻璃外，还有在玻璃表面镀一薄层透明金属膜的热反射玻璃，以及各种彩色吸热玻璃。其目的是增加玻璃的保温性能，减少玻璃对室内热量向外辐射的透过率。

在窗的内侧或双层窗的中间挂窗帘，或者在多层窗或单层窗的窗框上增设保温薄膜，利用增加空气间层来提高窗的热阻，也是提高窗户保温能力的灵活、简便的方法。如在窗内侧挂铝箔隔热窗帘(在玻璃纤维布或其他布质材料内侧贴铝箔)，窗户的热阻值可比单层玻璃高 2.7 倍。这些窗帘可以日间打开，夜间关闭。白天通过窗子获得热辐射，夜间通过窗帘加强保温。

4. 窗户超级隔热技术的新发展

由于通过窗户损失的供暖供冷能耗所占比重较大，因此，各国都非常重视外窗节能的高科技研究。美国 1988 年开始了一项关于窗的节能研究。他们计划采取措施，增加窗在冬季的太阳能辐射热和减少 80%的热损耗，减少夏季 80%的太阳能辐射得热，提高天然光照明水平，使天然光照明达到所需照明的 50%，最终使窗在任何建筑中都由耗能构件转变为获得能量的构件。因此窗户超级隔热技术在国外发展很快，综合起来主要有以下几种：

(1)低辐射玻璃窗：在玻璃表面镀膜或外贴膜形成对短波的高透过率和对长波的高反射率的热反射玻璃窗，亦称为 Low-E 玻璃窗，我国目前也具备了生产能力，国内建筑工程中已有应用。

(2)变色调光窗：这种窗户可以按照需要，随意调节射入室内的可见光和红外辐射热的比例，目前美国劳伦斯·伯克力实验室正在研究以电能驱使变色的调光玻璃窗。

(3)屏蔽式玻璃窗：在两块玻璃中间插入透明的低发射率薄片，可形成具有高热阻值，但不影响采光的热屏蔽窗。

(4)真空窗：真空窗是杜瓦瓶原理的具体运用，但这种窗户的推广使用，还有许多技术问题需要解决。

(5)中空玻璃窗：在双层玻璃间充填导热率低于空气的气体，如氙、氩等惰性气体，就能增加窗户的隔热性能。我国已完全具备了生产能力，国内工程上已大量应用。

(6)蜂窝窗：利用一种导热率低，不会引起空气对流且又能透光的材料放置在两层玻璃的间隙内形成高热阻值。目前国内正处于研究和试生产阶段。

(7)气凝胶窗：气凝胶是直径仅几纳米的粒子，以不规则的品格状态悬浮于空气层的多孔结构。孔隙率高达 90%以上，而空位直径又比空气对流胞小得多。因此具有透光率高和导热率低(近似于空气)，并且不产生空气对流的优良性能。

(8)动力窗：瑞士洛桑技术研究院最近研制成功一种薄膜式的透明太阳电池。它由具有光电效应的光敏物质膜、吸收电子的二氧化钛薄膜和可向外部电路传输电流的一氧化锡薄膜组成，放置于双层玻璃内，并在薄膜空气层填充碘基电介质。薄膜很薄，能透光。这种窗户可以将入射太阳能的 10%转换成电能，故称动力窗。

10.3.2　热桥保温

在围护结构中，一般都有保温性能远低于主体部分的嵌入构件，如外墙体中的钢或钢筋混凝土骨架、圈梁、板材中的肋等。这些构件或部位的热损失比相同面积主体部分的热损失多，它们的内表面温度也比主体部分低。在建筑热工学中，形象地将这类容易传热的构件或部分称为“热桥”。图 10-11 所示为高效轻质保温材料制成的轻板，其中的薄壁型钢骨架，就是板材的热桥。从图中可以看出，以热桥为中心的一小部分，内表面层失去的热量比其他部位多，所以该处内表面温度比主体部分低一些，即 $\theta'_i<\theta_i$ 在外表面上则相反，由于传到热桥外表面处的热量比主体部分多，所以该处外表面温度要比主体部分外表面温度高一些，即 $\theta'_e>\theta_e$。当然，这里所说的热量指的是热流强度，而不是总热量。

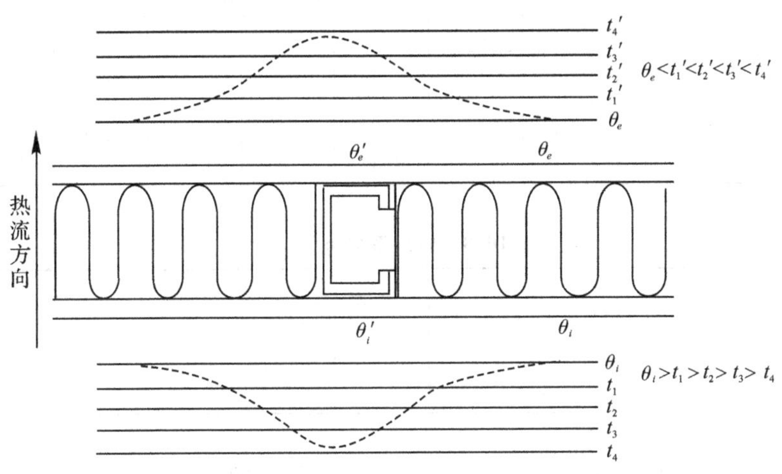

图 10-11　薄壁型钢骨架热桥温度分布

根据以上分析可知，热桥是热量容易通过的地方，其内表面温度往往低于主体部分。按最小传热阻设计的围护结构，只保证主体部分达到保温要求。热桥内表面温度还需要单独校核，如低于露点温度，则应采取相应的措施加强保温。《民用建筑热工设计规范》对围护结构中常见五种形式热桥(见图 10-12)的内表面温度规定应按下列公式验算：

(1)当肋宽与结构厚度比 a/δ 小于或等于 1.5 时，

$$\theta'_i=t_i-[R'_0+\eta(R_0-R'_0)](t_i-t_e)R_i/(R'_0R_0) \tag{10-4}$$

式中：θ'_i——热桥内表面温度，℃；

t_i——冬季室内计算温度，℃；

t_e——冬季室外计算温度，℃，按规范规定的要求取值；

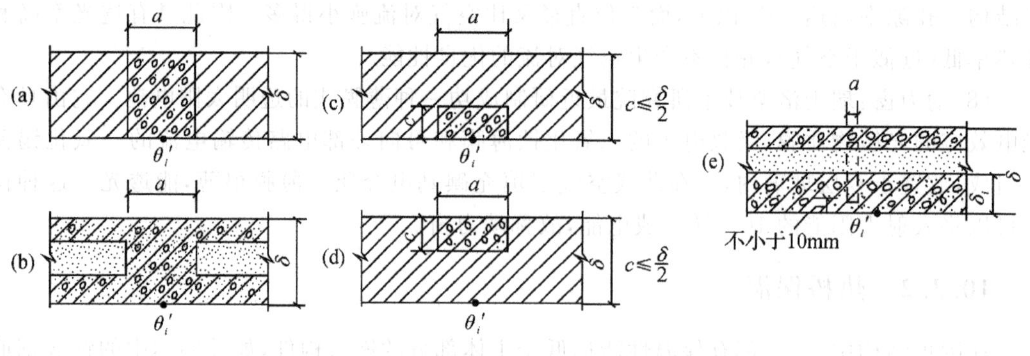

图 10-12　常见五种形式热桥

R_0——非热桥部位的传热阻，$m^2 \cdot K/W$；

R'_0——热桥部位的传热组，$m^2 \cdot K/W$；

R_i——内表面换热阻，取 0.11，$m^2 \cdot K/W$；

η——修正系数，应根据 a/δ 的比值，按表 10-7、10-8 取值。

表 10-7　修正系数 η 值(一)

热桥形式	肋宽与结构厚度比 a/δ								
	0.02	0.06	0.10	0.20	0.40	0.60	0.80	1.00	1.50
(a)	0.12	0.24	0.38	0.55	0.74	0.83	0.87	0.90	0.95
(b)	0.07	0.15	0.26	0.42	0.62	0.73	0.81	0.85	0.94
(c)	0.25	0.50	0.96	1.26	1.27	1.21	1.16	1.10	1.00
(d)	0.04	0.10	0.17	0.32	0.50	0.62	0.71	0.77	0.89

表 10-8　修正系数 η 值(二)

热桥形式	δ_i/δ	肋宽与结构厚度比 a/δ							
		0.04	0.06	0.08	0.10	0.12	0.14	0.16	0.18
(e)	0.50	0.011	0.025	0.044	0.071	0.102	0.136	0.170	0.205
	0.25	0.006	0.014	0.025	0.040	0.054	0.074	0.092	0.112

(2)当肋宽与结构厚度比 a/δ 大于 1.5 时，取 $\eta=1.0$，则式(10-4)变成

$$\theta'_i = t_i - (t_i - t_e)R_i/R'_0 \tag{10-5}$$

热桥内表面温度主要取决于自身的热阻，同时也与热桥的相对尺度、位置以及主体部分热阻有关。修正系数 η 即表示热桥尺寸及位置的影响。

如果用上述公式求出的 θ'_i 比房间的露点温度还低，那么就要预先对热桥采取局部保温措施或改变热桥的构造形式。为了经济有效地提高热桥的保温能力，需从热桥的保温处理和构造方式两方面综合考虑。热桥保温处理的方式很多，书中给出了一些具体的热桥保温处理实例(见图 10-13)，设计时可酌情选用。

构造方式也会影响保温效果，因此设计时需遵循下列原则：

①尽量避免出现贯通式热桥(图 10-12 的形式(a)和形式(b))

贯通式热桥以钢筋混凝土框架的填充墙中的梁、柱最为典型。这类热桥即使其宽度 a 远小于主体部分的厚度 δ，也能引起内表面温度明显下降。因此，在必须使用贯通式热桥

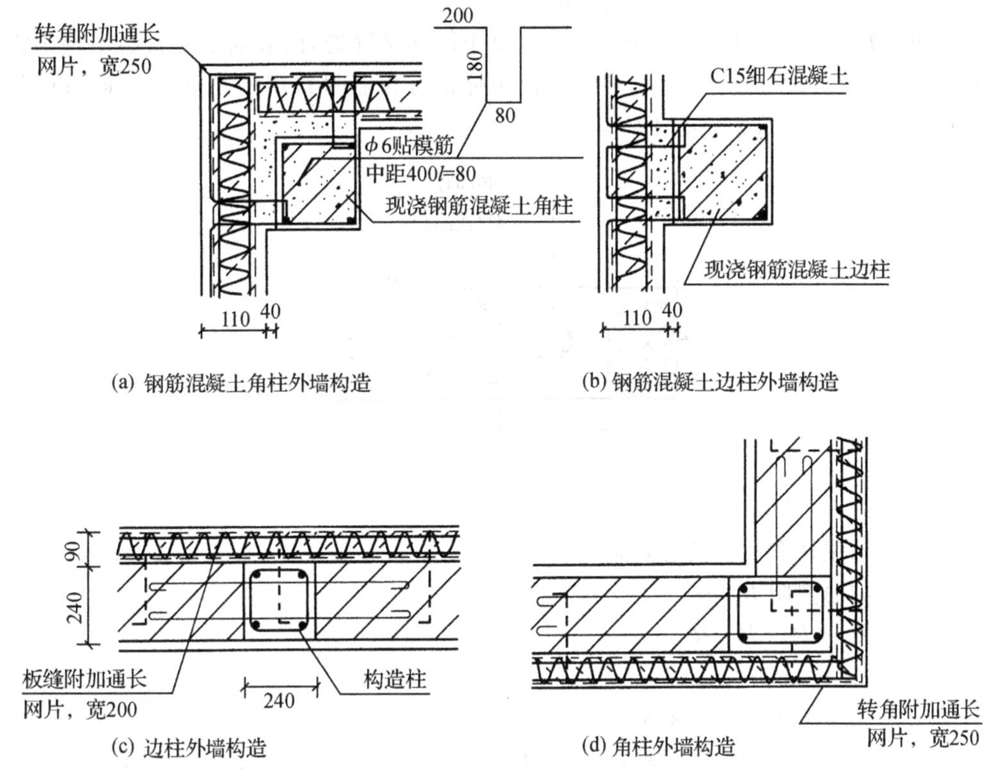

图 10-13　几种节点的保温处理方法

时，可在热桥部位采取局部保温措施加强保温。

这类热桥最好以硬质泡沫塑料结合墙壁内粉刷综合处理。图 10-14 所示即为用聚苯乙烯泡沫塑料附贴在热桥处，其内侧及墙壁其他部分为普通灰浆粉刷。保温层的厚度由下式确定：

$$d=(R_0-R'_0)\lambda \tag{10-6}$$

式中：d——热桥保温层的厚度，m；

λ——热桥保温材料的导热系数，W/(m·K)；

R_0——主体部位的热阻，$m^2 \cdot K/W$；

R'_0——热桥部位的热阻，$m^2 \cdot K/W$。

②尽量将非贯通式热桥（图 10-12 的形式（c）、（d））布置在靠室外的一侧，因为此时的内表面温度 θ'_i 要比热桥靠室内一侧时高得多。

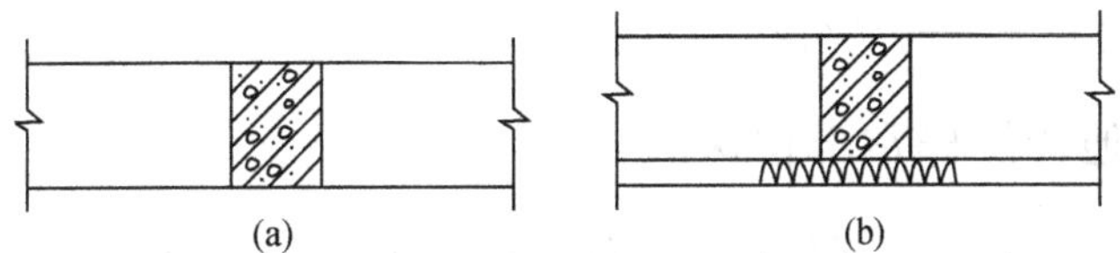

图 10-14　贯通式热桥的处理原则

③尽量减少热桥断面面积。热桥断面面积越小，通过热桥的热损失越小。因此在不影

响结构功能的前提下应尽量减少断面面积。

【例 10-1】 试校核图 10-15 所示钢筋混凝土屋面接缝处,内表面上是否会出现结露现象。已知 $t_i=16$℃,$\varphi_i=55\%$,$t_e=-10$℃,板主体部分保温材料用的是 $\gamma=350\text{kg/m}^3$ 的水泥膨胀蛭石,其导热系数 $\lambda=0.14\text{W/(m·k)}$。

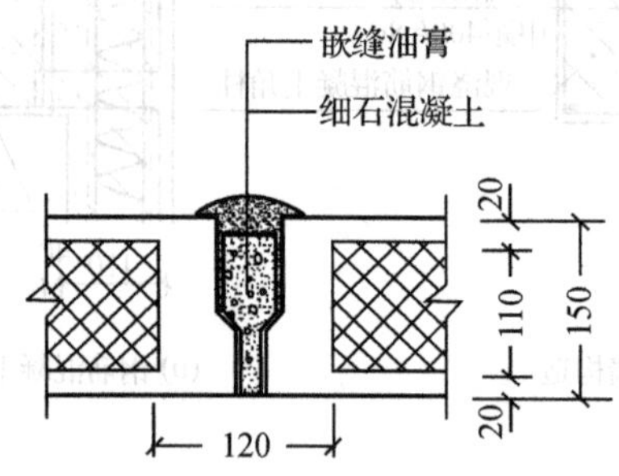

图 10-15 热桥内表面温度校核

解:(1)先求主体和热桥的总热阻

主体部分的总热阻 R_0 为

$$R_0=R_i+R+R_e$$
$$=0.1+0.02/1.55+0.11/0.14+0.02/1.55+0.04$$
$$=0.96(\text{m}^2\cdot\text{k/W})$$

接缝处(热桥)并非完全由钢筋混凝土构成,但在计算热阻时,可近似看作是钢筋温凝土的单一材料层,故热桥处总热阻 R'_0 为

$$R'_0=0.11+0.15/1.55+0.04=0.25(\text{m}^2\cdot\text{k/W})$$

(2)查表 10-7 求修正系数 η 值

此接缝可按图 10-12 典型热桥的形式(b)查表 10-7。因 $a/\delta=120/150=0.8$,故 $\eta=0.81$。

(3)计算热桥内表面温度

$$\theta'_i=16-[0.25+0.81(0.96-0.25)]\times0.11\times(16+10)/(0.96\times0.25)=6.2(℃)$$

(4)求室内空气露点温度

$t_i=16$℃,$\varphi_i=55\%$,则 $t_d=7.2$℃。

(5)校核结果

由于热桥内表面温度 $\theta'_i<t_d$,将有可能产生结露现象。因为上述一切计算都是按稳定传热进行的,实际使用过程中室内外温度,都有可能出现比本题中的稳定值为低的情况,因而此时更有可能结露。但这并不是说,只要 $\theta'_i<t_d$,就一定会出现明显的露水。一般两者相差 1~2℃以上时,才能出现明显结露。

10.3.3 其他传热异常部位保温

围护结构的其他传热异常部位有外墙角、外墙与内墙交角、楼地板或屋顶与外墙交角等。这些部位由于构造上的特殊性,如不加强保温,其热损失将大于主体部分。以外墙角为例,由于家具、设备的遮挡以及转角部位的关系,使得墙角处气流不畅,墙角单位面积得到的热量比主体部分少;另一方面,墙角处的散热面积大于吸热面积,在装配式板材建筑中,交角处同时又是热桥，因此交角内表面温度远比主体部位低。其结果往往是造成这些部位结露或结霜。在我国东北寒冷地区，一到冬季，不少房屋都曾发生过这种现象。综合国内外试验研究的结果，外墙角低温的影响带大约是墙厚 d 的 1.5～2.0 倍。匀质外墙角内表面温度和内侧最小附加热阻值 $R_{ad.min}$ 应按《民用建筑热工设计规范》规定计算。

$$\theta'_i = t_i - (t_i - t_e)R_i\xi / R'_0$$

$$R_{ad.min} = (t_i - t_e)[1/(t_i - t_e) - 1/(t_i - \theta'_i)]R_i \tag{10-7}$$

式中：t_i——室内计算温度，℃；

t_e——室外计算温度，℃，按《民用建筑热工设计规范》规定取值；

R_i——外墙角处内表面热转移阻，取 $0.11m^2 \cdot K/W$；

ξ——比例系数，按表 10-9 取值；

R_0——外墙传热阻，$m^2 \cdot K/W$。

经验算，如果 θ'_i 低于室内的露点温度，则应采取适当的局部保温措施。

表 10-9　比例系数 ξ 值

外墙传热阻($m^2 \cdot K/W$)	比例系数 ξ
0.10～0.40	1.42
0.41～0.49	1.72
0.50～1.50	1.73

上述公式仅适用于单一材料外墙的计算。在实践中，不仅外墙角有许多是多种材料的非匀质结构，楼地板、屋顶与外墙的交角、内外墙交角等几乎无一不是非匀质的。对这些部位不能简单地用公式计算内表面温度。但仍可参照上述分析，采取改进措施。几种节点的保温处理方式可参见图 10-16。

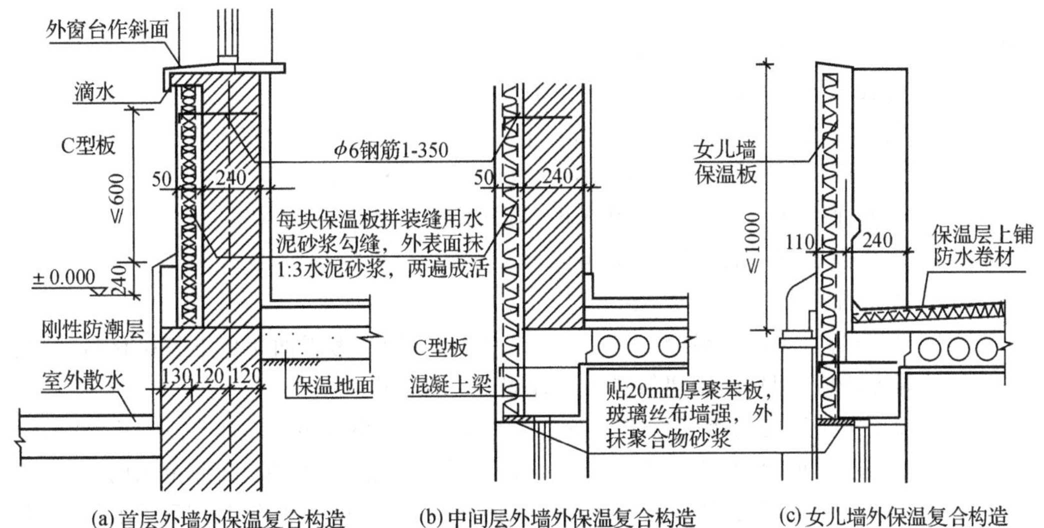

图 10-16　围护结构异常部位保温处理示例

10.3.4 地面保温

由于地面与人脚直接接触，因此其传热有其特殊性。控制地面的热阻大小只能起到控制地面温度的作用。人脚与地板直接接触的冷热感觉并不仅仅取决于地面温度。经验证明，如果木地面和水磨石地面的表面温度完全相同，但如赤脚站在水磨石地面上，就比站在木地面上凉得多。这是因为在一定时间内，水磨石地面要比木地面从人脚夺走的热量多。这种特性可用地面的吸热指数 B 描述。B 值越大，则地面从人脚吸取的热量愈多愈快。在热工规范中根据 B 值，将地面划分成3类(见表10-10)。木地面、塑料地面等属于Ⅰ类，水泥砂浆地面等属于Ⅱ类，水磨石地面则属于Ⅲ类。

高级居住建筑、托儿所、幼儿园、医疗建筑等，宜采用Ⅰ类地面，一般居住建筑、办公楼、学校等宜采用不低于Ⅱ类地面；至于仅供人们短时间逗留的房间，以及室温高于23℃的采暖房间，则允许用Ⅲ类地面。

表10-10 采暖建筑地面热工性能类别

地面热工性能类别	B 值($W/(m^2 \cdot h^{-1/2} \cdot K)$)
Ⅰ	<17
Ⅱ	17～23
Ⅲ	>23

地面的吸热指数 B 值由地面所采用的材料和构造决定。具体值取决于地面中影响吸热的界面位置。如果影响吸热的界面在最上一层材料内，即当 $\delta_1^2/a_1\tau \geqslant 3.0$ 时，B 值应按下式计算：

$$B = b_1 = \sqrt{\lambda_1 c_1 \rho_1} \tag{10-8}$$

式中：δ_1——地面面层材料的厚度，m；

a_1——地面面层材料的导温系数，m^2/h；

τ——人脚与地面接触的时间，取0.2h；

b_1——地面面层材料的热渗透系数，$W/(m^2 \cdot h^{-1/2} \cdot K)$；

c_1——地面面层材料的比热容，$W \cdot h/(kg \cdot K)$；

λ_1——地面面层材料的导热系数，$W/(m \cdot K)$；

ρ_1——地面面层材料的密度，kg/m^3。

当面层材料很薄，不能满足 $\delta_1^2/a_1\tau \geqslant 3.0$ 的要求时，则需考虑面层以下各层材料吸热特性。具体计算方法应按照《民用建筑热工设计规范》中的规定。

由于地面下土壤温度的年变化比室外空气温度的变化小得多。因此冬季地面散热最大的部分是靠近外墙的地面，其宽度为0.5～1.0m。根据实测调查结果，在此范围内的地面温差可达5℃左右。因此，为了改善外墙周边地板的热工状况，可采用图10-17所示的局部保温措施。

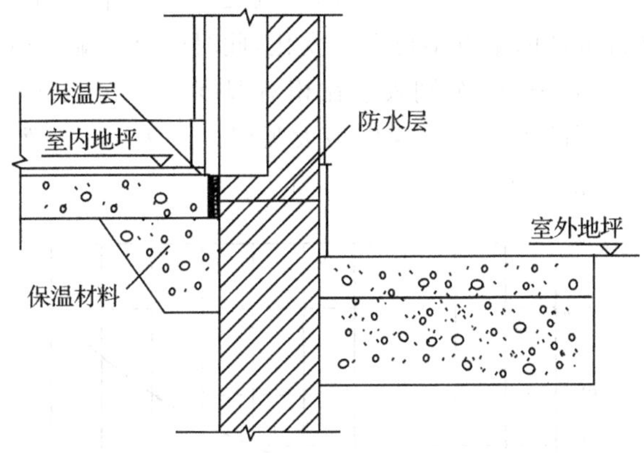

图 10-17　地板的局部保温措施

10.4　围护结构的防潮设计

外围护结构的湿状况与其热状况和耐久性密切相关。材料受潮后，导热系数将增加，使保温能力降低。湿度过高会明显地降低材料的机械强度，产生破坏性变形，有机质材料还会遭致腐朽，从而降低结构的使用质量和耐久性。围护结构的湿状况，对房间的卫生状况有着直接的影响。潮湿的材料是繁殖木菌、霉菌及其他微生物的有利场所，在围护结构潮湿表面上形成的各种细菌，会散布到室内空气中和物品上，危害人体健康，促使物品变质。所以在设计外围护结构时，不仅必须考虑到它的热状况，同时还应考虑到它的湿状况。

影响围护结构湿状况的因素很多，主要有：

(1)用于结构中的材料的原始湿度。

(2)施工过程(如浇筑混凝土、在砖砌体上洒水、粉刷等)中进入结构材料的水分。施工水分的多少，主要取决于围护结构的构造和施工方法，若采用装配式结构和干法施工，施工水分就可大大减少。

(3)毛细管作用，从土壤渗透到围护结构中的水分；为防止这种水分，可在围护结构中设置防潮层。

(4)由于受雨、雪的作用渗透进围护结构中的水分。

(5)使用管理中所产生的水分。

(6)由于材料的吸湿作用，从空气中吸收的水分。

(7)空气中的水分在围护结构表面或内部发生冷凝，形成的凝结水分。

10.4.1　围护结构受潮原因

1. 吸湿受潮

把一块干的材料置于湿空气中，材料试件会从空气中吸收水分而使其含水量逐渐增多，这种现象称为材料的吸湿。由于吸湿作用而使材料潮湿称为吸湿受潮。

材料吸湿受潮的程度与材料的吸湿特性有关，而材料的吸湿特性可用其等温吸湿曲线表征，如图 10-18 所示。材料的等温吸湿曲线是指在一定的温度下，其平衡湿度随湿空气相对湿度变化的关系曲线。当材料与某一状态的空气处于热湿平衡时，亦即材料的温度与周围空气温度一致，且材料试件的重量不再发生变化，此时的材料湿度称为对应空气状态下的平衡湿度。图中 ω_{100}、ω_{80}、ω_{60}……，分别表示在相对湿度为 100%、80%、60%……条件下的平衡湿度，φ=100%条件下的平衡湿度叫做最大吸湿度。表 10-11 列举了若干种材料在 0～20℃时不同相对湿度下的平衡湿度。

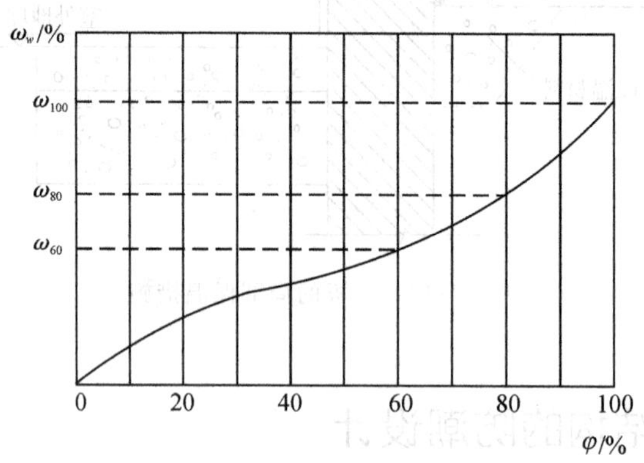

图 10-18 材料的等温吸湿曲线

建筑材料吸收的水分，是靠着水分子与材料骨架表面分子之间的分子作用力，以及水的表面张力作用保持在材料内部的。水分子与材料固体骨架之间的结合能量，取决于材料含水量的多少。当含水量很低时，水分子与材料间的结合是非常牢固的，不容易产生迁移。在严重受潮的材料中，有些水分子与材料结合较弱，此时容易自由地迁移。

表 10-11 若干种材料在 0～20℃时不同相对湿度下的平衡湿度(ω_{100}/%)

材料名称	密度	湿空气的相对湿度				
	kg/m³	60%	70%	80%	90%	100%
普通卵石混凝土①	2250	1.13	1.36	1.75	2.62	2.75
膨胀矿渣混凝土③	1600	2.0		2.2		5.5
陶粒混凝土③	1400	3.0		3.8		8.8
陶粒混凝土	1100	3.7		5.0		11.0
陶粒混凝土	900	4.0		5.5		12.0
泡沫混凝土②	345	3.6	4.2	5.2	6.5	8.3
泡沫混凝土	660	2.85	3.6	4.75	6.2	10.0
加气混凝土①	500	3.75	4.33	5.05	6.30	18.00
水泥珍珠岩 1：10①	400	2.76	3.25	4.50	6.25	13.37

注：①取自中国建筑科学院建筑物理研究所试验结果。

②取自[苏]K·Φ·福庚著《房屋围护部分的建筑热工学》。

③取自[苏]T·A·布热维奇著《多孔骨料轻混凝土》。

2. 冷凝受潮

在一定温度和压力的条件下，绝对湿度一定的湿空气受到冷却或膨胀，产生温度下降，当温度降至其露点温度以下时，空气就容纳不了原有的水蒸气，其中一部分便凝结成水珠(露水)从空气中析出，这种现象称为结露。由于空气产生温降而导致水蒸气凝结(结露)致使围护结构潮湿称为冷凝受潮。

建筑结露现象按水蒸气析出的部位，通常分为"表面结露"和"内部结露"两类，相应地亦称为"表面冷凝"和"内部冷凝"。所谓表面冷凝是指，湿空气与低于其露点温度的物体表面接触时，水蒸气就凝结成水珠从空气中析出并附于物体表面上。它取决于空气湿度，以及和湿空气相接触的物体表面温度。冬天乘车所见的窗玻璃上的水珠便属于表面冷凝，如图 10-19 所示。表面凝水将有碍于室内卫生，在某些情况下还将直接影响生产和房间的使用。对于正常湿度的房间，若围护结构按最小总热阻进行设计，通常是不会产生表面冷凝的，当围护结构内部的温度低于露点温度时，则在围护结构内部将产生凝结水，此时危害更大。所谓内部冷凝是指，当水蒸气在蒸汽压差作用下通过围护结构（如墙体、屋盖）时，被阻挡在低温部位，产生结露。它取决于温差作用下的室内外湿流和低温一侧的隔湿状况，如图 10-20 所示。外墙和吊顶中的空气间层的冷凝现象虽也发生在内部，但其性质和表面冷凝一样，不属于内部冷凝，内部冷凝应理解为固体材料以及孔隙中的结露现象。当材料内部产生冷凝时，材料处于湿润状态，会使导热系数增大；若是保温材料便会失去其保温性能。内部凝结水量增大，也会改变材料的形态。在寒冷地区，由于冰的冻融交替作用，抗冻性差的材料便会遭到破坏，卷材防水屋面可能产生鼓泡以致破裂，从而降低材料的使用质量和耐久性。

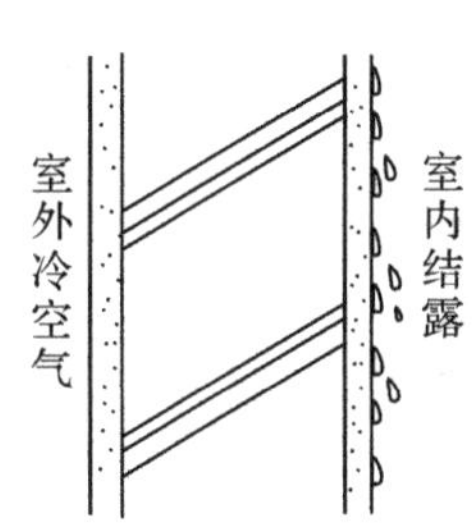

图 10-19　室内一侧的表面冷凝

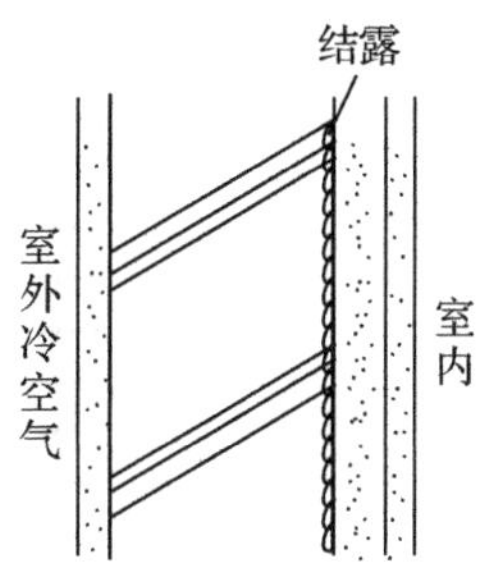

图 10-20　材料界面部位的内部冷凝

冷凝结露现象不仅仅发生在冬季，夏季也时常发生，因此按发生冷凝的气候条件不同，又可把冷凝分为"冬季冷凝"和"夏季冷凝"。冬季冷凝通常是因气候寒冷，使室内墙面、地面、屋盖、吊顶等部位的表面温度下降，造成室内空气或材料内空气水蒸气饱和，从而发生表面冷凝和内部冷凝。夏季冷凝通常是当室外空气向高温高湿转化，室内墙面、地面、屋盖、吊顶等部位的温度不能及时升高，或者室内温度较低，结构表面的温度低于室外空气的露点温度，或者外部高温高湿空气流入低温房间中达到饱和时，产生的水蒸气凝结。

冷凝受潮与围护结构的热工状况和室内外温湿状况有关，且最为普遍，危害很大，所以在建筑热工中，主要研究冷凝受潮。

3. 淋水受潮

淋水受潮是指材料直接受液态水的淋湿或浸润作用，致使围护结构内产生大量液态水而潮湿。由于建筑外围护结构经常受到室外自然因素的侵蚀，外墙与屋面常与雨雪直接接触，很容易受到淋湿受潮。淋水受潮的程度主要取决于设计与施工质量。在屋面排水施工中，若防潮层、伸缩缝、沉降缝以及多种构造交接处处理不好，通常会使屋面雨水向下渗漏。另外，建筑物外墙经常受到雨水冲洗，或屋面雨雪水沿着外墙向下流淌，碰到障碍向室内渗漏迁移，都会使材料潮湿。

10.4.2 围护结构内部的湿迁移

材料内所含的水分，可以以三种形态存在：气态（水蒸气）、液态（液体水）和固态（冰）。围护结构内部的湿迁移是指其中三相水态或相变后从一处向另一处转移的现象。通常固态冰在材料中迁移的可能性极小，只有当其升华成水蒸气或融化成液态水分后，才在材料中转移，因此在考虑围护结构湿迁移时，主要是指水蒸气的迁移和液态水分的迁移。

1. 围护结构内部的蒸汽渗透与计算

当室内、外空气的水蒸气含量不等时，在围护结构的两侧就存在着水蒸气分压力差，水蒸气分子将从压力较高一侧通过围护结构向低的一侧渗透扩散，这种现象称为蒸汽渗透。水蒸气在材料中的渗透机理，比传热过程要复杂得多。但在一定条件下，计算方法又有类似之处。水蒸气渗透属于物质的迁移，并往往伴随着形态的变换，既可由汽态变成液态再变成固态（冰），又可能逆转换，并且在这些变换中又存在着热流或温度的变化与影响；而传热是属于能量的传递。因此，前者要比后者复杂得多。如果从应用的角度予以简化，仅仅讨论围护结构在稳定条件下单纯的水蒸气渗透过程，则与稳定传热过程的计算方法完全相似。

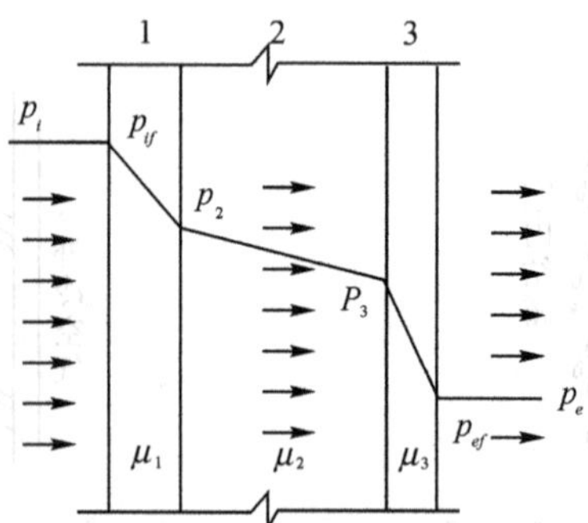

图 10-21 围护结构的蒸汽渗透过程

图 10-21 所示为 3 层平壁，由于室内空气的水蒸气分压力大于室外空气的水蒸气分压力，于是水蒸气从室内通过围护结构向室外渗透。其渗透量为：

$$\omega=\frac{1}{H_0}(p_i-p_e) \tag{10-9}$$

式中：ω——蒸汽渗透强度，g/m^2 · h；

H_0——围护结构的总蒸汽渗透阻，m^2 · h · Pa/g；

p_i——室内空气的水蒸气分压力，Pa；

p_e——室外空气的水蒸气分压力，Pa。

围护结构的总蒸汽渗透阻按下式确定：

$$H_0=H_1+H_2+\cdots\cdots+H_n=\frac{d_1}{\mu_1}+\frac{d_2}{\mu_2}+\cdots\cdots+\frac{d_n}{\mu_n} \tag{10-10}$$

式中：$d_1,d_2,\cdots,d_n$——围护结构中某一分层的厚度，m；

$\mu_1,\mu_2,\cdots,\mu_n$——围护结构中与 d_m 相应层材料的蒸汽渗透系数，g /m · h · Pa。

蒸汽渗透系数表明材料的透气能力，与材料的密实程度有关，材料的孔隙率越大，透气性就越强。例如油毡的 $\mu=1.35\times10^{-6}$ g/(m · h · Pa)，玻璃棉的 $\mu=4.88\times10^{-4}$ g/(m · h · Pa)，

静止空气的 $\mu=6.08\times10^{-4}$ g/(m·h·Pa)，垂直空气间层和热流向上的水平空气间层的 $\mu=1.01\times10^{-2}$ g/(m·h·Pa)，玻璃和金属是不透蒸汽的。常见建筑材料的蒸汽渗透系数见附录5(建筑材料热物理性能计算参数)。应该指出，材料的蒸汽渗透系数与温度和相对湿度有关，计算中采用的是平均值。

由于围护结构内、外表面空气边界层的蒸汽渗透阻与结构材料层本身相比是微小的，所以在计算总蒸汽渗透阻时可忽略不计。这样，围护结构内、外表面的水蒸气分压力，可近似地取为 p_i 和 p_e。围护结构内任一层内界面上的水蒸气分压力，可按下式计算(与确定内界面温度相似)：

$$p_m = p_i - \frac{\sum_{j=1}^{m-1} H_j}{H_0}(p_i - p_e) \qquad (m = 2,3,4,\cdots,n) \tag{10-11}$$

式中：$\sum_{j=1}^{m-1} H_j$—— 从室内一侧算起，由第 1 层至第 $m-1$ 层的蒸汽渗透阻之和。

2. 围护结构内部冷凝受潮分析

围护结构内部冷凝是一种看不见的隐患，危害很大，所以在设计之初，应分析所设计的构造方案是否会产生内部凝结，以便采取措施加以消除，或控制其影响程度。

为了判别围护结构内部是否会出现冷凝现象，可以按下述步骤进行：

(1)根据室内外空气的温湿度 t 和 φ 确定室内外水蒸气分压力 p_i 和 p_e，然后按(10-11)式计算围护结构各层的水蒸气分压力 p_m，并作出“p”的分布线。对于采暖房屋，计算中取当地采暖期的室外空气的平均温度和平均相对湿度作为室外计算参数。

(2)根据室内外空气温度 t_i 和 t_e，确定各层的温度，并按附录 8(标准大气压下不同温度时的饱和水蒸气分压力)查出对应的饱和水蒸气分压力 p_s，并作出 p_s 的分布线。

(3)根据 p 和 p_s 分布线，比较 p 和 p_s 大小来判断围护结构内部是否会出现冷凝现象。如图 10-22(a)所示，p_s 线与 p 线不相交且处处大于 p，说明内部不会产生冷凝；如图 10-22(b)所示，p_s 线与 p 线相交，在 p_s 小于 p 部位有冷凝产生。

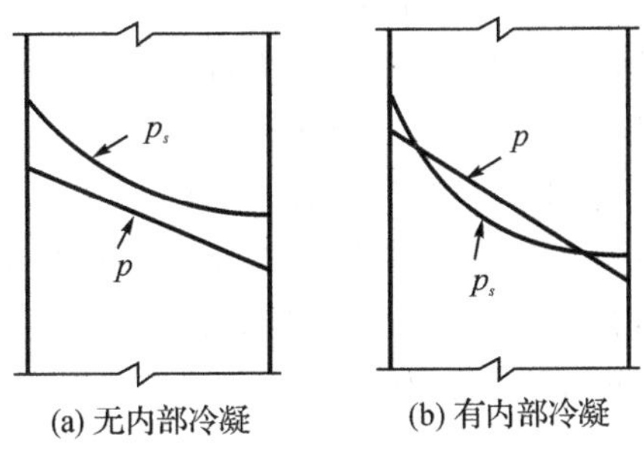

(a) 无内部冷凝　　(b) 有内部冷凝

图 10-22　判别围护结构内部冷凝情况

经判别有内部冷凝后，可按下述近似方法估算冷凝强度和采暖期保温层材料湿度的增量。

实践经验和理论分析都已判明，在蒸汽渗透途径中，若材料的蒸汽渗透系数出现由大变

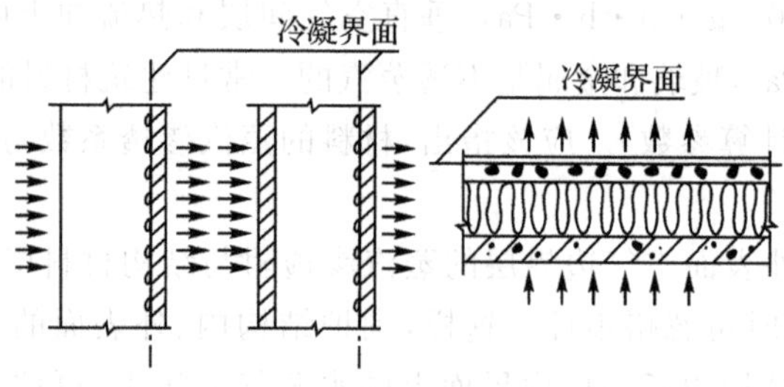

图 10-23 冷凝界面的位置

小的界面，水气至此遇到较大的阻力，最易发生冷凝现象。习惯上把这个最易出现冷凝，且凝结最严重的界面，称作围护结构内部的“冷凝界面”，如图 10-23 所示。显然，当冷凝发生时，冷凝界面处的水蒸气分压力已达到该界面温度下的饱和水蒸气分压力 p_{sc}。设由水蒸气分压力较高一侧进到冷凝界面的蒸汽渗透强度为 ω_1，从界面渗透到水蒸气分压力较低一侧的蒸汽渗透强度为 ω_2，两者之差即是界面处的冷凝强度，如图 10-24 所示。即

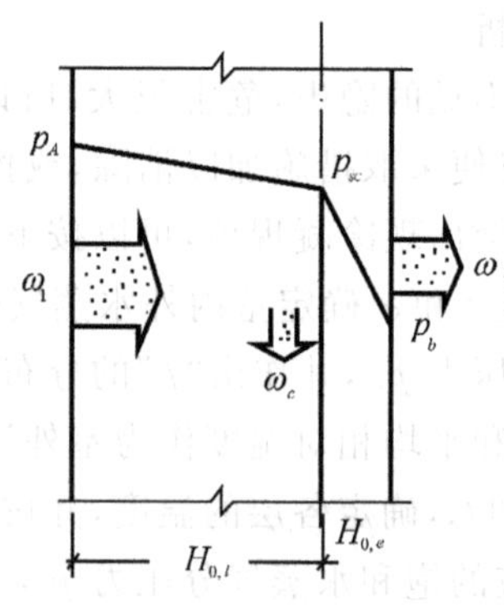

图 10-24 内部冷凝强度

$$\omega_c=\omega_1-\omega_2=\frac{p_A-p_{sc}}{H_{0,i}}-\frac{p_{sc}-p_B}{H_{0,e}} \tag{10-12}$$

式中：ω_c——冷凝界面处的冷凝强度，g/m^2·h；

p_A——分压力较高一侧空气的水蒸气分压力，Pa；

p_B——分压力较低一侧空气的水蒸气分压力，Pa；

p_{sc}——冷凝界面处的饱和水蒸气分压力，Pa。

$H_{0,i}$——冷凝界面蒸汽流入侧的蒸汽渗透阻，m^2·h·Pa/g；

$H_{0,e}$——冷凝界面蒸汽流出侧的蒸汽渗透阻，m^2·h·Pa/g。

采暖期内总的冷凝量的近似估算值为

$$W_{c,0}=24\omega_c Z_h \tag{10-13}$$

式中：W_c——采暖期内总的冷凝量，g/m^2；

Z_h——当地采暖期天数，d。

采暖期内材料湿度的增量为

$$\Delta\omega=\frac{24\omega_c Z_h}{1000 d_i \rho_i}\times 100\% \tag{10-14}$$

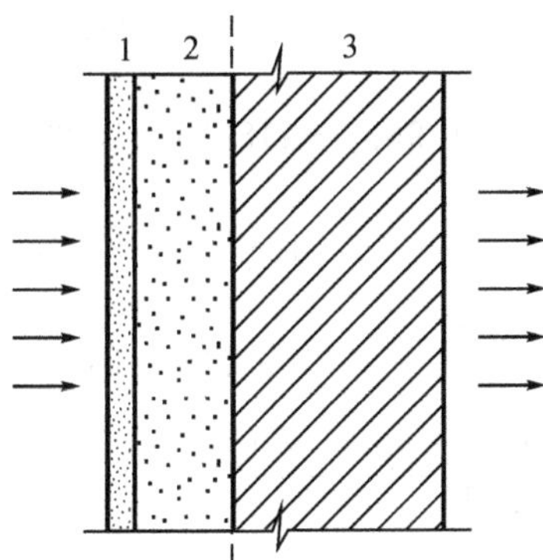

1—白灰粉刷 20；2—泡沫混凝土（ρ=500）50；3—振动砖板 140

图 10-25 外墙结构

式中：$\Delta\omega$——材料的湿度增量，%；

d_i——材料厚度，m；

ρ_i——材料密度，g/m³。

【例 10-2】 试检验图 10-25 所示的外围护结构是否会产生内部冷凝。已知室内 t_i=16℃，φ_i=60%，采暖期室外参数 t_e=−4.0℃。平均相对湿度声 φ_e=50%。

解：(1)计算各分层的热阻和水蒸气渗透阻，见下表：

序号	材料层	d(m)	λ[W/(m·K)]	$R=d/\lambda$(m²·K/W)	M[g/(m·h·pa)]	$H=d/\mu$(m²·h·Pa/g)
1	白灰粉刷	0.02	0.81	0.025	0.00012	166.67
2	泡沫混凝土	0.05	0.19	0.263	0.000199	251.51
3	振动砖板	0.14	0.81	0.173	0.0000667	2098.95
				$\sum R=0.461$		$\sum H=2517.13$

由此得：

结构总热阻

$$R_0=0.115+0.461+0.043=0.619(\text{m}^2\cdot\text{K/W})$$

结构总蒸汽渗透阻

$$H_0=2517.13\text{m}^2\cdot\text{h}\cdot\text{pa/g}$$

(2)计算室内外空气的水蒸气分压力

t_i=16℃时，p_s=1817.2Pa，故

$$p_i=1817.2\times0.60=1090.3(\text{Pa})$$

t_e=−4.0℃时，p_s=437.3Pa，故

$$p_e=437.3\times0.50=218.7(\text{Pa})$$

(3)计算围护结构内部各层的温度和水蒸气分压力

$$\theta_i=16-\frac{0.115}{0.619}\times(16+4)=12.3(℃)，p_{si}=1429.2(\text{Pa})$$

$$p_i=1090.3(\text{Pa})$$

$$\theta_2=16-\frac{0.115+0.025}{0.619}\times(16+4)=11.5(℃),p_{s2}=1355.9(\text{Pa})$$

$$p_2=1090.3-\frac{166.67}{2517.13}\times(1090.3-218.7)=1023.6(\text{Pa})$$

$$\theta_3=16-\frac{0.115+0.025+0.263}{0.619}\times(16+4)=3(℃),p_{s3}=757.3(\text{Pa})$$

$$p_3=1090.0-\frac{166.67+251.51}{2517.13}\times(1090.3-218.7)=945.5(\text{Pa})$$

$$\theta_4=16-\frac{0.115+0.0225+0.263+0.173}{0.619}\times(16+4)=-2.61(℃),p_{s4}=492(\text{Pa})$$

$$p_e=218.7(\text{Pa})$$

作出 p_s 和 p 的分布线，如图 10-26 所示，两线相交，说明有内部冷凝产生。

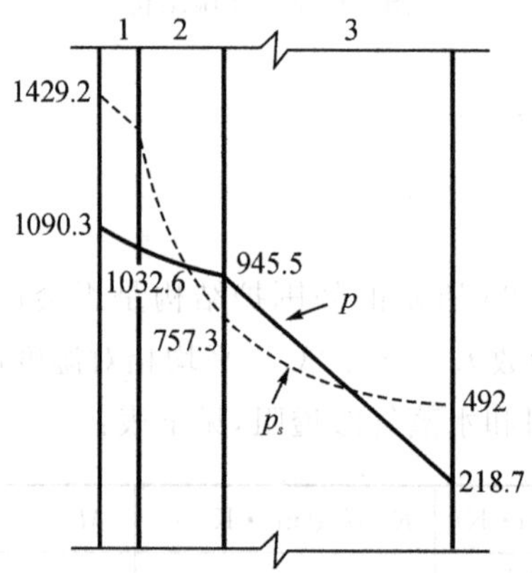

图 10-26 水蒸气分压力分布线

一般的采暖房屋，在围护结构内部出现少量的冷凝水是允许的，这些凝结水在暖季会从结构内部蒸发出去，不致逐年累积而使围护结构（主要是保温层）严重受潮。若假定在整个采暖期可能产生的内部冷凝水全部被保温层所吸收，为了保证围护结构内部处于正常的湿度状态，不影响其保温效果，保温层的湿度增量 $\Delta\omega$ 不应超过对它的限值，即湿度允许增量 $[\Delta\omega]$。一些常见的保温材料的重量湿度允许增量 $[\Delta\omega]$ 值见表 10-12。

表 10-12 采暖期间保温材料的重量湿度允许增量 $[\Delta\omega]$

序号		$[\Delta\omega]$%
1	多孔混凝土（泡沫、加气混凝土等），$\rho=500\sim700\text{kg/m}^3$	4
2	水泥膨胀珍珠岩和水泥膨胀蛭石等，$\rho=300\sim500\text{kg/m}^3$	6
3	水泥纤维板	5
4	矿棉岩棉、玻璃棉及其制	3
5	聚苯乙烯泡沫塑料	15
6	矿渣和炉渣填料	2

【例 10-3】 若采暖期 $Z_h=120$ 天，试检验上例所示围护结构内部保温材料的湿度增量 $\Delta\omega$ 是否在允许范围内。

解:(1)计算冷凝强度。在上例中,冷凝界面位于第2和第3层交界处,故

$$p_{sc}=p_{s3}=757.3\text{Pa},\ H_{0,i}=166.67+251.51=418.18(\text{m}^2\cdot\text{h}\cdot\text{pa/g})$$

$$H_{0,e}=2098.95\text{m}^2\cdot\text{h}\cdot\text{pa/g}$$

按(10-12)式

$$\omega_c=\frac{1090.3-757.3}{418.18}-\frac{757.3-218.7}{2098.95}=0.539\text{g/}(\text{m}^2\cdot\text{h})$$

(2)计算在采暖期内保温材料的湿度增量。根据式(10-14)得

$$\Delta\omega=\frac{24\times0.539\times120}{1000\times0.05\times500}\times100\%=6.2\%$$

由表10-12查得泡沫混凝土湿度的允许增量$[\Delta\omega]=4\%$,$\Delta\omega>[\Delta\omega]$,因此,必须采取措施来限制内部冷凝。

应该指出,上述的估算是建立在前述蒸汽渗透计算方法基础之上的,且未考虑冷凝后液相水在材料中的迁移,因此,估算是很粗略的。

10.4.3　围护结构受潮的防止和控制措施

材料产生表面冷凝后,便会在结露部位吸水,使材料的导热系数增大,相应地围护结构的整体传热系数也必然增大,高温一侧的表面温度会进一步降低,因此一经结露,就会使表面结露条件进一步恶化。当材料湿度低于其最大吸湿湿度时,材料中的水分尚属吸附水,这种吸附水分的迁移是先经蒸发,后以气态形式沿分压力降低的方向迁移;当材料湿度高于最大吸湿湿度时,材料内部就会出现半自由水(既不能自由运动又没有和材料结合)或自由水(能自由运动),这种液态水将从质迁移势高的部位向低的部位产生迁移,当保温材料中产生内部冷凝后,就不管水蒸气压差如何,水分首先按质迁移势高低产生水分迁移;若材料中存在毛细多孔体,则更有利于这种水分的移动,直到使材料全部润湿。所以不允许毛细多孔体材料内部产生冷凝。

1. 表面结露的防止和控制

防止表面冷凝的基本原则,第一是增大围护结构的热阻,提高室内表面温度;第二是减少室内湿度,降低室内空气的露点温度。按照上述指出的原则,可以得到以下控制表面冷凝的主要措施。

(1)原则上可用增加实体围护结构的厚度,来增加其热阻。但这一措施要消耗大量材料,很不经济。因此,规范规定,确定围护结构总热阻时,既要根据技术经济比较,考虑其经济热阻,也要考虑其最小总热阻,且不得低于其最小总热阻。围护结构的“最小总热阻”是控制围护结构内表面温度不低于室内空气露点温度,以保证内表面不至于结露的最低限热阻。因此,就大量的工业与民用建筑以及正常湿度的房间而言,按建筑热工规范中所要求的“最小总热阻”设计主体围护结构,一般情况下是不会出现主体围护结构表面结露的。

(2)利用保温材料,增加围护结构总热阻,进而提高其内表面温度,这是较常用、较经济的方法,不过要结合实际情况考虑保温材料的选择和设置位置。图10-27(a)所示为结构未加保温材料时的温度分布,图10-27(b)所示为结构内表面加保温材料后的温度分布,图10-27(c)所示为加保温材料后,结构内水蒸气分压力分布。

由图可知,采用内保温后,室内表面温度从θ_{s1}升到θ_{s2},大大提高了内表面的温度。但是

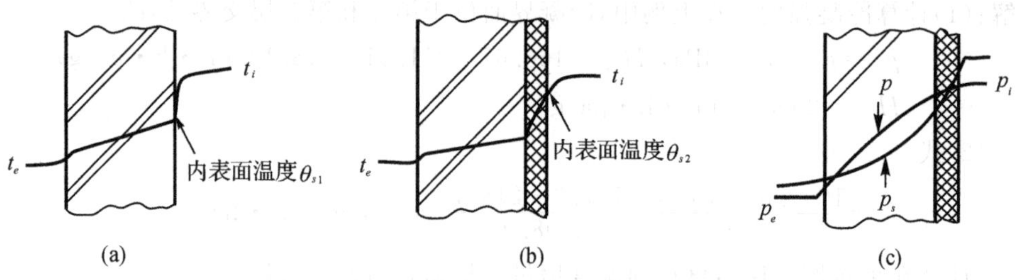

图 10-27　内保温可能导致内部冷凝

这种保温方法极有可能使保温材料与结构界面处产生内部冷凝，如图 10-27(c)所示。这是因为，加保温材料后，虽然增加了对水蒸气的渗透阻力，但由于保温材料一般为多孔体，对蒸汽渗透阻碍很小，对蒸汽分压力分布曲线影响甚小，却能使温度在保温材料内急剧下降，致使其对应的饱和蒸汽分压力分布曲线急剧下降，由此可能产生两分压力曲线相交。因此，对于内保温的房间，还应采取措施防止其内部冷凝。通常情况下是采用外保温方法来提高结构内表面温度，以减少内部冷凝的可能性。虽然外保温处理在构造上较内保温复杂，但它具有许多内保温不及的优点。

(3)利用空气间层来增加结构的总热阻。封闭的空气间层不仅具有良好的绝热作用，而且具有很好的防潮性能。这是因为在空气层中，只要两侧有温差存在，由于温差驱使产生对流，高温侧空气始终保持较低的相对湿度，低温侧空气始终保持较高的相对湿度。只要两侧有温差存在，则高温侧相对湿度始终小于 100%，由此可保证与空气层高温侧接触的材料永不受潮。利用空气间层的绝热性能来增加结构的总热阻，以提高其内表面温度，实质上与采用保温材料相同。当空气间层位于结构内侧时，能使内表面永不结露，但同样会增加空气间层与结构界面处出现结露的可能性，这种冷凝仍属于表面冷凝。例如，通常采用封闭吊顶来提高天花表面温度，虽然看不到吊顶表面有冷凝现象，但却会出现漏水现象或在吊顶上出现霉斑。这是因为吊顶与天花间空气层中出现了表面冷凝。因此，与单设保温材料一样，一般也是将空气层布置在主体结构低温侧。若布置在内侧，则必须采取相应的措施排出空气间层低温侧可能出现的冷凝水。如图 10-28 所示，可在内侧空气层的冷侧下面做一排水沟，排出隔汽层面上可能出现的凝结水。事实上，单独采用保温材料或单独采用空气层来防止表面冷凝，其力量是单薄的。最常用的方法是两者同时使用，还要结合隔汽层，且隔汽层施工质量要保证，既防止表面冷凝，又防止内部冷凝。

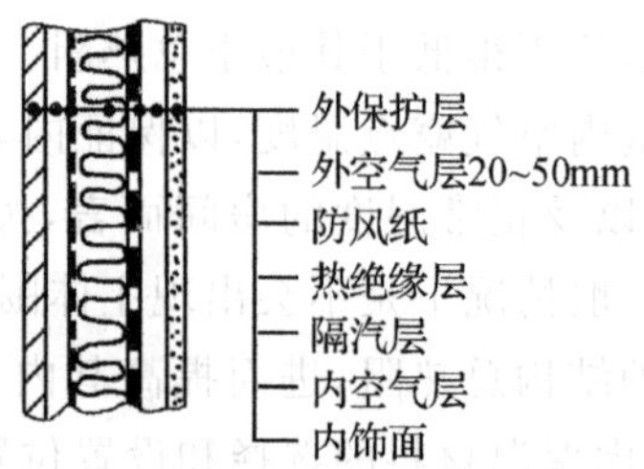

图 10-28　利用空气层防止表面冷凝

(4)增加室内空气对流，以提高内表面温度。室内墙角、家具背面和壁橱内部等部位，由于常接受不到高温物体的热辐射，且空气与这些部位对流换热差，造成较低的表面温度，常有表面结露产生。不采暖房间比采暖房间易发生表面冷凝，也和对流换热差有很大关系。提高室内空气对流，可以增强空气与表面的换热，从而提高表面温度。对于围护结构来说就是减少其内表面转移阻，尽量使其表面附近气流畅通；家具、壁橱等不宜紧贴外墙布置，一般应留 5cm 的空气流通间层。

(5)利用通风降低室内空气湿度，从而降低室内露点温度。在冬季，由于室外温度低，虽然空气相对湿度大，但其绝对湿度却较低，将其干燥后引送入房间中与室内空气混合，就会使室内相对湿度下降，排出室内多余的水蒸气，从而防止表面冷凝。因通风不良而导致结露的主要有壁橱、书库和阁楼等，采用自然通风，无需成本，确是一种理想的通风方式。在冬季，不采暖房间和采暖房间的平均温度都高于室外平均温度，因此室内空气上浮，室外空气下沉，造成室内外热压差。若能充分利用这种热压作用，即可消除室内表面冷凝。图 10-29 是利用热压通风消除阁楼表面冷凝的例子。设计热压通风时，应使进出通风口有一定高差。利用风压进行自然通风是另一种比较经济的方式。设计时，必须考虑两个以上的通风口，且应把进风口设在上风头，把排风口设在下风头；还应避免室外冷风直吹人体，最好使进室之风先碰到吊顶面等物品，待风速减小后再扩散到室内。图 10-30 是利用风压通风防止吊顶内空气冷凝的例子。应该注意，靠风压通风的空间层，当无风压时，其中空气是滞止不动的。因此风压通风设计最好是结合热压进行，有风时靠风压通风，无风时靠热压通风。通常为了减少围护结构热损失，防止室外冷空气渗透，特别是采暖房间，往往强调房间的密闭性。但从通风降湿的观点来看，这种方法未必有利于防止表面冷凝。因此对于密闭的房间应设置通风口，既可补入新风，又可进行降湿。对于有湿源产生，如厨房和浴室以及高湿度房间，当采用自然通风不能消除表面冷凝时，必须设置排气罩或风机，进行局部机械通风以降低室内含湿量。

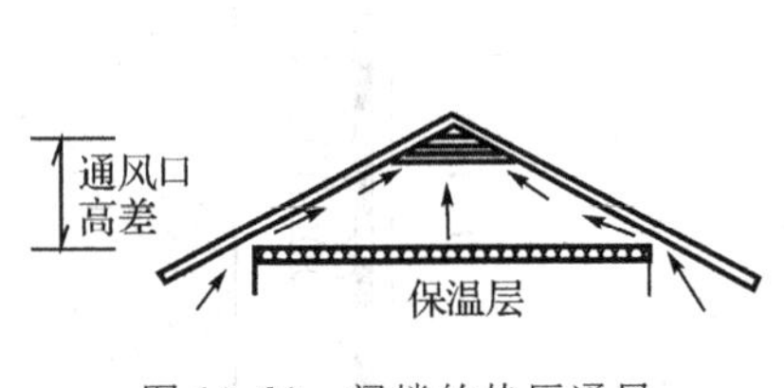

图 10-29　阁楼的热压通风

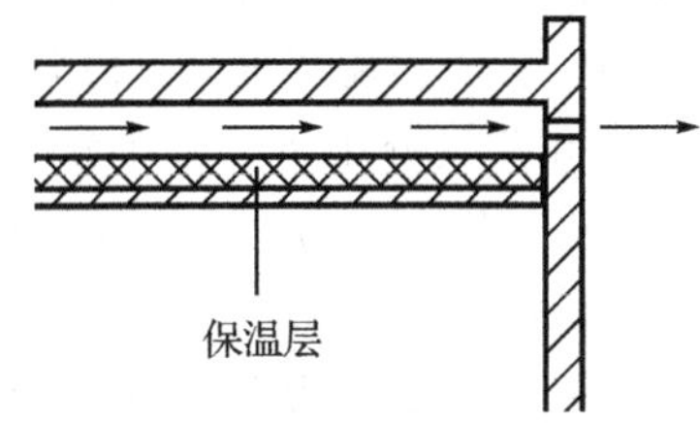

图 10-30　吊顶的风压通风

(6)其他控制措施。对于因湿度激增而引起的短期少量结露，可采用具有吸解湿性能的材料进行内表面装修。当湿度高时，材料吸湿，湿度低时，材料放湿，自动调节了室内湿度，即使有少量结露也能被面层吸收，不会出现明显的水珠。对于因室内温度周期性波动，如间歇采暖等造成的表面冷凝，可采用蓄热能力大的材料作内装修，这样可以延缓室内表面温度的急剧下降。对于室内气温已接近露点温度的高湿房间，如浴室、洗染间等，即使加大围护结构热阻，也不能防止表面冷凝，此时应尽量避免在表面形成水滴掉落下来，且需设防水层，以阻止表面凝水渗入围护结构中。对于那种连续地处于高湿条件下，又不允许屋顶内表面的凝水滴落到设备和产品上的房间，可设吊顶，使吊顶空间与室内相通，让吊顶有一坡度，有组织地引导凝水，或加强屋顶内表面附近通风。另外，对于冷库之类的建筑，由于其内表面处于低温侧，而外表面是高温侧，前述措施应作相应变换。

2. 内部冷凝的防止和控制

从前述可知，在围护结构内部，若出现蒸汽分压力 p 分布曲线大于对应温度下的饱和蒸汽压力 p_s 分布线，则在其内部将产生内部冷凝。由此可得防止围护结构内部冷凝的原则：第一是提高内部的温度分布，从而提高其相应的饱和蒸汽分压力；第二是降低其内部蒸汽分压力。根据上述原则，可以得到以下控制内部冷凝的主要措施。

(1)利用保温材料或空气间层来提高结构内部温度

这种方法要注意材料或间层的布置位置。如图 10-31 所示，(a)方案是将蒸汽渗透阻小的保温层布置在水蒸气流入侧，容易出现“p_s”曲线与“p”曲线相交，增加了内部冷凝的可能性。(b)方案把保温材料布置在外侧，提高了结构内的温度分布，进而使 p_s 提高，避免了内部冷凝。所以材料层次的布置应尽量在水蒸气渗透的通路上做到“进难出易”。

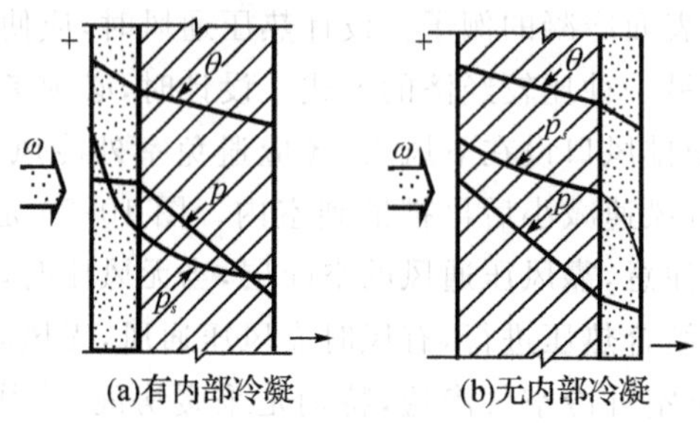

图 10-31 材料层次布置对内部湿状的影响

在设计中，也可根据“进难出易”的原则来分析和检验所设计的构造方案的内部冷凝情况。如图 10-32 所示的外墙结构，其内部可能出现冷凝的危险界面是隔汽层内表面和砖砌体内表面。首先检验界面 a。根据界面 a 的温度 θ_a，得出该温度下饱和蒸汽分压 p_{sa}，若在分压力差($p_i - p_{sa}$)下进入 a 界面的水蒸气量小于($p_{sa} - p_e$)作用下流出 a 界面的蒸汽量，则在界面 a 处不会出现冷凝，反之则会产生冷凝。同理，可分析检验 b 界面上是否会出现冷凝水。若在 a 界面出现冷凝，则可增加外侧保温能力，提高界面温度，以防止出现冷凝。若在 b 界面处出现冷凝，则可采取两种措施：一是提高隔汽层的隔气阻力，减少进入该界面的水蒸气量；二是在砖墙上设置泄气口使水蒸气容易排出，后一种措施较前者更有效且可靠。

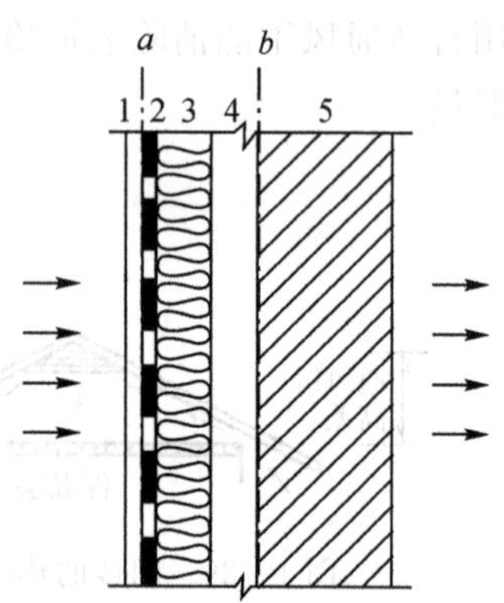

1—石膏板条粉刷；2—隔汽层；3—保温层；4—空气间层；5—砖砌体

图 10-32 内部冷凝分析检验

在屋顶的保温设计中，传统的做法是在保温层上面做防水层，这种做法与“进难出易”是矛盾的，通常在防水层下面产生冷凝使保温层失去保温能力。为了改变这种状况，出现了“倒铺”屋面的想法，即国外称作 Upside Down 构造方法。即防水层设在保温层下面的做法。目前国内外都在开展这种构造的试验研究。

(2)设置隔汽层

在具体的构造方案中，材料层的布置有时不能完全符合上面所说的“进难出易”的要求。

此时为了消除或减弱围护结构内部的冷凝现象，可在保温层蒸汽流入的一侧设置隔汽层（如沥青、卷材或隔气涂料等）。这样可使水蒸气流抵达低温表面之前，分压力已得到急剧下降，从而避免内部冷凝的产生，如图 10-33 所示。

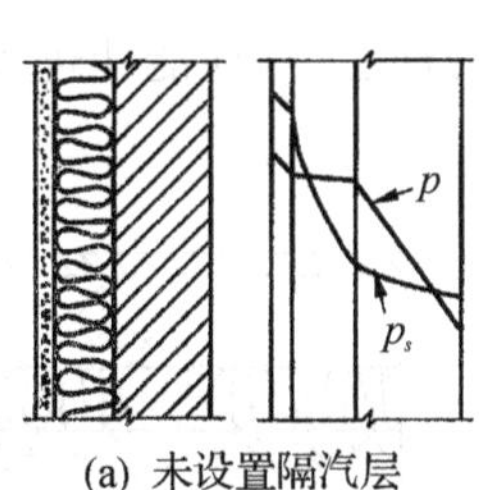

(a) 未设置隔汽层

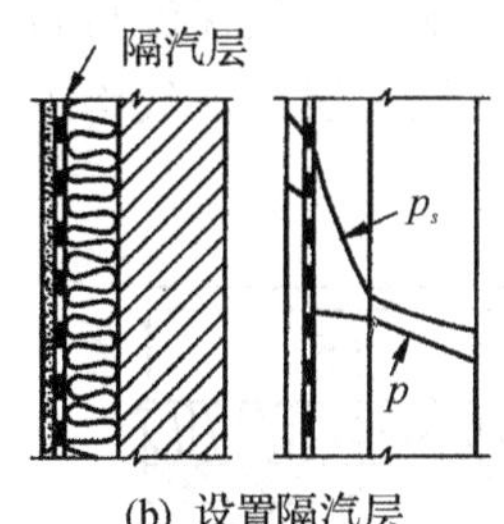

(b) 设置隔汽层

图 10-33 设置隔汽层防止内部冷凝

采用隔汽层防止或控制内部冷凝，是目前设计中应用最普遍的一种措施。为了达到良好的效果，使围护结构内保温材料的湿度增量控制在允许范围内，冷凝界面内侧（蒸汽流入的一侧）所需的最小蒸汽渗透阻应按下式来确定：

$$H_{i,\min}=\frac{p_i-p_{sc}}{\dfrac{10\rho_i d_i[\Delta\omega]}{24Z_h}+\dfrac{p_{sc}-p_e}{H_{0,e}}} \tag{10.4-7}$$

式中，$H_{i,\min}$为冷凝计算界面内侧所需的最小蒸汽渗透阻，$m^2\cdot h\cdot Pa/g$；10 是单位折算系数，因为$[\Delta\omega]$是以百分数表示，ρ_i 是以 kg/m^3 表示的。

若围护结构冷凝面内侧实有的蒸汽渗透阻小于按上式确定的所需值，则应设置隔汽层或提高已有隔汽层的隔汽能力。某些常用隔汽材料的蒸汽渗透阻见表 10-13。

表 10-13 常用隔汽材料的蒸汽渗透阻

隔汽材料	D(mm)	$H(m^2\cdot h\cdot Pa/g)$	隔汽材料	D(mm)	$H(m^2\cdot h\cdot Pa/g)$
石油沥青油纸	0.4	293.3	偏氯乙烯二道	—	1240.0
石油沥青油毡	1.5	1106.6	环氧煤焦油二道	—	3733.0
热沥青一道	2	266.6	聚氯乙烯涂层二道	—	3866.3
热沥青二道	4	480.0	聚乙烯薄膜	0.16	733.3
乳化沥青二道	—	520.0			

隔汽层应布置在蒸汽流入的一侧，所以对采暖房屋应布置在保温层内侧，对于冷库建筑应布置在隔热层外侧。若在全年中出现反向的蒸汽渗透现象，则应根据具体情况决定是否在内外侧都布置隔汽层。必须指出，对于采用双层隔汽层要慎重对待。在这种情况下，施工中保温层不能受潮，隔汽层的施工质量要严格保证。否则在使用中，万一在内部产生冷凝，冷凝水就不易蒸发出去，所以一般情况下应尽可能不用双重隔汽层。对于虽存在反向蒸汽渗透，但其中一个方向的蒸汽渗透量大，而且持续时间长；另一个方向较小，持续时间又短，这时可仅考虑前者。与此同时，在另一向渗透期间亦可能产生内部冷凝，但冷凝较小，气候条件转变后即能排除出去，不致造成严重的不良后果。必要时可考虑在保温层中间设置隔汽层，来承受反向的蒸汽渗透。

(2)设置通风间层或泄气排水沟道

设置隔汽层虽能改善围护结构内部的湿状况，但并不是最妥善的办法，因为隔汽层的隔汽质量在施工和使用过程中不易保证。一旦产生蒸汽渗透，在保温材料中就会产生积累，使材料中水分日益增加，最终会使保温材料失去其保温性能。

为此，采用设置通风间层或泄气沟道的办法最为理想，这样能让进入保温层的水分有出路，如图 10-34 所示。

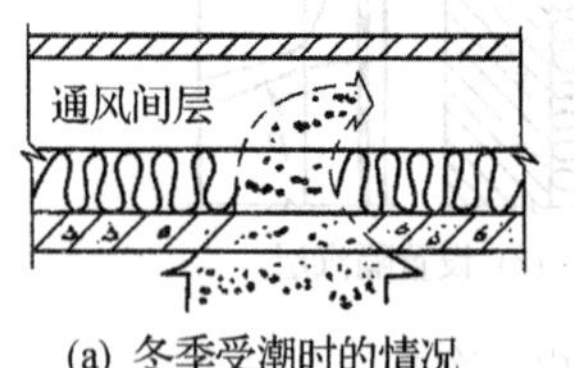

(a) 冬季受潮时的情况

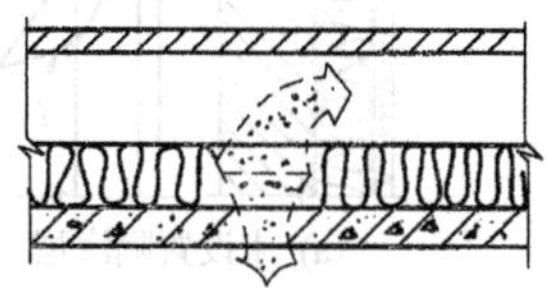
(b) 暖季蒸发干燥时的情况

图 10-34　有通风间层的围护结构

这是一项有效而可靠的措施，特别适用于湿度高的房间(如纺织厂)的外围护结构以及卷材防水屋面的平屋顶结构。

由于保温层外侧设有一层通风间层，从室内渗入的蒸汽，可由不断与室外空气交换的气流带走，对保温层起风干的作用。

(4)综合防潮措施

在实际的设计构造中，往往是采用综合的措施即同时采用上述两种或两种以上的措施，表 10-14 列出了几种综合防潮构造示意图。

表 10-14　几种综合防潮构造示意图

序号	构造名称	示意构造图	用途说明
1	通风空气层在墙外表面层	外　内	用于暖房热绝缘的冷侧防潮
2	在墙外表层的密闭空气间层	外　内	用于暖房热绝缘的冷侧防潮空气层冷侧下设排水沟
3	空气层靠内侧	外　内	能通风时不设排水沟，密闭时需设排水沟
4	双面空气间层		用于温度在结构两侧交替变化时住宅空调房间，密闭时需设排水沟
5	空气层在绝热层上面		冷库地板热绝缘层防潮
6	空气层在热绝缘层上下		防止冷库楼阁热绝缘层受潮

3. 地面泛潮的防止和控制

我国南方湿热地区，由于湿气候影响，在梅雨季节常产生地面结露现象，俗称泛潮。地面泛潮属于夏季冷凝，它是由两方面原因造成的：一是我国华南和东南沿海地区受热带海洋气团和赤道海洋气团的控制，在春夏之交，季风多东南向和南向，从海洋带来较高的温、湿度风吹向大陆和沿海海岛，使空气温湿度骤增；二是我国长江流域和东南丘陵地与南岭山地一带，在春末夏初，由于大陆上不断有极地大陆气团南下，与热带海洋气团或赤道海洋气团接触时的锋面停滞不进，造成阴雨连绵，前后断续常达一月之久。室外空气温、湿度迅速上升，而此时室内某些表面，尤其是底层房间地面，由于与热惰性很大的地面连接，其表面温度在短时间内尚未提高，仍处于比较低的温度状况；当其与室外空气接触时，便产生表面冷凝，形成大量凝结水，致使室内潮湿。泛潮比较严重的是水磨石地面、釉面地砖等地面，而素混凝土地面一般不泛潮。地面泛潮造成室内潮湿，不仅使置于地板上的家具、物品、鞋、地毯等变潮生霉变质，也影响人们的身心健康，引发风湿关节炎等疾病。因此有必要防止和控制地面泛潮现象。

防止和控制地板泛潮的原则，一是使室内空气湿度不要过高；二是使地板表面温度不要过低；三是避免室外湿空气与地面直接接触。

(1)采用蓄热系数小的材料和多孔吸湿材料作地板的表面材料。

蓄热系数小的材料，其热惰性小。当室外气温升高地，其温度也紧跟着上升，这样就可减少地板表面温度与空气温度之差值，从而减少表面结露的机会。采用多孔吸湿材料作地板面层，当表面产生暂时冷凝时，它会吸收水分，表面不会形成明显的水珠。当室内外空气干燥时，水分会自动从饰面材料中蒸发出来，从而减轻或防止地面泛潮。因此从防泛潮的角度来看，地板面层应尽量避免采用水泥、磨石子、瓷砖和水泥花砖等蓄热系数大而无孔隙的材料。虽然这些材料在夏天有较好的降温作用，但却易在潮霉季节引起泛潮。白色防潮砖、黄色防潮砖、大阶砖等对水分具有一定的吸收作用，可以减轻泛潮所引起的危害。素混凝土、三合土、木地板等地板饰面，虽然在夏天对降温稍有不利，但对于防止和控制潮霉期地板泛潮却有积极作用和良好的效果。图 10-35 是两种地板防潮构造示意图。

(2)采用建筑构造和管理办法，防止地板泛潮。

在建筑上可装设便于调节开启的门窗，方便进行间歇通风。例如，装设百页窗、窗顶设置小型通气孔及设推拉活动窗扇等。还可以设置半截腰门(见图 10-36)、高门坎等。这些做法可使室内空气在接近地面处保持一定厚度，使流入的室外湿空气浮在其上，不与地板表面直接接触，对防潮起一定的控制作用。同时，房间要尽量争取日照，以加速水分蒸发，提高地板温度。在梅雨期，应注意房间日常使用的管理，当室外空气较干燥时，开启门窗进行通风；当外界湿度大时则及时关闭门窗，防止湿空气大量侵入室内，保持室内干燥。

(3)采用空气间层防止控制地面泛潮。

采用空气间层防止和控制地面泛潮的传统做法是，木地板架空通风或混凝土架空通风。但由于空气层下面仍有冷凝水产生，时间一长，木地板枕木会因潮湿霉烂变朽腐，且由于架空垫块未作绝热绝湿处理。常起作热桥吸湿作用，使空气间层两侧没有产生温差或温差甚小，防潮问题仍未圆满解决。最近几年来，随着空气层防潮理论的提出，产生了利用空气层防止控制地面泛潮的新方法。其构造示意图如10-37所示。

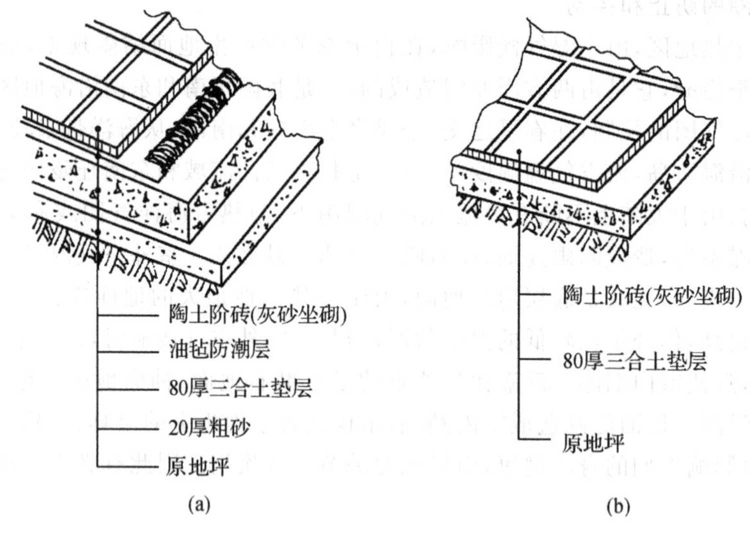

图 10-35　地板泛潮控制构造示意图

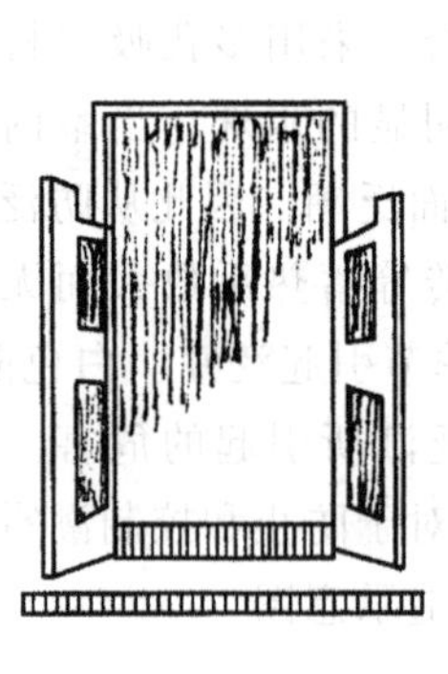

图 10-36　腰门

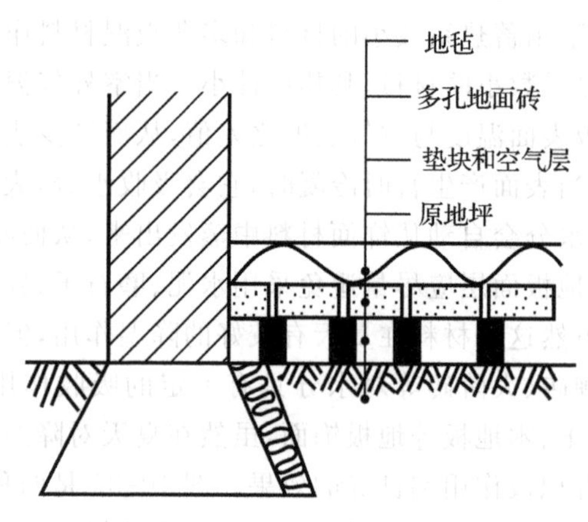

图 10-37　板防潮示意图

在这种方法中，首先要保持空气层的温差。这就是要沿墙基脚进行热绝缘，以造成地板下架空空气层中有温差；架空垫块亦需用热绝缘材料做成，其热阻应与空气间层热阻相当，不起热桥作用，且亦应作防水处理，不使水分从地坪向上迁移。例如，可以用密度为 700 kg/m^3、50mm 厚的加气混凝土做成这种垫块，形成 50mm 的空气间层。其次是多孔地面砖浮筑于垫块上形成防潮空气层。其防潮作用在冬季是施加在素土原地坪上，而夏季的防潮作用则施加于多孔地面砖及地毯上。

在冬季，房间空气温度随室外气温变冷，地板因受地温通过空气层的影响，室内空气温度比室外温度高，因此地板处于被干燥状态，多孔地面砖和铺于其上的地毯变得比较干燥；同样，素土地坪亦变得比较干燥，温度也比较低。当入春后，室外温度开始升高，此时室外空气的相对湿度尚不高，随着时间的推移逐渐在架空空气层上建立温差。当梅雨季节来临，在架空空气层上已建立了一定温差，地板面层的温度也升到了一定高度，可能已高于室外空气露点温度，在此情况下，地板就不会泛潮了。若地板表面温度仍低于露点，便会有冷凝产生。

但由于表面层是干燥的，结露也不会显眼。同时由于水蒸气的凝结放出潜热，迅速提高其温度，使温度高于空气露点温度，凝结就不会再发生了；同时使空气层有更大的温差，其防潮作用更加显著，可迅速恢复和保持地板层的干燥。该方法是目前比较可行的方法。

复习思考题

1. 围护结构最小总热阻的物理意义是什么？计算式中$[\Delta t]$值大小的含意又是什么？为什么要作温差修正？

2. 在围护结构保温设计中，为什么同一地区有不同的室外计算温度？怎样选取？理由何在？

3. 围护结构保温层在构造上有几种设置方式？各有何特点？

4. 在围护结构中，有哪些常见部位或构件属于传热异常部位？各有何传热特点？设计中应采取哪些措施提高其保温性能？

5. 窗有哪些传热特点？应如何提高其保温性能？

6. 什么是围护结构表面冷凝、内部冷凝？

7. 简述防止表面冷凝的原则和主要措施。

8. 简述防止内部冷凝的原则和主要措施。

9. 围护结构受潮对保温性能有何影响？为什么？在建筑设计中应采取哪些防潮措施？

10. 空气间层不仅有保温隔热的功能，还有防潮功能，为什么？

11. 外保温、内保温对防止和控制内部冷凝有什么不同？

12. 简述地板泛潮的原因和防止措施。

13. 有一屋顶结构，如图 10-38 所示，试检验该结构是否需设置隔汽层。已知 $t_i=18℃$，$\varphi=65\%$；采暖期室外平均气温 $t_e=-10℃$，平均相对湿度 $\bar{\varphi}_e=66\%$；采暖期 $Z_h=170$ 天。

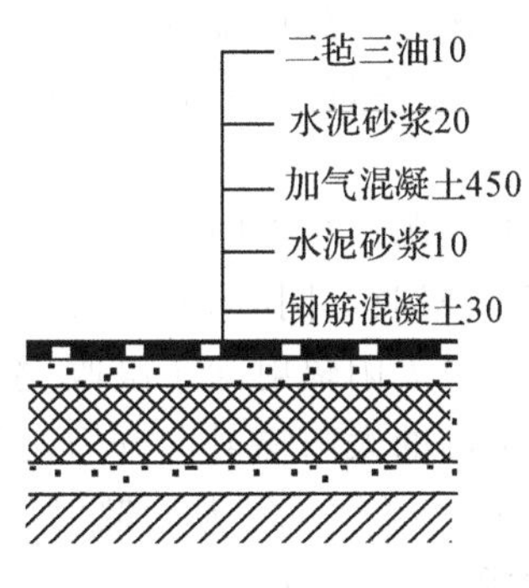

图 10-38　屋顶结构

第11章　建筑防热

学习目标:了解室外热环境的构成因素与防热途径,基本掌握房间自然通风的组织,综合考虑建筑朝向、间距与建筑群的布局,为自然通风的组织创造有利条件。掌握外维护结构的隔热措施。

11.1　室外热环境与防热途径

11.1.1　室外热环境

建筑的基本功能之一,就是防御自然界各种气候因素的破坏作用,为人们的生活和生产提供良好的室内气候条件。因此,建筑必须适应气候的特点。

构成室外热环境的主要气候因素有太阳辐射、温度、湿度和风等。这些因素通过房屋外围护结构,直接影响室内的气候条件。

建筑防热设计的任务就在于掌握室外热环境各主要气候因素的变化规律及其特征,以便从规划到设计采取综合措施,防止室内过热,从而获得较合适的室内气候。

1. 太阳辐射

太阳辐射热是房屋外部的主要热源。当太阳辐射通过大气层时,一部分辐射能量为大气中的水蒸气、二氧化碳和臭氧等所吸收。同时,太阳辐射遇到空气分子、尘埃、微小水珠等质点时,都要产生散射。此外,云层对太阳辐射除了吸收、散射外,还有强烈的反射作用,因而削弱了到达地面的辐射。抵达地面的太阳辐射可分为两部分:一部分是从太阳直接照射到地面的部分,称为“直射辐射”;另一部分是经大气散射后到达地面的部分,称为“散射辐射”。两者之和就是到达地面的太阳辐射总量,称为“总辐射”。假如到达大气层上界的太阳辐射为100个单位,其中被大气和地面所反射的约占32个单位,被两者吸收的约占68个单位。

影响太阳辐射强度的因素有太阳高度角、大气透明度、地理纬度、云量和海拔高度等。水平面上太阳的直射辐射强度与太阳高度角和大气透明度成正比。由于高纬度地区的太阳高度角小,且太阳斜射地球表面,而光线通过的大气层较厚,所以直射辐射弱些。低纬度地区则相反,所以较强些。在夏季的一天中,中午太阳高度角大,太阳直射辐射强;傍晚太阳斜射,高度角小,太阳辐射较弱。在云量少的地方,直射辐射的量较大。在海拔较高地区,大气中的水汽、尘埃较少，且太阳光线所通过的大气层也较薄，所以太阳直射辐射量也较大。关于大气透明度，要因大气中含有的烟雾、灰尘、水汽、二氧化碳等造成的混浊状况而异。城市上空较农村混浊，故农村的大气透明度大于城市，从而太阳直射辐射也较强。至于散射辐射强度，它与太阳高度角成正比，与大气透明度成反比；在多云的天气，由于云的扩散作用，所以散射辐射较强。

2. 风

风是大气的流动。大气的环流是各地气候差异的原因。由于地球上的太阳辐射热不均匀，引起赤道和两极出现温差，从而产生大气环流。由大气环流形成的风，称为"季侯风"。它是在一年内随季节不同而有规律地变换方向的风。我国气候特点之一是季风性强。在夏季大部分季风来自热带海洋，故多为东南风、南风。但由于地面上水陆分布、地势起伏、表面覆盖等地方性条件不同，会引起小范围内的大气环流，称为"地方风"，如水陆风、山谷风、庭园风、巷道风等。这些都是由于局部地方受热不均匀引起的，故产生日夜交替变向。风通常是以水平运动为主的空气运动。风的描述包括气流运动的方向和速度，即风向与风速。根据测定和统计可获得各地的年、季、月的风速平均值及最大值以及风向的频率数据，作为选择房屋朝向、间距及平面布局的参考。

3. 气温

气温是指空气的温度。大气能大量地吸收地面的长波辐射使大气增温。所以地面与空气的热量交换是气温升降的直接原因。一般气象学上所指的气温，是距地面 1.5m 高处的空气温度。影响气温的主要因素有入射到地面上的太阳辐射热量、地形与地表面的覆盖以及大气环流的热交换作用等，而太阳辐射起着决定作用。气温变化有四季的变化、一天的变化和随地理纬度分布的变化。

气温有明显的日变化和年变化。一天之间最高值出现的时刻一般是在午后二时前后，而不是在正午太阳高度角最大时刻，是由于空气吸收地面辐射而增温要经历一个过程；气温最低值亦不在午夜，而是在日出前后。一般说来，在大陆上，年气温最高值出现在 7 月份，最低值出现在 1 月份。

4. 空气湿度

空气湿度表示大气湿润的程度，一般以相对湿度来表示。相对湿度的日变化通常与气温的日变化相反，一般温度升高则相对湿度减少，温度降低则相对湿度增大。在晴天，最高值一般出现在黎明前后，夏季约在 4:00～5:00 时。虽然黎明前空气中的水汽含量少，但温度最低，故相对湿度大。最低值出现在午后，一般在 13:00～15:00 左右。此时虽空气含水汽多（因蒸发较盛），但温度已达最高，故相对湿度最低，如图 11-1 所示。

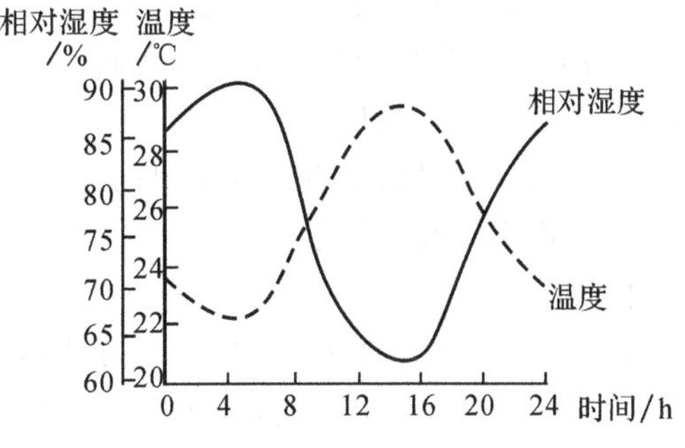

图 11-1　相对湿度的日变化

我国因受海洋气候影响，南方大部分地区相对湿度在一年内以夏季为最大，秋季最小。华南地区和东南沿海一带因春季海洋气团侵入，且此时温度还不高，故形成较大的相对湿度，大约以3—5月为最大，秋季最小。所以南方地区在春夏之交气候潮湿，室内地面常出现泛潮（凝结水）现象。

5. 降水

降水是指从地球表面蒸发出去的大量水汽进入大气层，经过凝结后又降到地面上的液态或固态水分。雨、雪、冰雹等都属于降水现象。降水性质包括降水量、降水时间和降水强度等。降水量是指降落到地面的雨、雪、雹等融化后，未经蒸发或渗透流失而累积在水平面上的水层厚度，以mm为单位。降水时间是指一次降水过程从开始到结束持续的时间，用h、min来表示。降水强度是单位时间内的降水量。降水量的多少是用雨量筒和雨量计测定的；降水强度的等级，以24h的总量(mm)来划分：小雨小于10mm；中雨10～25mm；大雨25～50mm；暴雨50～100mm。

了解和掌握热气候的气象要素变化规律，是为了在建筑防热的设计中使建筑更适应地区气候的特点，从而利用气候的有利因素和防止气候的不利因素，达到防热目的。

11.1.2 夏季室内过热的原因和防热的途径

1. 夏季室内过热的原因

为了改善室内气候条件，我们应当了解室外热量是怎样进入室内的。夏季室内热量的主要来源如图11-2所示。

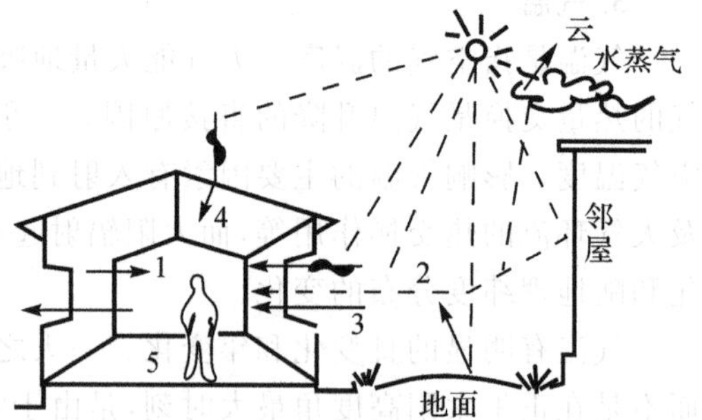

1—热空气传入；2—太阳辐射；3—反射及长波辐射；4—屋顶、墙传势；5—室内余热

图11-2 室内过热的原因

(1)在太阳辐射和室外气温共同作用下，外围护结构外表面吸热升温，将热量传入室内，并以传导、辐射和对流方式使围护结构内表面及室内空气温度升高。

(2)通过窗口直接进入的太阳辐射热，使部分地面、家具等吸热升温，并以长波辐射和对流换热方式加热室内空气。此外，太阳辐射热投射到房屋周围地面及其他物体，其一部分反射到建筑的墙面或直接通过窗口进入室内；另一部分被地面等吸收后，使其温度升高而向外辐射热量，也可能通过窗口进入室内。

(3)自然通风过程中带进或带出的热量。

(4)室内生产或生活过程中产生的余热，包括人体散热。

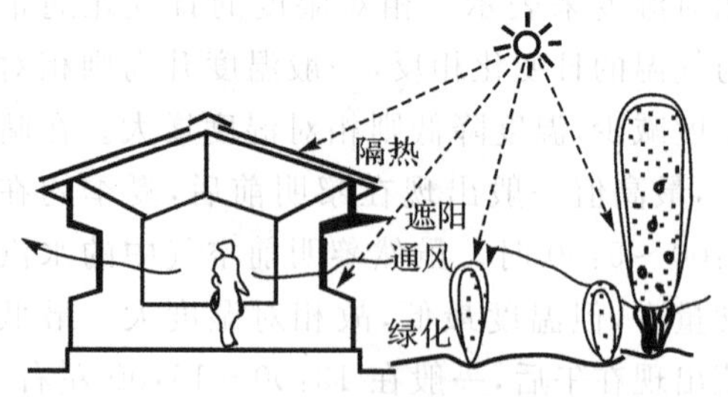

图11-3 建筑综合防热措施

建筑防热的主要任务，就是要尽可能地减弱不利的室外热作用的影响，改善室内热环境状况，使室外热量少传入室内，并使室内热量尽快地散发出去，以免室内过热。建筑防热设计应考虑地区气侯特点，人民的生活习惯和要求，房屋的使用情况，并且尽力开发利用自然能源，采取综合的防热措施，见图11-3。

2. 防热的途径

(1)减弱室外的热作用。主要的办法是正确地选择房屋朝向和布局，防止日晒。同时要绿化周围环境,以降低环境辐射和气温,并对热风起冷却的作用。外围护结构表面,应采用浅颜色以减少对太阳辐射的吸收,从而减少结构的传热量。

(2)外围护结构的隔热。对屋面、外墙(特别是西墙)要进行隔热处理,减少传进室内的热量和降低围护结构的内表面温度,因而要合理地选择外围护结构的材料和构造形式。最理想的是白天隔热好而夜间散热快的构造方案。

(3)房间的自然通风。自然通风是排除房间余热,改善人体舒适感的重要途径。要组织好房屋的自然通风,引风入室,带走室内的部分热量,并造成一定的风速,帮助人体散热。间歇的夜间通风,能够降低夏季室内平均温度和温度波幅,是一种值得特别推荐的自然通风。

(4)窗口遮阳。遮阳的作用主要是阻挡直射阳光从窗口透入,减少对人体的辐射,防止室内墙面、地面和家具表面被曝晒而导致室温升高。遮阳的方式是多种多样的,或利用绿化(种树或种攀缘植物),或结合建筑构件处理(如出檐、雨篷、外廊等),或采用布篷和活动的铝合金百叶、玻璃贴膜,或采用专门的遮阳板设施等。

(5)利用自然能。自然能用于建筑的防热降温是国内外近些年来的研究成果。其中包括建筑外表面的长波辐射、夜间对流、被动蒸发冷却、地冷空调、太阳能降温等防用结合的措施。

建筑防热设计要综合处理,但主要是屋面,其次是西墙的隔热,窗口的防太阳直射和房间的自然通风也不可忽略。只强调自然通风而没有必要的隔热措施,则屋面和外墙的内表面温度过高,对人体产生强烈的热辐射,就不能很好地解决过热现象。反之,只注重围护结构的隔热,而忽视组织良好的自然通风特别是间歇的夜间通风,也不能解决因气温高、湿度大而影响人体散热和帮助室内散热的问题。所以在防热设计中,隔热和自然通风是主要的,同时也必须将窗口遮阳、环境绿化一起加以综合考虑。在一些有特殊要求的例如有空气调节的房屋中,窗口遮阳是不可缺少的。对于一般建筑,除需要较长时间遮阳的地区可采用专门的遮阳板设施,其他地区应采用简易的措施,较为经济,同时遮阳还可以结合建筑构件设计来处理。对于低层建筑,可用绿化来遮阳。绿化既可防热,又能结合生产和美化、净化、香化小区环境。

11.2　外围护结构的隔热措施

11.2.1　屋顶隔热

炎热地区屋顶的隔热构造,基本上可分为实体材料层和带有封闭空气层的隔热屋顶、通风屋顶、蓄水屋顶等。这类屋顶又可分为坡顶和平顶。由于平顶构造简洁,便于使用,故更为常用。

1. 实体材料层屋顶隔热

实体材料层屋顶,是一种从提高围护结构本身热阻和热惰性来提高隔热能力的处理方法。要注意材料层层次的排序,因为排列次序不同也会影响衰减度,必须进行比较选择。

实体屋顶的隔热构造如图 11-4 所示。

方案(a)没有设隔热层,热工性能差。

方案(b)加了一层 8cm 厚泡沫混凝土,隔热效果较为显著,内表面最高温度比前者降低

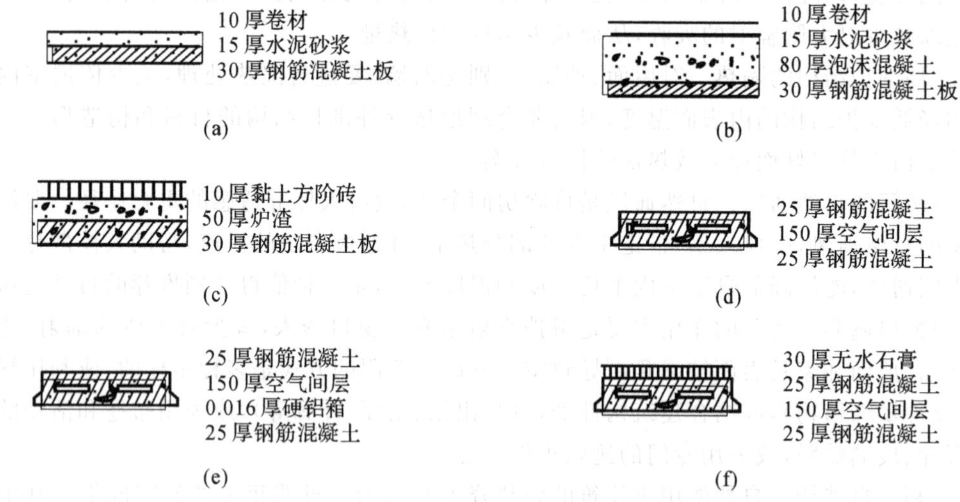

图 11-4 实体材料层和带有封闭空气层的隔热屋顶

19.8℃,平均温度亦低 7.6℃。但这种构造方案对防水层的要求较高。

方案(c)是为了适应炎热多雨地区的气候条件,在隔热材料上面再加一层蓄热系数大的黏土方砖(或混凝土板)。这样,在波动的热作用下,温度谐波传经这一层,使波幅骤减,增强了热稳定性。特别是雨后,黏土方砖吸水,蓄热性增大,且因水分蒸发,能散发部分热量,从而提高隔热效果。此时,黏土方砖外表面最高温度比卷材屋面可降低 20℃左右,因而可减少隔热层的厚度,且达到同样的热工效果。但黏土方砖比卷材重,增加了屋面的自重。这种处理方法有较成熟的经验,构造比较简单,同时又能兼顾冬季保温要求。在既要隔热又要保温的地区以及大陆性干热地区,都宜于采用此种方案。这种方案的缺点除自重大外,当傍晚室外热作用已显著下降时,隔热层内白天蓄存的热量仍继续向室内散发。

2. 封闭空气间层隔热

为了减轻屋顶自重,同时解决隔热与散热的矛盾,可采用空心大板屋面,利用封闭空气间层隔热。在封闭空气间层中的传热方式主要是辐射换热,不像实体材料结构那样主要是导热。为了提高间层隔热能力,可在间层内铺设反射系数大、辐射系数小的材料,如铝箔,以减少辐射传热量。铝箔质轻且隔热效果好,对发展轻型屋顶具有重事意义。图 11-4 中的方案(d)和(e)对比,间层铺设铝箔后,后者结构内表面温度比前者降低 7℃,效果较显著。图中的方案(f)是在外表面铺白色光滑的无水石膏,结果结构内表面温度比方案(d)降低 12℃,甚至比贴铝箔的方案(e)还低 5℃。这说明选择屋顶的面层材料和颜色的重要性。如处理得当,可以减少屋顶外表面对太阳辐射的吸收,并且增加了面层的热稳定性,使空心板上壁温度减低,辐射传热量减少,从而使屋顶内表面温度降低。

3. 通风屋顶

通风屋顶的隔热防漏,在我国南方地区被广泛采用。

以大阶砖屋顶为例,通风和实砌的相比虽然用料相仿,但通风后隔热效果有很大提高。图 11-5 给出了在相同条件下,通风与实砌的大阶砖屋顶的实测结果。由图可见,通风屋顶内表面平均温度比不通风屋顶低 5℃,最高温度低 8.3℃;室内平均气温相差 1.6℃,最高温度相差 2.5℃。在整个昼夜通风屋顶内表面温度都低于实砌屋顶的内表面温度，而且从夜间 3 时 30 分到下午 1 时 30 分还低于室内气温，内表面温度出现最高值的时间，通风的比实砌的延后 3 小时左右。这说明由实体结构变为通风结构之后，隔热与散热性能的提高都是显著的。

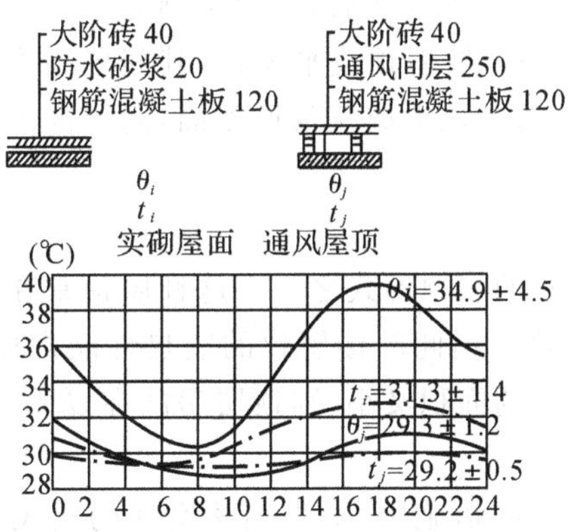

图 11-5　通风和实砌的大阶砖屋顶温度比较

通风屋顶隔热效果好的原因，除靠架空面层隔太阳辐射热外，主要利用间层内流动的空气带走部分热量，如图 11-6 所示。当外表面从室外空间得到的热量为 Q_0 时，在间层内被流动空气带出的热量 Q_a 愈大，则传入室内的热量 Q_i 愈小。显然，间层通风量愈大，带走的热量愈多。通风量大小与空气流动的动力、通风间层高度和通风间层内的空气阻力等因素有关。

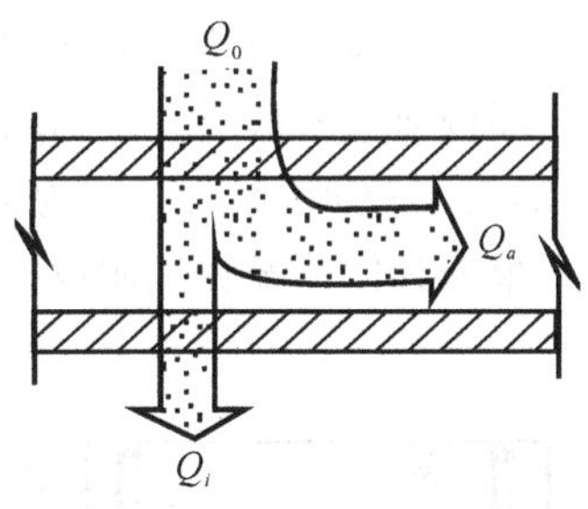

图 11-6　通风屋传热过程示意

如图 11-7 所示，风压和热压是间层内空气流动的动力。为增强风压作用的效果，应尽量使通风口朝向夏季主导风向；同时，若将间层面层在檐口处适当向外挑出一段，起兜风作用，也可提高间层的通风性能。

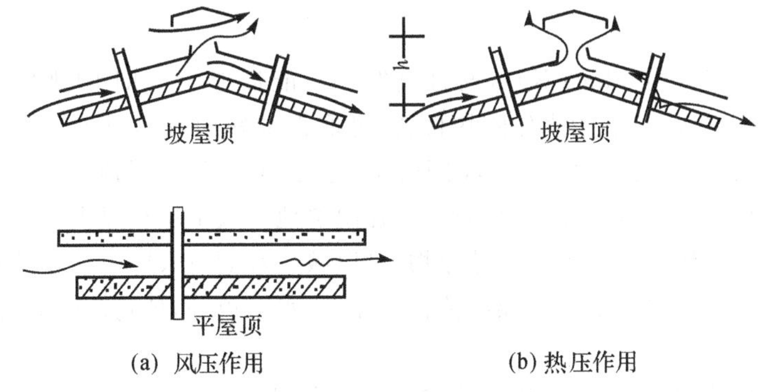

图 11-7　间层空气流动的动力

热压的大小取决于进、排气口的温差和高差。为了提高热压的作用，可在水平通风层中间增设排风帽，造成进、出风口的高度差，并且在帽顶的外表涂上黑色，加强吸收太阳辐射效果，以提高帽内的气温，有利于排风。

在一定压差作用下，加大通风口可以增加通风量。由于屋顶构造关系，通风口的宽度往往受结构限制而被固定，因此只能靠调节通风层的高度改变通风口面积。间层高度的增加，对加大通风量有利，但增高到一定程度之后，其效果渐趋缓慢。一般情况下，采用矩形截面通风口，房屋进深约 9～12m 的双坡屋顶或平屋顶，其间层高度可取 20～24cm。坡顶可用其下限，平屋顶可取其上限。若为拱形或三角形截面，间层高度应酌情增大，平均高度不宜低于 20cm。

4. 阁楼屋顶

阁楼屋顶也是建筑上常用的屋顶形式之一。这种屋顶常在檐口、屋脊或山墙等处开通气孔，有助于透气、排湿和散热。因此阁楼屋顶的隔热性能常比平屋顶好。但如果屋面单薄，顶棚又无隔热措施，通风口的面积又小，则顶层房间在夏季炎热时期仍有可能过热。因此，阁楼屋顶的隔热问题仍需注意。

在提高阁楼屋顶隔热能力的措施中，加强阁楼空间的通风是一种经济而有效的方法。如加大通风口的面积、合理布置通风口的位置等，都能进一步提高阁楼屋顶的隔热性能。通风口可做成可开闭式的，夏季开启，便于通风；冬季关闭，以利保温。组织阁楼的自然通风也应充分利用风压与热压的作用。

阁楼通风的形式有在山墙上开口通风、从檐口下进气由屋脊排气、在屋顶设老虎窗通风等，如图 11-8 所示。此外，为提高阁楼的隔热性能，尤其在冬天需要考虑屋顶保温的地区，也可根据具体情况在顶棚设隔热层，以增大热阻和热稳定性。

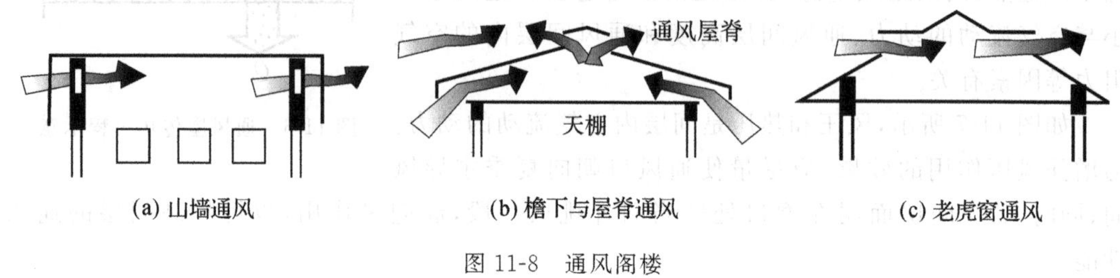

图 11-8　通风阁楼

5. 蓄水屋顶

水的比热大(4.186kJ/(kg·K))，而且蒸发 1kg 能带走 2428kJ 的热量。因此，若在平屋顶上蓄一定厚度的水层，利用水作隔热材料，可取得很好的隔热效果。一般来说，蓄水屋顶比不蓄水屋顶的外表面温度低 15℃，内表面温度低 8℃。蓄水屋顶不仅在气候干热、白天多风的地区是一种非常有效的屋顶隔热形式，在湿热地区效果也很显著。

若在水面上敷设铝箔或其他浅色漂浮物，可以减少水面对太阳辐射热的吸收，则能取得更好的隔热效果。如在水面上种植漂浮植物水浮莲、水葫芦等，植物的叶面将吸收掉大量的太阳辐射能。

从白天隔热和夜间散热的作用综合考虑，蓄水屋顶的水层深度宜小于 5cm 而大于 3cm，但最终还取决于充水方式和使用要求。对于利用工业废水的地区，可经常换水以保持清洁，宜采用 5cm 左右的水层深度。而在水中养殖浅水鱼或栽培浅水植物时，水层深度可稍大于 10cm。

蓄水屋顶要求屋顶有很好的防水质量，否则屋顶长期浸水，易发生漏水现象。但另一方面，屋顶用水隔热后，大大降低了结构的平均温度和振幅，不仅可防止防水层由于高温涨缩而引起破坏，也防止了构造因温度应力而产生裂缝。此外，长期处于水的养护之下，防水层可避免因干缩出现裂缝，嵌缝材料可免受紫外线照射老化而延长使用寿命。从这些方面看，蓄水屋顶又能防止屋顶发生漏水现象。泛水对屋顶渗漏水影响很大，应慎重处理。

6. 铺土（或无土）种植屋顶

在钢筋混凝土屋面板上铺土，再在上面种植作物，即为铺土种植屋顶。

铺土种植屋顶是利用植物的光合作用、叶面的蒸发作用及其对太阳辐射的遮挡作用来减少太阳辐射热对屋面的影响。此外，土层也具有一定的蓄热能力，并能保持一定水分，通过水的蒸发吸热也能提高隔热效果。

这种屋顶的造价比用其他隔热材料或架空黏土方砖屋顶要低，但每平方米用钢量要增加 1kg。施工时要捣实钢筋混凝土，养护 7 天后才可铺土，以防屋顶渗漏。

若以蛭石、锯末或岩棉等作为介质代替土壤，再在上面种植作物，即为无土种植屋顶。无土种植屋顶的重量仅为同厚度铺土种植屋顶的 1/3，而保温隔热效果却提高 3 倍以上。这是因为选用质轻、松散、导热系数小的材料作为种植层，其贮水、绝热性能都比土壤要好。对有、无蛭石种植层的屋顶（见图 11-9）进行对比测定，结果如表 11-1 所示。

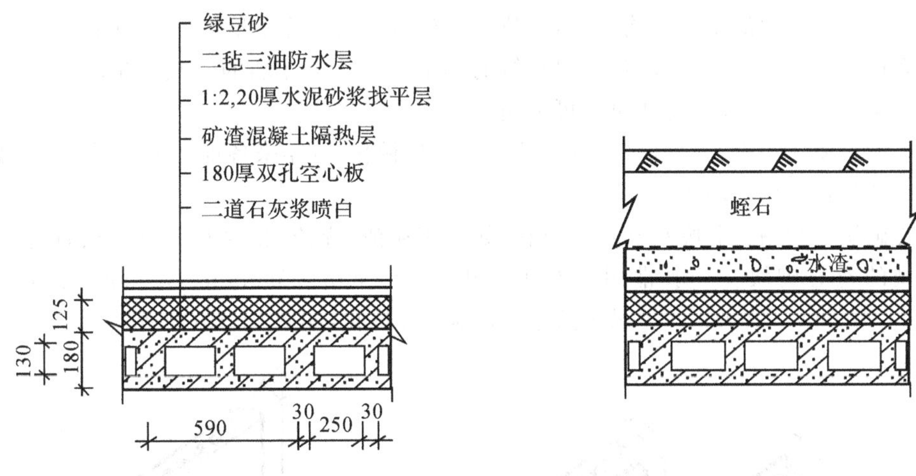

图 11-9　有、无蛭石种植层的屋顶

由于铺设了蛭石种植层（水渣厚约 5～10cm，蛭石厚约 20cm），屋顶外表面温度竟比无种植层的低 32.6℃，屋面的传热方向几乎昼夜都由内向外。即使白天，也能将室内热量经屋顶向外散发。无土种植屋面外表面温度昼夜变化不大，振幅很小。加之外表面长期处于湿润的条件下，保护了结构层和防水层，使其不致因较大温度应力的作用而开裂损坏。

无土种植屋顶的基层和防水层，与其他常用平屋的做法雷同；同时，因屋顶上的重量一般在 250kg/m² 以内，为减少构件的种类，完全可以用楼板件代替屋顶构件。

种植屋顶不仅是保温隔热的理想方案，而且在城市绿化、调节小气候、净化空气、降低噪声、美化环境、解决建房与农田争地等方面都有重要作用，是一项值得推广应用的措施。

表 11-1 屋顶有、无蛭石层的温度和热流实测值

项目	屋面型式		
	无蛭石种植层屋顶	有蛭石种植层屋顶	差值
	测值		
外表面最高度 $\theta_{e,\min}$(℃)	61.6	20.0	32.6
外表面温度振幅 A_{φ}(℃)	24.0	1.6	22.4
内表面最高湿度 $\theta_{i,\max}$(℃)	32.2	30.2	2.0
内表面温度振幅 A_{ij}(℃)	1.3	1.2	0.1
内表面最大热流强度 $q_{i,\max}$(W/m²)	15.4	2.2	13.2
内表面平均热流强度 $\bar{q}_t$(W/m²)	9.1	−5.3	14.4
室外最高气温 $t_{i,\max}$(℃)	36.4		
室外平均气温 $\bar{t}_e$(℃)	29.1		
最大太阳辐射强度 $I_{\max}$(W/m²)	862		
平均太阳辐射强度 I(W/m²)	215		

11.2.2 外墙隔热

外墙的室外综合温度较屋顶低，因此在一般的房屋建筑中，外墙隔热与屋顶相比是次要的。但对采用轻质结构的外墙或需空调的建筑中，外墙隔热仍需重视。

黏土砖墙为常用的墙体结构之一，隔热效果较好。对于东、西墙来说，在我国广大南方地区两面抹灰的一砖墙，尚能满足一般建筑的热工要求。空斗墙的隔热效果较差于同厚度的实砌砖墙，对要求不大高的建筑尚可采用。

为了减轻墙体自重，减少墙体厚度，便于施工机械化，近年来各地大量采用了空心砌块、大型板材和轻板结构等墙体。

空心砌块多利用工业废料和地方材料，如利用矿渣、煤渣、粉煤灰、火山灰、石粉等制成各种类型的空心砌块。一般常用的有中型砌块(200mm×590mm×500mm)、小型砌块(190mm×390mm×190mm)，可做成单排、双排和多排孔，如图 11-10(a)所示。

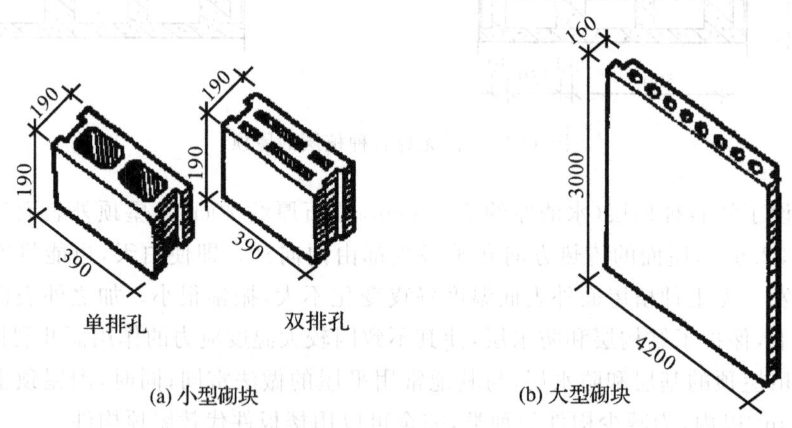

图 11-10 空心砌块及板材

从热工性能来看，190mm 单排孔空心砌块不能满足东、西墙要求；双排孔空心砌块比同

厚度的单排孔空心砌块隔热效果提高较多。两面抹灰各 20mm 和 190mm 厚双排孔空心砌块,热工效果相当于两面抹灰各 20mm 的 240mm 厚黏土砖墙的热工性能,是效果较好的一种砌块形式。

我国南方一些省市采用的钢筋混凝土空心大板,规格是高 3000mm、宽 4200mm、厚 160mm,圆孔直径为 110mm,如图 11-10(b)所示。这种板材用于西墙不能满足隔热要求,但经改善处理,如加外粉刷和刷白灰水以及开通风孔等措施,基本上可以应用。

随着建筑工业化的发展,进一步减轻墙体重量,提高抗震性能,发展轻型墙板,有着重要的意义。轻型墙板有两种类型:一是用一种材料制成的单一墙板,如加气混凝土或轻骨料混凝土墙板;另一种轻型外墙板是由不同材料或板材组合而成的复合墙板,其构造如图 11-11 所示。单一材料墙板生产工艺较简单,但需采用轻质、高强、多孔的材料,以满足强度与隔热的要求。复合墙板构造复杂些,但它将材料区别使用,可采用高效的隔热材料,能充分发挥各种材料的特性,板体较轻,加工性能较好,适用于住宅、医院、办公楼等多层和高层建筑以及一些厂房的外墙。图 11-11 所示复合轻墙板的热工性能见表 11-2。

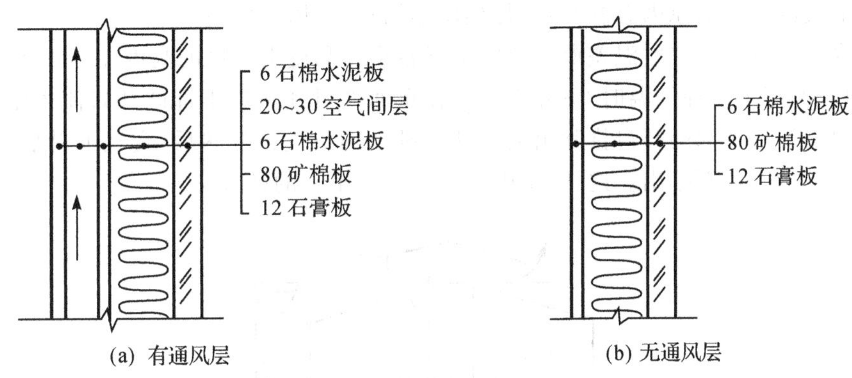

图 11-11 复合墙板

表 11-2 复合轻墙板的隔热效果

名称		砖墙(内抹灰)	有通风层的复合墙板	无通风层的复合墙板
总厚度(mm)		260	124	96
重量(kg/m^2)		464	55	50
内表面温度(℃)	平均	27.80	26.90	27.20
	振幅	1.85	0.90	1.20
	最高	29.70	27.80	28.40
热阻(m^2·K/W)		0.468	1.942	1.959
室外气温(℃)	最高	28.9		
	平均	23.3		

最后还须指出,无论何种形式的外围护结构(包括屋顶与外墙),采用浅色平滑的外粉饰,以降低对太阳辐射热的吸收率,隔热效果是非常明显的。例如,3cm 厚钢筋混凝土屋面板,外表面刷白后与通常的油毡屋面相比,内表面最高温度可降低 20℃左右。此外,若在围护结构内表面采用低辐射系数的材料,也可以减少对人体的辐射换热量。例如,顶棚内表面

贴铝箔[$C=1.12\mathrm{W/(m^2 \cdot K^4)}$]与内表面为石灰粉刷[$C=5.2\mathrm{W/(m^2 \cdot K^4)}$]相比，在同样温度下，对人体的辐射换热量，前者约为后者的1/5。相当于石灰粉刷顶棚内表面温度为36℃时的效果。这些措施施工简便，造价低廉，效果明显，在进行外围护结构热工设计时应优先考虑运用，但要注意褪色和材料的耐久性问题。

11.3 房间的自然通风

11.3.1 自然通风的组织

建筑物中的自然通风，是由于建筑物的开口处(门、窗、过道等)存在着空气压力差而产生的空气流动。利用室内外气流交换，可以降低室温和排除湿气，保证房间的正常气候条件与新鲜洁净的空气。同时，房间有一定的空气流动，可以加强人体的对流和蒸发散热，改善人们的工作和生活条件。

造成空气压力差的原因有两个：一是热压作用；二是风压作用。

热压取决于室内外空气温差所导致的空气容重差和进出气口的高度差。如图11-12所示，当室内气温高于室外气温时，室外空气因较重而通过建筑物下部的开口流入室内，并将较轻的室内空气从上部的开口排除出去。补充进来的空气被加热后，变轻上升后又被新流入的室外空气所代替而排出。这样，室内就形成连续不断的换气。

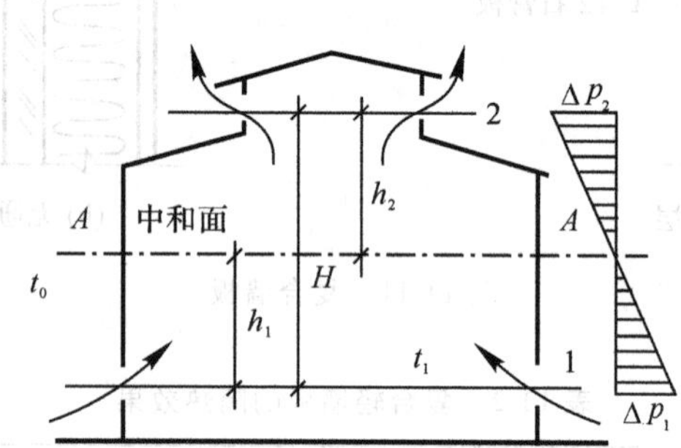

图11-12 在热压作用下的自然通风

风压作用是风作用在建筑物上而产生的风压差。如图11-13所示，当风吹到建筑物上时，在迎风面上，由于空气流动受阻，速度减少，使风的部分动能变为静压，亦即使建筑物迎风面上的压力大于大气压，在迎风面上形成正压区。在建筑物的背风面、屋顶和两侧，由于在气流曲绕过程中而形成空气稀薄现象，因此该处压力将小于大气压，形成负压区。如果建筑物上设有开口，气流就从正压区流向室内，再从室内向外流至负压区，形成室内的空气交换。

上述两种自然通风的动力因素，在一般情况下是同时并存的。从建筑降湿的角度来看，利用风压改善室内气候条件的效果较为显著。

房间要取得良好的自然通风，最好是使风穿堂入室直吹室内。假设将风向投射线与房屋墙面的法线的交角称为“风向投射角”，如图11-14所示的α角，如果是直吹室内，α角为0°。从室内通风来说，风向投射角愈小，对房间通风愈有利。但实际上在居住街坊中住宅一

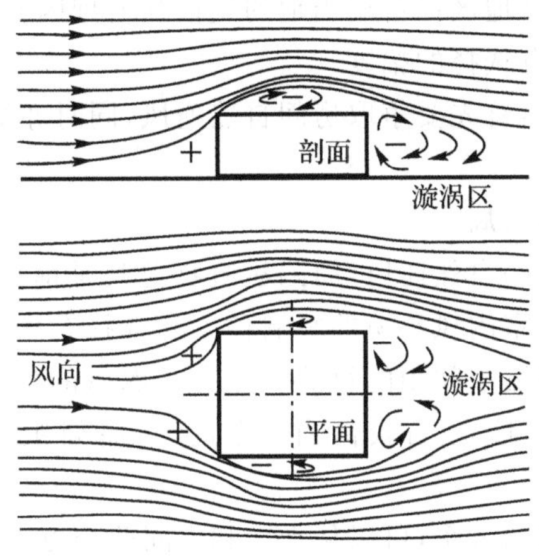

图 11-13 风吹到房屋上的气流状况

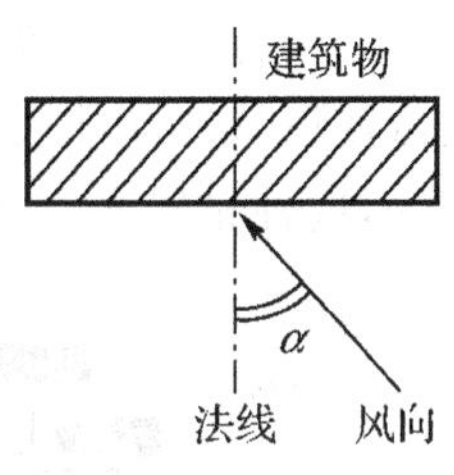

图 11-14 风向投射角

般不是单排的，大都是多排的。如果正吹，即风向投射角为0°时，屋后的漩涡区较大，为保证后一排房屋的通风，两排房屋的间距一般要求达到前幢建筑物高度的4～5倍。这样大的距离，用地又太多，在实际建筑设计中是难以采用的。当风向与建筑物的迎风面构成一个角度时，即有一定的风向投射角，这时风斜吹进室，对室内风的流场范围和风速都有影响。根据试验资料(见表11-3)可知当投射角从0°加大到60°时，风速降低了50%，使室内通风效果降低。但是，投射角愈大，屋后漩涡区的深度缩短愈多，有利于缩短间距、节约用地，因此要综合考虑。

表 11-3 风向投射角与流场的影响

风向投射角 α	室内风速降低值(%)	屋后旋涡区深度	风向投射角 α	室内风速降低值(%)	屋后旋涡区深度
0°	0	$3.75H$	45°	30	$1.5H$
30°	13	$3H$	60°	50	$1.5H$

在民用建筑和一般冷加工车间的设计中，保证房间的穿堂风，必须有进风口及出风口。房间所需要的穿堂风必须满足两个要求：一是气流路线应流经人的活动范围；另一是必须有必要的风速，最好能使室内风速达到0.3m/s以上。对于有大量余热和有害物质的生产车间，组织自然通风时，除保证必要的通风量外，还应保证气流的稳定性和气流线路短捷。

为了更好地组织自然通风，在建筑设计时应着重考虑下列问题：正确选择建筑的朝向和间距，合理地布置建筑群，选择合理的建筑平、剖面形式，合理地确定开口面积及位置、门窗装置的方法及通风的构造措施。

11.3.2 建筑朝向、间距与建筑群的布局

1. 建筑朝向的选择

为了组织好房间的自然通风，在朝向上应使房屋纵轴尽量垂直于夏季主导风向。夏季，我国大部分地区的主导风向都是南、偏南或东南，因此在传统建筑中朝向多偏南。从防辐射的角度看，也应将建筑物布置在偏南方向较好。事实上，在建筑规划中，不可能把建筑物都

安排在一个朝向,因此每一个地区可根据当地的气候和地理因素,选择本地区的合理的朝向范围,以利于在建筑设计时有选择的幅度。

房屋朝向选择的原则是:首先要争取房间自然通风,同时亦综合考虑防止太阳辐射以及防止夏季暴雨的袭击等。

2. 房屋的间距与建筑群布局

欲使建筑物中获得良好的自然通风,周围建筑物尤其是前幢建筑物的阻挡状况是决定因素。要根据风向投射角对室内风环境的影响程度来选择合理的间距,同时亦可结合建筑群体布局方式的改变以达到缩小间距的目的。综合考虑风的投射与房间风速、风流场和漩涡区的关系,选定投射角在45°左右较恰当。据此,房屋间距以1.3～1.5H(房屋高度)为宜。

建筑群布局和自然通风的关系,可以从平面和空间两个方面考虑。

一般建筑群的平面布局形式,主要有行列式、错列式、斜列式、周边式等几种,如图11-15所示。从通风的角度来看,错列、斜列较行列、周边为好。

当用行列式布置时,建筑群内部流场因风向投射角不同而有很大变化。错列式和斜列式可使风从斜向导入建筑群内部,有时亦可结合地形采用自由排列方式。周边式很难使风导入,这种布置方式只适于冬季寒冷地区。

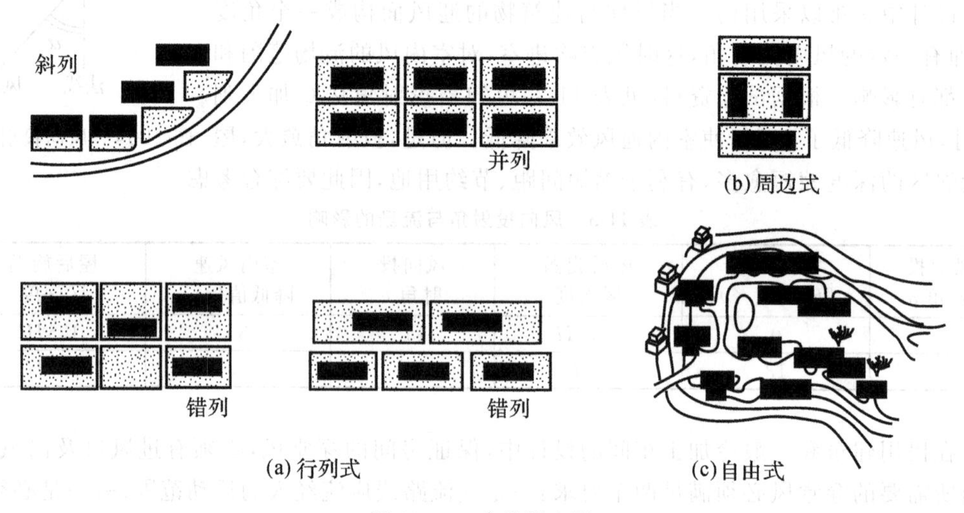

图 11-15 建筑群布置

建筑高度对自然通风也有很大的影响,高层建筑对室内通风有利,高低建筑物交错地排列也有利于自然通风。

3. 房间的开口和通风措施

研究房间开口的位置和面积,实际上就是解决室内能否获得一定的空气流速和室内流场是否均匀的问题。

进、出气口位置设在中央,气流直通,对室内气流分布较为有利,但设计上不容易做到。根据平面组合要求。往往把开口偏于一侧或设在墙上。这样就使气流导向一侧,室内部分区域产生涡流现象,风速减少,有的地方甚至无风。在竖向上,也有类似现象。图11-16说明开口位置与气流路线的关系。图中(a)、(b)为开口在中央和偏一边时的气流情况,(c)为设导板的情况。在建筑剖面上,开口高低与气流路线亦有密切关系。图 11-17 说明了这一关系。图中(a)、(b)为进气口中心在房屋中线以上的单层房屋剖面示意图,(a)是进气口顶上无挑檐,气流向上倾斜;(b)是进气口顶上有挑檐,气流则贴地面通过;(c)、(d)为进气口中心在房屋线以下的单层房屋剖面示意图,(c)做法气流贴地面通过;(d)做法则气流向上倾斜。

开口部分入口位置相同而出口位置不同时,室内气流速度亦有所变化,如图 11-18 所示。由图可知,出口在上部时,其出、入口及房间内部的风速,均相应地较出口在下部时减小一些。

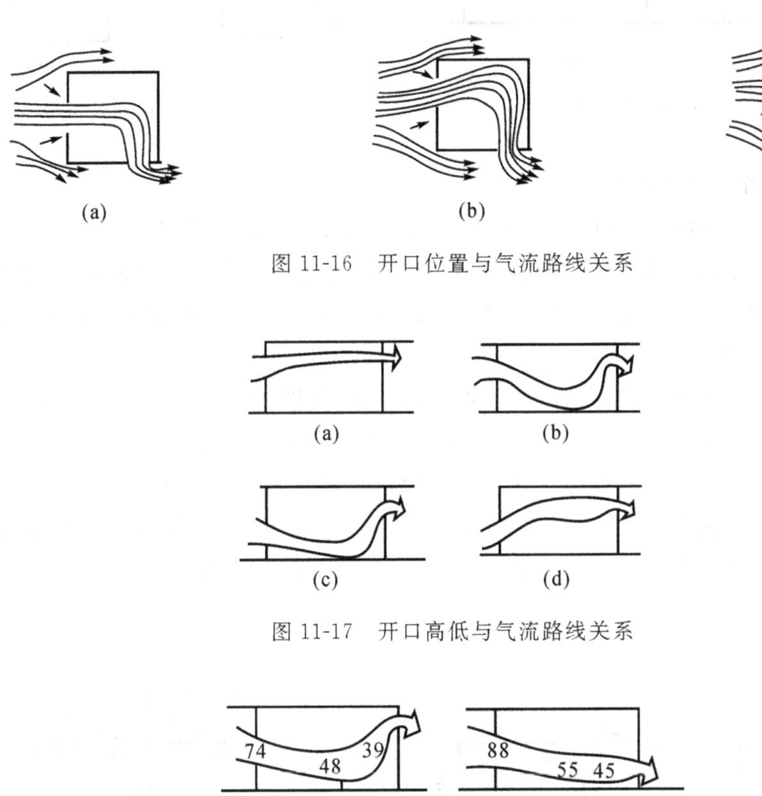

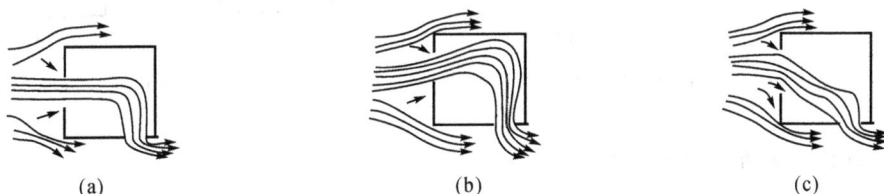

图 11-16　开口位置与气流路线关系

图 11-17　开口高低与气流路线关系

图 11-18　不同出口位置对气流速度的影响

在房间内纵墙的上、下部位做漏空隔断,或在纵墙上设置中轴旋转窗,可以调节室内气流,有利于房间较低部位的通风(见图 11-19)。

上述情况说明,要使室内通风满足使用要求,必须结合房间使用情况布置开口位置。

建筑物的开口面积是指对外敞开部分而言。对一个房间来说,只有门窗是开口部分。开口大,则流场较大。缩小开口面积,流速虽相对增加,但流场缩小,如图 11-20(a)、(b)所示。而图 11-20 中(c)、(d)说明流入与流出空气量相当,当入口大于出口时,在出口处空气流速最大;相反,则在入口处流速最小。因此,为了加大室内流速,应加大排气口面积。就单个房间而言,当进出气口面积相等时,开口面积愈大,进入室内的空气量愈多。

当扩大面积有一定限度时,进气口可以采用调节百页窗,以调节开口比,使室内流速增加或气流分布均匀。

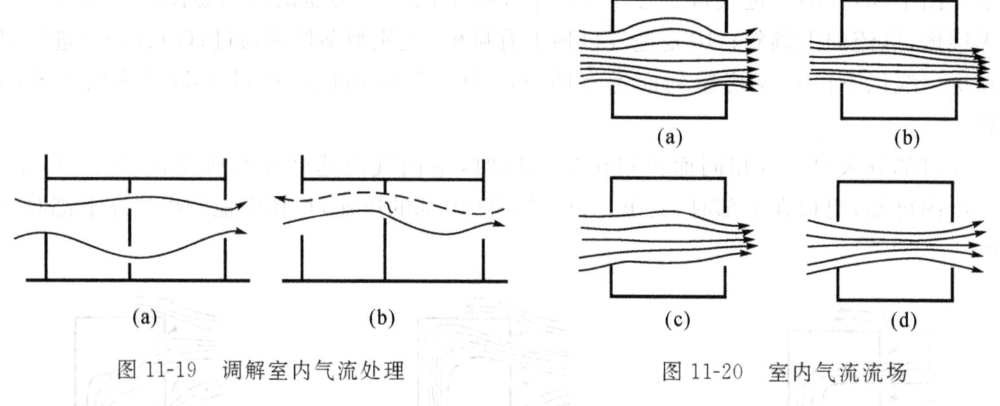

图 11-19 调解室内气流处理　　图 11-20 室内气流流场

4. 门窗装置和通风构造措施

门窗装置方法对室内自然通风的影响很大，窗扇的开启有挡风或导风作用。装置得当，则能增强通风效果。图 11-21(c)为进气口设置挡板后气流示意图。当风向投射角较小时，挡板使气流有轻微减少；而当投射角增大时，挡板不但能改变气流流向，将气流导入室内，而且气流量也有一定增加。

檐口挑出过小而窗的位置很高时，风很难进入室内(见图 11-21(a))，加大挑檐宽度能导风入室，但室内流场靠近上方(见图 11-21(b))。如果再用内开悬窗导流，使气流向下通过，有利于工作面的通风(见图 11-21(c))，它接近于窗位较低时的通风效果(见图 11-21(d))。

一般建筑设计中，窗扇常向外开启成 90°角。这种开启方法，当风向入射角较大时，使风受到很大的阻挡(见图 11-22(a))；如增大开启角度，可改善室内的通风效果(见图 11-22(b))。

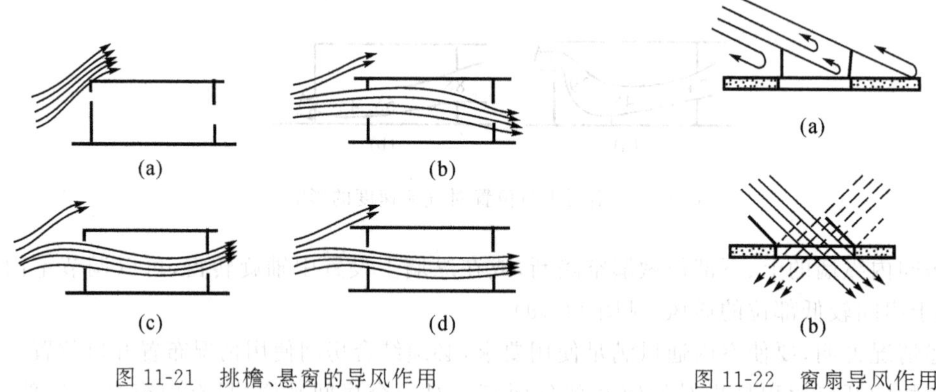

图 11-21 挑檐、悬窗的导风作用　　图 11-22 窗扇导风作用

中轴旋转窗扇开启角度可以任意调节，必要时还可以拿掉、导风效果好，可以使进气量增加。

5. 利用绿化改变气流状况

建筑物周围的绿化，不仅对降低周围空气温度和太阳辐射的影响有显著作用，当安排合理时，也能改变房屋的通风状况。成片绿化起阻挡或导流作用，可改变房屋周围和内部的气流场。图 11-23(a)所示是利用绿化布置导引气流进入室内的情况,图 11-23(b)所示是利用高低树木的配置从垂直方向导引气流流入室内的情况。

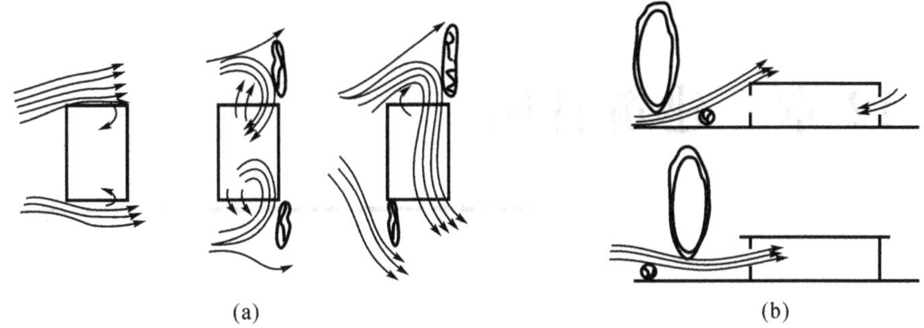

(a)　　(b)

图 11-23　绿化导风作用

6. 建筑平面布置与剖面处理基本原则

建筑平面与剖面设计,除满足使用要求外,应尽量做到有较好的自然通风,基本原则如下:

(1)建筑布局采用交错排列或前低后高,或前后逐层加高的布置。

(2)正确选择平面的组合形式,主要使用漏空隔断、屏门、推窗、格窗、旋窗等;在屋顶上设置撑开式或拉动式天窗扇,水平或垂直翻转的老虎窗等,都可以起导风、透风的作用。

(3)利用天井、楼梯间等增加建筑物内部的开口面积,并利用这些开口引导气流,组织自然通风。

(4)开口位置的布置应使室内流场分布均匀。

(5)改进门窗及其他构造,使其有利于导风、排风和调节风量、风速等。

复习思考题

1. 造成室内过热的主要原因是什么? 防止室内过热的途径有哪些?
2. 外围护结构隔热有哪些主要措施,试简要说明。
3. 为提高封闭间层的隔热能力应采取什么措施?
4. 建筑设计中合理地组织自然通风应注意哪些问题?

第 12 章　建筑日照

学习目标：了解日照的基本原理，地球运行基本知识，遮阳的种类及其特点。基本掌握太阳高度角和方位角的确定，地方时与标准时，棒影日照图的基本原理及制作，用棒影日照图确定建筑阴影区。掌握日照间距的确定，窗口遮阳的计算。

12.1　日照的基本原理

日照就是物体表面被太阳光直接照射的现象。日照时数，是指太阳照射的时数。日照率，是指实际日照时数与同时间内（如年、月、日等）的最大可照时数的百分比。同一纬度的最大可照时数是相同的，但因各地云量及其遮挡太阳时间的不同，实际的日照时数是有差异的。

在建筑日照设计时，应考虑日照时间、面积及其变化范围，以保证必需的日照，或避免阳光过量射入造成室内过热。

建筑日照设计的主要目的，是根据建筑物的不同使用要求采取措施，使房间内部获得适当的光照，并防止过量的太阳直射光。

12.1.1　地球运行基本知识

地球按一定的轨道绕太阳的运动，称为“公转”。地球公转一周的时间为一年。地球公转的轨道平面叫“黄道面”。由于地轴是倾斜的，它与黄道面约成 66°33′的交角。在公转运行中，这个交角和地轴的倾斜方向都是固定不变的。这样就使太阳光线直射的范围在南北纬 23°27′之间作周期性变动，从而形成了春夏秋冬四季。图 12-1 表示地球绕太阳运行一周的行程。

通过地心并和地轴垂直的平面与地球表面相交而成的圆，就是赤道。为说明地球在公转中阳光直射地球的变动范围，可用所谓太阳赤纬角 δ，即太阳光线与地球赤道面所夹的圆心角来表示。它是表示不同季节的一个数值。赤纬角从赤道面算起，向北为正，向南为负。

在地球绕太阳一年的公转行程中，不同季节有不同的太阳赤纬角。全年主要季节的太阳赤纬角 δ 值见表 12-1。

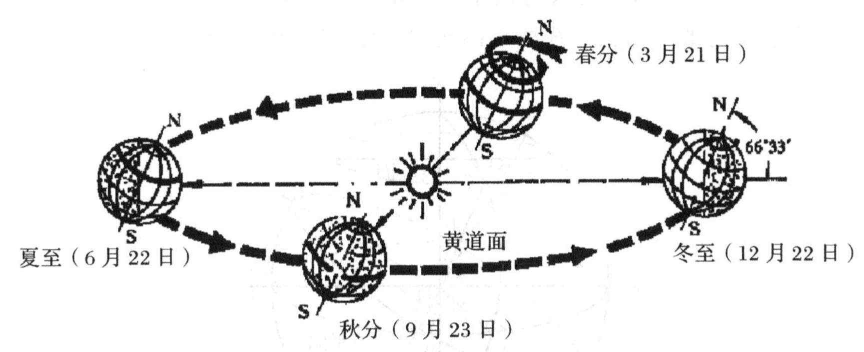

图 12-1 地球绕太阳运行图

表 12-1 主要季节的太阳赤纬角 δ 值

季 节	日 期	赤纬 δ	日 期	季 节
夏至	6 月 21 日或 22 日	+23°27′		
小满	5 月 21 日左右	+20°00′	7 月 21 日左右	大暑
立夏	5 月 6 日左右	+15°00′	8 月 8 日左右	立秋
谷雨	4 月 21 日左右	+11°00′	8 月 21 日左右	处暑
春分	3 月 21 日或 22 日	0°	9 月 22 日或 23 日	秋分
雨水	2 月 21 日左右	−11°00′	10 月 21 日左右	霜降
立春	2 月 4 日左右	−15°00′	11 月 7 日左右	立冬
大寒	1 月 21 日左右	−20°00′	11 月 21 日左右	小雪
		−23°27′	12 月 22 日或 23 日	冬至

图 12-2 表示阳光直射地球的变动范围，说明地球以太阳为中心的运行情况。

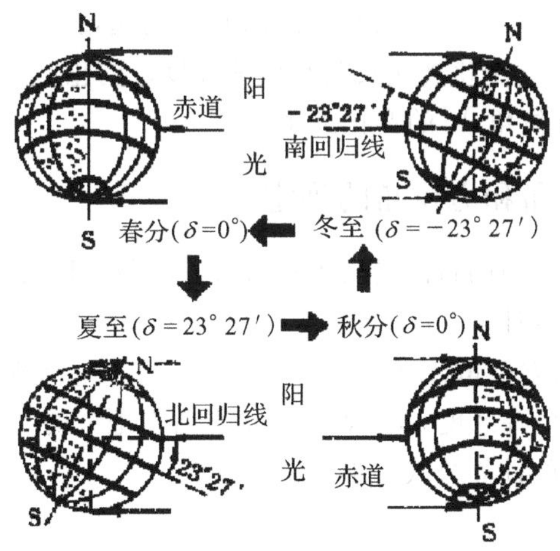

图 12-2 太阳直射地球的范围

在地平面上某一观察点观察太阳在天空中的位置，常用地平坐标，以太阳高度角和方位角来表示，如图 12-3 所示。太阳光线与地平面间的夹角 h_s，称为“太阳高度角”。太阳光线在地平面上的投射线与地平面正南线所夹的角 A_s，称为“太阳方位角”。

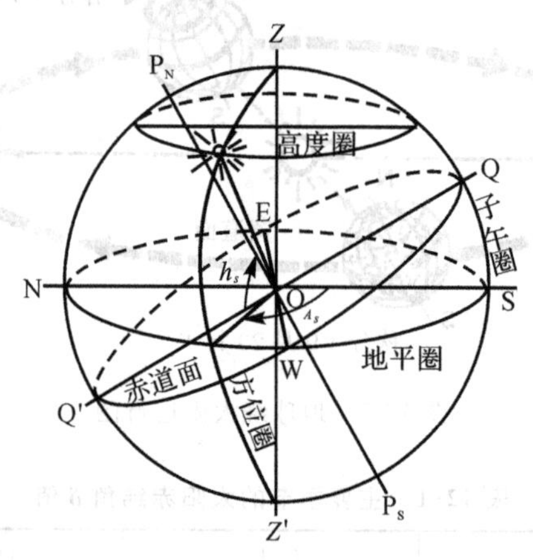

图 12-3 用高度角和方位角表示太阳的位置

任何地区，在日出、日落时，太阳高度角为零，一天中，正午即指当地时间 12 点的时候，太阳高度角最大，此时太阳位于正南。太阳方位角，以正南点为零，顺时针方向的角度为正值，表示太阳位于下午的范围；反时针方向的角度为负值，表示太阳位于上午的范围。任何一天，上、下午太阳的位置对称于中午，例如下午 3 点 15 分对称于上午 8 点 45 分，太阳高度角和方位角的数值相同，只是方位角的符号相反而已。任何一天中午 12 点的太阳与春、秋分中午 12 点太阳光线的夹角，即为该天的太阳赤纬角 δ 值。在一年中，太阳每天所走的轨道平面对称于夏至或冬至。

地球自转一周为一天，即 24h，不同的时间有不同的时角。根据观察点在地球上所处的位置不同，即地理纬度 φ 值不同，在各季节和各小时，从观察点看太阳在天空的位置都不相同。

日地运行是有其特定规律的。要研究日照的有关问题，就必须首先了解日地的运行规律，掌握赤纬角 δ 与时角 Ω 的变化规律及其与地埋纬度 φ 的相互关系，以及由它们所决定的各地的太阳高度角 h_s 和方位角 A_s 的变化关系。

12.1.2 太阳高度角和方位角的确定

确定太阳高度角和方位角的目的是为了进行日照时数、日照面积、房屋朝向和间距以及房屋周围阴影区范围等的设计。

影响太阳高度角 h_s 和方位角 A_s 的因素有三：赤纬角 δ，它表明季节（即日期）的变化；时角 Ω，它表明时间的变化；地理纬度 φ，它表明观察点所在地方的差异。

太阳高度角和方位角的计算公式如下：

1. 求太阳高度角 h_s

$$\sin h_s = \sin\varphi\sin\delta + \cos\varphi\cos\delta\cos\Omega \tag{12-1}$$

式中：h_s——太阳高度角，(°)；

φ——地理纬度，(°)；

δ——赤纬，(°)；

Ω——时角，(°)。

2. 求太阳方位角 A_s

$$\cos A_s=\frac{\sin h_s \sin\varphi-\sin\delta}{\cos h_s \cos\varphi} \tag{12-2}$$

式中：A_s——太阳方位角，单位为度(°)

3. 求日出、日没的时间和方位角

因日出、日没时 $h_s=0$，代入式(12-1)和式(12-2)得

$$\cos\Omega=-\mathrm{tg}\varphi\mathrm{tg}\delta \tag{12-3}$$

$$\cos A_s=\frac{\sin\delta}{\cos\varphi} \tag{12-4}$$

4. 求中午的太阳高度角

以 $\Omega=0$ 代入式(12-1)得

当 $\varphi>\delta$ 时，$h_s=90-(\varphi-\delta)$　(12-5)

当 $\delta>\varphi$ 时，$h_s=90-(\delta-\varphi)$　(12-6)

12.1.3　地方时与标准时

日照设计所用的时间均为地方平均太阳时，它与日常钟表所指示的标准时之间，往往有一差值，故需加以换算。所谓标准时间，是各个国家按所处地理位置的某一范围，划定所有地区的时间以某一中心子午线的时间为标准时。我国标准时间是以东经 120°为依据作为北京时间的标准。1884 年经过国际协议，以穿过伦敦当时的格林尼治天文台的经线为初经线，或称本初子午线。本初经线是经度的零度线，由此向东和向西，各分为 180°，称为东经和西经。

根据天文学公式，精确的地方太阳时与标准时之间的转换关系为

$$T_0=T_m+4(L_0-L_m)+E_p \tag{12-7}$$

式中：T_m——地方平均太阳时，(h:min)；

L_0——标准时间子午圈所处的经度，(°)；

L_m——地方时间子午圈所处的经度，(°)；

E_p——均时差，(min)；

$4(L_0-L_m)$——时差，(min)。

E_p 是基于下述原因的一个修正系数。地球绕太阳公转的轨道不是一个圆，而是一个椭圆，而且地轴是倾斜于黄道面运行，致使一年中太阳时的量值不断变化，故需加以修正。E_p 值变化的范围是从 -16min 到 $+14$min 之间。考虑到日照设计中所用的时间不需要那样精确，为简化起见，修正值 E_p 一般可忽略不计，而近似地按下列关系式换算地方时与标准时：

$$T_0=T_m+4(L_0-L_m) \tag{12-8}$$

经度差前面的系数 4 是这样确定的：地球绕其地轴自转一周为 24 小时，地球的经度分为 360°，所以，每转过经度 1°为 4 分钟。地方位置在中心经度线以西时，经度每差 1°要减 4 分钟；位置在中心经度线以东时，经度每差 1°要加上 4 分钟。

【例 12-1】　求广州地区地方平均太阳时 12 点钟相当于北京标准时几点几分？

【解】 已知北京标准时间子午圈所处的经度为东经 120°广州所处的经度为东经 113°19′。

按式(12-8)

$$\begin{aligned} T_0 &= T_m + 4(L_0 - L_m) \\ &= 12 + 4(120° - 113°19') \\ &= 12\text{ 时 }27\text{ 分} \end{aligned}$$

所以，广州地区地方平均太阳时 12 点钟，相当于北京标准时间 12 时 27 分，两地时差为 27 分。

12.2 日照间距的确定

求解日照问题的方法，有计算法、图解法和模型试验等。现介绍一种作图法——棒影图法。

12.2.1 棒影日照图的基本原理及制作

设在地面上 O 点立一任意高度 H 的垂直棒，在已知某时刻的太阳方位角和高度角的情况下，太阳照射棒的顶端 a 在地面上的投影为 a'，则棒影 oa' 的长度 $H' = H\ \coth_s$，这是棒与影的基本关系(见图 12-4(a))。

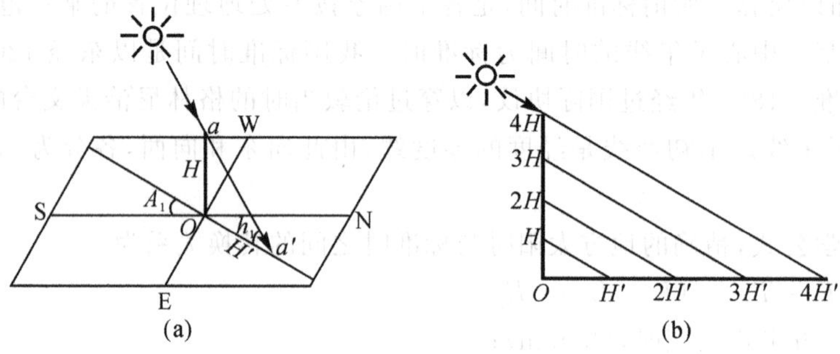

图 12-4 棒与影的关系

由于建筑物高度有不同，根据上述棒与影的关系式，当 $\coth_s$ 不变时，H'与 H 成正比例变化。若把 H 作为一个单位高度，则可求出其单位影长 H'。若棒高由 H 增加到 $2H$，则影长亦增加到 $2H'$，等等(见图 12-4(b))。

利用上述原理，可求出一天的棒影变化范围。例如，已知春分、秋分日的太阳高度角和方位角，可绘出其棒影轨迹图(见图 12-5)。图中棒的顶点 a 在每一时刻如 10，12，14 点的落影 a'_{10}，a'_{12}，a'_{14}，将这些点连成一条一条的轨迹线，即表示所截取的不同高度的棒端落影的轨迹图，放射线表示棒在某时刻的落影方位角线。oa'_{10}，a'_{12}，a'_{14}，则是相应时刻的棒影长度，也表示其相应的时间线。上述的内容就构成了棒影日照图。

所以棒影日照图实际上表示了下列两个内容：

(1)位于观察点之直棒在某一时刻的影的长度 H'(即 oa')及方位角(A'_s)。

(2)某一时刻太阳的高度角 h_s 及方位角 A_s，即根据同一时刻影的长度和方位角的数据

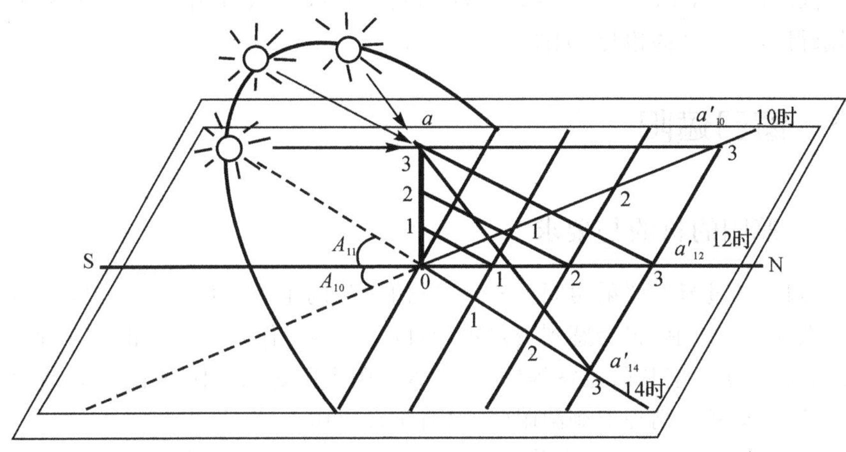

图 12-5　春分、秋分的棒影轨迹

由下式确定：

$$A_s = A'_s - 180°;\ \mathrm{ctg}h_s = oa'/H$$

12.2.2　用棒影日照图确定建筑阴影区

试求北纬 40°地区一幢 20m 高，平面呈 U 形，开口部分朝北的平屋顶建筑物（见图 12-6），在夏至上午 10 点，在周围地面上的阴影区。

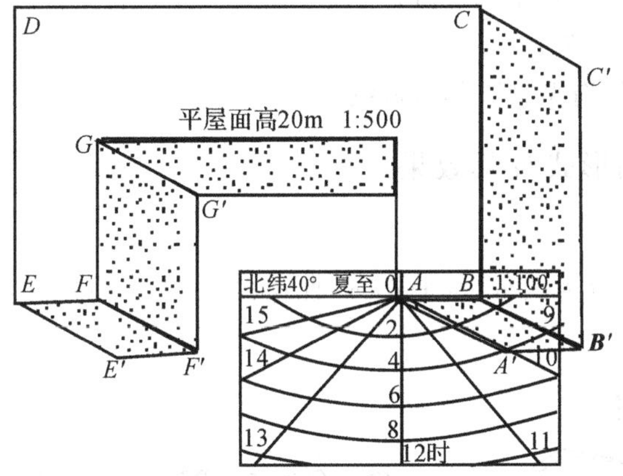

图 12-6　建筑物阴影区的确定

首先将绘于透明纸上的平屋顶房屋的平面图覆盖于棒影图上，使平面上欲求之 A 点与棒图上的 0 点重合，并使两图的指北针方向一致。平面图的比例最好与棒影比例一致，较为简单。但亦可以随意，当比例不同时，要注意在棒影图上影长的折算。例如选用 1∶100 时，棒高 1cm 代表 1m；选用 1∶500 时，棒高 1cm 代表 5m，其余类推。如平面图上 A 为房屋右翼北向屋檐的一端，高度为 20m。则它在这一时刻之影就应该落在 10 点这根射线的 4cm 点 A'处（建筑图比例为 1∶500，故棒高 4cm 代表 20m），连接 AA'线即为建筑物过 A 处外墙角的影。

用相同的方法将 B、C、F、G 诸点依次在 0 点上，可求出它们的阴影 B'、C'、E'、G'，根据房屋的形状依次连接 $AA'B'C'C$ 和 $EE'F'G'$ 所得的连线并从 G' 作与房屋东西向边平行的平行线，即求得房屋影区的边界，如图 12-6 所示。

12.3 窗口遮阳

12.3.1 遮阳的目的与要求

在夏季，阳光透过窗口照射房间，是造成室内过热的重要原因。当室温较高时，如果人体再受到阳光的直接照射，将会感到炎热难受，以致影响工作和学习的正常进行。

在车间、教室、实验室和阅览室等房间中，直射阳光照射到工作面上，会造成较高的亮度而产生眩光，这种暗光会剧烈地刺激眼睛，妨碍正常工作。

在某些轻工和化工车间以及在陈列室、商店橱窗和书库等房间中，直射阳光中的紫外线照射，往往使物品、书刊褪色、变质以致损坏。

在上述情况下，一般应采取遮阳措施。遮阳是为了防止过多直射阳光直接照射房间的一种建筑构件。设计窗口遮阳时，应满足下列要求：

(1)夏天防止日照，冬天不影响必需的房间日照；

(2)晴无遮挡直射阳光，阴天保证房间有足够的照度；

(3)减少遮阳构造的挡风作用，最好还能起导风入室的作用；

(4)能兼作防雨构件，并避免雨天影响通风；

(5)不阻挡从窗口向外眺望的视野；

(6)构造简单，经济耐久；

(7)必须注意与建筑造型处理的协调统一。

12.3.2 遮阳的形式及其效果

1. 遮阳的形式

遮阳的基本形式可分为四种：水平式、垂直式、综合式和挡板式，分别如图 12-7 中(a)、(b)、(c)、(d)所示。

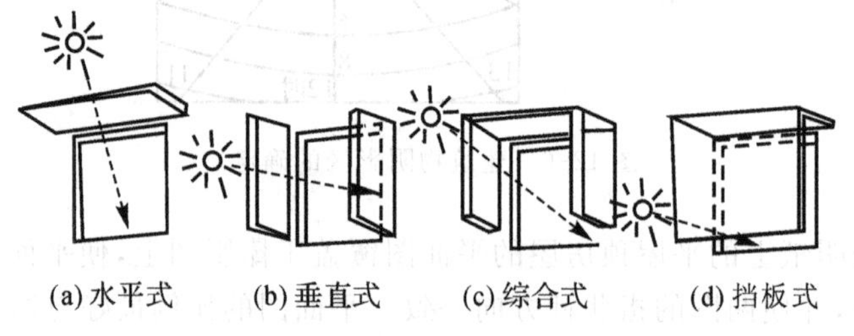

图 12-7 遮阳的基本形式

(1)水平式遮阳。这种形式的遮阳能够有效地遮挡高度角较大的、从窗口上方投射下来的阳光。故它适用于接近南向的窗口，或北回归线以南低纬度地区的北向附近的窗口。

(2)垂直式遮阳。这种形式能够有效地遮挡太阳高度角较小从窗侧向斜射过来的直射阳光。故主要适用于东北、北和西北向附近的窗口。

(3)综合式遮阳。综合式遮阳能够有效地遮挡高度角中等的,从窗前斜射下来的阳光,遮阳效果比较均匀。故它主要适用于东南或西南向附近的窗口。

(4)挡板式遮阳这种形式的遮阳能够有效地遮挡高度角较小的、正射窗口的阳光。故它主要适用于东、西向附近的窗口。

2. 遮阳形式的选择与构造设计

(1)遮阳形式的选择

遮阳形式的选择,应从地区气候特点和朝向来考虑。冬冷夏热和冬季较长的地区,宜采用竹帘、软百叶、布蓬等临时性轻便遮阳。冬冷夏热和冬、夏时间长短相近的地区,宜采用可拆除的活动式遮阳。对冬暖夏热地区,一般以采用固定的遮阳设施为宜,尤以活动式较为优越。活动式遮阳多采用铝板,因其质轻,不易腐蚀,且表面光滑,反射太阳辐射的性能较好。

对需要遮阳的地区,一般都可以利用绿化和结合建筑构件的处理来解决遮阳问题。结合构件处理的手法,常见的有加宽挑檐、设置百叶挑檐、外廊、凹廊、阳台、旋窗等。利用绿化遮阳是一种经济而有效的措施,特别适用于低层建筑,或在窗外种植蔓藤植物,或在窗外一定距离种树。根据不同朝向的窗口选择适宜的树形很重要,且按照树木的直径和高度,根据窗口需遮阳时的太阳方位角和高度角来正确选择树种和树形及确定树的种植位置。树的位置除满足遮阳的要求外,还要尽量减少对通风、采光和视线的影响。

对于多层民用建筑(特别是在夏热冬暖地区的),以及终年需要遮阳的特殊房间,就需要专门设置各种类型的遮阳设施。根据窗口不同朝向来选择适宜的遮阳形式,这是设计中值得注意的问题。

(2)遮阳的构造设计

如前所述,遮阳的效果除与遮阳形式有关外,还与构造处理、安装位置、材料与颜色等因素有很大关系。现就这些问题简单介绍如下。

1)遮阳的板面组合与构造。遮阳板在满足阻挡直射阳光的前提下,设计者可以考虑不同的板面组合,而选择对通风、采光、视野、构造和立面处理等要求更为有利的形式。图12-8表示水平式遮阳的不同板面组合形式。

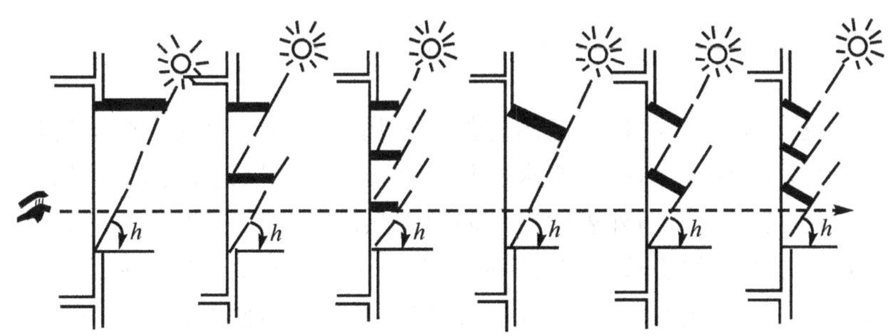

图 12-8　遮阳板面组合形式

为了便于热空气的逸散,并减少对通风、采光的影响,通常将板面做成百叶的(图 12-9(a));或部分做成百叶的(图 12-9(b));或中间层做成百叶的,而顶层做成实体,并在前面加吸热玻璃挡板的(图 12-9(c));后一种做法对隔热、通风、采光、防雨都比较有利。

2)遮阳板的安装位置。遮阳板的安装位置对防热和通风的影响很大。例如将板面紧靠

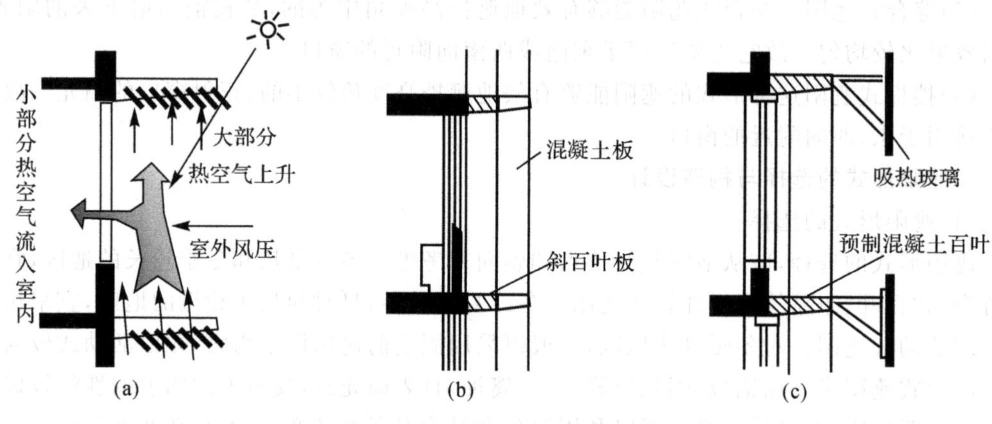

图 12-9 遮阳板面构造形式

墙布置时，由受热表面上升的热空气将由室外空气导入室内。这种情况对综合式遮阳更为严重，如图 12-10(a)所示。为了克服这个缺点，板面应离开墙面一定距离安装，以使大部分热空气沿墙面排走，如图 12-10(b)所示，且应使遮阳板尽可能减少挡风，最好还能兼起导风入室作用。装在窗口内侧的布帘、百叶等遮阳设施，其所吸收的太阳辐射热，大部分将散发给室内空气(图 12-10(c))。如果装在外侧，则所吸收的辐射热，大部分将散发给室外空气，从而减少对室内温度的影响(图 12-10(d))。

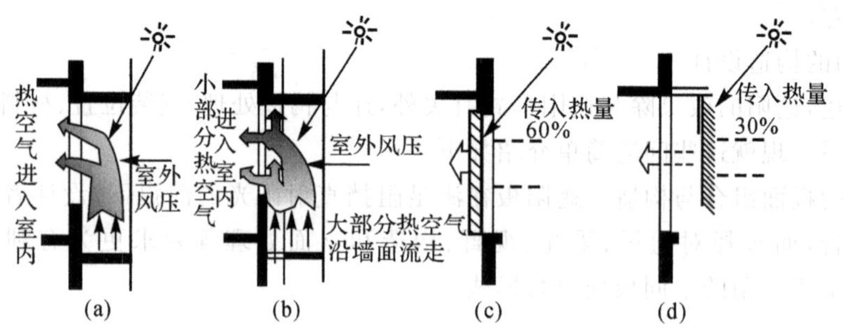

图 12-10 遮阳安装位置

3)材料与颜色。为了减轻自重，遮阳构件以采用轻质材料为宜。遮阳构件又经常暴露在室外，受日晒雨淋，容易损坏，因此要求材料坚固耐久。如果遮阳是活动式的，则要求轻便灵活，以便调节或拆除。材料的外表面对太阳辐射热的吸收系数要小；内表面的辐射系数也要小。设计时可根据上述的要求并结合实际情况来选择适宜的遮阳材料。

遮阳构件的颜色对隔热效果也有影响。以安装在窗口内侧的百叶为例，暗色、中间色和白色的对太阳辐射热透过的百分比分别为 86%、74%、62%，白色的比暗色的要减少 24%。为了加强表面的反射，减少吸收，遮阳板朝向阳光的一面，应涂以浅色发亮的油漆，而在背阳光的一面，应涂以较暗的无光泽油漆，以避免产生眩光。

有时，不专门在窗口设置遮阳，也可在转动的窗扇上安装吸热玻璃、磨砂玻璃、有色玻璃、贴遮阳膜等。所有这些做法，在不同程度上会减少透过窗口的辐射热量，收到一定的防热效果；但也会减少窗口的透光量，对房间的采光有所影响。

4)活动遮阳。活动遮阳的材料,过去多采用木百叶转动窗,现在多用铝合金、塑料制品、玻璃钢吸热玻璃等,如图 12-11 所示。

活动遮阳板的调节方式有手动、机动和遥控等几种。

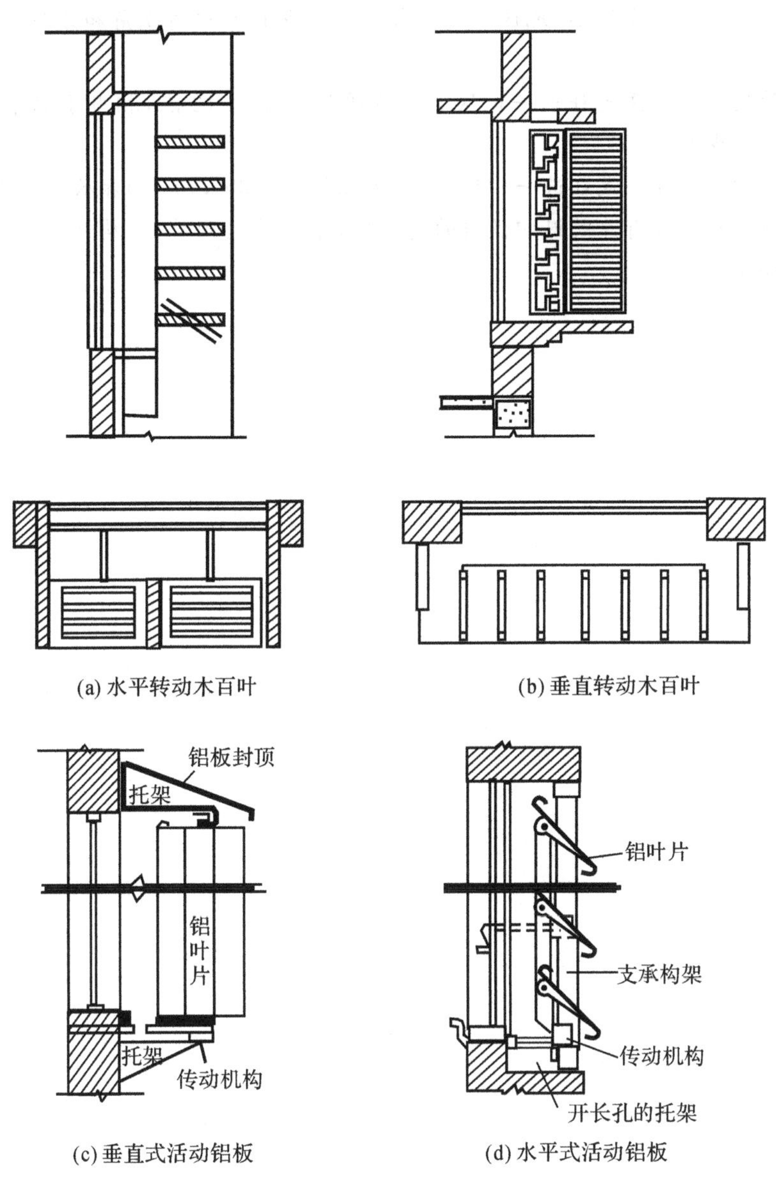

(a) 水平转动木百叶　(b) 垂直转动木百叶

(c) 垂直式活动铝板　(d) 水平式活动铝板

图 12-11　活动遮阳

复习思考题

1. 用计算法计算出北纬 40°地区 4 月下旬下午 3 点的太阳高度角和方位角，日出、日没时刻和方位角。

2. 试求学校所在地区或任选一地区的地方平均太阳的 12 点，相当于北京标准时间多少？两地时差多少？

3. 试绘制学校所在地或任选一纬度地区（如北纬 30°，35°，45°等）春秋分的棒影日照图。

4. 考察当地几幢具有建筑遮阳设施的建筑物，了解其遮阳特性、构造情况及实际效果，并适当加以评述。

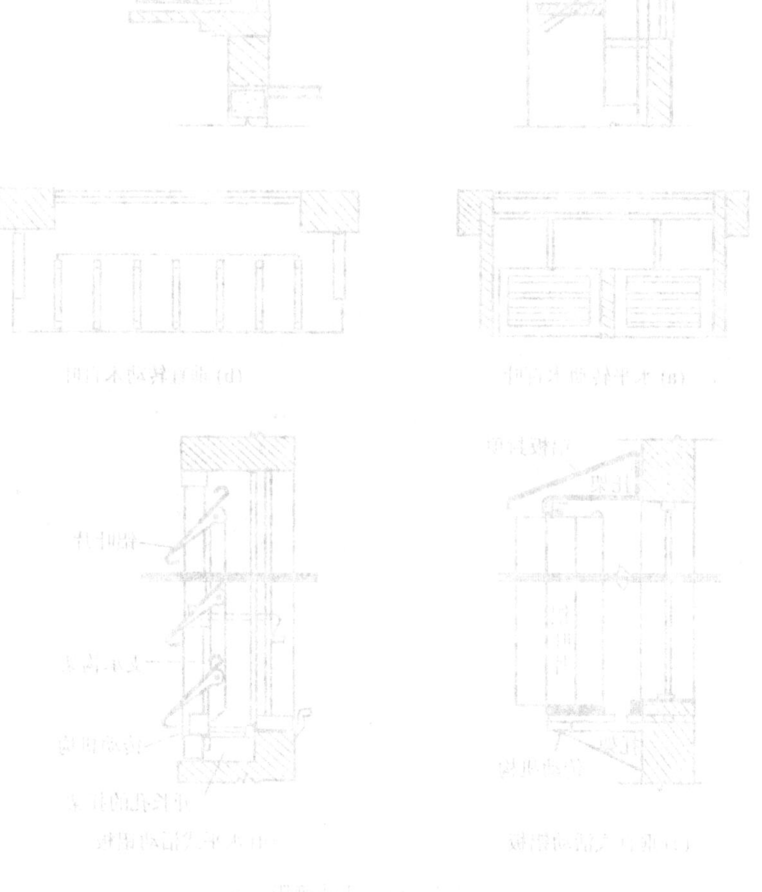

附　录

附录1　常用材料吸声系数和吸声单位

材料及其安装情况	吸声系数 α					
	125Hz	250Hz	500Hz	1000Hz	2000Hz	4000Hz
清水砖墙	0.05	0.04	0.02	0.04	0.05	0.05
砖墙上抹灰(光面)	0.024	0.027	0.03	0.037	0.036	0.034
抹灰拉毛，面涂漆	0.04	0.04	0.07	0.024	0.09	0.05
木板墙(紧贴实墙)	0.05	0.06	0.06	0.10	0.10	0.10
纤维板厚1.25cm(紧贴实墙)	0.05	0.10	0.15	0.25	0.30	0.30
同上，表面涂漆	0.05	0.10	0.10	0.10	0.10	0.15
三夹板后空气层为5cm，龙骨间距50cm×50cm	0.206	0.737	0.214	0.104	0.082	0.117
同上，空气层中填矿棉($8kg/m^2$)	0.367	0.571	0.279	0.118	0.093	0.116
三夹板后空气层为10cm，龙骨间距为50cm×45cm	0.597	0.382	0.181	0.05	0.041	0.082
五夹板后空气层为10cm，龙骨间距50cm×45cm，涂三道油	0.199	0.10	0.125	0.057	0.062	0.191
三夹板穿孔(ϕ5mm)孔距4cm，后空气层为10cm，板背后贴一层龙头细布，板后填矿棉($8kg/m^2$)	0.673	0.731	0.507	0.287	0.191	0.166
木丝板(厚3cm)后空10cm，龙骨间距45cm×45cm	0.09	0.36	0.62	0.53	0.71	0.87
同上，后空5cm	0.05	0.30	0.81	0.63	0.70	0.91
聚氨酯泡沫塑料，厚2cm	0.055	0.067	0.16	0.51	0.84	0.65
同上，厚4cm	0.12	0.22	0.57	0.77	0.77	0.76
丝绒幕($0.65kg/m^2$)，离墙10cm	0.06	0.27	0.44	0.50	0.40	0.35
同上，离墙20cm悬挂	0.08	0.29	0.44	0.50	0.40	0.35
玻璃(紧贴实墙)	0.01		0.01		0.02	
玻璃窗扇(125cm×35cm)，玻璃厚3mm	0.35	0.25	0.18	0.12	0.07	0.04
同上，玻璃厚6mm	0.01		0.04		0.02	

续表

材料及其安装情况	吸声系数 α					
	125Hz	250Hz	500Hz	1000Hz	2000Hz	4000Hz
通风口及类似物、舞台开口	0.16	0.20	0.30	0.35	0.29	0.31
普通抹灰吊顶(上有大空间)	0.20		0.10		0.04	
钢丝网抹灰吊顶(厚 5cm)	0.08	0.06	0.05	0.04	0.04	0.04
加玻璃纤维筋的塑料反射板(厚 1.5mm,吊在空中)	0.45	0.23	0.10	0.37	0.37	0.37
光面混凝土(厚 10cm 以上)	0.01	0.01	0.02	0.02	0.02	0.03
木地板(有龙骨架空)	0.15	0.11	0.10	0.07	0.06	0.07
毛地毯厚 1.1cm,铺在混凝土上	0.12	0.10	0.28	0.42	0.21	0.33
橡皮地毯厚 5mm,铺在混凝土上	0.04	0.04	0.08	0.12	0.03	0.10
听众席(包括听众、乐队所占地面,加周边宽 1m 的走道)	0.52	0.68	0.85	0.97	0.93	0.85
空听众席(条件同上,座椅为软垫的)	0.44	0.60	0.77	0.89	0.82	0.70
听众(坐在软垫椅上,按每人计算)	0.19	0.40	0.47	0.47	0.51	0.47
软垫座椅(每个)	0.12		0.28		0.32	0.37
乐队队员带着乐器(坐在椅子上,每人)	0.38	0.79	1.07	1.30	1.21	1.12
听众(坐在硬垫椅上,每人)	0.27	0.21	0.37	0.46	0.54	0.46
木板硬座椅(每个)	0.07	0.03	0.08	0.10	0.08	0.11

附录 2 常用建筑围护结构的隔声指标

(a)一些围护结构的空气声隔声量(dB)

构造情况	面密度 (kg/m^2)	倍频带中心频率(Hz)						平均隔声量 (dB)
		125	250	500	1000	2000	4000	
60mm 厚砖墙双面抹灰	160	26	30	30	34	41	40	32
120mm 厚砖墙双面抹灰	240	37	34	41	48	55	53	45
240mm 厚砖墙双面抹灰	480	42	43	49	57	64	62	53
370mm 厚砖墙双面抹灰	700	40	48	52	60	63	60	53
490mm 厚砖墙双面抹灰	833	45	58	61	65	66	68	61
100mm 厚钢筋混凝土板	250	40	40	44	50	55	60	48
140mm 厚陶粒混凝土板墙	238	32	31	40	43	49	56	42
150mm 厚加气混凝土墙,双面抹灰	140	29	36	39	46	54	55	43
200mm 厚硅酸盐砌块墙	450	35	41	49	51	58	60	49
200mm 厚焦渣空心砖墙两面各抹 10mm 厚砂子灰	270	33	38	41	46	53	52	43
5mm 厚胶合板	4	13	17	21	25	28	26	22
240mm 厚空斗砖墙,双面抹灰	298	21	22	31	33	42	46	31
60mm 厚砖墙外粉刷,60mm 厚空气间层,60mm 厚砖墙外粉刷	258	25	28	33	47	50	47	38
120mm 厚砖墙外粉刷,20mm 厚空气间层,120mm 厚砖墙外粉刷	484	28	31	33	43	45	46	38

续表

构造情况	面密度(kg/m²)	倍频带中心频率(Hz)						平均隔声量(dB)
		125	250	500	1000	2000	4000	
120mm 厚砖墙外粉刷,300mm 厚空气间层,240mm 厚砖墙外粉刷	720	37	45	47	67	66	78	56
75mm 厚加气混凝土,75mm 厚空气间层,75mm 厚加气混凝土	140	39	49	50	56	66	69	55
两侧各双层 12mm 厚石膏板固定在钢龙骨上,中空 75mm 填超细玻璃棉	48	30	45	50	55	58	60	49
1.5mm 厚钢板,中空 65mm 填超细玻璃棉,1.5mm 厚钢板	27	32	41	49	56	62	66	51
1mm 厚钢板,中空 80mm 填超细玻璃棉,5mm 厚纤维板	16.3	28	41	50	57	58	59	48
15mm 厚钢丝网抹灰,50mm 厚空腔填矿棉,15mm 厚钢丝网抹灰	94.6	27	31	37	43	45	50	38

(b)一些门窗的空气隔声量

构造情况	倍频带中心频率(Hz)						平均隔声量(dB)
	125	250	500	1000	2000	4000	
普通胶合板门,扇厚 50mm	20	18.5	24	22	22.2	27.7	20.4
层板门(内填矿棉毡),门周边有橡皮压紧垫	28	28	32	34	32	32	31
3mm 厚钢板,56mm 厚玻璃棉,13mm 厚甘蔗板,116mm 厚空气层,13mm 厚甘蔗板,56mm 厚玻璃棉,3mm 厚钢板,充气带密缝	37	40	63	64	68	84	57.7
3mm 厚玻璃平开木窗	20	21.5	20	21	23.5	24.5	21.8
6mm 厚玻璃固定木窗	24.9	26.3	30.5	34.3	27.8	37.7	30.3
5mm 厚玻璃合金推拉窗,尼龙毛刷条压缝	20	22.1	22.7	25.2	25.2	24.2	22.5
双层木固定窗(6+85～115+6),空气层四周吸声处理	30.1	36.4	46.7	57.2	57.4	53	46.1
三层木观察窗(6+100～200+5+200～320+5)	44	53	55	68	60	71	56

(c)几种楼板的标准撞击声声压级(dB)

构造情况	倍频带中心频率(Hz)						平均撞击声声压级(dB)
	125	250	500	1000	2000	4000	
80mm 厚钢筋混凝土板,20mm 厚水泥砂浆	74.3	82	85.3	87.3	83	78.5	81.7
90mm 厚钢筋混凝土板,20mm 厚水泥砂浆,厚地毯	65.3	68.5	62.4	53.3	53.4	52.3	59.2
80mm 厚钢筋混凝土板,18mm 厚浸油稻草板,50mm×50mm 木龙骨,20mm 厚企口木地板	62	61	63	58	46	32	53.7
90mm 厚钢筋混凝土板,80mm 厚玻璃棉,40mm 厚细石混凝土	54.8	55.3	59.4	61.1	50.3	48.2	54.9
30mm 厚水泥砂浆,90mm 厚圆孔板	71	75	75.3	75.8	75	73.8	74.3
3mm 厚再生胶地毡,20mm 厚水泥砂浆,130mm 厚圆孔板	64.4	69	68.7	66	61.7	52.9	63.8
15mm 厚木地板,20mm 厚水泥砂浆,130mm 厚圆孔板	69.5	73.3	76	70.5	62	56.8	68

附录 3 部分民用建筑各类房间照明标准

房间或场所			参考平面及其高度	照度标准值(lx)	UGR①	显色指数 R_a	备 注
居住建筑	起居室	一般活动	0.75m 水平面	100	—	80	注:"*"宜用混合照明,"—"表示规范中无要求
		书写、阅读		300 *			
	卧室	一般活动		75			
		床头、阅读		150 *			
	餐厅			150			
	厨房	一般活动		100			
		操作台	台面	150 *			
	卫生间		0.75m 水平面	100			
图书馆	一般阅览室		0.75m 水平面	300	19	80	
	国家、省市及其他重要图书馆的阅览室			500			
	老年阅览室						
	珍善本、舆图阅览室						
	陈列室、陈列厅、出纳厅			300			
	书库		0.25m 垂直面		—	80	
	工作间		0.75m 水平面		19		
办公建筑	普通办公室		0.75m 水平面	300	19		
	高档办公室			500			
	会议室			300			
	接待室、前台				—		
	营业厅				22		
	设计室		实际工作面	500	19		
	文件整理、复印、发行室		0.75m 水平面	300	—		
	资料、档案室			200	—		
商业建筑	一般商业营业厅		0.75m 水平面	300	22	80	
	高档商业营业厅			500			
	一般超市营业厅			300			
	高档超市营业厅			500			
	收款台				—		
影剧院	门厅		地面	200	—	80	
	观众厅	影院	0.75m 水平面	100	22		
		剧场		200			
	观众休息厅	影院	地面	150			
		剧场		200			
	排演厅			300			
	化妆室	一般活动区	0.75m 水平面	150			
		化妆台	1.1m 高处垂直面	500	—		

续表

类别	房间或场所		参考平面及其高度	照度标准值(lx)	UGR[①]	显色指数 R_a	备 注
旅馆建筑	客房	一般活动区	0.75m 水平面	75	—	80	注:“—”表示规范中无要求
		床头		150			
		写字台	台面	300			
		卫生间	0.75m 水平面	150			
	中餐厅			200	22		
	西餐厅、酒吧间、咖啡厅			100	—		
	多功能厅		地面	300	22		
	门厅、总服务台				—		
	休息厅			200	22		
	客房层走廊		台面	50	—		
	厨房		0.75m 水平面	200			
	洗衣房						
医院建筑	治疗室		0.75m 水平面	300	19	80	
	化验室			500			
	手术室			750		90	
	诊室			300		80	
	候诊室、挂号厅		地面	200	22		
	病房		0.75m 水平面	100	19		
	护士站			300	—		
	药房			500	19		
	重症监护室		课桌面	300			
学校建筑	教室		实验桌面	300	19	80	
	实验室		桌面				
	美术教室		0.75m 水平面	500		90	
	多媒体教室		黑板面	300		80	
	教室黑板			500			
展览馆展厅	一般展厅		地面	200	22	80	高于 6m 的展厅 R_a 可降低到 60
	高档展厅			300			
交通建筑	售票台		台面	500	—	80	
	问讯处		0.75m 水平面	200			
	候机(船)室	普通	地面	150	22		
		高档		200			
	中央大厅、售票大厅						
	海关、护照检查		工作面	500	—		
	安全检查		地面	300			
	换票、行李托运		0.75m 水平面		19		
交通建筑	行李认领、到达大厅、出发大厅		地面	200	22	80	
	通道、连接区、扶梯			150	—		
	有棚站台			75		20	
	无棚站台			50			

①UCR:统一眩光值(Unified Glare Rating),简称 UGR,它是度量处于视觉环境中的照明装置发出的光对人眼引起不舒适主观反应的心理量,其值按 CIE 眩光值公式(参见 GB50034—2004《建筑照明设计标准》附录 A)计算。

博物馆建筑陈列室展品照明标准值

<table>
<tr><th>类别</th><th>参考平面及其高度</th><th>照度标准值(lx)</th></tr>
<tr><td>对光特别敏感的展品：纺织品、织绣品、绘画、纸质物品、彩绘、陶(石器)、染色皮革、动物标本等</td><td rowspan="3">展品面</td><td>50</td></tr>
<tr><td>对光敏感的展品：油画、蛋清画、不染色皮革、角制品、骨制品、象牙制品、竹木制品和漆器等</td><td>150</td></tr>
<tr><td>对光不敏感的展品：金属制品、石质器物、陶瓷器、宝玉石器、岩矿标本、玻璃制品、搪瓷制品、珐琅器等</td><td>300</td></tr>
</table>

注：1. 陈列室一般照明应按展品照度值的20%～30%选取。
2. 陈列室一般照明UGR不宜大于19。
3. 辨色要求一般的场所 R_a 不应低于80。辨色要求高的场所，R_a 不应低于90。

无彩电转播的体育建筑照明标准值

<table>
<tr><th colspan="3" rowspan="2">运动项目</th><th rowspan="2">参考平面及其高度</th><th colspan="2">照度标准值(lx)</th><th rowspan="2">GR[①]</th><th rowspan="2">显色指数 R_a</th><th rowspan="2">备注</th></tr>
<tr><th>训练</th><th>比赛</th></tr>
<tr><td colspan="3">篮球、排球、羽毛球、网球、手球、田径(室内)、体操、艺术体操、技巧、武术</td><td rowspan="2">地面</td><td>300</td><td rowspan="2">750</td><td rowspan="20">50</td><td rowspan="20">65</td><td rowspan="15">GR值仅适用于室外体育场地</td></tr>
<tr><td colspan="3">棒球、垒球</td><td>—</td></tr>
<tr><td colspan="3">保龄球</td><td>置瓶区</td><td>300</td><td>500</td></tr>
<tr><td colspan="3">举重</td><td rowspan="2">台面</td><td>200</td><td rowspan="2">750</td></tr>
<tr><td colspan="3">击剑</td><td rowspan="3">500</td></tr>
<tr><td colspan="3">柔道、中国摔跤、国际摔跤</td><td>地面</td><td>1000</td></tr>
<tr><td colspan="3">拳击</td><td rowspan="2">台面</td><td>2000</td></tr>
<tr><td colspan="3">乒乓球</td><td>750</td><td>1000</td></tr>
<tr><td colspan="3">游泳、蹼泳、跳水、水球</td><td rowspan="2">水面</td><td>300</td><td rowspan="2">750</td></tr>
<tr><td colspan="3">花样游泳</td><td>500</td></tr>
<tr><td colspan="3">冰球、速度滑冰、花样滑冰</td><td>冰面</td><td rowspan="3">300</td><td>1500</td></tr>
<tr><td colspan="3">围棋、中国象棋、国际象棋</td><td>台面</td><td>750</td></tr>
<tr><td colspan="3">桥牌</td><td>桌面</td><td>500</td></tr>
<tr><td rowspan="2">射击</td><td colspan="2">靶心</td><td>靶心垂直面</td><td>1000</td><td>1500</td></tr>
<tr><td colspan="2">射击位</td><td rowspan="4">地面</td><td>300</td><td>500</td></tr>
<tr><td rowspan="3">足球、曲棍球</td><td rowspan="3">观看距离</td><td>120m</td><td rowspan="4">—</td><td>300</td><td rowspan="3">观看距离指观众最后一排到场地边线的距离</td></tr>
<tr><td>160m</td><td>500</td></tr>
<tr><td>200m</td><td>750</td></tr>
<tr><td colspan="3">观众席</td><td>座位面</td><td>100</td><td rowspan="2"></td></tr>
<tr><td colspan="3">健身房</td><td>地面</td><td>200</td><td>—</td></tr>
</table>

① GR：眩光值(Glare Rating)，简称GR，它是度量室外体育场和其它室外场地照明装置对人眼引起不舒适感主观反应的心理参量，其值可按CIE眩光值公式(参见GB50034—2004《建筑照明设计标准》附录B)计算。

有彩电转播的体育建筑照明标准值

<table>
<tr><th rowspan="3">项目分组</th><th rowspan="3">参考平面及其高度</th><th colspan="3">照度标准值(lx)</th><th rowspan="3">GR</th><th rowspan="3">显色指数 R_a</th><th rowspan="3">备　注</th></tr>
<tr><th colspan="3">最大摄影距离(m)</th></tr>
<tr><th>25</th><th>75</th><th>150</th></tr>
<tr><td>A 级:田径、柔道、游泳、摔跤等项目</td><td rowspan="3">1.0m 垂直面</td><td>500</td><td>750</td><td>1000</td><td rowspan="3">50</td><td rowspan="3">80</td><td rowspan="3">GR 值仅适用于室外体育场地</td></tr>
<tr><td>B 组:篮球、排球、羽毛球、网球、手球、体操、花样滑冰、速滑、垒球、足球等项目</td><td>750</td><td>1000</td><td>1500</td></tr>
<tr><td>C 组:拳击、击剑、跳水、乒乓球、冰球等项目</td><td>1000</td><td>1500</td><td>—</td></tr>
</table>

工业建筑一般照明标准值

<table>
<tr><th colspan="2">房间或场所</th><th>参考平面及其高度</th><th>照度标准值(lx)</th><th>UGR</th><th>显色指数 R_a</th><th>备　注</th></tr>
<tr><td colspan="7">1.通用房间或场所</td></tr>
<tr><td rowspan="2">试验室</td><td>一般</td><td rowspan="6">0.75m 水平面</td><td>300</td><td>22</td><td rowspan="5">80</td><td rowspan="11">注“*”宜用混合照明
“—”表示无要求</td></tr>
<tr><td>精细</td><td>500</td><td>19</td></tr>
<tr><td rowspan="2">检验</td><td>一般</td><td>300</td><td>22</td></tr>
<tr><td>精细、有颜色要求</td><td>750</td><td rowspan="2">19</td></tr>
<tr><td colspan="2">计量室、测量室</td><td>500</td></tr>
<tr><td rowspan="2">变配电站</td><td>配电装置室</td><td>200</td><td rowspan="2">—</td><td>60</td></tr>
<tr><td>变压器室</td><td rowspan="2">地面</td><td>100</td><td>20</td></tr>
<tr><td colspan="2">电源设备室、发电机室</td><td>200</td><td>25</td><td>60</td></tr>
<tr><td rowspan="2">控制室</td><td>一般控制室</td><td rowspan="4">0.75m 水平面</td><td>300</td><td>22</td><td rowspan="4">80</td></tr>
<tr><td>主控制室</td><td rowspan="3">500</td><td rowspan="3">19</td></tr>
<tr><td colspan="2">电话站、网络中心</td></tr>
<tr><td colspan="2">计算机站</td><td>防光幕反射</td></tr>
<tr><td rowspan="5">动力站</td><td>风机房、空调机房</td><td rowspan="5">地面</td><td rowspan="2">100</td><td rowspan="5">—</td><td rowspan="5">60</td><td rowspan="4"></td></tr>
<tr><td>泵房</td></tr>
<tr><td>冷冻站</td><td rowspan="2">150</td></tr>
<tr><td>压缩空气站</td></tr>
<tr><td>锅炉房、煤气站的操作层</td><td>100</td><td>锅炉水位表照度不小于 50lx</td></tr>
<tr><td rowspan="3">仓库</td><td>大件库(如钢坯、钢材、大成品、气瓶)</td><td rowspan="3">1.0m 水平面</td><td>50</td><td rowspan="3">—</td><td>20</td><td rowspan="2">货架垂直照度不小于 50lx</td></tr>
<tr><td>一般件库</td><td>100</td><td rowspan="2">60</td></tr>
<tr><td>精细件库(如工具、小零件)</td><td>200</td><td></td></tr>
<tr><td colspan="2">车辆加油站</td><td>地面</td><td>100</td><td>—</td><td>60</td><td>货架垂直照度不小于 50lx</td></tr>
</table>

续表

房间或场所		参考平面及其高度	照度标准值(lx)	UGR	显色指数 R_a	备 注
2. 机、电工业						
机械加工	粗加工	0.75m 水平面	200	22	60	可另加局部照明
	一般加工公差≥0.1mm		300			应另加局部照明
	精密加工公差<0.1mm		500	19		
机电、仪表、装配	大件		200	25	80	可另加局部照明
	一般件		300			
	精密		500	22		应另加局部照明
	特精密		750	19		
电线、电缆制造			300	25	60	
线圈绕制	大线圈				80	
	中等线圈		500	22		可另加局部照明
	精细线圈		750	19		应另加局部照明
线圈绕注			300	25		
焊接	一般		200	—	60	
	精密		300			
钣金						
冲压、剪切						
热处理		地面至 0.5m 水平面	200	—	20	
铸造	熔化、浇铸					
	造型		300	25	60	
精密铸造的制模、脱壳			500	25	60	
锻工			200	—	20	
电镀		0.75m 水平面	300		80	
喷漆	一般		300	—	80	
	精细		500	22		
酸洗、腐蚀、清洗			300	—		
抛光	一般装饰性			22		防频闪
	精细		500			防频闪
复合材料加工、铺叠、装饰			500		80	
机电修理	一般		200	—	60	可另加局部照明
	精密		300	22		
3. 电子工业						
电子元器件		0.75m 水平面	500	19	80	应另加局部照明
电子零部件						
电子材料			300	22		
酸、碱、药液及粉配制				—		
4. 纺织、化纤工业						

续表

<table>
<tr><th colspan="2">房间或场所</th><th>参考平面
及其高度</th><th>照度标准值
(lx)</th><th>UGR</th><th>显色指数
R_a</th><th>备　注</th></tr>
<tr><td rowspan="5">纺织</td><td>选毛</td><td rowspan="15">0.75m 水平面</td><td>300</td><td rowspan="7">22</td><td rowspan="7">80</td><td>可另加局部照明</td></tr>
<tr><td>清棉、和毛、梳毛</td><td>150</td><td rowspan="4"></td></tr>
<tr><td>前纺：梳棉、并长、粗纺</td><td>200</td></tr>
<tr><td>纺纱</td><td rowspan="4">300</td></tr>
<tr><td>织布</td></tr>
<tr><td rowspan="2">织袜</td><td>穿综筘、缝纫、量呢、检验</td><td rowspan="2">可另加局部照明</td></tr>
<tr><td>修补、剪毛、染色、印花、裁剪、熨烫</td></tr>
<tr><td rowspan="8">化纤</td><td>投料</td><td>100</td><td>—</td><td>60</td><td rowspan="6"></td></tr>
<tr><td>纺丝</td><td>150</td><td rowspan="2">22</td><td rowspan="2">80</td></tr>
<tr><td>卷绕</td><td>200</td></tr>
<tr><td>平衡间、中间贮存、干燥间、废丝间、油剂高位槽间</td><td>75</td><td>—</td><td rowspan="4">60</td></tr>
<tr><td>集束间、后加工间、打包间、油剂调配间</td><td>100</td><td rowspan="3">25</td></tr>
<tr><td>组件清洗间</td><td rowspan="2">150</td></tr>
<tr><td>拉伸、变形、分级包装</td><td>操作面可另加局部照明</td></tr>
<tr><td>化验、检验</td><td>200</td><td>22</td><td>80</td><td>可另加局部照明</td></tr>
<tr><td colspan="7">5. 制药工业</td></tr>
<tr><td colspan="2">制药生产：配制、清洗、灭菌、超滤、制粒、压片、混匀、烘干、灌装、轧盖等</td><td>0.75m 水平面</td><td>300</td><td>22</td><td>80</td><td></td></tr>
<tr><td colspan="2">制药生产流转通道</td><td>地面</td><td>200</td><td>—</td><td>80</td><td></td></tr>
<tr><td colspan="7">7. 电力工业</td></tr>
<tr><td colspan="2">火电厂锅炉房</td><td rowspan="2">地面</td><td>100</td><td rowspan="2">—</td><td>40</td><td rowspan="3"></td></tr>
<tr><td colspan="2">发电机房</td><td>200</td><td>60</td></tr>
<tr><td colspan="2">主控室</td><td>0.75m 水平面</td><td>500</td><td>19</td><td>80</td></tr>
<tr><td colspan="7">8. 钢铁工业</td></tr>
<tr><td rowspan="3">炼铁</td><td>炉顶平台、各层平台</td><td rowspan="8">地面</td><td>30</td><td rowspan="5">—</td><td rowspan="5">40</td><td rowspan="10"></td></tr>
<tr><td>出铁场、出铁机室</td><td>100</td></tr>
<tr><td>卷扬机室、碾泥机室、煤气清洗配水室</td><td>50</td></tr>
<tr><td rowspan="3">炼钢及连铸</td><td>炼钢主厂房和平台</td><td rowspan="2">150</td></tr>
<tr><td>连铸浇注平台、切割区、出坯区</td></tr>
<tr><td>精整清理线</td><td>200</td><td>25</td><td>60</td></tr>
<tr><td rowspan="4">轧钢</td><td>钢坯台、轧机区</td><td>150</td><td rowspan="4"></td><td rowspan="2">—</td></tr>
<tr><td>加热炉周围</td><td>50</td></tr>
<tr><td>重绕、横剪及纵剪机组</td><td rowspan="2">0.75m 水平面</td><td>150</td><td>25</td></tr>
<tr><td>打印、检查、精密分类、验收</td><td>200</td><td>200</td></tr>
<tr><td colspan="7">9. 制浆造纸工业</td></tr>
</table>

续表

<table>
<tr><th colspan="2">房间或场所</th><th>参考平面
及其高度</th><th>照度标准值
(lx)</th><th>UGR</th><th>显色指数
R_a</th><th>备　注</th></tr>
<tr><td colspan="2">备　料</td><td rowspan="7">0.75m 水平面</td><td>150</td><td rowspan="4">—</td><td rowspan="6">60</td><td rowspan="7"></td></tr>
<tr><td colspan="2">蒸煮、选洗、漂白</td><td rowspan="2">200</td></tr>
<tr><td colspan="2">打浆、纸机底部</td></tr>
<tr><td colspan="2">纸机网部、压榨机、烘缸、压光、卷取、涂布</td><td rowspan="2">300</td></tr>
<tr><td colspan="2">复卷、切纸</td><td>25</td></tr>
<tr><td colspan="2">选纸</td><td>500</td><td>22</td></tr>
<tr><td colspan="2">碱回收</td><td>200</td><td>—</td><td>40</td></tr>
<tr><td colspan="7">10. 食品及饮料工业</td></tr>
<tr><td rowspan="2">食品</td><td>糕点、糖果</td><td rowspan="6">0.75m 水平面</td><td>200</td><td rowspan="3">22</td><td rowspan="6">80</td><td rowspan="6"></td></tr>
<tr><td>肉制品、乳制品</td><td rowspan="2">300</td></tr>
<tr><td colspan="2">饮料</td></tr>
<tr><td rowspan="3">啤酒</td><td>粮化</td><td>200</td><td rowspan="2">—</td></tr>
<tr><td>发酵</td><td rowspan="2">150</td></tr>
<tr><td>包装</td><td>25</td></tr>
<tr><td colspan="7">11. 玻璃工业</td></tr>
<tr><td colspan="2">备料、退火、熔制</td><td>0.75m 水平面</td><td>150</td><td rowspan="2">—</td><td>60</td><td rowspan="2"></td></tr>
<tr><td colspan="2">窑炉</td><td>地面</td><td>100</td><td>20</td></tr>
<tr><td colspan="7">12. 水泥工业</td></tr>
<tr><td colspan="2">主要生产车间(破碎、原料粉磨、烧成、水泥粉磨、包装)</td><td rowspan="3">地面</td><td>100</td><td rowspan="4">—</td><td>20</td><td rowspan="4"></td></tr>
<tr><td colspan="2">储存</td><td>75</td><td>40</td></tr>
<tr><td colspan="2">输送走廊</td><td>30</td><td>20</td></tr>
<tr><td colspan="2">粗坯成型</td><td>0.75m 水平面</td><td>300</td><td>60</td></tr>
<tr><td colspan="7">13. 皮革工业</td></tr>
<tr><td colspan="2">原皮、水溶</td><td rowspan="2">0.75m 水平面</td><td rowspan="2">200</td><td>—</td><td rowspan="2">60</td><td></td></tr>
<tr><td colspan="2">轻毂、整理、成品</td><td>22</td><td>可另加局部照明</td></tr>
<tr><td colspan="2">干燥</td><td>地面</td><td>100</td><td>—</td><td>20</td><td></td></tr>
<tr><td colspan="7">14. 卷烟工业</td></tr>
<tr><td colspan="2">制丝车间</td><td rowspan="2">0.75m 水平面</td><td>200</td><td>—</td><td>60</td><td rowspan="2"></td></tr>
<tr><td colspan="2">卷烟、接过滤嘴、包装</td><td>300</td><td>20</td><td>80</td></tr>
<tr><td colspan="7">15. 化学、石油工业</td></tr>
<tr><td colspan="2">厂区内经常操作的区域,如泵、压缩机、阀门、电操作柱等</td><td>操作位高度</td><td>100</td><td>—</td><td>20</td><td></td></tr>
<tr><td colspan="2">装置区现场控制和检测点,如指示仪表、液位计等</td><td>测控点高度</td><td>75</td><td rowspan="4">—</td><td>60</td><td rowspan="4"></td></tr>
<tr><td colspan="2">人行通道、平台、设备顶部</td><td>地面或台面</td><td>30</td><td rowspan="3">20</td></tr>
<tr><td rowspan="2">装卸站</td><td>装卸设备顶部和底部操作位</td><td>操作位高度</td><td>75</td></tr>
<tr><td>平台</td><td>平台</td><td>30</td></tr>
<tr><td colspan="7">16. 木业和家具制造</td></tr>
</table>

续表

<table>
<tr><th colspan="2">房间或场所</th><th>参考平面
及其高度</th><th>照度标准值
(lx)</th><th>UGR</th><th>显色指数
R_a</th><th>备　注</th></tr>
<tr><td colspan="2">一般机器加工</td><td rowspan="7">0.75m 水平面</td><td>200</td><td>22</td><td>60</td><td>防频闪</td></tr>
<tr><td colspan="2">精细机器加工</td><td>500</td><td>19</td><td>80</td><td>防频闪</td></tr>
<tr><td colspan="2">锯木区</td><td rowspan="2">300</td><td>25</td><td rowspan="4">60</td><td>防频闪</td></tr>
<tr><td rowspan="2">模型区</td><td>一般</td><td rowspan="2">22</td><td rowspan="4"></td></tr>
<tr><td>精细</td><td>750</td></tr>
<tr><td colspan="2">胶合、组装</td><td>300</td><td>25</td></tr>
<tr><td colspan="2">磨光、异形细木工</td><td>750</td><td>22</td><td>80</td></tr>
</table>

注：需增加局部照明的作业面，增加的局部照明照度值宜按该场所一般照明照度值的 1.0～3.0 倍选取。

公共场所照明标准值

<table>
<tr><th colspan="2">房间或场所</th><th>参考平面及其高度</th><th>照度标准值(lx)</th><th>UGR</th><th>显色指数 R_a</th><th>备　注</th></tr>
<tr><td rowspan="2">门厅</td><td>普通</td><td rowspan="6">地面</td><td>100</td><td rowspan="11">—</td><td>60</td><td rowspan="16"></td></tr>
<tr><td>高档</td><td>200</td><td>80</td></tr>
<tr><td rowspan="2">走廊、流动区域</td><td>普通</td><td>50</td><td>60</td></tr>
<tr><td>高档</td><td>100</td><td>80</td></tr>
<tr><td rowspan="2">楼梯、平台</td><td>普通</td><td>30</td><td>60</td></tr>
<tr><td>高档</td><td>75</td><td>80</td></tr>
<tr><td colspan="2">自动扶梯</td><td></td><td>150</td><td>60</td></tr>
<tr><td rowspan="2">厕所、盥洗室、浴室</td><td>普通</td><td></td><td>75</td><td>60</td></tr>
<tr><td>高档</td><td></td><td>150</td><td>80</td></tr>
<tr><td rowspan="2">电梯前厅</td><td>普通</td><td></td><td>75</td><td>60</td></tr>
<tr><td>高档</td><td></td><td>150</td><td>80</td></tr>
<tr><td colspan="2">休息室</td><td></td><td>100</td><td>22</td><td>80</td></tr>
<tr><td colspan="2">储藏室、仓库</td><td></td><td>100</td><td>—</td><td>60</td></tr>
<tr><td rowspan="2">车库</td><td>停车间</td><td></td><td>75</td><td>28</td><td>60</td></tr>
<tr><td>检修间</td><td></td><td>200</td><td>25</td><td>60</td></tr>
</table>

注：居住、公共建筑的动力站、变电站的照明标准按前一表选取。

1)视觉要求高的精细作业场所，眼睛至识别对象的距离大于 500mm 时。

2)连续长时间紧张的视觉作业，对视觉器官有不良影响时。

3)识别移动对象，要求识别时间短促而辨认困难时。

4)视觉作业对操作安全有重要影响时。

5)识别对象亮度对比小于 0.3 时。

附录4　灯具概算表

嵌入式铝栅格荧光灯

型　号		YG15-2
规格(mm)	a b c	1300 300 180
光源 保护角 灯具效率 上射光通比 下射光通比 最大允许距离比 l/h		2×40W 30° 63% 0 63% 横向 1.25 纵向 1.20

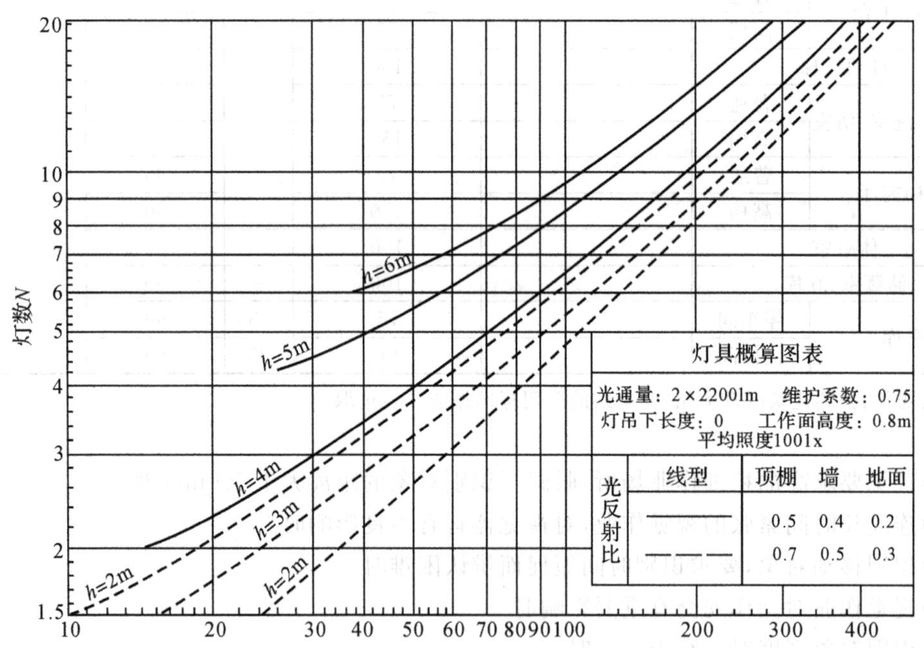

配照型工厂灯

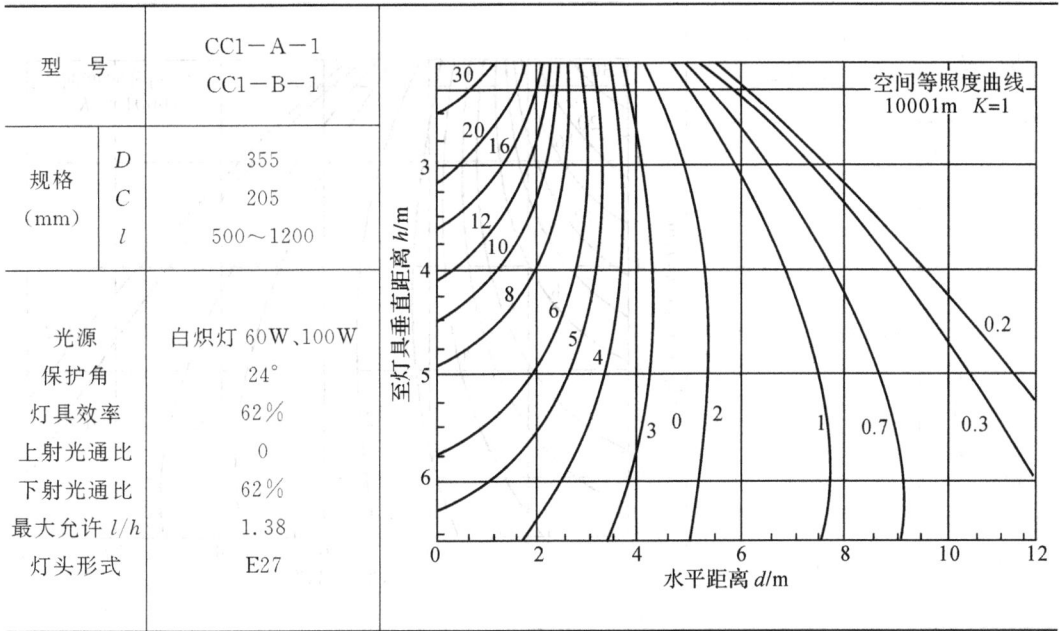

型　号		CC1－A－1 CC1－B－1
规格(mm)	D	355
	C	205
	l	500～1200
光源		白炽灯 60W、100W
保护角		24°
灯具效率		62%
上射光通比		0
下射光通比		62%
最大允许 l/h		1.38
灯头形式		E27

空间等照度曲线
1000lm　K=1
至灯具垂直距离 h/m
水平距离 d/m
30　20　16　12　10　8　6　5　4　3　0　2　1　0.7　0.3　0.2

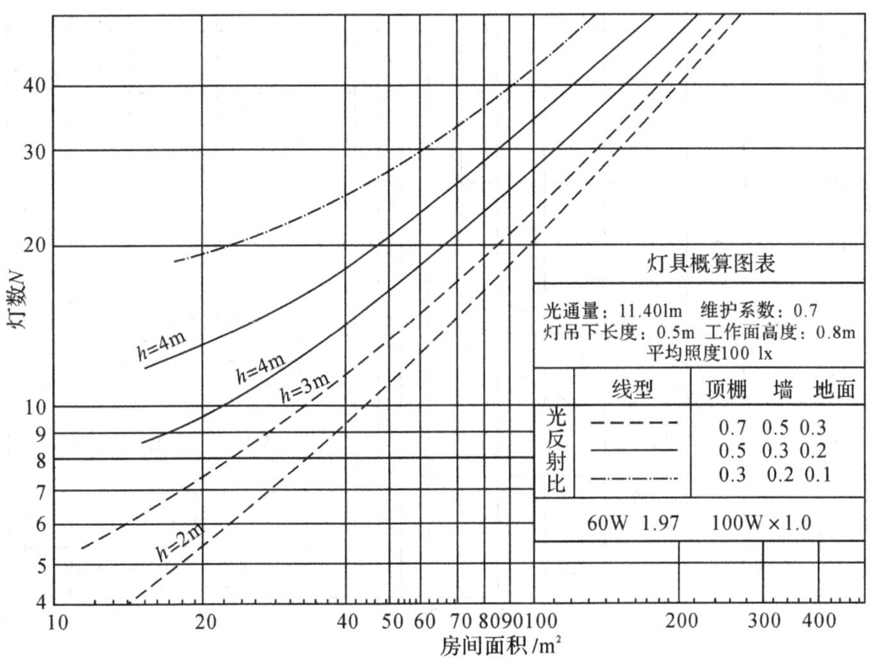

配照型工厂灯

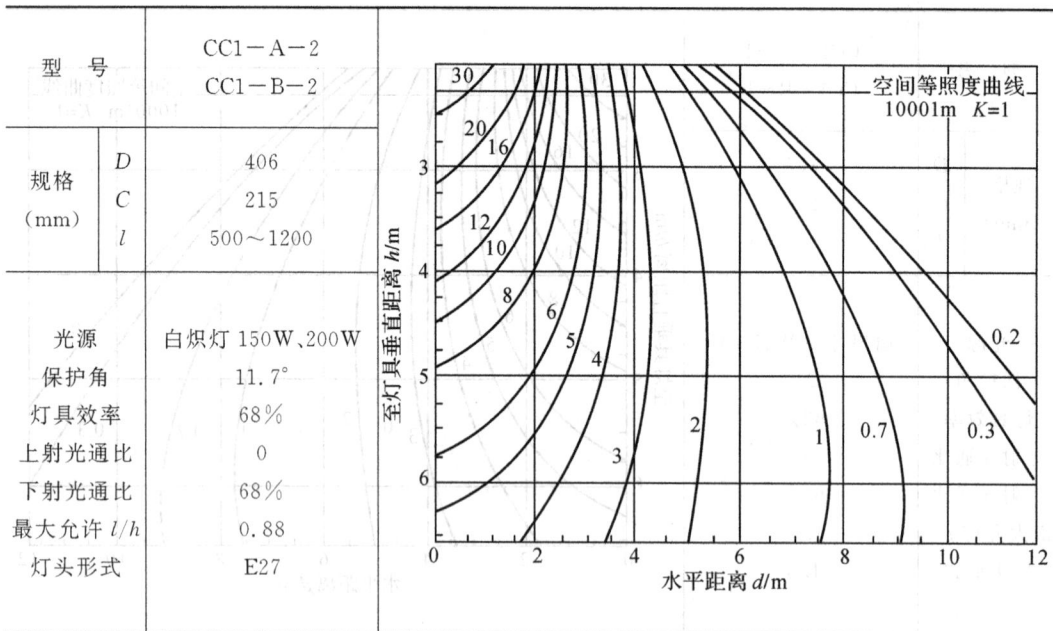

型 号		CC1－A－2 CC1－B－2
规格 (mm)	D	406
	C	215
	l	500～1200
光源		白炽灯 150W、200W
保护角		11.7°
灯具效率		68%
上射光通比		0
下射光通比		68%
最大允许 l/h		0.88
灯头形式		E27

空间等照度曲线
1000lm K=1
至灯具垂直距离 h/m
水平距离 d/m

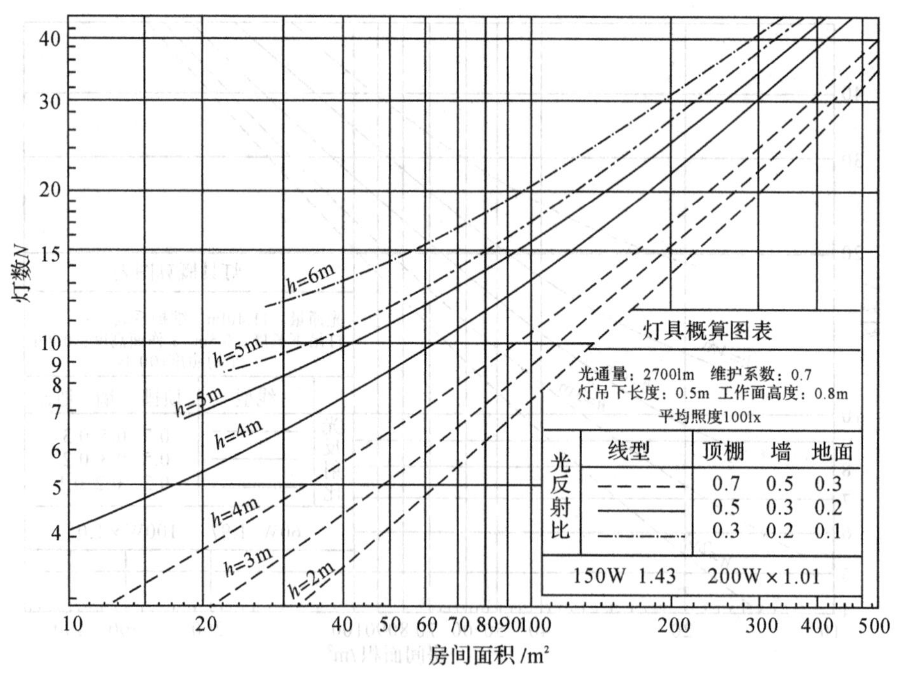

广照型工厂灯

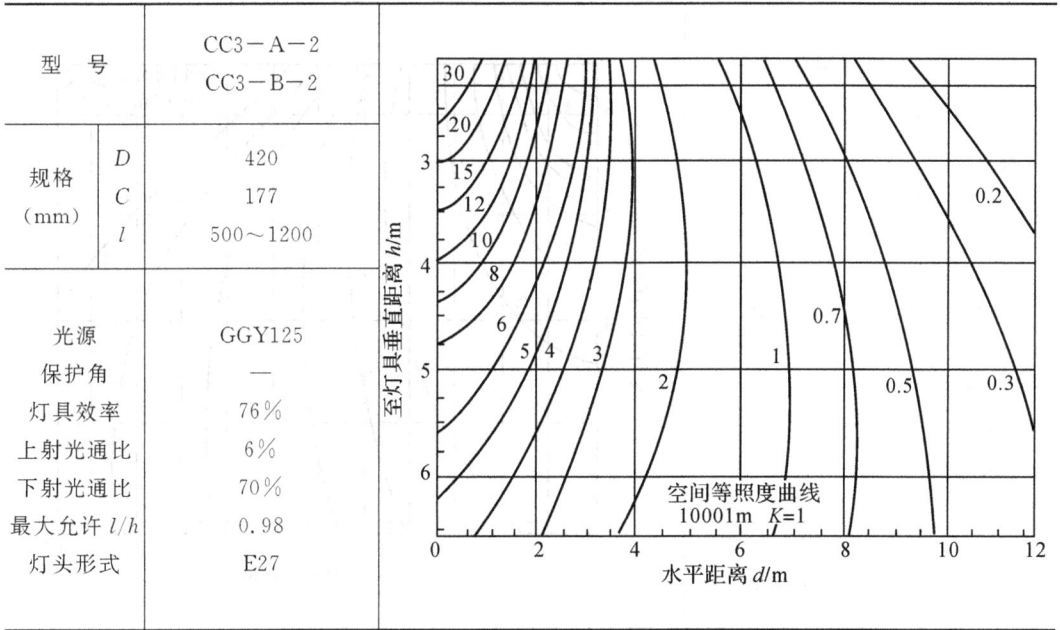

型号		CC3－A－2 CC3－B－2
规格（mm）	D	420
	C	177
	l	500～1200
光源		GGY125
保护角		—
灯具效率		76％
上射光通比		6％
下射光通比		70％
最大允许 l/h		0.98
灯头形式		E27

至灯具垂直距离 h/m

水平距离 d/m

空间等照度曲线
1000lm K=1

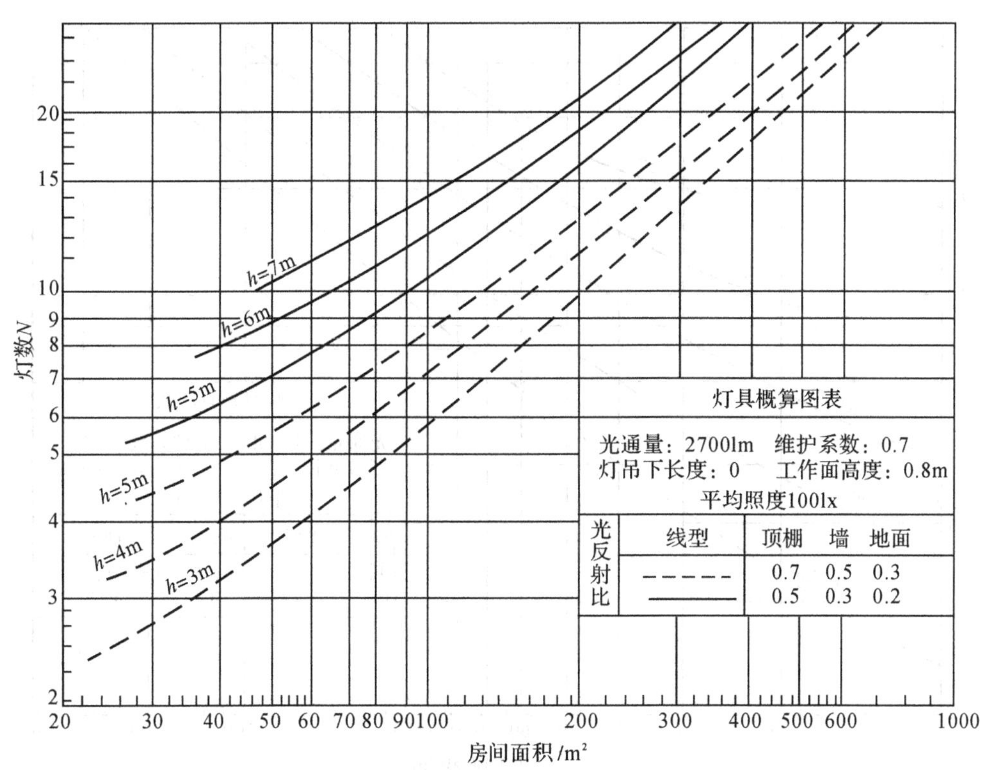

圆球罩吸顶灯

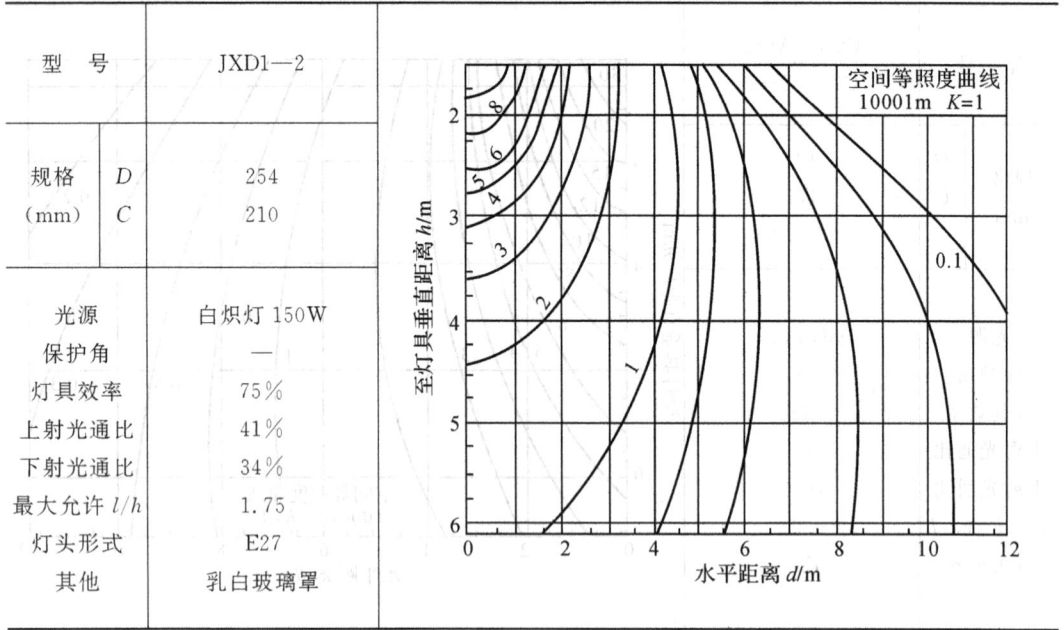

型号		JXD1—2	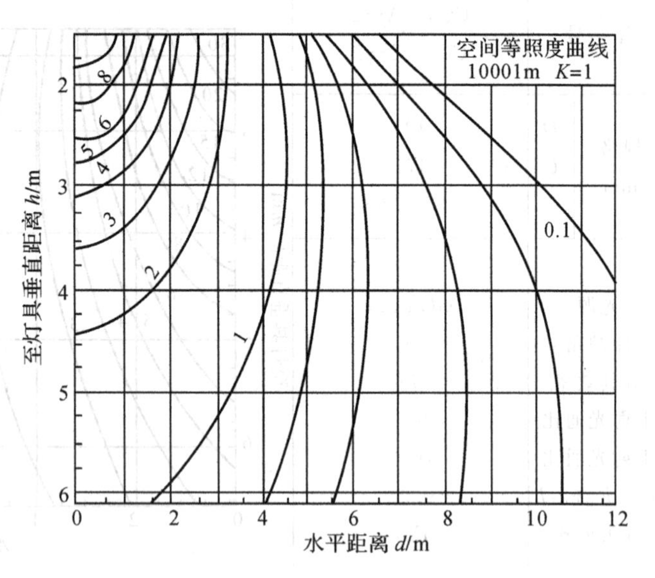
规格 (mm)	D	254	
	C	210	
光源		白炽灯 150W	
保护角		—	
灯具效率		75%	
上射光通比		41%	
下射光通比		34%	
最大允许 l/h		1.75	
灯头形式		E27	
其他		乳白玻璃罩	

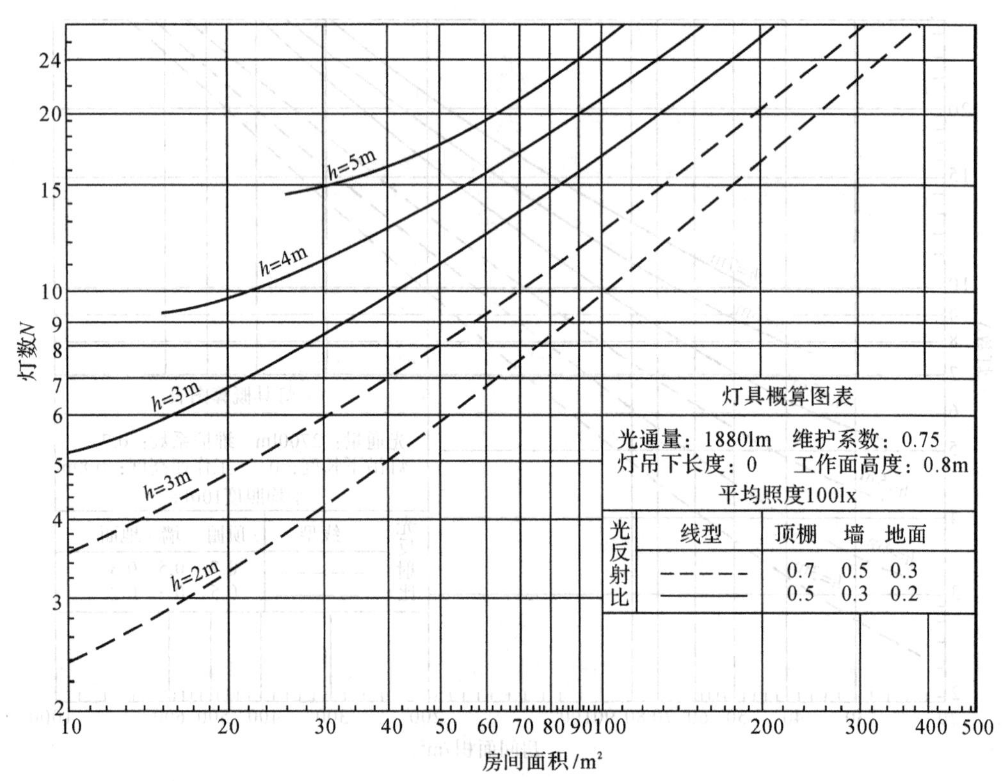

吸顶式荧光灯

型　号		YG6-2
规格(mm)	a b c	1300 300 180
光源 保护角 灯具效率 上射光通比 下射光通比 最大允许距离比 l/h		2×40W — 60% 0 60% 横向 1.20 纵向 1.15

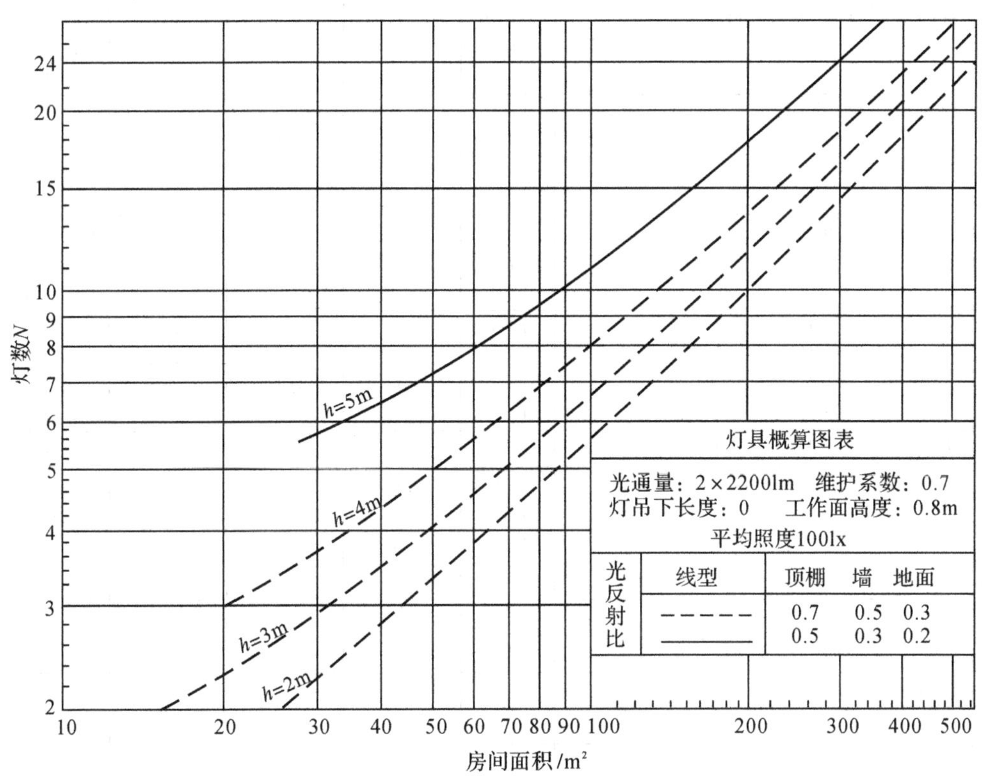

附录5　建筑材料热物理性能计算参数

序号	材料名称	干密度 ρ (kg/m^3)	计算参数			
			导热系数 λ [W/(m·K)]	蓄热系数 s (周期24h) [W/m²·K)]	比热容 c [kJ/(kg·K)]	蒸汽渗透系数 μ [g/(m·h·Pa)]
1	混凝土					
1.1	普通混凝土					
	钢筋混凝土	2500	1.74	17.20	0.92	0.0000158 *
	碎石、卵石混凝土	2300	1.51	15.36	0.92	0.0000173 *
		2100	1.28	13.57	0.92	0.0000173 *
1.2	轻骨料混凝土					
	膨胀矿渣珠混凝土	2000	0.77	10.49	0.96	
		1800	0.63	9.05	0.96	
		1600	0.53	7.87	0.96	
	自燃煤矸石、炉渣混凝土	1700	1.00	11.68	1.05	0.0000548 *
		1500	0.76	9.54	1.05	0.0000900
		1300	0.56	7.63	1.05	0.0001050
	粉煤灰陶粒混凝土	1700	0.95	11.40	1.05	0.0000188
		1500	0.70	9.16	1.05	0.0000975
		1300	0.57	7.78	1.05	0.0001050
		1100	0.44	6.30	1.05	0.0001350
	粘土陶粒混凝土	1600	0.84	10.36	1.05	0.0000315 *
		1400	0.70	8.93	1.05	0.0000390 *
		1200	0.53	7.25	1.05	0.0000405 *
	页岩渣、石灰、水泥混凝土	1300	0.52	7.39	0.98	0.0000855 *
	页岩陶粒混凝土	1500	0.77	9.65	1.05	0.0000315 *
		1300	0.63	8.16	1.05	0.0000390 *
		1100	0.50	6.70	1.05	0.0000435 *
	火山灰渣、沙、水泥混凝土	1700	0.57	6.30	0.57	0.0000395 *
	浮石混凝土	1500	0.67	9.09	1.05	
		1300	0.53	7.54	1.05	0.0000188 *
		1100	0.42	6.13	1.05	0.0000353 *
1.3	轻混凝土					
	加气混凝土、泡沫混凝土	700	0.22	3.59	1.05	0.0000998 *
		500	0.19	2.81	1.05	0.0001110 *
2	砂浆和砌体					
2.1	砂浆					
	水泥砂浆	1800	0.93	11.37	1.05	0.0000210 *
	石灰水泥砂浆	1700	0.87	10.75	1.05	0.0000975 *
	石灰砂浆	1600	0.81	10.07	1.05	0.0000443 *
	石灰石膏砂浆	1500	0.76	9.44	1.05	
	保温砂浆	800	0.29	4.44	1.05	
2.2	砌体					

续表

序号	材料名称	干密度 ρ (kg/m³)	计算参数			
			导热系数 λ [W/(m·K)]	蓄热系数 s (周期 24h) [W/m²·K)]	比热容 c [kJ/(kg·K)]	蒸汽渗透系数 μ [g/(m·h·Pa)]
	重砂浆砌筑粘土砖砌体	1800	0.81	10.63	1.05	0.0001050 *
	轻砂浆砌筑粘土砖砌体	1700	0.76	9.96	1.05	0.0001200
	灰砂砖砌体	1900	1.10	12.72	1.05	0.0001050
	硅酸盐砖砌体	1800	0.87	11.11	1.05	0.0001050
	炉渣砖砌体	1700	0.81	10.43	1.05	0.0001050
	重砂浆砌筑 26、33 及 36 孔粘土空心砖砌体	1400	0.58	7.92	1.05	0.0000158
3	热绝缘材料					
3.1	纤维材料					
	矿棉、岩棉、玻璃棉板	80 以下	0.050	0.59	1.22	
		80～200	0.045	0.75	1.22	0.0004880
	矿棉、岩棉、玻璃棉毡	70 以下	0.050	0.58	1.34	
		70～200	0.045	0.77	1.34	0.0004880
	矿棉、岩棉、玻璃棉松散料	70 以下	0.050	0.46	0.84	
		70～120	0.045	0.51	0.84	0.0004880
	麻刀	150	0.070	1.34	2.10	
3.2	膨胀珍珠岩、蛭石制品					
	水泥膨胀珍珠岩	800	0.26	4.37	1.17	0.0000420 *
		600	0.21	3.44	1.17	0.0000900 *
		400	0.16	2.49	1.17	0.0001910 *
	沥青、乳化沥青膨胀珍珠岩	400	0.12	2.28	1.55	0.0000293 *
		300	0.093	1.77	1.55	0.0000675 *
	水泥膨胀蛭石	350	0.14	1.99	1.05	
3.3	泡沫材料及多孔聚合物					
	聚乙烯泡沫塑料(PEF)—	100	0.047	0.70	1.38	
	聚乙烯泡沫塑料(PEF)—	30	0.037	0.35	1.38	
	聚苯乙烯泡沫塑料(EPS)	30	0.042	0.36	1.38	0.0000162
	聚氨酯硬泡沫塑料	30	0.033	0.36	1.38	0.0000234
	聚氯乙烯硬泡沫塑料	130	0.048	0.79	1.38	
	钙塑	120	0.049	0.83	1.59	
	泡沫玻璃	140	0.058	0.70	0.84	0.0000225
	泡沫石灰	300	0.116	1.70	1.05	
	炭化泡沫石灰	400	0.14	2.33	1.05	
	泡沫石膏	500	0.19	2.78	1.05	0.0000375
4	木材、建筑板材					
4.1	木材					
	橡木、枫树(热流方向垂直木纹)	700	0.17	4.90	2.51	0.0000562
	橡木、枫树(热流方向顺木纹)	700	0.35	6.93	2.51	0.0003000
	松、水、云杉(热流方向垂直木纹)	500	0.14	3.85	2.51	0.0000345
	松、水、云杉(热流方向顺木纹)	500	0.29	5.55	2.51	0.0001680
4.2	建筑板材					
	胶合板	600	0.17	4.57	2.51	0.0000225
	软木板	300	0.093	1.95	1.89	0.0000255 *
		150	0.058	1.09	1.89	0.0000285 *

续表

序号	材料名称	干密度 ρ (kg/m^3)	计算参数			
			导热系数 λ [W/(m·K)]	蓄热系数 s (周期 24h) [W/m²·K)]	比热容 c [kJ/(kg·K)]	蒸汽渗透系数 μ [g/(m·h·Pa)]
	纤维板	1000	0.34	8.13	2.51	0.0001200
		600	0.23	5.28	2.51	0.0001130
	石棉水泥板	1800	0.52	8.52	1.05	0.0000135 *
	石棉水泥隔热板	500	0.16	2.58	1.05	0.0003900
	石膏板	1050	0.33	5.28	1.05	0.0000790 *
	水泥刨花板	1000	0.34	7.27	2.01	0.0000240 *
		700	0.19	4.56	2.01	0.0001050
	稻草板	300	0.13	2.33	1.68	0.0003000
	木屑板	200	0.065	1.54	2.10	0.0002630
5	松散材料					
5.1	无机材料					
	锅炉渣	1000	0.29	4.40	0.92	0.0001930
	粉煤灰	1000	0.23	3.93	0.92	
	高炉炉渣	900	0.26	3.92	0.92	0.0002030
	浮石、凝灰岩	600	0.23	3.05	0.92	0.0002630
	膨胀蛭石	300	0.14	1.79	1.05	
	膨胀蛭石	200	0.10	1.24	1.05	
	硅藻土	200	0.076	1.00	0.92	
	膨胀珍珠岩	120	0.07	0.84	1.17	
	膨胀珍珠岩	80	0.058	0.63	1.17	
5.2	有机材料					
	木屑	250	0.093	1.84	2.01	0.0002630
	稻壳	120	0.06	1.02	2.01	
	干草	100	0.047	0.83	2.01	
6	其他材料					
6.1	土壤					
	夯实粘土	2000	1.16	12.99	1.01	
		1800	0.93	11.03	1.01	
	加草粘土	1600	0.76	9.37	1.01	
		1400	0.58	7.69	1.01	
	轻质粘土	1200	0.47	6.36	1.01	
	建筑用砂	1600	0.58	8.26	1.01	
6.2	石材					
	花岗岩、玄武岩	2800	3.49	25.49	0.92	0.0000113
	大理石	2800	2.91	23.27	0.92	0.0000113
	砾石、石灰岩	2400	2.04	18.03	0.92	0.0000375
	石灰石	2000	1.16	12.56	0.92	0.0000600
6.3	卷材、沥青材料					
	沥青油毡、油毡纸	600	0.17	3.33	1.47	
	沥青混凝土	2100	1.05	16.39	1.68	0.0000075
	石油沥青	1400	0.27	6.73	1.68	
		1050	0.17	4.71	1.68	0.0000075
6.4	玻璃					

续表

序号	材料名称	干密度 ρ (kg/m³)	计算参数			
			导热系数 λ [W/(m·K)]	蓄热系数 s (周期 24h) [W/m²·K)]	比热容 c [kJ/(kg·K)]	蒸汽渗透系数 μ [g/(m·h·Pa)]
	平板玻璃 玻璃钢	2500 1800	0.76 0.52	10.69 9.25	0.84 1.26	
6.5	金属					
	紫铜 青铜 建筑钢材 铝 铸铁	8500 8000 7850 2700 7250	407 64.0 58.2 203 49.9	324 118 126 191 112	0.42 0.38 0.48 0.92 0.48	

注：带 * 者为测定值

附录 6 严寒和寒冷地区采暖居住建筑各部分围护结构传热系数限值[W/(m²·K)]

采暖期室外平均温度(℃)	代表性城市	屋顶		外墙		不采暖楼梯间		窗户(含阳台门上部)	阳台门下部门芯板	外门	地板		地面	
		体形系数≤0.3	体形系数>0.3	体形系数≤0.3	体形系数>0.3	隔墙	户门				接触室外空气地板	不采暖地下室上部地板	周边地面	非周边地面
2.0~1.0	郑州、洛阳、宝鸡、徐州	0.80	0.60	1.10 1.40	0.80 1.10	1.83	2.70	4.70 4.00	1.70	—	0.60	0.65	0.52	0.30
0.9~0.0	西安、拉萨、济南、青岛、安阳	0.80	0.60	1.00 1.28	0.70 1.00	1.83	2.70	4.70 4.00	1.70	—	0.60	0.65	0.52	0.30
−0.1~−1.0	石家庄、德州、晋城、天水	0.80	0.60	0.92 1.20	0.60 0.85	1.83	2.00	4.70 4.00	1.70	—	0.60	0.65	0.52	0.30
−1.1~−2.0	北京、天津、大连、阳泉、平凉	0.80	0.60	0.90 1.16	0.55 0.82	1.83	2.00	4.70 4.00	1.70	—	0.50	0.55	0.52	0.30
−2.1~−3.0	兰州、太原、唐山、阿坝、喀什	0.70	0.50	0.85 1.10	0.62 0.78	0.94	2.00	4.70 4.00	1.70	—	0.50	0.55	0.52	0.30
−3.1~−4.0	西宁、银川、丹东	0.70	0.50	0.68	0.65	0.94	2.00	4.00	1.70	—	0.50	0.55	0.52	0.30
−4.1~−5.0	张家口、鞍山、酒泉、伊宁、吐鲁番	0.70	0.50	0.75	0.60	0.94	2.00	3.00	1.35	—	0.50	0.55	0.52	0.30
−5.1~−6.0	沈阳、大同、本溪、阜新、哈密	0.60	0.40	0.68	0.56	0.94	1.50	3.00	1.35	—	0.40	0.55	0.30	0.30
−6.1~−7.0	呼和浩特、抚顺、大柴旦	0.60	0.40	0.65	0.50	—	—	3.00	1.35	2.50	0.40	0.55	0.30	0.30
−7.1~−8.0	延吉、通辽、通化、四平	0.60	0.40	0.65	0.50	—	—	2.50	1.35	2.50	0.40	0.55	0.30	0.30
−8.1~−9.0	长春、乌鲁木齐	0.50	0.30	0.56	0.45	—	—	2.50	1.35	2.50	0.30	0.50	0.30	0.30
−9.1~−10.0	哈尔滨、牡丹江、克拉玛依	0.50	0.30	0.52	0.40	—	—	2.50	1.35	2.50	0.30	0.50	0.30	0.30
−10.1~−11.0	佳木斯、安达、齐齐哈尔、富锦	0.50	0.30	0.52	0.40	—	—	2.50	1.35	2.50	0.30	0.50	0.30	0.30
−11.1~−12.0	海伦、博克图	0.40	0.25	0.52	0.40	—	—	2.00	1.35	2.50	0.25	0.45	0.30	0.30
−12.1~−14.5	伊春、呼玛、海拉尔、满洲里	0.40	0.25	0.52	0.40	—	—	2.00	1.35	2.50	0.25	0.45	0.30	0.30

注：①表中外墙的传热系数限值系指考虑周边热桥影响后的外墙平均传热系数。有些地区外墙的传热系数限值有两行数据，上行数据与传热系数为 4.70 的单层塑料窗相对应；下行数据与传热系数 4.00 的单框双玻金属窗相对应

②表中周边地面一栏中 0.52 为位于建筑物周边的不带保温层的混凝土地面的传热系数；0.30 为带保温层的混凝土地面的传热系数。非周边地面一栏中 0.3 为位于建筑物非周边的不带保温层的混凝土地面的传热系数。

③本表摘自《民用建筑节能设计标准》(采暖居住建筑部分)(JGJ26－95)。

附录7　夏热冬冷地区居住建筑各部分围护结构传热系数限值不同朝向、不同窗墙面积比的外窗传热系数

朝　向	窗外环境条　件	外窗的传热系数 K[W/(m²·K)]				
		窗墙面积比				
		≤0.25	>0.25且≤0.30	>0.30且≤0.35	>0.35且≤0.45	>0.45且≤0.50
北(偏东60°到偏西60°范围)	冬季最冷月室外平均气温>5℃	4.7	4.7	3.2	2.5	—
	冬季最冷月室外平均气温≤5℃	4.7	3.2	3.2	2.5	—
东、西(东或西偏北30°到偏南60°范围)	无外遮阳措施	4.7	3.2	—	—	—
	有外遮阳(其太阳辐射透过率≤20%)	4.7	3.2	3.2	2.5	2.5
南(偏东30°到偏西30°范围)		4.7	4.7	3.2	2.5	2.5

外墙、屋顶、楼板、户门的传热系数K[W/(m²·K)]及热惰性指标D

屋顶*	外墙*	分户墙和楼板	底部自然通风的架空楼板	户门
$K\leqslant1.0$ $D\geqslant3.0$	$K\leqslant1.5$ $D\geqslant3.0$	$K\leqslant2.0$	$K\leqslant1.5$	$K\leqslant3.0$
$K\leqslant0.8$ $D\geqslant2.5$	$K\leqslant1.0$ $D\geqslant2.5$			

注:①带*者当屋顶和外墙的K值满足要求,但D值不满足时,应按《民用建筑热工设计规范》(GB50176—93)第5.1.1条验算隔热要求。

②本表摘自《夏热冬冷地区居住建筑节能设计标准》(JGJ134—2001)。

附录8　标准大气压下不同温度时的饱和水蒸气分压力(Pa)

(a) 温度自0℃至40℃

t/℃	0.0	0.1	0.2	0.3	0.4	0.5	0.6	0.7	0.8	0.9
0	610.6	615.9	619.9	623.9	629.3	633.3	638.6	642.6	647.9	651.9
1	657.3	661.3	666.6	670.6	675.9	681.3	685.3	690.6	695.9	699.9
2	705.3	710.6	715.9	721.3	726.6	730.6	735.9	741.3	746.6	751.9
3	757.3	762.6	767.9	773.3	779.9	785.3	790.6	791.9	801.3	807.9
4	813.3	818.6	823.9	830.6	835.9	842.6	847.9	853.3	859.9	866.6
5	871.9	878.6	883.9	890.6	897.3	902.6	909.3	915.9	921.3	927.9
6	934.6	941.3	947.9	954.6	961.3	967.9	974.6	981.2	987.9	994.6
7	1001.2	1007.9	1014.9	1022.6	1029.2	1035.9	1043.9	1050.6	1057.2	1065.2
8	1071.9	1079.9	1086.6	1094.6	1101.2	1109.2	1117.2	1123.9	1131.9	1139.9
9	1147.9	1155.9	1162.6	1170.6	1178.6	1186.6	1194.6	1202.6	1210.6	1218.6
10	1227.9	1235.9	1243.9	1251.9	1259.9	1269.2	1277.2	1286.6	1294.6	1303.9
11	1311.9	1321.2	1329.2	1338.6	1347.9	1355.9	1365.2	1374.5	1383.9	1393.2
12	1401.2	1410.5	1419.9	1429.2	1438.5	1449.2	1458.5	1467.9	1477.2	1486.5
13	1497.2	1506.5	1517.2	1526.5	1537.2	1546.5	1557.2	1566.5	1577.2	1587.9
14	1597.2	1607.9	1618.5	1629.2	1639.9	1650.5	1661.2	1671.9	1682.5	1693.2
15	1703.9	1715.9	1726.5	1737.2	1749.2	1759.9	1771.8	1782.5	1794.5	1805.2
16	1817.2	1829.2	1841.2	1851.8	1863.8	1875.8	1887.8	1899.8	1911.8	1925.2
17	1937.2	1949.2	1961.2	1974.5	1986.5	1998.5	2011.8	2023.8	2037.2	2050.5
18	2062.5	2075.8	2089.2	2102.5	2115.8	2129.2	2142.5	2155.8	2169.1	2182.5
19	2195.8	2210.5	2223.8	2238.5	2251.8	2266.5	2279.8	2294.5	2309.1	2322.5
20	2337.1	2351.8	2366.5	2381.1	2395.8	2410.5	2425.1	2441.1	2455.8	2470.5
21	2486.5	2501.1	2517.1	2531.8	2547.8	2563.8	2579.8	2594.4	2610.4	2626.4
22	2642.4	2659.8	2675.8	2691.8	2707.8	2725.1	2741.1	2758.4	2774.4	2791.8
23	2809.1	2825.1	2842.4	2859.8	2877.1	2894.4	2911.8	2930.4	2947.7	2965.1
24	2983.7	3001.1	3019.7	3037.1	3055.7	3074.4	3091.7	3110.4	3129.1	3147.7
25	3167.7	3186.4	3205.1	3223.7	3243.7	3262.4	3282.4	3301.1	3321.1	3341.0
26	3361.0	3381.0	3401.0	3421.0	3441.0	3461.0	3482.4	3502.4	3523.7	3543.7
27	3565.0	3586.4	3607.7	3627.7	3649.0	3670.4	3693.0	3714.4	3735.7	3757.0
28	3779.7	3802.3	3823.7	3846.3	3869.0	3891.7	3914.3	3937.0	3959.7	3982.3
29	4005.0	4029.0	4051.7	4075.7	4099.7	4122.3	4146.3	4170.3	4194.3	4218.3
30	4243.6	4267.6	4291.6	4317.0	4341.0	4366.3	4391.7	4417.0	4442.3	4467.6
31	4493.0	4518.3	4543.7	4570.3	4595.6	4622.3	4648.9	4675.6	4702.3	4728.9
32	4755.6	4782.3	4808.9	4836.9	4863.6	4891.6	4918.2	4946.2	4974.2	5002.2
33	5030.2	5059.6	5087.6	5115.6	5144.9	5174.2	5202.2	5231.6	5260.9	5290.2
34	5319.5	5350.2	5379.5	5410.2	5439.5	5470.2	5500.9	5531.5	5562.2	5592.9
35	5623.5	5655.5	5686.2	5718.2	5748.8	5780.8	5812.8	5844.8	5876.8	5910.2
36	5942.2	5975.5	6007.5	6040.8	6074.2	6107.5	6140.8	6174.1	6208.8	6242.1
37	6276.8	6310.1	6344.8	6379.1	6414.1	6448.8	6484.8	6519.4	6555.4	6590.1
38	6626.1	6662.1	6698.1	6734.1	6771.4	6807.4	6844.8	6882.1	6918.1	6955.4
39	6999.1	7031.4	7068.7	7107.4	7144.7	7183.4	7222.1	7260.7	7299.4	7338.0
40	7378.0	7416.7	7456.7	7496.7	7536.7	7576.7	7616.7	7658.0	7698.0	7739.3

(b)温度自 0℃至－20℃

t/℃	0.0	0.1	0.2	0.3	0.4	0.5	0.6	0.7	0.8	0.9
－0	610.6	605.3	601.3	595.9	590.6	586.6	581.3	576.0	572.0	566.6
－1	562.6	557.3	553.3	548.0	544.0	540.0	534.6	530.6	526.6	521.3
－2	517.3	513.3	509.3	504.0	500.0	496.0	492.0	488.0	484.0	480.0
－3	476.10	472.0	468.0	464.0	460.0	456.0	452.0	448.0	445.3	441.3
－4	437.3	433.3	429.3	426.6	422.6	418.6	416.0	412.0	408.0	405.3
－3	401.3	398.6	394.6	392.0	388.0	385.3	381.3	378.6	374.6	372.0
－6	368.0	365.3	362.6	358.6	356.0	353.3	349.3	346.6	344.0	341.3
－7	337.3	334.6	332.0	329.3	326.6	324.0	321.3	318.6	314.7	312.0
－8	309.3	306.6	304.0	301.3	298.6	296.0	293.3	292.0	289.3	286.6
－9	284.0	281.3	278.6	276.0	273.3	272.0	269.3	266.6	264.0	262.6
－10	260.0	257.3	254.6	253.3	250.6	248.0	246.6	244.0	241.3	240.0
－11	237.3	236.0	233.3	232.0	229.3	226.6	225.3	222.6	221.3	218.6
－12	217.3	216.0	213.3	212.0	209.3	208.0	205.3	204.0	202.6	200.0
－13	198.6	197.3	194.7	193.3	192.0	189.3	188.0	186.7	184.0	182.7
－14	181.3	180.0	177.3	176.0	174.7	173.3	172.0	169.3	168.0	166.7
－15	165.3	164.0	162.7	161.3	160.0	157.3	156.0	154.7	153.3	152.0
－16	150.7	149.3	148.0	146.7	145.3	144.0	142.7	141.3	140.0	138.7
－17	137.3	136.0	134.7	133.3	132.0	130.7	129.3	128.0	126.7	126.0
－18	125.3	124.0	122.7	121.3	120.0	118.7	117.3	116.6	116.0	114.7
－19	113.3	112.0	111.3	110.7	109.3	108.0	106.7	106.0	105.3	104.0
－20	102.7	102.0	101.3	100.0	99.3	98.7	97.3	96.0	95.3	94.7

基本符号表

建筑热工学

A 温度、热流等的波动振幅,℃;
A_s 太阳方位角,度;
A_{θ_i} 围护结构内表面温度振幅,℃;
A_w 墙的方位角,度;
α 材料的导温系数,m^2/h;
B 地面的吸热指数,$W/(m^2 \cdot h^{-\frac{1}{2}} \cdot K)$;
b 材料的热渗透系数,$W/(m^2 \cdot h^{-\frac{1}{2}} \cdot K)$;
C 物体表面的热辐射系数,$W/(m^2 \cdot K^4)$;
c 比热容,$kJ/(kg \cdot K)$;
D 热惰性指标,无因次量;
E_λ 单色辐射本领 $W/(m^2 \cdot \mu m)$;
E 辐射本领(辐射力),W/m^2;
f 绝对湿度,g/m^3;
H 蒸汽渗透阻,$m^2 \cdot h \cdot Pa/g$;
H_0 总蒸汽渗透阻,$m^2 \cdot h \cdot Pa/g$;
h_s 太阳高度角,度;
I 太阳辐射强度,W/m^3;
K 传热系数,$W/(m^2 \cdot K)$;
K_0 总传热系数,$W/(m^2 \cdot K)$;
P 水蒸气分压力,Pa;
P_s 饱和水蒸气分压力,Pa;
$P_{s,c}$ 冷凝界面处的饱和水蒸气分压力,Pa;
P_i 室内空气的水蒸气分压力,Pa;
P_e 室外空气的水蒸气分压力,Pa;
Q 传热量,W;
q 热流强度,W/m^2;
q_c 对流换热强度,W/m^2;
q_r 辐射换热强度,W/m^2;
R 传热阻,$m^2 \cdot K/W$;
R_i 内表面热转移阻,$m^2 \cdot K/W$;
R_e 外表面热转移阻,$m^2 \cdot K/W$;
$R_{0,min}$ 最小总热阻,$m^2 \cdot K/W$;
R_0 总热阻,$m^2 \cdot K/W$;
r 对辐射热的反射系数,无因次量;
S 材料的蓄热系数,$W/(m^2 \cdot K)$;
t_d 露点的温度,℃;
t_i 室内气温,℃;
t_e 室外气温,℃;
t_{sa} 室外综合温度,℃;
ω 蒸汽渗透强度,$g/(m^2 \cdot h)$;
Y 材料层表面蓄热系数,$W/(m^2 \cdot K)$
Y_i 内表面蓄热系数,$W/(m^2 \cdot K)$;
Y_e 外表面蓄热系数,$W/(m^2 \cdot K)$;
α_c 对流换热系数,$W/(m^2 \cdot K)$;
α_e 外表面热转移系数,$W/(m^2 \cdot K)$;
α_i 内表面热转移系数,$W/(m^2 \cdot K)$;
α_r 辐射换热系数,$W/(m^2 \cdot K)$;
δ 太阳赤纬角,度;
ε 黑度(发射率),无因次量;

θ 表面温度,℃;
λ 材料导热系数,W/(m·K);热辐射线波长,μm;
μ 蒸汽渗透系数,g/(m·h·Pa);
υ 衰减位数,无因次量;
υ_0 由室外空气到内表面的总衰减度;
ξ 延迟时间,h;
ξ_0 总延迟时间,h;
ρ 对辐射热的吸收系数,无因次量;
ρ_s 对太阳辐射的吸收系数,无因次量;
τ 时间,h;
Φ 相位角,deg;
φ 空气相对湿度,%;
ω_v 体积湿度,%;
ω_w 重量湿度,%。

建筑光学

A 面积,m^2;
C 彩度;采光系数,%;亮度对比系数;
C_{av} 采光系数平均值,%;
C_{min} 侧面采光系数最低值,%;
C_d 天窗窗洞口的采光系数,%;
C'_d 带形侧窗窗洞口的采光系数,%;
C_u 灯具利用系数;
d 识别物件细节尺寸,mm;
E 照度,lx;
E_n 室内照度,lx;
E_w 室外照度,lx;
Φ 光通量,lm;
I_a 发光强度,cd;
K_t 晴天方向系数;
K 光气候系数;维护系数;
K_c 窗宽修正系数;
K_q 高跨比系数;
K_p 顶部采光的室内反射光增量系数;
K_p^t 侧面采光的室内反射光增量系数;
K_τ 天窗总透光系数;
K'_τ 侧窗总透光系数;
K_w 侧窗采光的室外遮挡物挡光折减系数;
L_a 亮度,cd/m^2;
L_b 背景亮度,cd/m^2;
L_θ 仰角为 θ 的天空亮度,cd/m^2;
H 色调;
V 明度;
N 中性色;
R_a 一般显色指数;
R_i 特殊显色指数;
ΔE 色差;
RCR 室空间比;
CCR 天棚空间比;
$V(\lambda)$ 光谱光视效率;
α 光吸收比;视角,分;
τ 光透射比;
ρ 光反射比;
η 灯具效率,%;
λ 波长,nm;
Ω 立体角,sr。

建筑声学

A 振幅,m 或 cm;
c 声速,m/s;
D 声音在室内的衰减率,dB/s;
E_0 总入射声能量,J;
E_r 反射的声能量,J;
E_a 吸收的声能量,J;
E_τ 透射的声能量,J;
f 声音的频率,Hz;
f_0 固有频率,Hz;
I 声强,W/m^2;
I_a 国际标准化组织(ISO)推荐的构件隔空气声的隔声指数,dB;
I_t 国际标准化组织推荐的构件隔撞击声的隔声指数,dB;
K 倔强系数,N/m;
L_1 声强级,dB;
L_N 标准撞击声级,dB;
L_p 声压级,dB;

L_w 声功率级,dB;

N 噪声评价指数;隔声屏障的减噪量,dB;

P 穿孔板的穿孔率,%;

p 声压,N/m^2;

Q 声源指向性因数,无因次量;

R 房间常数,m^2;构件隔声量,dB;

T 周期,s;振动的传输率,%;

T_{60} 混响时间,s;

TL 构件传声损失;dB;

W 声源声功率,W;

X 隔声屏障的衰减系数;

α 吸声系数,%;

λ 波长,m;

ρ_0 空气密度,kg/m^3;

τ 透射系数,%;

ω 圆频率,rad/s;

ω_0 振动系数的自振圆频率,rad/s/。

参考文献

[1] 湖南大学.环境工程概论.北京:中国建筑工业出版社,1986
[2]黄晨主编.建筑环境学.北京:机械工业出版社,2005
[3]金招芬,朱颖心主编.建筑环境学.北京:中国建筑工业出版社,2001
[4]柳孝图.建筑物理.北京:中国建筑工业出版社,2000
[5]叶韵编.建筑热环境.北京:清华大学出版社,1996
[6]刘加平主编.建筑物理(第三版).北京:中国建筑工业出版社,2000
[7]戴瑜兴.建筑物理.武汉:中南工业大学出版社、武汉工业大学出版社,1996
[8]华南理工大学主编.建筑物理.广州:华南理工大学出版社,2002
[9]王景云主编.建筑物理.北京:中国建筑工业出版社,1987
[10]杨世铭编.传热学.北京:高等教育出版社,1987
[11]彦启森等编.建筑热过程.北京:中国建筑工业出版社,1986
[12]张家诚,林之光.中国气候.上海:上海科技出版社,1985
[13]山田雅士著.建筑结露.孙逸增译.北京:中国建筑工业出版社,1987
[14]卡尔·塞弗特著.建筑防潮.周景德,杨善勤译.北京:中国建筑工业出版社,1982
[15]陈启高.房屋围护结构中的热湿迁移计算与设计理论.重庆:重庆建筑工程学院,1990
[16]马眷荣等编.建筑玻璃.北京:化学工业出版社,1999
[17]同济大学,重庆建筑工程学院.城市环境保护.北京:中国建筑工业出版社,1982
[18]建筑物理教材编写小组.建筑物理.北京:中国工业出版社,1961
[19]照明手册翻译组译.日本照明学会编《照明手册》.北京:中国建筑工业出版社,1985
[20]詹庆璇等译.建筑光学译文集——电气照明.北京:中国建筑工业出版社,1982
[21]华南理工大学等主编.建筑物理.广州:华南理工出版社,2002
[22]李井永主编.建筑物理. 北京:机械工业出版社,2005
[23]廖耀发主编.建筑物理. 武汉: 武汉大学出版社,2003
[24]中国建设执业网编. 建筑物理与建筑设备. 北京: 中国建筑工业出版社,2006
[25]王峥,项端祈等编. 建筑声学材料与结构. 北京:机械工业出版社, 2005
[26]项端祈,王峥主编. 演艺建筑声学装修设计. 北京:机械工业出版社, 2004
[27](英) 麦克马伦主编. 建筑环境学. 北京:机械工业出版社, 2003

[28]中国建筑科学研究院建筑物理研究所.建筑声学设计手册.北京:中国建筑工业出版社,1987

[29]吴硕贤，张三明，葛坚.建筑声学设计原理.北京:中国建筑工业出版,2000

[30] 吴硕贤,葛坚,夏清,张三明.室内环境与设备.北京:中国建筑工业出版社,1996

[31]秦佑国,王炳麟.建筑声环境(第二版).北京:中国建筑工业出版社,1999

[32][美]白瑞纳克著.王季卿等译.音乐厅与歌剧院.上海:同济大学出版社,2002

[33]中国建设执业网编.全国一级注册建筑师考试培训辅导用书.建筑物理与设备.北京:中国建筑工业出版社,2005

[34]中国建筑西南设计研究院.剧场建筑设计规范 JGJ 57—2000 .北京:中国建筑工业出版社,2001

[35]中国建筑科学研究院.体育馆声学设计及测量规程 JGJ/T 131—2000.北京:中国建筑工业出版社,2000